U0426509

中国地质调查成果 CGS 2022－054
中国地质调查“DD20190263”项目资助

长江中游典型河湖湿地水文-生态-环境地质问题及对策

CHANGJIANG ZHONGYOU DIANXING HE-HU SHIDI
SHUIWEN－SHENGTAI－HUANJING DIZHI WENTI JI DUICE

刘广宁　吴　亚　黎清华　王世昌　伏永朋　等著

内容简介

本书基于"鄱阳湖-洞庭湖-丹江口库区综合地质调查"项目成果，介绍了河湖湿地自然地理、地貌、地质情况和主要水文-生态-环境地质问题，地质环境-水生态风险评价方法和湿地地球关键带监测方案；评价了其水体、土壤环境质量；报道了劣质地下水分布和动态；讨论了其成因；量化了地下水污染物排泄并分析了其生态风险；分析了河湖演化的水文-生态效应；论证了三峡工程对"两湖"水文情势的影响；提出了"两湖"和丹江口库区生态保护修复和洪涝灾害防治对策。

图书在版编目(CIP)数据

长江中游典型河湖湿地水文-生态-环境地质问题及对策 / 刘广宁等著. —武汉：中国地质大学出版社，2023.6

ISBN 978-7-5625-5585-8

Ⅰ. ①长… Ⅱ. ①刘… Ⅲ. ①长江中下游-水环境-生态环境建设-研究 Ⅳ. ①X143

中国国家版本馆 CIP 数据核字(2023)第 122268 号

长江中游典型河湖湿地水文-生态-环境地质问题及对策　　刘广宁　吴　亚　黎清华　王世昌　伏永朋　等著

责任编辑：舒立霞　　责任校对：徐蕾蕾

出版发行：中国地质大学出版社(武汉市洪山区鲁磨路 388 号)　　邮编：430074

电　　话：(027)67883511　　传　　真：(027)67883580　　E-mail：cbb@cug.edu.cn

经　　销：全国新华书店　　http://cugp.cug.edu.cn

开本：880 毫米×1 230 毫米　1/16　　字数：467 千字　　印张：14.75

版次：2023 年 6 月第 1 版　　印次：2023 年 6 月第 1 次印刷

印刷：湖北睿智印务有限公司

ISBN 978-7-5625-5585-8　　定价：168.00 元

《长江中游典型河湖湿地水文-生态-环境地质问题及对策》

编委会

前 言

鄱阳湖、洞庭湖两湖人文积淀深厚。东晋诗人湛方生《帆入南湖》(作者注:南湖是鄱阳湖古时别称)曰“彭蠡纪三江,庐岳主众阜”,记述了鄱阳湖及其水系的地理位置和水文关系。赣江即为其众多水系之一,关于赣江滨滕王阁佳句“落霞与孤鹜齐飞,秋水共长天一色”(唐·王勃)更是名传千古。唐代诗人孟浩然《洞庭湖寄阎九》云“莫辨荆吴地,唯馀水共天”,生动地描述了洞庭湖的地理位置和磅礴气势。北宋词人、政治家范仲淹所作关于洞庭湖畔岳阳楼的《岳阳楼记》不仅描写了洞庭湖的浩渺之状及其与长江的水力联系,更是表达了国人深深的家国情怀。两湖文脉昌盛已逾1600年矣。

鄱阳湖和洞庭湖是长江“双肾”,承担着调洪蓄水、生产用水、调节气候、降解污染等多种生态功能。“两湖”各自是一个相对独立的生态系统,水文-生态环境问题突出,对长江流域水安全和生态安全构成威胁。丹江口水库是南水北调中线工程的核心水源区,担负着民生保障重任,但亦出现水污染等诸多生态环境地质问题。中共中央和国务院提出了长江经济带战略,并指示围绕长江重要生态、重大工程、重要城市、重点问题迫切需要开展环境地质调查工作。为落实中央指示精神,中国地质调查局在长江中游部署了“鄱阳湖-洞庭湖-丹江口库区综合地质调查”项目,由中国地质调查局武汉地质调查中心负责组织实施。其成果在以下几个方面具有重大现实意义:一是服务自然资源管理中心工作,支撑国家自然资源安全保障和生态文明建设;二是支撑服务长江经济带战略发展;三是促使基础性、公益性、战略性的地质调查工作做实落地;四是有效支撑“两湖”生态经济区国土空间优化和用途管制,助力区域经济发展;五是有效保障南水北调丹江口水源安全保障区“一库清水永续北送”;六是为“两湖一库”地区生态环境保护与修复提供地球系统科学解决方案。

在项目执行和成果报告编制过程中,得到了中国地质调查局武汉地质调查中心毛晓长主任(主持工作)、郭兴华书记、刘同良主任、鄢道平副主任、刘德成副主任、李军副主任、邢光福副主任、钟开威副主任、张旺驰副主任、金维群处长、胡光明处长、李闫华处长、彭轲副处长、姚华舟研究员、黄长生教授级高级工程师、谭建民教授级高级工程师的大力支持和帮助。同时得到了南京地质调查中心冯小铭研究员,中国地质大学(武汉)周爱国教授、陈植华教授、周宏教授,湖北省地质环境总站肖尚德教授级高级工程师、杨世松教授级高级工程师,江西省地质调查勘查院地质环境监测所颜春教授级高级工程师,江西省地质调查研究院楼法生教授级高级工程师,湖南省地质院盛玉环教授级高级工程师、徐定芳教授级高级工程师,长沙自然资源综合调查中心徐宏根高级工程师、霍志涛教授级高级工程师、董好刚教授级高级工程师的指导,在此表示由衷的感谢。

由于水平所限,拙作难免有不妥之处,敬请读者批评指正。

著　者

2023年3月于武汉

目 录

第1篇 综合篇

第2篇　环境-生态篇

第3篇 水文—生态篇

第4篇 对策建议篇

第1篇　综合篇

第1章　研究区概况

1.1　自然地理

1.1.1　鄱阳湖

1.1.1.1　社会交通

鄱阳湖于江西省北部、长江中游南岸，总体呈葫芦形；以松门山为界分南、北两区。南部广阔、水浅，为主区；北部狭长、水深，为入江通道。南北纵长约173km，东西平均宽约16.9km，最宽为74km，屏峰卡口最窄，约2.8km，湖岸线总长约1200km。鄱阳湖为我国最大的淡水湖泊，长江流域最大的通江湖泊，重要的湿地、调洪场所和水源地。

鄱阳湖是长江经济带与京九经济带的交汇点，是长江中下游平原的重要组成部分，被誉为江南“鱼米之乡”。鄱阳湖毗邻皖江经济带、武汉城市圈、长株潭城市群，是长三角、珠三角和海峡西岸经济区的直接腹地。鄱阳湖是中部地区正在加速形成的增长极，在我国区域发展格局中具有重要地位。鄱阳湖承载引领经济社会发展的重要功能，是江西落实国家“一带一路”建设、长江经济带战略和促进昌九一体化发展的重要载体，是科学指导县市规划的重要依据。

鄱阳湖是接南北、通东西的重要枢纽，区内交通便捷（图1.1）。南昌机场是区内主要的航空港，为江西空中走廊集束点。京九、浙赣、大沙等铁路贯穿工作区，构成重要铁路枢干。九景、昌九、昌峡等高速公路和105、320等国道交织成网。赣江、抚河、信江、饶河、修河等“五河”及鄱阳湖与长江相连，构成水上运输网。

1.1.1.2　气象水文

鄱阳湖地处东亚季风区，气候温和，雨量丰沛，但降水时空分布不均。受季风影响，每年的4月，夏季风盛行，雨量增加；5—6月冷暖气流交汇，常出现于流域内，降水量突增；7—9月受副热带高压影响，降水稀少。冬春季节，受干冷气团的控制，降水较少。年均降水量为1112～2192mm，多年平均降水量为1624mm；6月降水量最大，占年降水量的17%，3—8月降水量占全年的73%。降水分布：中部盆地小于四周山区，赣西小于赣东，平原区小于岗丘区，背风面小于迎风面。

五河平均入湖径流量1265m^3，入湖水量以赣江最大，占47.7%，其次为抚河、信江、饶河、修河。五河入湖径流量年内分配与降雨一致，也极不均匀，汛期4—9月五河入湖径流量占全年的75%左右，其中主汛期4—6月占54%，7—9月占21%；10月至次年3月占25%左右，其中10—12月最少，仅占全年的9%。

鄱阳湖流域年均气温为16～20℃，多年平均气温为18℃。主要站点多年平均水面蒸发量为700～1200mm，约一半蒸发量集中在高温雨少的7—9月；总体趋势与降雨相反，水面蒸发量最大。湖区风向

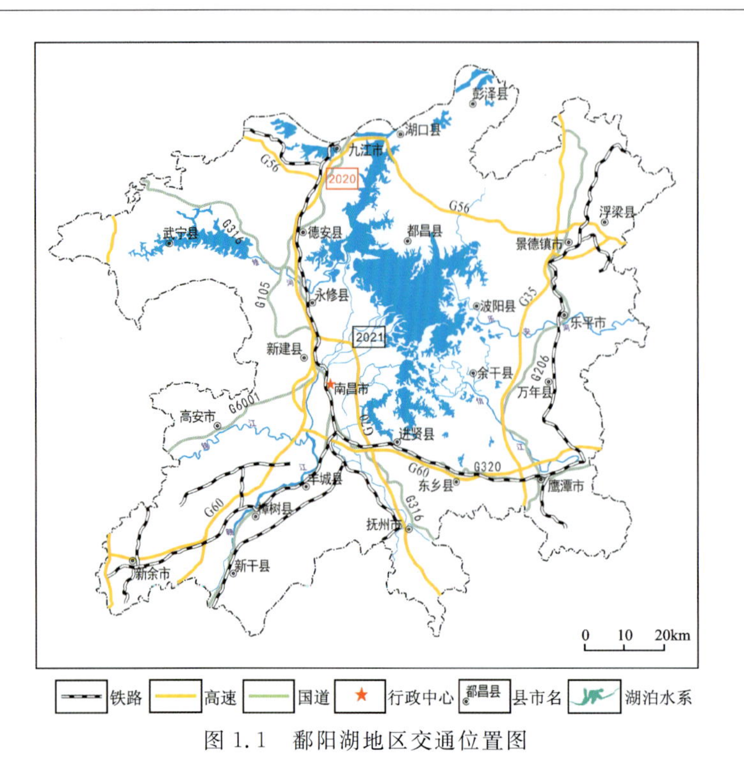

图 1.1　鄱阳湖地区交通位置图

年内变化具显著差异性，6—8 月多南风、偏南风，春秋和冬季多北风、偏北风，多年平均风速为 3m/s，历年最大风速达 34m/s。

鄱阳湖水系东、西、南三面环山，地势高；中部为丘陵，分布有红层盆地，北部为鄱阳湖平原，五河从四周依次向湖区倾斜，形成以鄱阳湖为底部、北宽南窄的碟状地形。鄱阳湖生态经济区内河流水系极为发育（图 1.2），主要为长江干流和汇入湖的赣江、抚河、信江、饶河、修河（表 1.1）。

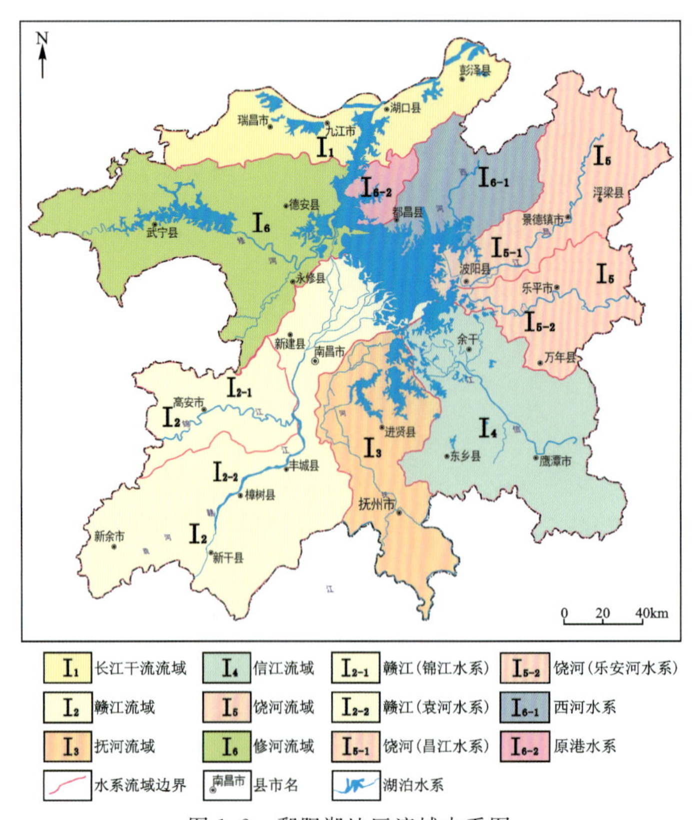

图 1.2　鄱阳湖地区流域水系图

表 1.1 鄱阳湖水系概况

河流、站点名称	流域面积(km^2)	河道长度(km)	年平均径流量(亿 m^3)	年平均降水量(mm)
赣江	80 948	766	671.2	1 577.3
抚河	15 811	278	122.3	1 735.5
信江	15 535	328	175.5	1 827.5
饶河	11 387	240	114.6	1 776.9
修河	13 462	386	125.2	1 617.7
湖区区间	25 082		243.2	1 462.0
湖口站	162 225		1 452.0	1 624.2

1.1.2 洞庭湖

1.1.2.1 社会交通

洞庭湖平原位于长江经济带中部,河道水网发育,长江、汉江穿其而过,洞庭平原南、西两面容纳湖南省“四水”,北部有长江分流的“三口”,东部有汨罗江、新墙河汇入,由西洞庭湖、南洞庭湖、东洞庭湖三部分组成,由东北角城陵矶流入长江,形成特有的向心状水系格局。洞庭湖工作区是中国重要的商品粮基地之一,重点淡水渔区之一。洞庭湖平原是全国商品粮基地和工业原料供应地,经济地位十分重要。同时盆地内河流密集、湖泊广布,拥有丰富的湿地资源。在湖南省,洞庭湖平原的面积仅占全省总面积的7.18%,而人口也占到全省的20%以上;粮食总产量占湖南省的30%;水产品总产量达到湖南省的50%;棉花产量更是高达湖南省的80%。洞庭平原区同时也是湖南省工业生产的重点地区,区内工业以化工、冶金、电子、机械、纺织、烟草、建材、食品等为主,拥有诸如巴陵石化公司、洞庭氮肥厂、常德卷烟厂等一大批大型国有骨干企业,可见该区在湖南经济中占有举足轻重的地位。

众多水系共同构成洞庭平原水运通道;高速公路、铁路逐渐修建互通,如京珠、二广、随岳高速,武广高铁、汉宜城际铁路等,形成洞庭平原纵横交错的快速陆路交通网,航空运输主要有长沙黄花国际机场及常德桃花源机场。洞庭平原交通十分便利,四通八达,形成由水、陆、空共同组建的立体交通运输网络,承担着洞庭平原庞大繁重的交通运输任务(图1.3)。

1.1.2.2 气象水文

该区域属北亚热带湿润季风气候区,具有雨量充沛、四季分明、光照适宜,春秋季短、冬夏季长的特征。受纬度影响,气温、降水量自北向南略有差异。区内多年平均气温在16℃左右,极端最高气温为41.3℃(1943年)。无霜期一般在250d左右。其中气温南部较北部、东部较西部略高,全区四季分明。年日照为1823～2055h。全区雨量充沛,降水多集中在6—8月,多年平均降水量为1000～1300mm,自北往南递增,东西向相对均匀(图1.4);在季节分配上,春季因冷暖气流交替,天气多变,阴雨较多,降水量为268～483mm,占年降水量的30%～37%;夏季暖湿气候强,降水集中,降水量为390～495mm,占年降水量的35%～39%;秋季受单一冷空气控制,除秋汛外,一般降水量为213～264mm,占年降水量的17%～23%;冬季寒冷,降水少,占年降水量的7%～10%。年均蒸发量200mm左右,主要集中在6—9月。

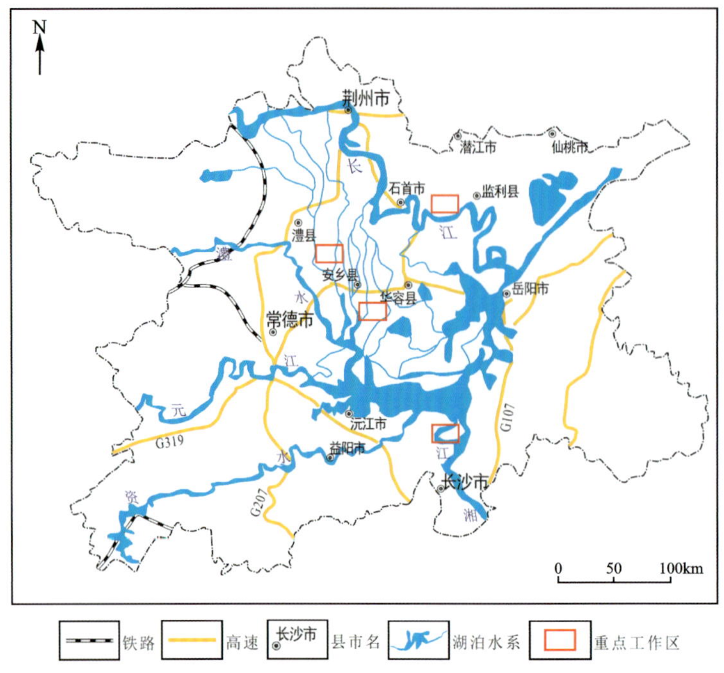

图 1.3　洞庭湖地区交通位置图

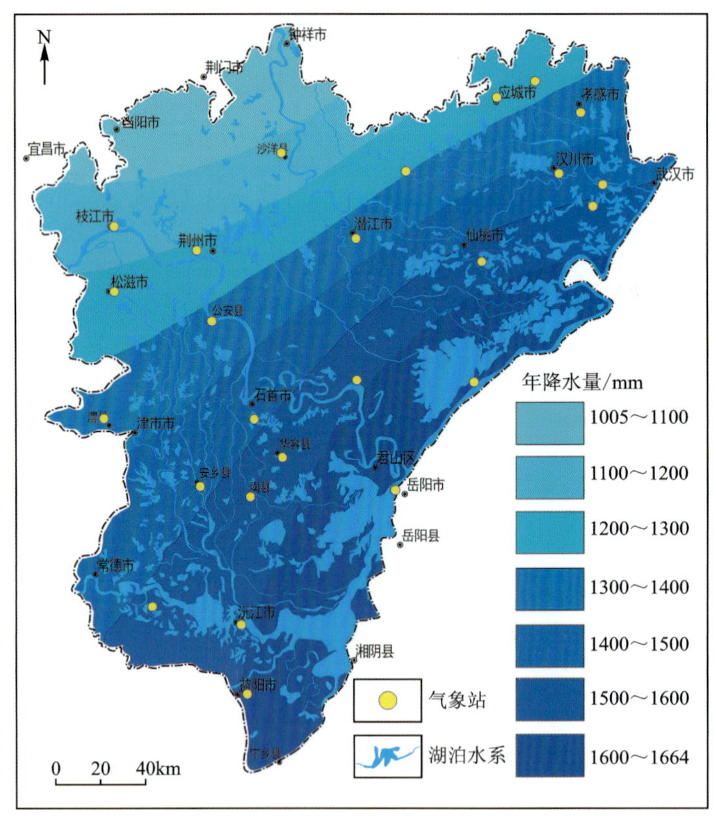

图 1.4　江汉-洞庭平原年降水量图

区内水系发育，除长江干流和汉江干流外，多发源于本区的周围山地，流向平原中央汇集，最后汇入长江，宏观上构成了一种近似向心状的水系。本区的水系实为长江的一级、二级或三级支流，主干长江从西向东（经平原南部）横贯工作区，主要支流有汉江、沮漳河、陆水、东荆河、倒水河、天门河等。若以长江为主干,北侧和南侧的水系发育具有明显的不平衡性,除陆水等少数河流分布于南岸外,其他均位于北岸。

1956—2020年间,“四水”“三口”平均入湖径流量为2430亿 m^3,最大年径流量3376亿 m^3(1964年),最小年径流量为1304亿 m^3(2011年)(湖南省自然资源事务中心,2022)。其主要水系的水文情况如下(图1.5)。

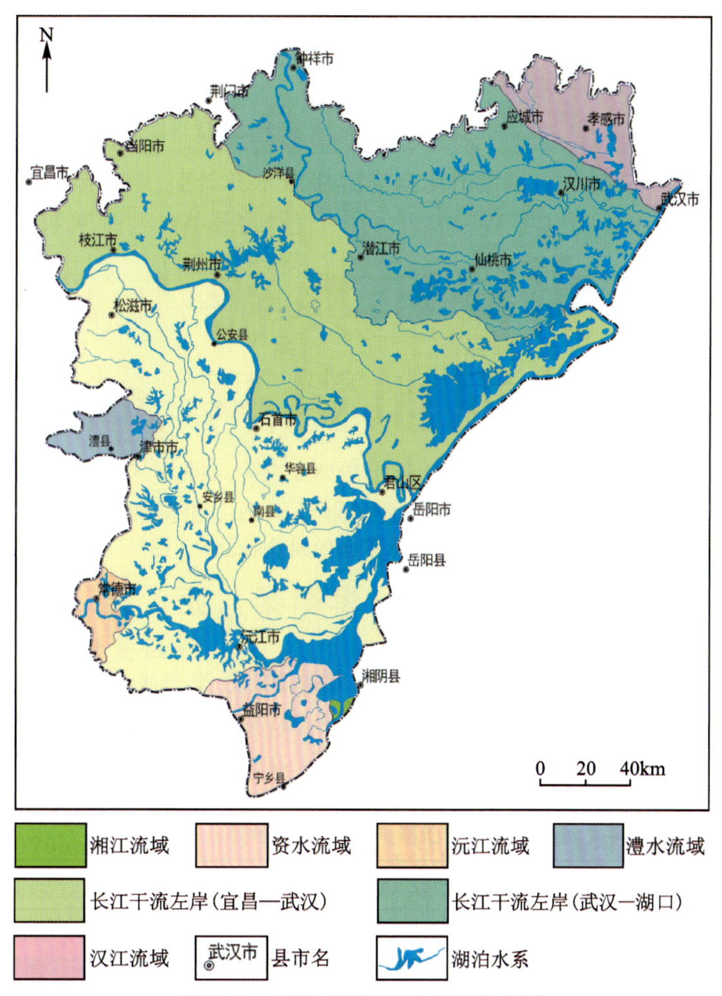

图1.5 江汉-洞庭平原水系分布图

湘江:发源于广西壮族自治区兴安县的海洋山,于东安县进入湖南省,经零陵、衡阳、株洲、湘潭、长沙于豪河口注入洞庭湖,全长856km,流域面积94 660km²,湘境内85 383km²,占90%。多年平均径流量643亿 m^3。

资水:发源于广西壮族自治区资源县的桐木江,于新宁县进入湖南省,经邵阳、新邵、新化、桃江、益阳于甘溪港汇入洞庭湖,全长653km,流域面积28 142km²,湘境内26 738km²,占95%。多年平均径流量227亿 m^3。

沅江:发源于贵州省云雾山,于芷江县进入湖南省,经黔阳、辰溪、泸溪、沅陵、桃源、常德于德山注入洞庭湖,全长1133km,流域面积89 163km²,湘境内51 066km²,占57.3%。多年平均径流量653亿 m^3。

澧水:发源于桑植县境内,经大庸、慈利、石门、澧县于小渡口注入洞庭湖,全长388km,流域面积18 496km²,湘境内15 505km²,占83.8%。多年平均径流量149亿 m^3。

洞庭湖由东洞庭湖、南洞庭湖、西洞庭湖组成。洞庭湖高水位出现在5—10月,延续时间较长,枯水期为12月至次年2月,延续时间较短。最高洪水位出现在1998年8月,当时,城陵矶水位为35.94m。

洞庭湖湖泊水位除东洞庭湖外，年变幅均较小，一般为 5.5～6.8m，东洞庭湖变幅多年平均为 12～13.0m，最大年变幅 16.11m（城陵矶，1954 年）。由于洞庭湖水位的变化较大，洞庭湖自然调蓄洪功能强大，是目前长江中游最大的调蓄地区。据遥感解译成果，洞庭湖洪水期容积 230.13 亿 m^3，枯水期容积 6.07 亿 m^3，两期容积之比为 38∶1（表 1.2）。

表 1.2　洞庭湖丰、平、枯水期水位-面积-容积对比表

湖泊			东洞庭湖	南洞庭湖	目平湖	全湖
代表性水文站			城陵矶	杨柳潭	小河嘴	城陵矶
洪水期	最高水位	水位(m)	35.94	36.13	37.03	35.94
		面积(km^2)	1 288.90	950.40	314.50	2 553.80
		容积(亿 m^3)	139.46	67.24	23.43	230.13
	漫滩水位	水位(m)	32.00	33.00	33.20	32.00
		面积(km^2)	1 288.90	950.40	314.50	2 553.80
		容积(亿 m^3)	88.68	37.49	11.39	137.56
平水期		水位(m)	26.62	28.32	29.65	26.62
		面积(km^2)	792.80	496.50	106.90	1 396.20
		容积(亿 m^3)	32.55	5.68	3.21	41.44
枯水期		水位(m)	20.47	27.47	28.39	20.47
		面积(km^2)	219.75	257.96	80.33	558.04
		容积(亿 m^3)	1.42	2.70	1.95	6.07

1.1.3　丹江口库区

1.1.3.1　社会交通

丹江口水源地安全保障区范围位于陕西、河南和湖北三省交界处，是南水北调工程水源源头。该区北抵秦岭山区、伏牛山区，南抵武当山区。行政区划包括陕西省所辖的商洛市、丹凤县、商南县的大部分区域，白河县小部分地区；河南省所辖的卢氏、栾川、西峡、内乡部分区域及淅川全境；湖北省所辖的郧西、丹江口、竹山、房县部分区域及郧阳区、十堰市区全境。

丹江口库区及上游经济社会发展总体水平较低，据统计资料，水源区总人口约 1374 万人，主要分布在汉江丹江干流沿岸地级市、盆地和坝地，秦岭南麓和大巴山北麓大部分中山区人口分布较少。国内生产总值 4873 亿元，常住人口城镇化率约 46.8%，城镇居民可支配收入 2.5 万元，农民人均纯收入 8541 元，均低于全国平均水平，产业发展受到严格限制，企业升级改造难，部分企业关闭或转产，就业压力较大。

十堰作为库区重要城市，辖三区、四县、一市、一个经济技术开发区和一个旅游经济特区，是一座新兴的现代化城市。自 1969 年第二汽车制造厂入驻建市至今，基本形成汽车、水电、旅游、生态、冶金、化工、能源、纺织、建材、食品等门类多样和结构日趋合理的产业工业体系。汽车产业、水电产业、旅游产业

和生态产业已成为十堰经济发展的四大支柱产业(十堰市人民政府,2017;中国地质调查局武汉地质调查中心,2019)。

安全保障区内共有矿产资源249处,分六大类,32个矿种。矿产资源特大型3处,大型8处,中型22处,小型70处,矿点146处。据湖北省地质局第八地质大队统计,库周附近分布矿山约89个,其中大中型矿山22个、小型矿山67个。此外,工作区地处东秦岭成矿带,矿产以热液型银金贵金属和铜铅锌有色金属为主,绿松石、钒矿等亦有产出,矿产资源以“富矿少、贫矿多,大中型矿少、小型矿多”为特点,已查明资源储量的非油气类矿产55种,目前已开发利用矿产20种,主要为砂金、铜矿、锌矿、铁矿、钒矿、石煤、虎睛石、重晶石、滑石、蓝石棉、金云母、饰面大理石(含米黄玉)、建筑用辉绿岩、建筑用砂、冶金用白云岩、建筑用石灰岩、水泥用灰岩、水泥配用页板岩、瓦砖用黏土等(湖北省地质环境总站,2017;河南省地质环境监测院,2014)。

区内交通位置优越,铁路、高速公路、国道贯穿全境(图1.6),北西及近东西向高速有沪陕高速、福银高速、十天高速,近南北向高速有三淅高速、郧房高速。铁路已建的有宁西线、襄渝线。航空有武当山机场。省级公路更是四通八达,环库公路基本建成。

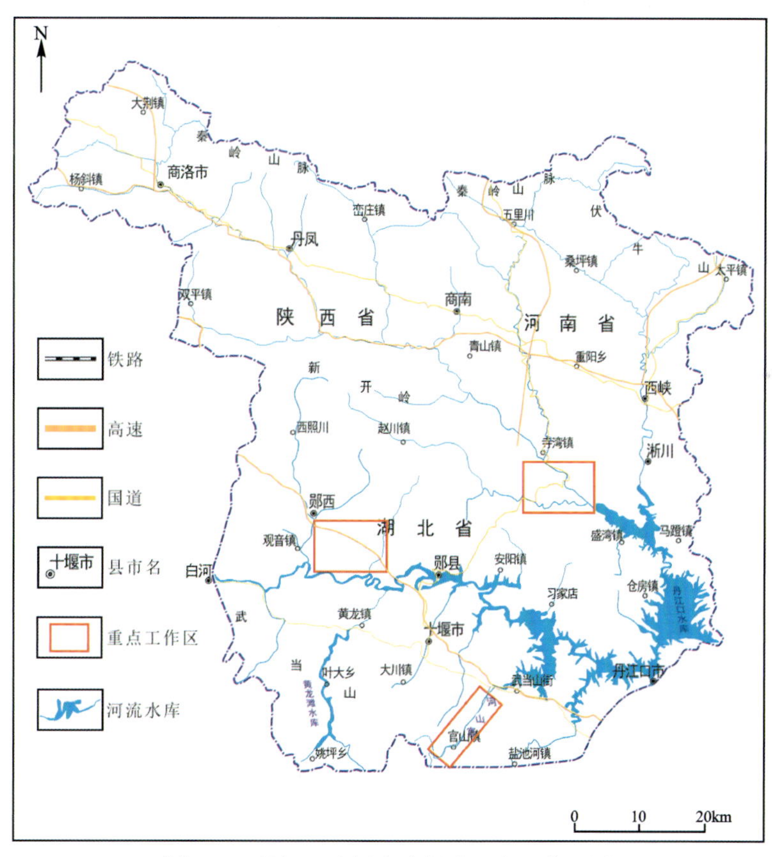

图1.6 丹江口水源安全保障区交通位置图

1.1.3.2 气象水文

丹江口库区及上游属北亚热带季风区的温暖半湿润气候,冬暖夏凉,四季分明,雨热同季,降水量分布不均,立体气候明显;多年平均气温13.7℃,多年平均年降水量873.3mm,降雨年内分配不均,5—10月降水量占年降水量的80%,且多为暴雨。年内有3个降水期:4月下旬至5月上旬为春汛,6月下旬至7月下旬为夏汛,8月下旬至10月为秋汛。其中夏汛雨量最大,秋汛次之,但天气异常时也会出现秋汛雨量超夏汛雨量。多年平均年蒸发量为 854mm,年均日照 1717h,无霜期平均 231d。

流域地区降水量分布不均,主要来源于东南和西南两股暖湿气流。由于纬度和地形条件的差异,降水量呈现南岸大于北岸,上游略大于下游的地区分布规律(图 1.7)。流域内有 3 个多年平均降水量 900mm 以上的高值带,即流域西南部米仓山、大巴山地区,西北角秦岭山地和流域东南部及东部郧阳以下河段以南及汉江出口附近。北部伏牛山老灌河与伊河分水岭一带的堂坪、老君山历年平均降水量达 950mm(1952—1978 年),700mm 的低值中心在丹江上游商丹盆地和东部南襄盆地内乡、镇平、邓州之间。

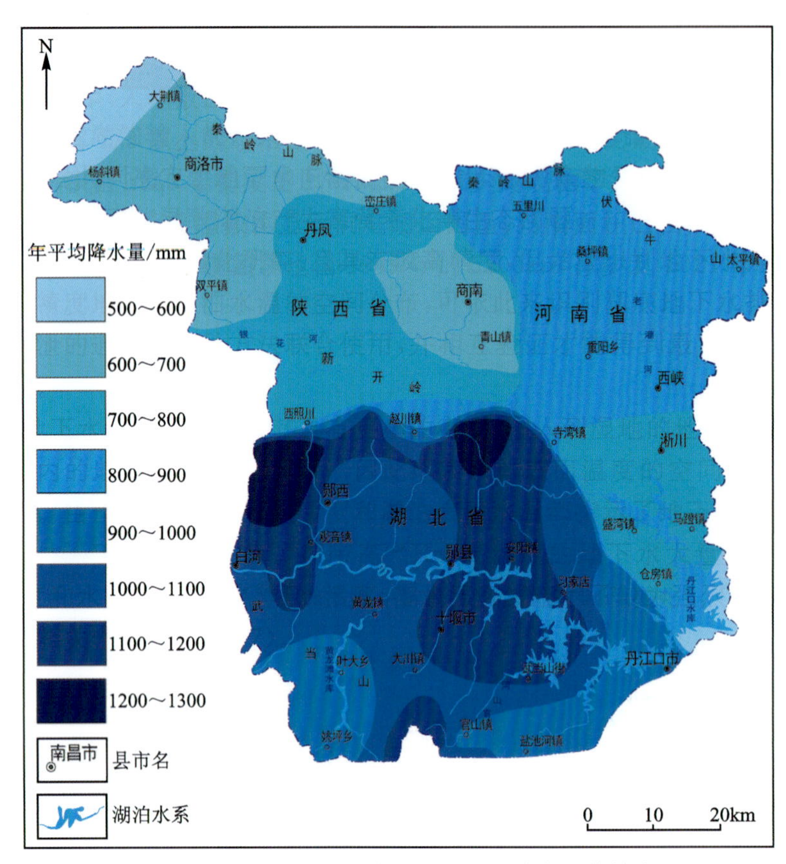

图 1.7　丹江口水源安全保障区年平均降水量等值线图

位于丹江干流入库口上游 30km 的丹江荆紫关水文站,控制丹江流域面积 7086km^2,其上多年平均降水量 743.5mm,最大年降水量 1 072.3mm、最小年降水量 445.7mm。紫荆关站年蒸发量 979.3～1 545.1mm。暴雨主要集中在 6—9 月,且具有集中、量大、面广、历时长的特点,如 1958 年 7 月 16 日,荆紫关发生罕见暴雨,暴雨中心 24h 降水量达 212.9mm,占当年年降水量 1 423.7mm 的 15%。

汉江,又称汉水,发源于陕西省西南部的汉中市宁强县嶓冢山,流经陕西汉中、安康,于白河县进入湖北省十堰市,经丹江口、襄阳、钟祥,于汉口龙王庙注入长江,干流全长 1577km,多年平均流量 1710m^3/s。丹江口以上流向总体向东,其下转为南东,在沙洋流向又转为东。汉江上游丹江口以上为上游,长 925km,占汉江总长的 59%,落差约 540m,控制流域面积 9.52 万 km^2,河道穿插于秦岭、大巴山之间,峡谷和盆地交替出现,洋县至石泉间峡谷最为集中。安全保障区内主要河流有汉江、丹江及其支流 16 条(表 1.3)。汉江及其支流水量主要来源是雨水,其次是地下水。根据汉江流域各主要站全年流量过程线上分割量算的结果,深层地下水(基流)的补给量占全年径流量的 15%～20%(张乐群等,2018)。

表 1.3 丹江口水源地安全保障区内主要河流基本情况

河流	河长(km)	流域面积(km^2)	平均流量($m^3 \cdot s^{-1}$)	年径流量(亿 m^3)
汉江	925	59 115	833	273.27
天河	84	1614	14.80	4.67
堵河	342	12 431	236	60.40
神定河	58	227	1.52	0.48
犟河	35	326	2	0.63
泗河	67	469	3.62	1.14
官山河	69.20	452	7.78	2.45
剑河	26.90	47.20	0.32	0.10
浪河	57.30	381	5.15	1.62
丹江	384	7560	46.23	14.58
淇河	147	1598	12.10	3.82
滔河	155	1210	16.50	5.20
老灌河	254	4231	37.40	11.79
曲远河	53	312	1.74	0.55
桃沟河	27	45	0.30	0.11
将军河	22.50	61.60	0.44	0.14

1.2 地 貌

1.2.1 鄱阳湖

鄱阳湖跨长江中下游平原及华东南山地丘陵两大地貌单元(杨达源,2006)。区内有较完整的自然地貌单元,有湖盆冲积平原、阶地、岗地、低丘、高丘、低山和中低山等地貌类型(图 1.8)。山地零星分布于湖区周围,面积较小,受基底地质构造控制,呈北东向延伸。丘陵主要分布于进贤县、余干县、都昌县、鄱阳县、乐平市、德安县等地。岗地分布较广,以红土岗地面积最大,广泛分布于各大河流两侧。平原由河谷平原和滨湖平原组成,前者包括“五河”下游平原,其中以赣江河谷平原最大;后者包括赣抚平原及信乐平原等。

1.2.2 洞庭湖

工作区位于江汉-洞庭平原内,长江中游湖北省中南部,其西、北、东三面环山,西面为鄂西山地,北面为大洪山,东面为大别山系和幕阜山,南部为孤山丘陵,是一个大型半封闭式盆地。地形坦荡辽阔,河渠成网,湖泊发育,星罗棋布。地势由边缘向中心呈阶梯式下降、倾斜,并且由西向东缓倾。平原地形高程由 40m 降至 20m。其地貌可分为平原及岗波状平原等(图 1.9)。

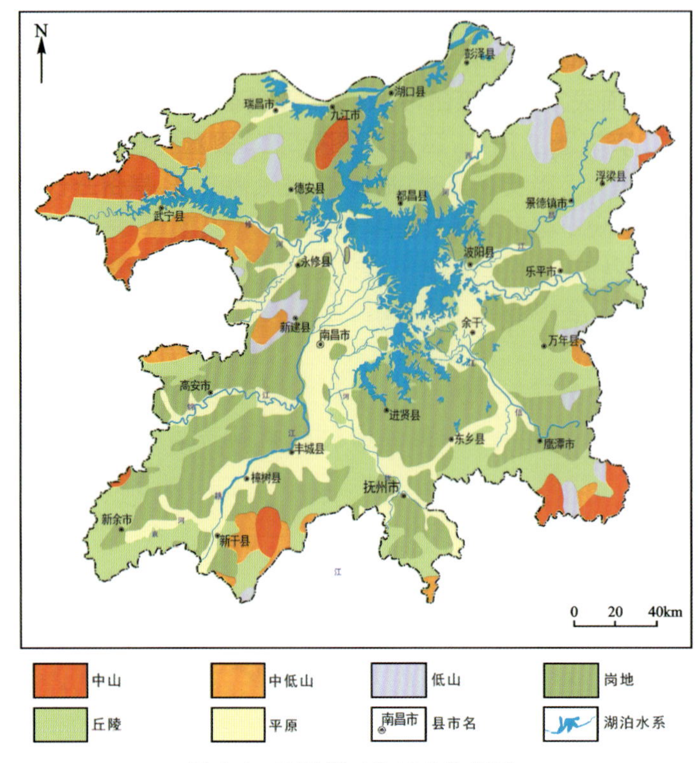

图 1.8　鄱阳湖工作区地貌简图

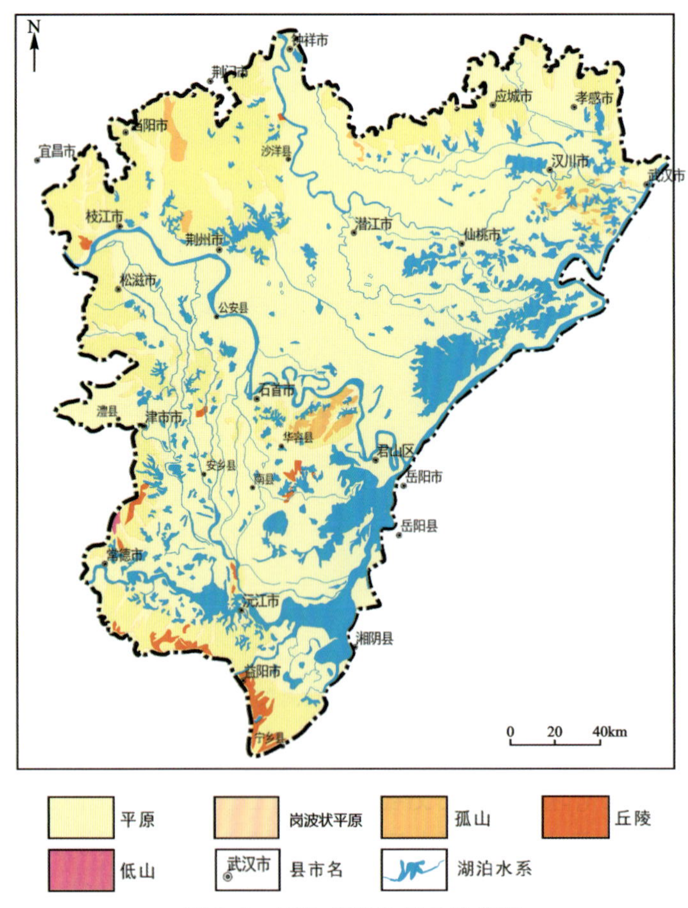

图 1.9　江汉-洞庭地区地貌简图

平原主要由长江、汉江及支河的冲积物形成的Ⅰ级和Ⅱ级阶地组成，平整开阔。Ⅰ级阶地沿河流两侧分布，形成不对称的河流堆积阶地。由于长江、汉江为老年期河流，河曲发育，形成众多的遗弃湖、牛轭湖，阶地面开阔坦荡，阶地面前缘高于后缘，前缘向后缘倾斜，高差达数米，地表岩性自阶地前缘向后缘由粗变细。长江与汉江的Ⅱ级阶地在区内不太发育，阶地面不宽。大部分为掩埋阶地，主要出露在江陵、沙市以北，沙洋以东，天门以北等地段，此外沮漳河局部地段形成Ⅱ级阶地，阶面高程为35～45m。

岗波状平原主要分布于山前，低山丘陵与平原衔接部，分布高程为45～85m，自山前向平原倾斜，地形坡度较小，切割深度浅，呈浅宽谷，高差一般为10～20m。洞庭盆地主要由长江通过松滋、太平、藕池、调弦四口输入的泥沙和洞庭湖水系湘、资、沅、澧四水等带来的泥沙冲积而成。洞庭湖平原是由湖积、河湖冲积、河口三角洲和外湖组成的外高内低的堆积平原，高程大多为25～45m，呈现水网平原景观。分为西、南、东洞庭湖。湖底地面自西北向东南微倾。

孤山主要分布于洞庭湖盆区低平原部位，孤山一般地面标高大于100m或为50～100m，最高263.0m。孤山或残丘由第三纪(古近纪+新近纪)侵入岩、元古宙变质岩构成，周边为第四纪沉积覆盖，山体坡度较平缓。

丘陵分布于洞庭湖盆周边，标高小于500m，由第四系及岩浆岩残坡积物构成，由区域地壳抬升经强烈的风化剥蚀、流水冲刷、切割，地形标高降低，山顶部较平坦，残坡积层厚度较中、低山区大。丘陵区河流、沟谷发育，有较多的第四纪冲积物分布，其河谷小平原中除现代河流堆积物外，还有早期阶地堆积物出露。

低山分布于洞庭湖区外围东、南、西部的大部分地区，标高500～1000m，由区域地壳抬升后长期风化剥蚀及流水冲刷切割形成，由前第四纪老地层、岩浆岩及残坡积层构成，有较多的河流溪谷分布切割，沟谷中有现代河流冲积物分布，切割深度较大，多为50～100m。山坡坡度较陡，多为30°～40°，坡脚部分较缓。

1.2.3 丹江口库区

安全保障区地处秦岭中山峡谷、大巴山中高山向南襄-大别山低山岗丘宽谷平原区过渡地带，主要为中低山、低山、丘陵区，整体地势西北高、东南低。高程多在200～1400m之间。最高在东北部伏牛山老灌河上游与栾川县伊河分水岭一带。丹江口库区高程一般在120～220m之间。安全保障区地貌类型以中山、低山为主，零星分布丘陵和岗地，共分为9个地貌单元：陕南秦岭低中山区、陕南秦岭低山区、陕南大巴低山区，面积为8026km^2，占比31.5%；峭山-伏牛山中山区、嵩山-箕山低山丘陵区，面积分别为2769km^{2}及4426km^2，占全区面积的10.8%及17.3%；鄂西北低中山区、鄂西北低山区、鄂西北岗地丘陵区，面积分别为1164km^2、8746km^2、332km^2，占全区面积的4.6%、34.3%、1.3%；南阳盆地西、北部岗地平原区面积为44km^2，占全区面积的0.2%(图1.10)。

1.3 地　质

1.3.1 鄱阳湖

1.3.1.1 地层

鄱阳湖生态经济区内地层出露比较齐全(表1.4)，由古、中元古界星子岩群和双桥山群组成双重基

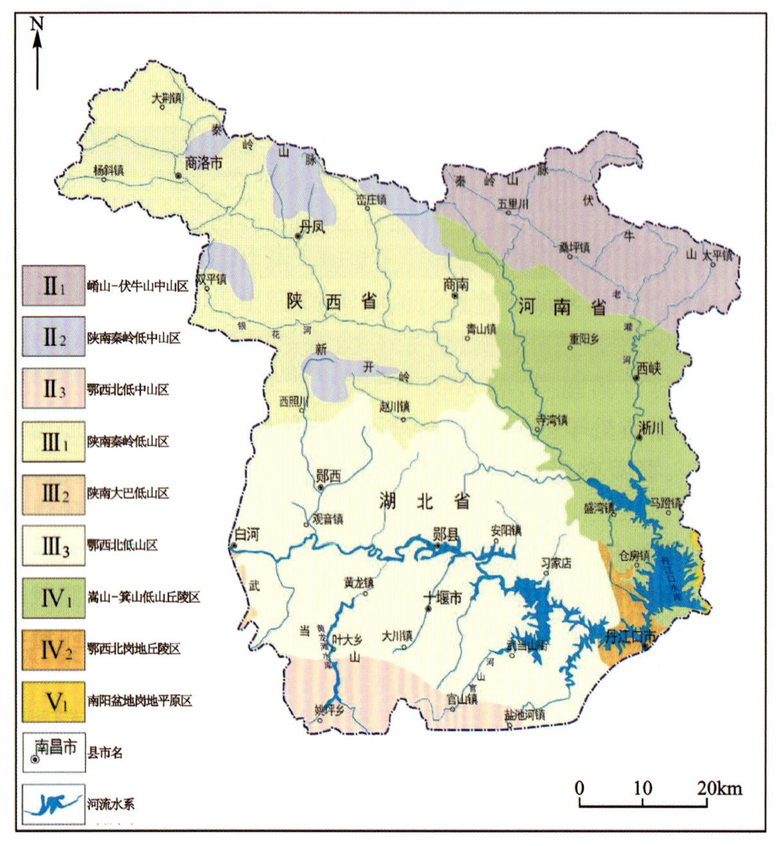

图 1.10　丹江口水源安全保障区地貌图

底;震旦系—中三叠统组成沉积盖层,其中石炭系—中三叠统以浅海相碳酸盐岩为主,夹含煤碎屑岩,岩溶发育;晚三叠世后形成了一系列中新生代陆相沉积盆地;第四纪河湖相沉积广泛分布于滨湖区及江河两岸,冰碛分布于庐山地区。

表 1.4　鄱阳湖生态经济区出露地层简表

地层单位		代号	岩性	厚度(m)
第四系	全新统	Qh	灰褐—灰白色砂砾石、砂、粉质砂土、粉质黏土	1～30
	上更新统	Qp_3	棕黄—黄褐色(冰碛)泥砾、岩块碎石、含细砾砂土、亚砂土、亚黏土	0.2～20
	中更新统	Qp_2	褐红色(冰碛)泥砾、棕黄—棕红色黏土砂砾、红土、网纹状红土	3～35.5
	下更新统	Qp_1	棕红—棕黄色(冰碛)泥砾、砂砾石、砂土、黏土及网纹状红土	5～50
新近系		N	紫红色页岩、砂岩、含砾砂岩	>232
古近系		E	紫红色钙质粉砂岩、细砂岩夹泥岩、砾岩、砂砾岩、砂岩,局部夹玄武岩层	>1947
白垩系		K	紫红色砾岩、砂砾岩、砂岩、粉砂岩与泥岩	>68
侏罗系		J	灰紫色砾岩、长石石英砂岩、含砾砂岩、碳质页岩,偶夹煤层,流纹质熔结凝灰岩、斑状钠长流纹岩	>372
三叠系		T	燧石砾岩、长石石英砂岩、粉砂岩、碳质页岩、白云岩、白云质灰岩、灰岩、底部角砾状白云质灰岩	559～880
二叠系		P	灰岩、含燧石结核灰岩、硅质岩、硅质页岩、灰黑色碳质页岩夹煤层及透镜体	337.7～826
石炭系		C	浅灰色灰岩、生物碎屑灰岩、微晶灰岩、灰白色厚层—块状微—细晶白云岩夹白云质灰岩	84～181

续表 1.4

地层单位	代号	岩性	厚度(m)
泥盆系	D	细粒石英砂岩、粉砂岩、砂质页岩、含砾石英砂岩、砂砾岩	70～360
志留系	S	灰黄色细砂岩、粉砂岩、泥岩、砂质泥岩	524～2988
奥陶系	O	页岩、泥岩、泥质灰岩、钙质页岩、钙质泥岩、灰岩、白云质灰岩、白云岩	351～1337
寒武系	∈	泥质灰岩、灰岩、粉砂质泥岩、钙质泥岩、灰黑色页岩、碳质页岩夹硅质	450～1368
震旦系	Z	泥晶灰岩、白云质灰岩、硅质岩、石英砾岩、砂岩、粉砂岩、页岩、沉凝灰岩，杂色冰碛含砾砂泥岩	223～184
青白口系	Qb	紫红色安山质灰岩、凝灰质细砂岩、细碧—角斑岩、石英角斑岩	484～1819
长城系—蓟县系	Ch—Jx	片岩、石英绢云片岩、绿泥绢云片岩夹变质砂岩	>550
滹沱系	Ht	变粒岩、片岩	>1 247.5

1.3.1.2 构造

工作区地跨扬子、华南两大古板块，其碰撞结合带在生态经济区南侧通过。宏观分区界线，东部以浙赣铁路沿线附近为界，西部以宜春—丰城—三江为界。主体上，工作区地处扬子陆块九江坳陷和鄱阳盆地。区内地质构造运动强烈，晋宁运动主要在北部，以强烈褶皱为主，以致北部地槽回返为褶皱基底，接受古、中生界盖层沉积。加里东运动完成了南部地槽回返，形成华南褶皱系的准地台过程。印支运动在区内影响较小，为差异性抬升，形成晚三叠世—早侏罗世断陷盆地。燕山运动以强烈的断裂、岩浆活动为主，形成晚中生代断陷、坳陷盆地(图 1.11)。

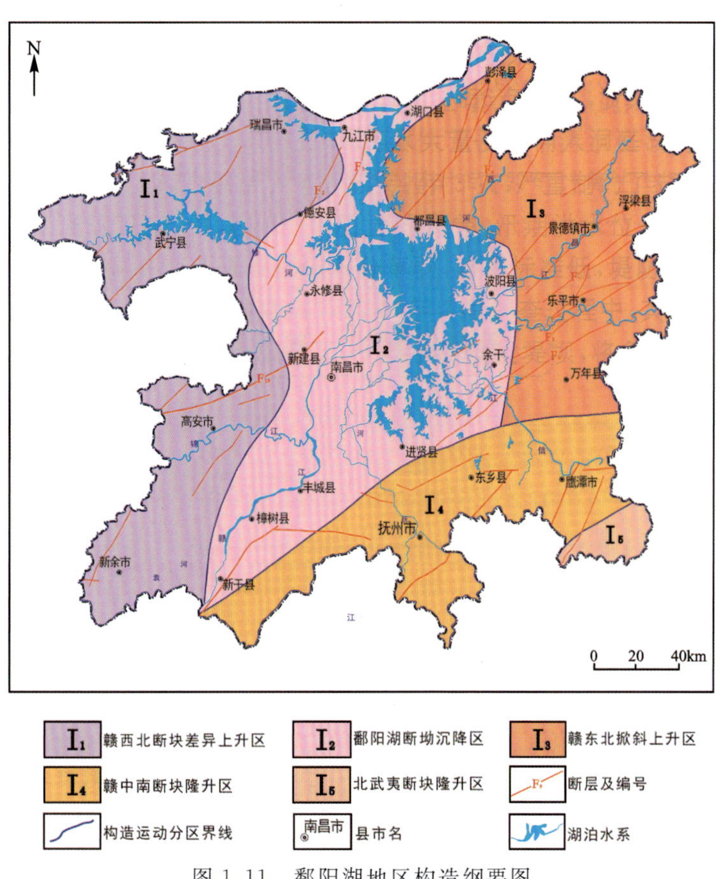

图 1.11 鄱阳湖地区构造纲要图

新构造运动在燕山运动、喜马拉雅运动的基础上继续发展，具有继承性和间歇性，以继承性的断裂活动和被活动性断裂所控制的断块差异升降活动为基本特征。古近纪末至更新世初，为上升阶段，如区内北部形成的断块山——庐山。中更新世，江南广大地区处于缓慢沉降阶段，形成广泛分布、不同成因类型的堆积物。晚更新世至全新世，除鄱阳湖核心区形成断坳沉降盆地外，其他地区以间歇性上升为主。此时期的断裂构造运动，主要为继承在燕山运动以来形成的一些断裂之上发生，形成一些新的构造，从继承、新形成的断裂特征来看，主要是属于东西向构造带和新华夏系这两种构造体系（杨晓东等，2016；黄旭初和朱宏富，1983）。

北部前震旦纪双桥山群浅变质岩构成的基底褶皱，属九岭-高台山巨型复式背斜东段，由一系列不同规模（复）向斜、（复）背斜构成。褶皱紧密，线性延伸较远，岩层倾角较陡。褶皱走向北东东至近东西向，部分褶皱向北倒转。湖区东部褶皱形态保留较好，西部多被侵入岩体破坏或被红层覆盖。主要的基底褶皱有：①德安-大港（都昌）复向斜；②高台山倒转复背斜；③乐平-婺源复向斜；④万年-德兴倒转复背斜；⑤白田（进贤）复背斜等。南部由震旦系、寒武系变质岩系构成的基底褶皱也保存不好。丰城-抚州间的复背斜，属华南褶皱系万洋山-诸广山大型复式向斜中的城上（峡江）复向斜东翼上的一个次级褶皱构造。

盖层褶皱主要发育在彭泽—瑞昌、都昌—柘林（永修）及乐平—高安一带，分别为由古生代—中生代、早古生代及晚古生代至中三叠世各个时代的地层构成的瑞昌-彭泽复式向斜、柘林-都昌复式向斜和高安-乐平复式向斜。其主导构造线与基底褶皱的方向基本一致，多为北东东向至北东向，继承性明显。3个复式向斜各包括若干个次级或更次级的（复）向斜和（复）背斜。以宽缓褶皱为主，部分为过渡型褶皱。瑞昌一带褶皱保存、出露较完好。

受印支运动，特别是燕山运动的断块作用，在区内形成一系列断陷盆地或断裂带。盆地的展布受基底构造、深大断裂控制，多呈北东至近东西向展布。盆地中的红色、杂色碎屑岩建造厚度大，沉积中心向断裂（主控）一侧单向迁移。因此，盆地两侧常不对称。晚三叠世至早侏罗世盆地内，岩层褶皱明显，翼部岩层倾角达35°～50°；白垩纪、第三纪盆地褶皱微弱，呈单斜构造，局部有轻微挠曲。

区内断裂多属一般性断裂，延伸不远，深度不大，由一系列平行断裂组成断裂带，具数十米至上千米宽的硅化破碎带。除北西向的鹰潭-瑞昌、黎川-南昌大断裂形成稍晚（印支期），以张剪性为主要活动特征外，其他均形成于晋宁期，以压、压剪性为主。深、大断裂都曾长期多次活动，燕山期普遍活跃，分别控制或影响从早古生代至早中生代不同时代地层的岩相、厚度变化。萍乡-广丰断裂等切入上地幔，造成莫霍面不连续或剧烈起伏。

1.3.1.3 河湖演化

为了梳理鄱阳湖区的地貌演化及鄱阳湖的形成，笔者收集了前人文献中8个钻孔的岩性及年代结果（图1.12）。鄱阳湖区晚更新世最典型的沉积物是下蜀组，下部为灰黄色砾石，中部为含铁锰质结核的粉砂质黏土，上部为厚砂层，主要分布在湖口附近的长江沿岸。其中中部的粉砂质黏土是末次冰期长期风化的产物，然而除了钻孔B1-6外，鄱阳湖南部的其他钻孔中少有发现。在南部湖区，晚更新世沉积物主要由砾石、砂砾石和粗砂构成，指示着一种河流主导的高能环境。很有可能在晚更新世，鄱阳湖区主要为自南向北流的赣江古河谷。末次冰期时广泛分布的粗颗粒沉积物明显与当时存在古大湖是不相符的（朱海虹等，1981；吴艳宏等，1997；马振兴等，2004；董延钰等，2011；羊向东等，2002）。

对于鄱阳湖的形成，普遍认为北部的形成先于南部。从钻孔资料中观察到，鄱阳湖南部三角洲地区的全新世地层下部为浅黄色卵石和中细砂，中部为2～4m的灰黑色淤泥或粉砂质淤泥，其底界在基准面以上8～10m，上部为2～3m的棕黄色、黄褐色粉砂质黏土，组成一个河流-湖泊-三角洲相序组合；而鄱阳北湖在更新世河流相砂砾层之上覆盖了厚达15～20m的黑色、灰褐色富含有机成分的淤泥，其底界埋深一般为－15～－10m，表明该区全新世以来一直处于较稳定的深水还原环境。因此，朱海虹等

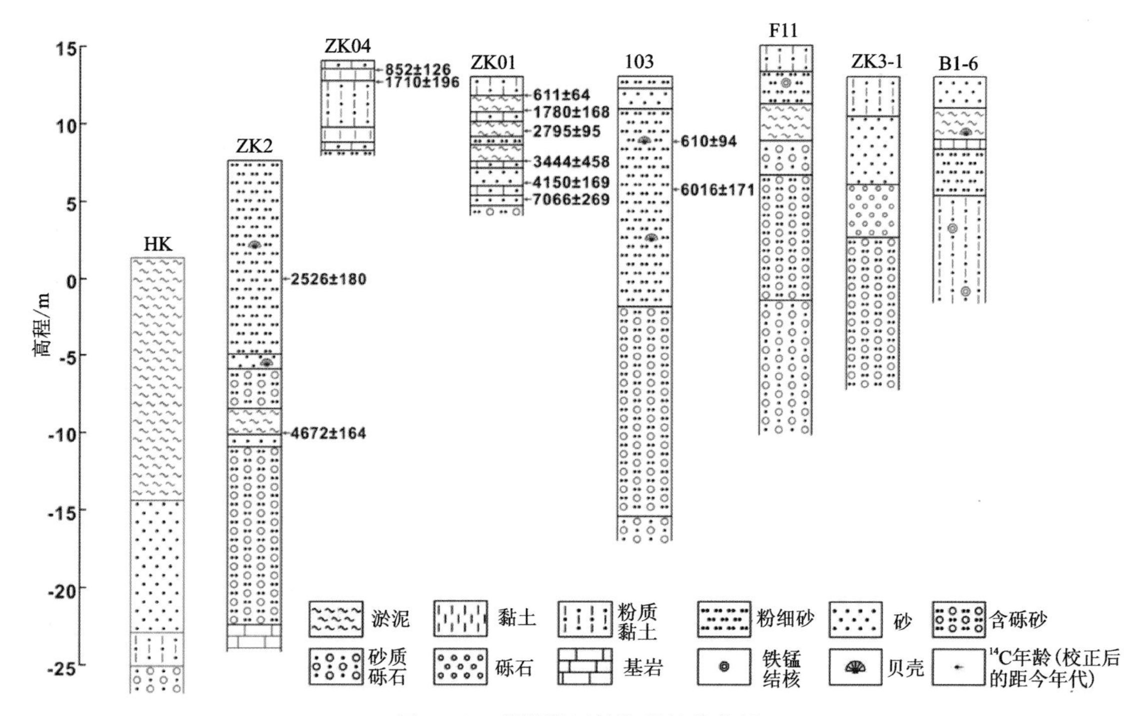

图 1.12 鄱阳湖区钻孔岩性柱状图

(1981)推断鄱阳湖原是一个由南向北倾斜的古赣江下游河谷盆地，早期南部为河流沉积区，而水面仅局限于北湖；后来由于湖口出流受到长江顶托的影响以及湖口段的迅速淤积，阻滞了流域来水的排泄，使水面不断向南扩展。后来发表的几个^{14}C年代数据进一步细化了该假说。湖口附近的一个钻孔(ZK2)内淤泥层底部的^{14}C年龄为(4672±164)a，意味着鄱阳北湖的形成至少在4.6 ka(吴艳宏等，1997)。此外，鄱阳湖区南部一个钻孔(ZK01)记录了湖泊在(3444±458)a和(611±64)a期间曾发生过3次湖进/湖退旋回(马振兴等，2004)，表明鄱阳南湖至少在3.4 ka左右就已经形成。因此，鄱阳北湖至少在4.6ka左右就已经形成，并且至少在3.4 ka左右扩展到湖区南部。

1.3.1.4 水文地质

区内弱富水性含水岩组有变质岩类、岩浆岩类、碎屑岩类和残积、坡积松散岩类等；强—中等富水性含水岩组有冲积松散岩类、碳酸盐岩类等。地下水类型主要有松散岩类孔隙水、红层溶蚀孔隙裂隙水、碳酸盐岩裂隙岩溶水、基岩裂隙水四大类型(图1.13)。

松散岩类孔隙水：分布于平原和河谷地带，以第四系冲积层潜水为主，局部微承压，含水层厚度一般为5～64m，地下水水位埋深0.5～7.0m，年变幅1m左右，渗透系数一般为4～67m/d，钻孔单位涌水量0.15～13L/s·m，属强—中富水。

红层溶蚀孔隙裂隙水：主要为白垩纪—古近纪红色钙质粉砂岩、砂砾岩、灰岩质底砾岩组成的承压水，含水层厚5～50m，地下水水位埋深2～20m，顶板埋深20～40m，钻孔单位涌水量0.01～0.9L/s·m，泉流量0.01～0.5 L/s，属弱—中富水。

碳酸盐岩裂隙岩溶水：主要赋存于晚石炭世、二叠纪及早三叠世灰岩中。强烈岩溶发育带下限深度一般为50～250m，地下水水位埋深一般小于30m，含水层厚10～165m，钻孔单位涌水量0.01～6L/s·m，泉流量0.1～25L/s。岩溶发育程度和富水性与含水层的岩石组合有关，碳酸盐岩含水层与碳酸盐岩夹碎屑岩含水层以中—强富水为主。

基岩裂隙水：主要包括前震旦纪变质岩、震旦纪—古近纪碎屑岩和各期次岩浆岩，以构造裂隙水和

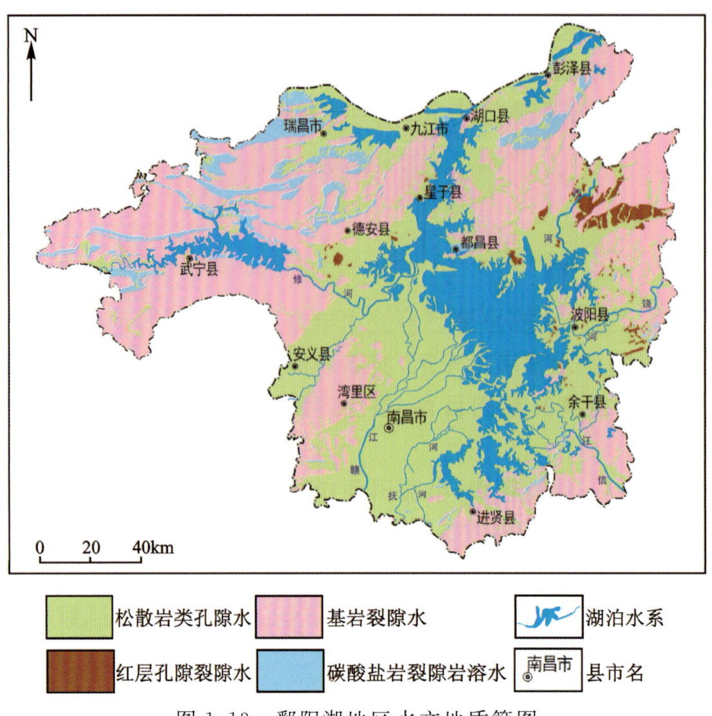

图 1.13　鄱阳湖地区水文地质简图

风化裂隙水为主，含水层厚 9～70m，地下水水位埋深 1～16m，钻孔单位涌水量 0.001～0.1L/s·m，泉流量0.01～0.5L/s·m，多为弱富水，主要分布于山区和丘陵区。

地下水补给、径流、排泄受水文、气象、地貌控制。区内除河流中下游冲积含水层孔隙水汛期可接受地表水补给外，地下水主要接受大气降雨补给，排泄至河湖。山地和丘陵地带受地形控制，地表水入渗，形成风化网状裂隙水，达到饱和后，就呈线流、股流和片流，以泉的形式排泄，径流途径较短，循环较快。

1.3.2　洞庭湖

1.3.2.1　地层

洞庭湖平原周缘及盆地中出露的前第四纪地层从老到新有中元古界冷家溪群、板溪群、震旦系；古生界寒武系、奥陶系、志留系、泥盆系、石炭系、二叠系；中生界三叠系、侏罗系、白垩系；新生界第三系（古近系＋新近系）等（表 1.5）。洞庭湖盆地是湖南第四纪地层沉积厚度最大，发育比较齐全的地区，从更新统底部到全新统在盆地内各沉积中心均可见到比较完整的地层柱状剖面。第四纪以来在长期处于地壳持续沉降的基本条件下，区内第四纪地层出露面积广，层序齐全，厚度大。沉积厚度变化总趋势是：从湖盆周缘向湖盆中心厚度逐渐增大，一般边缘区厚度仅 5～20m，盆地中心部位则厚达 200～250m，最大厚度可达334.05m（汉寿辰护 ZK149 孔），全区平均厚度达 120m。由于盆地内部的沉降差异，形成多个沉积中心，各沉积中心之间与沉积中心内部第四系沉积厚度变化及岩相组合变化都较大（何报寅，2002；湖北省地质矿产局，1990）。

洞庭盆地是中南地区规模最大的第四纪盆地，中部的华容（次级）隆起将其分为北面江汉盆地和南面洞庭盆地两部分。洞庭湖平原地层岩性特征如下。

表 1.5 洞庭平原地区前第四纪地层特征简表

年代地层			岩性特征	分布特征
界	系(群)	统		
新生界	第三系(E)		主要岩性为泥岩建造、膏盐建造、生物沉积岩建造，岩性为泥岩、泥质粉砂岩、膏质泥岩、细砂岩、泥质白云岩、泥灰岩、薄层油页岩、含砾长石石英砂岩、含砾粉砂岩、砾岩等，厚3486～4488m	出露于湖盆边缘及盆地第四纪地层下部
中生界	白垩系(K)		主要岩性为泥岩、粉砂岩、块状灰岩、含砾砂岩、砾岩、石英砂岩、钙质粉砂岩，厚2000～3000m	广泛分布于盆地周边地带
	侏罗系(J)	中下统	主要岩性为泥岩夹长石石英砂岩、泥质细砂岩、粉砂岩、黑色页岩、砾岩等，厚115～638m	分布于西北部石门新铺、澧县大堰垱
	三叠系(T)		主要岩性为砂岩、泥岩夹白云质灰岩、硅质砾岩，西部石门、临澧、澧县有零星出现的页岩、长石石英砂岩、角砾岩、块状灰岩、薄层状白云岩等，厚97～1408m	仅出露于长沙岳麓山一带，西部石门、临澧、澧县有零星出现
古生界	二叠系(P)		主要岩性为硅质团块条带状灰岩、硅质灰岩、生物灰岩、碳质页岩、砂质页岩、泥灰岩、煤层、菱铁矿结核等，厚146～920m	出露于石门官渡桥、澧县羊耳山、益阳衡龙桥、长沙岳麓山等地
	石炭系(C)		主要岩性为灰岩、白云岩、灰质白云岩、泥质灰岩、石英砂岩、粉砂岩、砂质页岩夹煤层等，厚319～455m	分布于宁乡灰山港、煤炭坝
	泥盆系(D)		主要岩性为泥灰岩、页岩、粉砂岩、石英砂岩、砂质页岩等，还有白云质泥灰岩、生物碎屑灰岩，厚803～982m	分布于西部、东部、南部地区
	志留系(S)		主要岩性为厚层状粉砂岩、细砂岩、板状页岩、碳质页岩、砂质页岩、砂岩、石英砂岩、薄层灰岩、鲕状灰岩、礁状灰岩等，厚1587～2208m	分布于西北部西斋、东部临湘、南部松木塘等地
	奥陶系(O)		主要岩性为碳质页岩、硅质页岩、泥质灰岩、瘤状灰岩、龟裂纹灰岩、含燧石团块灰岩、生物灰岩、鲕状灰岩、板状页岩等，厚301～500m	分布于西部西斋、东部路口铺、南部松木塘
	寒武系(∈)		西北部主要岩性为中粒白云岩夹鲕状白云岩、灰岩、灰质白云岩、条带状泥灰岩、页岩夹薄层灰岩、板状碳质页岩，厚1288～1753m。南部为纹层状白云质泥灰岩，含碳泥灰岩、白云质泥灰岩夹硅质岩、含砂质泥灰岩、碳质板状页岩夹硅质岩等，厚835m	分布于常德石板滩、益阳泥江口、岳阳新开塘、临湘等地
新元古界	震旦系(Z)		由板状页岩、板状白云岩、硅质岩、碳质页岩、变质石英砂岩、长石石英砂岩、冰碛泥砾岩、粉砂岩、硅质泥质板岩等组成，厚82～1158m	分布于东部岳阳新开塘、临湘及西部太阳山、南部汉寿军山铺、朱家铺等地
中元古界	板溪群(Pt_3B)		为一套地槽型复理式沉积，主要岩性为黏土质板岩、砂质板岩、中粗粒变质石英砂岩、长石石英砂岩、砾状砂岩夹变余质凝灰岩、变质砂岩、条带状砂质板岩、板岩、凝灰质砂岩、砂砾岩等，厚870～3750m	主要分布于南部汉寿太子庙、军山铺、益阳谢林港、沧水铺及西部太阳山一带
	冷家溪群(Pt_2L)		主要岩性为板岩、砂质板岩、变质石英砂岩、凝灰质板岩、凝灰质砂岩等浅变质岩，厚18 000～29 000m	分布于北部华容、岳阳，东部平江、浏阳，南部益阳及中部大乘寺—明山一带

据工作区第四纪地层区域分布、出露和分布特点，考虑到地层分布与区域地貌的关系，工作区第四纪地层分为两个地层区：露头区和隐伏区。前者一般分布于盆地边缘带的岗地、丘陵，常组成不同标高的各级河流阶地；后者主要分布于洞庭平原内部的低平原区（李长安，2015）。前者以露头剖面揭露为主，后者以岩芯揭露为主。

1. 洞庭盆地丘岗区（露头区）

洞庭盆地参考前人岩石地层划分方案，确定洞庭盆地露头区（周缘低丘岗地区）应划分为下更新统黄土山组（Qp_1hs）、汨罗组（Qp_1m），中更新统新开铺组（Qp_2x）、白沙井组（Qp_2b）、马王堆组（Qp_2m），上更新统白水江组（Qp_3bs），全新统（Qh）。

洞庭盆地丘岗区（露头区）的岩石地层格架显示，黄土山组分布范围较窄，仅常德黄土山剖面和长沙新开铺剖面可见完整序列；汨罗组分布相对广泛，在四水流域均有发育，但完整出露并不多；区内大部分出露网纹红土与砾石层构成的沉积旋回——新开铺组，次之为白沙井组，马王堆组少见；白水江组属上更新统，从长江中游第四纪地层特征来看，可认为其是下蜀土与下伏砾石层组合；全新统在岩石地层格架中未显示，但分布最广（方鸿琪，1961）。各层的岩石地层学和年代地层学特征如下：

杂色风化砾石层分布于盆地边缘带的岗地、丘陵，常组成区内最高Ⅰ级河流阶地。以分布位置高、厚层、强分化、含玛瑙为主要特征。

网纹红土及网纹化红色砾石层组合在工作区广泛分布，地貌上多为岗地，常构成Ⅲ级河流基座阶地。岩性特征一般为棕红色、褐红色网纹化红土砾石层（下部）和棕红色网纹红土层（上部）构成的二元结构组合，有些地方分布在两个不同高度阶地上，由两个沉积旋回组成（如湖南长沙一带）。在某些盆地边缘丘陵区的网纹红土为残坡积型，缺少下部网纹化红色砾石层。本层厚度在工作区变化较大，一般为10～25m。

网纹红土根据其岩石学特征可分为两套沉积，早期为强网纹化红土，晚期为弱网纹化红土。两者的岩性特征有较明显的区别（表1.6），在两类网纹红土内部还可划分出强网纹层和弱网纹层，两者呈相间成层叠复。

表1.6 强网纹红土与弱网纹红土的对比

红土类型	颜色	质地	网纹化程度
弱网纹红土	基质为浅褐色，网纹条呈褐黄色	质地密实	网纹化程度较弱，且仅发生于上部，下部网纹化不明显
强网纹红土	基质为棕红色，网纹条呈黄白色	质地密实且坚硬	网纹化程度较强，整段岩性被网纹化，网纹条密集、粗大、延伸长

下蜀土的基本岩性：褐黄色亚砂土、亚黏土，节理发育，节理面上布满铁锰质，局部含有较多的铁锰质结核，结核的大小一般为2～3mm；褐黄色砾石层的磨圆、分选均较好，砾石表面常见有铁锰质。在河谷区表现为由褐黄色砾石层及下蜀土组成的二元结构，多构成河流的Ⅱ级阶地；在丘陵区常常是下蜀土覆盖于中更新统网纹红土或其他地层之上（湖北水文地质工程地质大队，1985）。

黄色砂层基本岩性：浅黄色、黄褐色中—细砂层，分选很好，以大型的板状斜层理发育为特点。顶部普遍夹2～3层灰色、褐灰色古土壤，在柘矶砂层中为厚达0.5～1.0m的黑灰色、青灰色淤泥质黏土。该层主要分布在江西彭泽至湖南岳阳的长江南岸及鄱阳湖周边，典型剖面为江西彭泽红光、湖口柘矶、南昌梁家渡，湖北武昌青山，湖南岳阳君山等。地貌上多呈垄状岗低丘或小孤山。

灰色砂、亚砂土层及砾石层组合在平原区长江两岸，主要岩性为褐灰色中细砂及粉砂、亚黏土组合；在湖区边缘，岩性为以青灰色夹少量细砂沉积的淤泥质黏土、黄褐色黏土、粉质黏土组合；在丘陵区长江两岸及其支流，岩性为褐灰色砾石层、砂及亚砂土组合。在地貌上构成长江Ⅰ级阶地和现代河漫滩等。

2. 洞庭盆地平原区(覆盖区)

洞庭盆地覆盖区(平原区)的岩石地层划分5个岩组:下更新统华田组(Qp_1ht)、湘阴组(Qp_1xy),中更新统洞庭湖组(Qp_2dt),上更新统安乡组(Qp_3a)和全新统(Qh)。各岩石地层特征描述如表1.7所示。

表1.7　洞庭盆地覆盖区第四纪岩石地层单位划分及主要岩性特征

地层	组(代号)	主要岩性特征
全新统	未分组(Qh)	青灰色、褐黄色、灰黑色黏土、粉砂及细砂层,偶见砾石,个别地层含螺蚌壳化石及含腐殖物残骸炭化木;一般厚度小于25m
上更新统	安乡组(Qp_3a)	总体颜色为褐黄色,上部为褐黄色黏土、粉砂及细砂层,下部为含细砾砂层,未经暴露的可能为青灰色,含铁锰薄膜或结核;厚度可达20~30m
中更新统	洞庭湖组上段(Qp_2dt^3)	总体颜色为褐黄色,上部为褐黄色、灰黑色黏土、粉砂,下部为褐黄色、灰色含砾砂层、砾石层;一般厚20m,个别可达50m
	洞庭湖组中段(Qp_2dt^2)	总体颜色为黄—褐黄色,上部为褐黄色、灰黑色黏土、粉砂,下部为褐黄色、灰色含砾砂层、砾石层,通常由两期沉积旋回构成;一般厚20m,个别可达80m
	洞庭湖组下段(Qp_2dt^1)	总体颜色为褐黄—青灰色,上部为灰绿色、绛红色黏土、粉砂,下部为褐黄色、灰色含砾砂层、砾石层;一般厚30m,个别可达90m
下更新统	湘阴组(Qp_1xy)	总体颜色为青灰色,上部为灰绿色、灰黑色黏土、粉砂,下部为褐灰色、灰色含砾砂层、砾石层;一般厚60m,个别可达100m以上
	华田组上段(Qp_1ht^2)	总体颜色为青灰色,上部为以绛红色为主的杂色黏土,下部为褐灰色、灰色含砾砂层、砾石层,杂色黏土是与湘阴组的分层标志;一般厚40~60m,个别可达100m以上
	华田组下段(Qp_1ht^1)	总体颜色为青灰色,上部为以绛红色、灰绿色为主的杂色黏土,下部为褐灰色、灰色含砾砂层、砾石层,出现大量炭化木碎屑;一般厚30~40m,个别可达100m

1.3.2.2　构造

洞庭湖盆地为扬子准地台江南地轴上的断陷盆地。形成于燕山期—喜马拉雅期。在断陷盆地形成的同时,其周边隆起。在盆地形成前,湖区及四周经历数次造山运动改造、叠加。武陵期和雪峰期为本区最老构造运动,成为褶皱基底构造。加里东期和印支期构造在本区东部表现为升降运动。由于这些构造运动的叠加改造,为洞庭湖盆地形成奠定了基础。早白垩世是湖盆形成的初期阶段,形成了早白垩世的桃源山间盆地,晚期扩大延至石门一带。其他广大地区仍为隆起区。晚白垩世为湖盆发展扩大阶段,由于地壳不均衡的升降,在盆地内形成北北东向的凸起与凹陷。西起有澧县凹陷、太阳山凸起、常桃凹陷、目平湖凸起、沅江-湘阴凹陷,其凹陷、凸起边界为构造断裂控制。在凹陷内沉积有上白垩统之内陆湖相沉积物,而凸起区则由前白垩系组成。这个时期洞庭坳陷盆地基本形成(柏道远等,2011)。

工作区的断裂构造主要有北北东—北东、北西—东西两组方向(图1.14)。北北东—北东向断裂主要有松滋-临澧-河洑断裂、岳阳-湘阴大断裂、监利-漉湖断裂、太阳山断裂。北西—东西向断裂主要有津市-石首-监利大断裂、长阳-监利-岳阳断裂带、槐湾-明山断裂(北景港断裂)、常德-益阳-长沙断裂等。这些断裂多数在燕山运动时期即已形成,新生代喜马拉雅运动又有多次活动,对现代地貌、第四纪沉积、地震、地热异常和火山活动等都有明显的控制或影响。

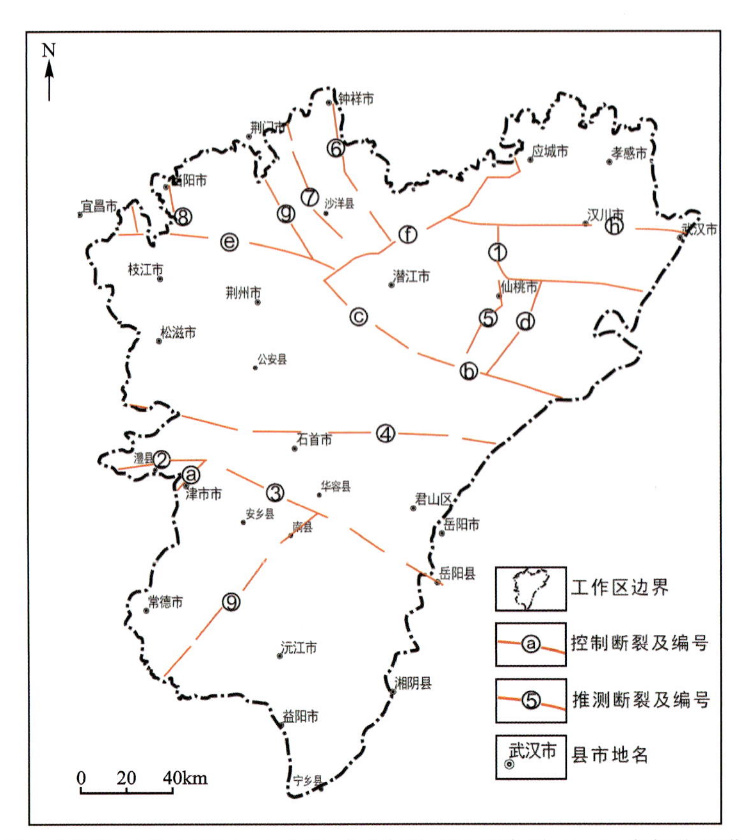

ⓐ太阳山东断裂；ⓑ周老咀断裂；ⓒ新沟-高平断裂；ⓓ河阳断裂；ⓔ纪山寺断裂；ⓕ潜北断裂；ⓖ麻洋潭断裂；ⓗ天门河断裂。①南县-汉寿断裂；②澄水断裂；③北景港断裂；④石首-监利断裂；⑤通海口断裂；⑥胡集-沙洋断裂；⑦武安-石桥断裂；⑧远安盆地东界断裂。

图 1.14　江汉-洞庭区构造纲要图

长江中游在燕山运动晚期受印度洋板块向欧亚板块俯冲推挤以及太平洋板块俯冲作用的交替影响，江汉-洞庭沉降带则是长江中游地区规模较大断陷盆地。沉降带的外围，总体处于隆升和剥蚀状态，其中东部的大别、天目一带隆升最为强烈；江汉-洞庭沉降带北部的鄂北地块受北北西向断裂控制呈隆凹相间的掀斜断块；武陵、雪峰和幕阜—九岭地区呈整体间歇性抬升。

洞庭湖盆地形成于燕山晚期，是雪峰弧形隆起中的强烈断陷盆地。早白垩世是湖盆形成的初级阶段，由西而东湖盆逐渐扩大，晚白垩世盆地发育成形，第三纪时盆地内继续接受沉积，但由于盆地内各地地壳升降的差异，沉积中心发生偏移，第三纪末由地壳全面隆升而结束了内陆盆地的历史。第三纪抬升、夷平背景下，更新世早期开始发生张裂，南部断陷接受沉积；早更新世晚期，发生整体断陷；中更新世中期，断陷扩展程度最高，此后又缩小；晚更新世时坳陷萎缩，北部仍有断陷迹象；全新世继续坳陷，范围又在扩大。这一坳陷过程至今仍在继续(梁杏等，2001)。因此，现代的洞庭湖盆呈现浅平底锅的特点。

这段时期盆地中沉积了厚度达 6000m 的陆相碎屑物质。根据盆地内沉积物厚度的变化，断裂构造的控制，可将盆地地区划分为一系列的北东向、北北东向的凹陷和凸起。由西而东为澧县-闸口凹陷、太阳山凸起、安乡-常德凹陷，目平湖凸起、沅江凹陷、麻河口凸起、湘阴凹陷、汴河-广兴洲凹陷。各凹陷与凸起间均由北东向、北北东向断裂分隔。

1.3.2.3　河湖演化

在洞庭湖区，杨达源从野外考察中观察到(杨达源，1986b)，湖区在晚更新世末期普遍堆积一层灰黄色、黄褐色粉砂黏土，当地称为“老黄土”。老黄土质地较硬，含铁锰质小球或斑点，多小根孔与虫孔。陈渡平等(2014)通过分析大量的钻孔发现,晚更新世地层岩性下部为黄色砂、细砂、粉砂、含砾砂,极少砂砾石,局部发育古土壤层;上部为灰色、灰白色、灰黄色黏土,具似网纹状构造,黏土黏性好,结构紧密,含较多的铁锰质结核。赵举兴(2016)在对洞庭平原腹地钻孔 S3-7 进行岩石地层划分时也注意到,上更新统安乡组由一期沉积旋回组成,底部为浅青灰色细砾石层,中部为褐黄色细—中砂层,顶部为褐黄色黏土质粉砂层,见铁锰结核(赵举兴等,2016;张晓阳等,1994)。这些研究者所观察到的上更新统顶部的富含铁锰质结核的硬黏土即是晚更新世末期古河间地表层物质经历长期的风化所形成的产物。

洞庭湖区全新世沉积物的空间分布揭示了末次冰期时下切河谷的存在(图 1.15)。杨达源(1986b)指出,湖区全新世堆积厚度与底界标高差别较大,并且可以从全新世沉积底界等高线图中观察到埋藏古槽谷;底界标高 10m 等位线所反映的主槽谷起端在湖区西南角现沅江河口段,向东经鼻滩—洲口—坡头,折向东北绕过赤山丘陵,再经南县城南乌咀附近—明山头南—南县华阁附近向东延入今东洞庭湖。常德附近现沅江河槽中的全新世沉积厚 25m 左右,底界在标高 10m 以下;洲口附近底界标高在 4m 左右;主槽谷尾段全新世沉积底界标高在−12m 以下。底界标高 20m 等位线除反映了主槽谷之外,还显示了 3 条支叉:第一支叉自湖区西北角,经南县武圣宫白蚌口附近向东南方向汇入主槽谷,可能为古澧水的尾段;第二支叉大体上是顺赤山丘陵东侧向北汇入主槽谷的,可能是古资水的尾段;第三支叉位于湖区东侧,可能是古湘江的尾段,其上半截偏在今湘江的东侧。陈渡平等(2014)注意到,全新世地层底部主要呈一近东西向的条带状分布,即分布于湖区中部的牛鼻滩、三仙湖、大通湖和东洞庭湖广兴洲一线,另外在澧水的中下游,沅江下游,资水下游的益阳东部,湘江下游的荷叶湖、漉湖一带也有少数地区分布。

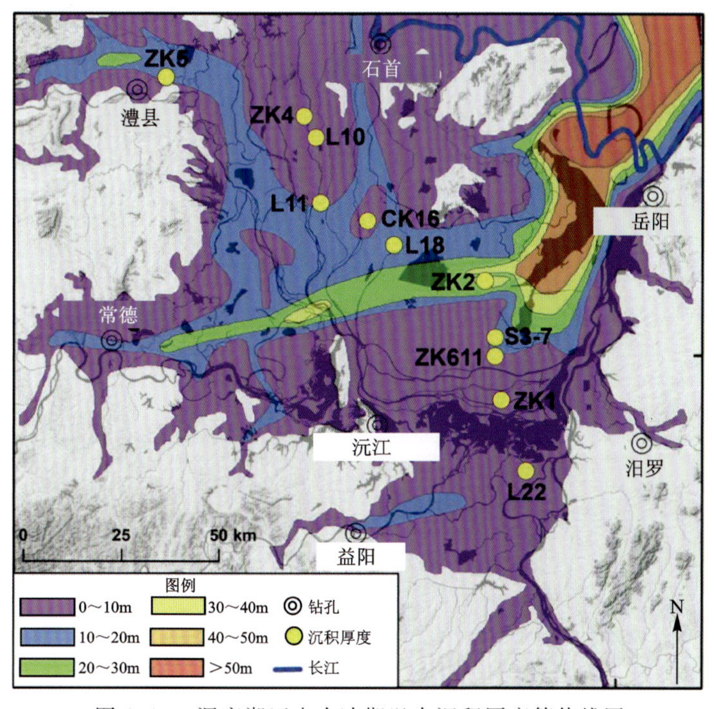

图 1.15 洞庭湖区末次冰期以来沉积厚度等值线图

为了进一步刻画洞庭湖区晚更新世末期的下切河谷,从文献收集了来自湖区呈近北西-南东走向的 11 个钻孔(张晓阳等,1994;张建新,2007),综合前人研究的岩性及年代结果,在钻孔中勾勒出 LGM 时古地面的位置,对应于江汉平原 LGM 时的沉积间断面(图 1.16)。从这些钻孔中 LGM 分布的深度差异中,可以清楚地看到,在当时洞庭湖区也是由下切河谷与河间地间相间形成的深切地貌。项目组在南县实施的钻孔 BMS003 也可明显观察到深切河谷地貌:0～21.4m 深度为黏土或亚黏土,为全新世湖相沉积;21.4～37.6m 为不同粒度砂,为 LGM 后快速沉积阶段;37.6～50m 为砂砾石夹卵石,为 LGM 时的深切河谷。

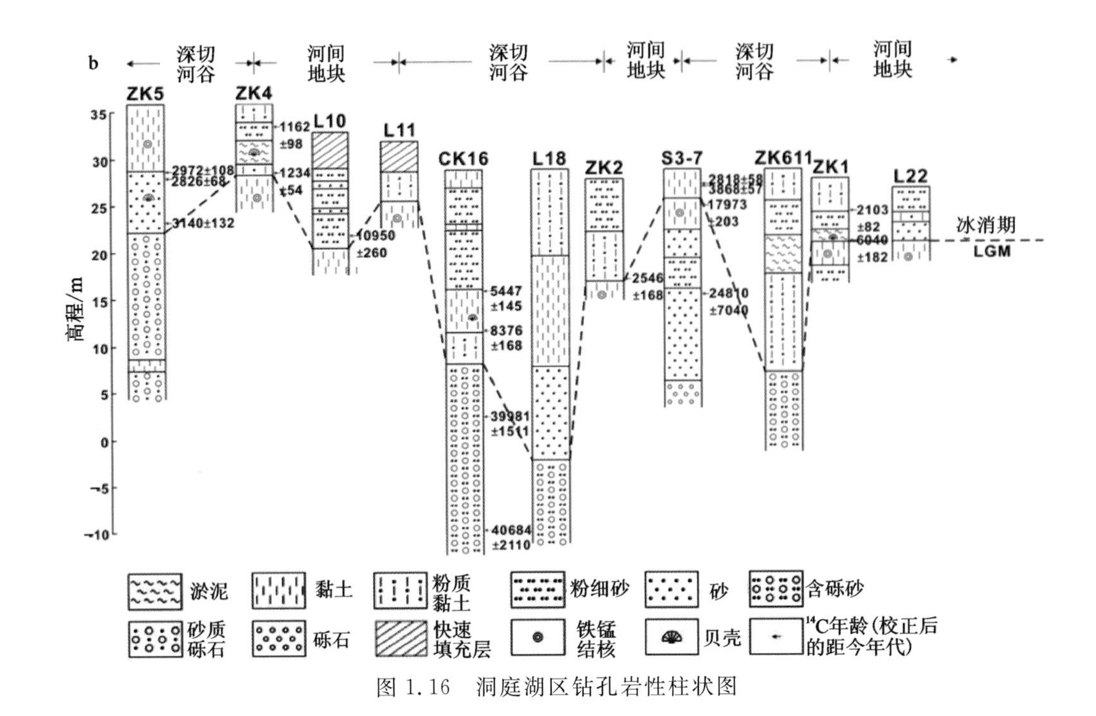

图 1.16　洞庭湖区钻孔岩性柱状图

对于洞庭湖的形成，仅有有限的几个年代学数据可供参考。在位于下切河谷的钻孔 CK16 中，于标高 10～14m 有一层富含贝壳碎片的灰绿色粉砂质黏土(张晓阳等，1994)。该层粉砂质黏土顶部及底部的^{14}C 年龄分别为(5447±145)a 和(8376±168)a；如果认为该贝壳黏土层代表着浅湖的环境，那洞庭湖的形成应不晚于 8ka 左右(张晓阳等，1994)。在位于河间地的钻孔 ZK1 和 ZK4 中，同样也含贝壳碎片的淤泥层，分别处在标高 22m 和 30m 左右(张建新，2007)。由于淤泥层更加明确地反映了湖泊环境的存在，因此通过它们的年龄可以知道湖泊环境扩展到这两处地点分别在 6ka 和 1ka 左右(张建新，2007)。利用新石器文化遗址的迁移推断全新世洞庭湖的湖面变化，结果表明到早全新世(10～9ka)，湖水位就已经达到海拔 22m，随后到 4ka 前该水位一直在附近上下振荡。因此，前人的年代学结果支持洞庭湖早在全新世便已形成，但在早期主要分布在下切河谷的内部，而到了中全新世，洞庭湖便扩张到漫出下切河谷的限制成长为一个真正的大湖。

1.3.2.4　水文地质

1. 松散岩类孔隙水

松散岩类孔隙水主要分布于洞庭湖平原地区，面积约 20 538km^2，含水地层岩性以第四系河流相砂砾石、砾卵石、砂为主。该层呈多层结构，厚度大，根据含水层空间上分布的连续性及富水特征，可分为 3 个含水岩组。

全新统孔隙含水岩组广泛分布于湖区平原及现代河谷，其厚度一般小于 10m。盆地中心牛鼻滩—酉港—大通湖及岳阳广兴洲—君山农场等地的厚度较大，一般大于 20m，最大达 54.18m。岩性多为河相、河湖相的黏土、砂质黏土和粉细砂。含水层厚度一般为 5m 左右，其分布面积不广，且明显显示出资水、沅水、澧水及藕池河的古河道。含水层单井水量受岩性影响较明显，在岳阳广兴洲—君山农场一带相对较大，可达 1000～1500m^3/d，其他地区一般小于 500m^3/d。

上、中更新统含水岩组是洞庭湖区分布最广的含水岩组。在湖盆四周有较大面积出露。在湖区平原一般埋藏于全新统含水岩组之下，厚度一般为 40～110m，形成多个沉积中心。沉积物由河相、河湖相、湖泊相的黏土、砂质黏土层、砂和砂砾石层组成多个韵律层。在北部以长江冲积物为主，颗粒分选性较好，大多为中细砂。该含水岩组是湖区富水性最好的含水岩组，单井水量为几百至1万m^3/d。在周边地区，一般小于$500m^3/d$，向中心增大，在中部地区一般大于$2000m^3/d$，最大在大通湖纱厂，达10 200m^3/d。

下更新统含水岩组分为上、下二段：上段在盆地周边有小面积出露，大部分埋藏于地下。盆地中心一般厚40～80m，边缘一般厚20～40m，平均为43.91m，最厚在汨罗ZK239孔，达127.64m。其岩性主要为河湖交替相，呈多韵律的黏土、砂质黏土、砂和砂砾石。单井水量相对上中更新统含水岩组小，但一般大于$500m^3/d$，在西洞庭湖地区一般大于$2000m^3/d$，其他地区为500～$1000m^3/d$。下段仅在澧县盆地有小面积出露，其他均埋藏于地下，是分布范围最小的含水层。厚度变化大，一般为50～70m，在沉积中心为70～100m，平均为55.33m。其岩性主要为河流相、河湖交替相、湖泊相的黏土，不同粒级砂、砂砾石和砾卵石。该段富水性较上段差，单井水量大部分地段小于$500m^3/d$，但在西北部澧县、西部西洞庭湖及中部沅江华田一带，单井水量大于$1000m^3/d$。

2. 基岩裂隙水

基岩裂隙水主要分布于工作区周边岗地及低山区，按地下水赋存条件和含水层岩性、结构，可分为层状岩类裂隙水和块状岩类裂隙水。

层状岩类裂隙水含水岩组由前震旦系(Pt)、震旦系(Z)、寒武系(∈)、奥陶系(O)、志留系(S)、泥盆系(D)、石炭系(C)、三叠系(T)及侏罗系(J)等地层组成，岩性为板岩、千枚岩、变质砂岩、石英砂岩、硅质岩、砂岩、页岩及板状页岩。富水性一般为中等—贫乏，泉水流量一般为0.023～0.794L/s，最大者可达3.13L/s，水化学类型为重碳酸钙、重碳酸镁或重碳酸钠镁型，pH值为5.5～8.0，矿化度为150～500mg/L。

块状岩类裂隙水含水岩组主要由燕山期花岗闪长岩和二长花岗岩等岩浆岩组成，主要分布于东部周边地区，南部和北部均有少量分布。地下水赋存于风化裂隙和构造裂隙中，富水性一般为贫乏，泉水流量一般小于0.1L/s，水化学类型为重碳酸钠、重碳酸钠钙或重碳酸钠镁型水，pH值为5.5～7.7，矿化度一般为24～202mg/L。

碳酸盐岩类岩溶水主要分布于西部常德蔡家岗、东北部临湘市路口铺及南部宁乡市喻家坳一带，按赋存条件可分为裸露型、覆盖型和埋藏型。含水岩组主要为石炭系(C_{2+3})、泥盆系(D_2q)、二叠系(P)、奥陶系(O_{1+2})及寒武系(∈)地层，岩性主要为薄—中层灰岩、白云质灰岩、白云岩、泥质灰岩、硅质灰岩等。富水性一般为中—丰富，泉水流量一般为6.4～9.34L/s，地下暗河流量可达100L/s，钻孔涌水量一般为500～$1000m^3/d$。岩溶发育最大深度达300m以上，覆盖层厚度可达86.25m以上。水化学类型为重碳酸钙型或重碳酸钙镁型，pH值为6.5～7.8，矿化度为240～280mg/L。

碎屑岩类裂隙孔隙水分布于周边丘陵岗地及低山地区，含水岩组由第三系(E)及白垩系(K)组成，岩性为紫红色、砖红色砂岩、细砂岩、泥岩及泥质灰岩，富水性由贫乏—中等，变化较大，泉流量为0.1～0.794L/s，局部最大可达20.73L/s，水化学类型为重碳酸钙型，pH值为6.5～6.8，矿化度为230～280mg/L。

1.3.3 丹江口库区

1.3.3.1 地　层

工作区地层自然分区由北向南依次为华北区南缘地区、北秦岭区、商丹蛇绿构造混杂岩带、中秦岭区和南秦岭区。其中华北区与北秦岭区以洛南-栾川断裂为界，北秦岭区和中南秦岭区以商丹蛇绿岩带为界，中南秦岭区以山阳-西峡断裂进一步分为中秦岭地区、南秦岭地区。

华北地层区仅涉及南缘地区，地层组成和序列结构总体与我国华北区相似，但新元古代地层具有一定特殊性。主要由6个断代地层构成：①太古宙地层由高级变质火山岩-沉积岩组成，含磁铁石英岩，火山岩部分具辉绿岩带特征，内有侵入杂岩。②古元古代地层由低级变质陆源碎屑岩组成，碎屑岩成熟度较高，含磁铁矿和磷质。③中元古代—青白口纪地层，主要由不变质或低级变质海相碎屑岩-碳酸盐岩组成，但长城纪早期由具伸展性质中—基性火山岩组成，与下伏基底为不整合接触。④南华纪—奥陶纪地层，由不变质海相沉积岩组成。南华纪地层主要分布于南缘，由碎屑岩-碳酸盐岩组成，底部有不稳定砾岩，局部有粗面质火山岩-次火山岩，与下伏地层为平行不整合接触。震旦纪地层由冰成岩组成。寒武纪—奥陶纪地层主要由镁质碳酸盐岩夹泥碎屑岩组成，但奥陶纪时期南缘碎屑岩较为发育，并具陆缘斜坡沉积特征；寒武系底部有含磷碎屑岩。⑤晚石炭世—白垩纪地层，缺失志留纪—早石炭世地层，自晚石炭世始由海陆相过渡沉积全面转变为陆相沉积地层。晚石炭世—二叠纪地层由碎屑岩组成，与下伏早古生代地层为平行不整合接触。三叠纪地层分布零星。白垩纪地层较集中分布于六盘山以东，由巨厚山麓碎屑岩堆积组成。⑥新生代地层，新生代以第四纪地层最为发育，除河流两岸由冲洪积成因的地层外，主要由风成黄土和风成砾组成。

北秦岭地层区主体由5个断代地层构成，之间均以断裂构造面理相接触。①古元古代地层，原岩为海相沉积岩夹火山岩，有富铝沉积岩，经高级变质，具变质核杂岩特征。②中—新元古代地层，由中—低级变质火山岩-泥碎屑岩-碳酸盐岩组成，火山岩以基性为主。③早古生代地层由中—低级变质火山岩-泥硅质岩-碎屑岩夹碳酸盐岩组成，火山岩西段以中、酸性岩为主，东段以中—基性岩为主。④晚古生代地层，出露零星，主要由低级变质泥碎屑岩组成，局部与早古生代地层有沉积间断。⑤中—新生代地层，分布极为零星，属山间断陷沉积，第四系以西部出露较多，以冲积、洪冲积为主，西部由风成黄土和风成砂组成。

中秦岭地区主要由晚古生代—三叠纪地层组成。①中—新元古代地层，仅在黄渚镇、闫井东裸露少数低级变质泥碎屑岩-碳酸盐岩组合，上与泥盆纪地层为断层接触。②南华纪—早古生代地层，组成和序列结构与南秦岭地区东段郧西-淅川基本相似。③晚古生代地层，泥盆纪地层在中—东段柞水县—山阳县一带由具一定活动性的泥质岩、碎屑岩夹不稳定碳酸盐岩组成。中西段由碎屑岩-碳酸盐岩组成，礼县以南碳酸盐岩增多，以北晚泥盆世地层则由海陆交互相碎屑岩组成。④中—新生代地层的组成和序列结构总体与南秦岭地区相似，此阶段，中、南秦岭已成为统一的沉积盆地。

南秦岭地区为中南秦岭地层区主体，地层序列较为完整，由5个断代地层构成。①新太古代—古元古代地层，由高级变质岩组成，分布于马道、佛坪及淅川等地。②中元古代—南华纪地层，主要出露于安康—武当山一带，由中—低级变质中—酸性和中基性火山岩组成，与下伏地层为断层接触。③震旦纪—志留纪地层，主要分布于石泉—旬阳—淅川，沿武当山周边出露，留坝以西以志留纪地层为主。震旦纪—奥陶纪地层，在东段旬阳—淅川主要由碳酸盐岩组成，夹少数碳硅质岩。旬阳以西主要由泥质岩、碳硅质岩夹碳酸盐岩组成。奥陶纪地层在西段康县大堡夹火山岩。志留纪地层主要由泥质岩、碎屑岩组成，夹不稳定碳酸盐岩，西段泥碎屑岩部分含碳。④泥盆纪—三叠纪地层，基本由未变质海相沉积岩组成，与早古生代地层在东段旬阳—淅川一带为不整合接触。晚古生代地层由泥质岩、碳酸盐岩相间组成，底部有不稳定粗碎屑岩。西段迭部—陇南一带碎屑岩较为发育，在尕海则以台地相碳酸盐岩为主，而在东段淅川一带碎屑岩较为发育。三叠纪以早—中三叠世地层为主，但在碌曲—宕昌洮河两岸包含有晚三叠世早期(卡尼阶)沉积地层，主要有泥质岩、碎屑岩夹少数碳酸盐岩组成。晚三叠世中—晚期在西段发育有中—酸性陆相火山岩地层。⑤侏罗纪—新生代地层，为山间和断陷盆地沉积，主要分布于西段。侏罗纪地层由含煤碎屑岩组成，白垩纪地层主要由红色粗碎屑岩组成。在迭部郎木寺和同仁多福屯侏罗纪和白垩纪地层出现有中—基性火山岩。古近纪—新近纪地层主要由河湖相杂色碎屑岩组成。

1.3.3.2 构造

1. 区域地质构造

区内断裂以北西向断裂为主，其次为北东向、近南北向断裂；按断裂规模、活动历史、是否具分割意义，将区内断裂分为华北板块、商丹结合带和扬子板块南秦岭被动陆缘等。

华北板块：主要为华北陆块南缘基地、熊嵴裂谷、克拉通盆地和华北陆块南缘活动陆缘宽坪弧后盆地、斜峪关岛弧及弧后盆地、秦岭地块。

商丹结合带：北界为商丹构造带北缘断裂，南界以山阳-西峡断裂为界。组成有早古生代蛇绿岩岩块、丹凤岩群变火山岩-火山碎屑岩夹碳酸盐岩、界牌岩组变质岩、龟山组变碎屑岩夹碳酸盐岩，以及时代不明火山岩等岩片、岩块和古生代侵入体，上被中生代陆相地层不整合覆盖。

扬子板块：主要为南秦岭被动陆缘＋裂陷盆地。北为商丹俯冲增生杂岩带相邻，南以石泉-安康（月河）断裂与北大巴山陆缘裂谷相邻。南秦岭被动陆缘发育在前南华基地之上。

2. 新构造运动

汉江上游地处扬子准地台和华北地台交接地带，加里东运动和海西运动在本区表现强烈，元古宙和古生代岩层遭受深度变质，片麻岩、片岩等变质岩广泛出露。在南北向的构造应力作用下，基底岩层经受强烈挤压，褶皱紧密，断裂发育。区域性的东西向构造线为本区重要构造骨架。

汉江上游山地在三叠纪末的印支运动结束海侵隆起成陆，燕山运动对本区影响巨大，褶皱断裂活动显著，有大规模的花岗岩侵入，沿断裂线还控制着一系列新生代断陷盆地，再经喜马拉雅运动和新构造运动的改造，原来上升的秦岭和大巴山断块山地沿断裂线持续上升，相对下降的低洼盆地沿断裂线再次拗折下降接受沉积，形成现今山地、丘陵和盆地等多种地貌形态。区内主要新构造运动遗迹如下：

第四纪褶曲和断裂。新构造运动引起的褶皱断裂，特别是构造断裂，主要发育于汉江及支流。如石泉学堂梁发育于中更新世粉砂质黏土中褶曲；池河清明梁发育于中更新世灰白色砂砾石层与黄色亚黏土和新近系红色砂岩高角度断层接触带（齐国凡，1981）。老灌河五里川红土岭白垩系缓倾角的砂砾岩在接近断层时，倾角越来越陡，以至直立。

河流袭夺和流向突变。如嘉陵江溯源侵蚀袭夺汉江支流漾水，使漾水成了“断头河”；支流池河流向突变，出口与汉江呈锐角相交，构成明显的逆向河。

岭高谷深，阶地发育。崇山峻岭、深切峡谷，反映了新构造运动强烈上升的特点。碳酸盐岩分布区层状溶洞和夷平面对应。断陷盆地河流阶地发育，少的Ⅱ、Ⅲ级，多的Ⅳ、Ⅴ级。如安康盆地左岸发育Ⅳ级、右岸Ⅲ级阶地。老灌河、淇河普遍发育Ⅲ级阶地。由沿河阶地及砾石层分布高程差异，可以看出本区间歇性隆起程度。

深切河曲。高低侵蚀面之间深切的河曲、离堆山及古河道砾石层，表明在新构造运动之前，河流在平坦地表左右摆荡，随着新构造运动不断隆升，河流下切，形成深切河曲。

另外，高悬的暗河出口也反映了新构造运动上升速度大于地下暗河水流下蚀速度。汉江上游新构造运动主要表现为间歇性的大面积不平衡隆起、峡谷盆地式构造河谷地貌显著及显著的继承性等特点。

1.3.3.3 水文地质

区域内以北西西向构造为主，控制着地层的展布、地貌类型及其特征。经过多次构造活动，形成了不同规模的破碎带，沿深大断裂带形成大小不等呈北西西向展布的断陷（或坳陷）盆地。多期次的构造运动，使岩层褶皱、断裂，形成空隙网络系统，地下水即赋存于其中，从而形成不同类型的地下水。

根据区内含水介质特征、地下水赋存条件和水动力特征，将区内地下水分为松散堆积物孔隙水、碎屑岩类裂隙孔隙水、碳酸盐岩类裂隙岩溶水及基岩裂隙水四大类型，依据基岩裂隙水岩体结构差异，细分为层状变质岩类裂隙水和块状岩浆岩类裂隙水两个亚类。富水程度分为贫乏、中等、丰富3级。

1. 松散堆积物孔隙水

区内平原属南襄拗陷的一部分（西北部边缘地带），是松散岩类孔隙水赋存和富集的主要场所。第三纪、第四纪沉积了巨厚的复陆屑式建造，形成了一套多层叠加的含水岩组，其赋存条件和分布规律与空隙发育特征有关。然而孔隙发育特征直接取决于岩性岩相和地质结构。岩性岩相和地质结构是在古气候、古地理、古水文网特征、构造运动等条件的综合作用下形成。

松散堆积物孔隙水主要分布于岗地、盆地及宽缓河谷区，山间洼地底部、各级剥夷面上的槽谷等零星分布。区内如商丹盆地丹江沿岸、丹江荆紫关-盛湾段、老灌河支流丁河西坪-西峡段、老灌河西峡-淅川段、天河郧西盆地、汉江郧县段、犟河及十堰城区等零星或呈带状集中分布，南襄盆地则大面积分布。

斜坡、槽谷、洼地及岗地多以强风化、残坡积粉质黏土含碎石为主，岗地平台亦有冲洪积黏土含钙质结核、砂砾等，厚度多小于30m，砂砾层厚度小，且含泥，富水性弱至中等，以弱富水为主。主要接受降雨入渗补给，径流途径短，水量季节性特征明显。

河漫滩及阶地下水赋存于砂-卵砾石层中，水量丰富，远离河道段具有一定承压性，与河水水力联系密切，埋深多小于10m。主要接受大气降雨和侧向径流补给，与河水呈互补关系，动态变化明显（图1.17、图1.18）。

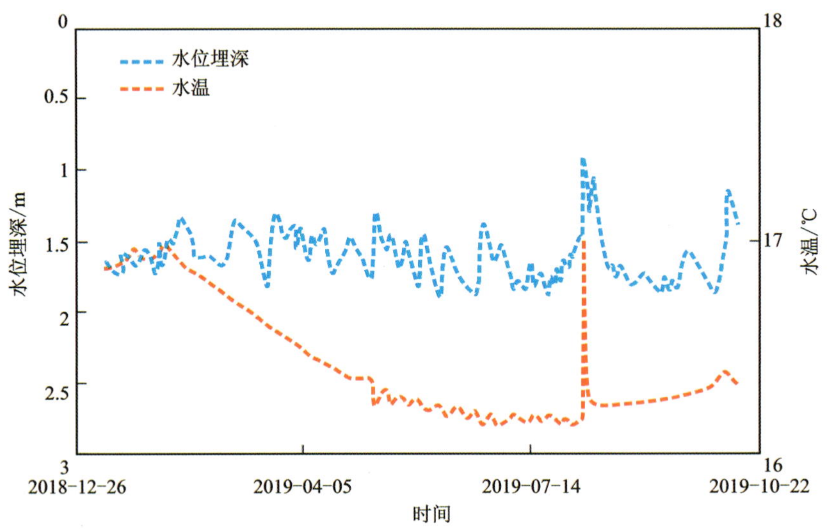

图1.17　泗河上游支流大坪河观测孔地下水水位、水温动态变化

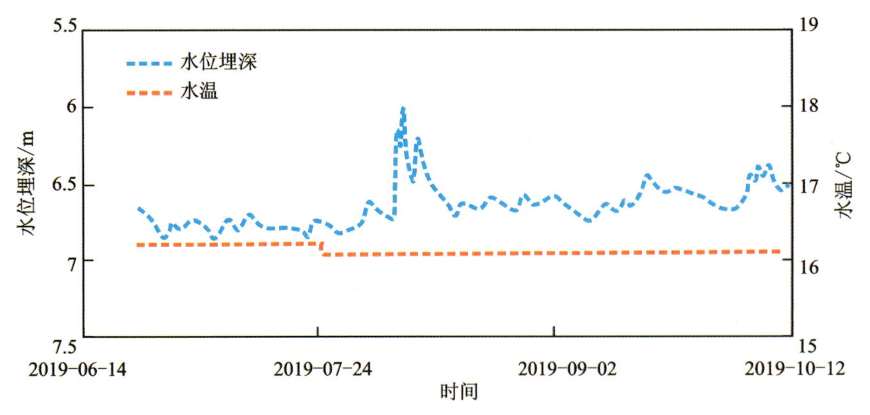

图1.18　泗河下游观测孔地下水水位、水温动态变化

浅层含水岩组富水性特征与地貌、地层岩性及地质结构条件的关系密切，不同地带主导因素不同。如武当山镇泅河河漫滩、浪河入库河口、丹江口市及下游汉江河漫滩和阶地区，含水层岩性为全新统砂、砂砾石，厚6～15m，二元结构明显，水位埋深Ⅰ级阶地区小于10m，水质良好，以重碳酸钙水为主，矿化度小于0.5g/L，为富水区；淅川县城一带老灌河漫滩及阶地区，二元结构明显，水位年变幅小于3.40m。单井涌水量391.85～519.18m^3/d，为中等富水区。山前岗地区，50m埋深以内中更新统冲洪积为主。

砂层很少，厚度小，且含泥砂质，以含黏土裂隙水为主，富水性差，水位埋深变化大，为贫乏富水区。

中等富水区，分布于香花镇一带，含水层顶板埋深50～70m。局部和浅水层相通，是深层水向浅层水排泄的主要通道。岩性为含砾中、粗砂、泥质粉砂等，含水层揭穿厚度33.84m，由数个单层组成，为承压水，水位埋深变化较大。贫乏富水区，分布于韦集一带，属南阳盆地的边缘部位，含水层厚34.7m，由数个单层组成；水位埋深21～34.4m。

2. 碎屑岩类裂隙孔隙水

碎屑岩类裂隙孔隙水主要分布在中新生代断陷盆地内，含水层为新近系、古近系、白垩系砂砾岩、黏土岩及泥灰岩。其他呈条带状分布于区内，岩性以砂岩、硅质岩为主。含水特征取决于岩石胶结和裂隙的发育程度。富水性由中等到贫乏，以贫乏为主。出露面积5156km^2，占全区的20.2%。由砾岩、砂砾岩构成的含水岩层，富水性中等。如习家店北部掇刀石组的砾岩，砾石含量较高，其砾石成分主要为灰岩、白云岩，构造裂隙及溶蚀裂隙较发育，出露的泉水较多，泉水流量0.01～12.85L/s不等。区内碎屑岩地层泥质含量高，钙质胶结好，地表植被覆盖少，富水性贫乏。泉水动态随季节变化大。

3. 碳酸盐岩类裂隙岩溶水

碳酸盐岩类裂隙岩溶水赋存于岩层中的溶蚀孔洞和溶蚀裂隙内。岩溶水的赋存和分布规律主要与岩溶发育特征及发育规律有关。而岩溶发育特征及规律又受岩性、构造、水交替条件、气候等因素的影响。地层组合特征决定了岩溶裂隙水的富水特征。以灰岩、白云质灰岩、大理岩为主的可溶岩层连续性厚度大，成分纯，有利于岩溶发育，富水性中等至丰富。碳酸盐岩以互层或夹层分布，可溶岩厚度小，富水性贫乏。出露面积5068km^2，占全区的19.9%。

区内大多含水岩组由震旦系灯影组、中上寒武统、下奥陶统、下石炭统灰岩、白云质灰岩、白云岩、泥质条带灰岩、白云质大理岩等构成，呈条带状分布。该含水岩组碳酸盐岩较纯，裂隙、构造、层面及易溶岩与难溶岩接触带等，为岩溶发育提供了有利条件，溶隙、溶洞发育。如老灌河上游朱夏断裂带北侧达大理岩、结晶灰岩等，裂隙、岩溶发育，地下水以溶洞水为主，伴有裂隙含水。区内最大流量146L/s，最小0.039L/s，相差悬殊。如习家店镇北部左绞村白土寨泉，系震旦系灯影组白云岩岩溶裂隙水受白垩系寺沟组砂砾岩阻隔成泉。流量0.1L/s，一年四季基本不变。习家店集镇南部鸡鸣泉，流量达146.3L/s，动态流量较稳定，受季节变化影响不大。淅川县老城镇北2km周家营村西的黑龙泉，出露于奥陶系白龙庙组厚层白云岩中，丰水期流量达105.01L/s，为老城镇及周边地区主要供水水源地。滔河南化塘温泉由泉群组成，出露于近南北向压扭性的弧形断裂带上，出露地层为灯影组白云质大理岩，裂隙、岩溶发育，富含岩溶水。其南部、东部千枚岩和片岩为相对隔水层，地下水沿断裂交会部位裂隙带上溢，水温26℃，总流量达5.069 L/s，动态较稳定。

淅川县寺湾镇鹑鸪峪泉出露于山前地带震旦系灯影组角砾状白云岩中，属断层上升泉，断层带岩石破碎，泉口标高190m。泉东为灯影组白云岩，泉西为白垩系砾岩，角砾状白云岩受断层影响，产状混乱，岩溶发育以南北向的小溶洞为主，岩溶水受白垩系砾岩阻隔，以断层破碎带为集水廊道，并沿断层破碎带由东向西运移，受白垩系砂岩、泥岩及山前亚黏土、黏土相对隔水层阻隔上升而出露，泉水流量较大，达44.1L/s，随季节性变化较大。

由石墨大理岩、白云石大理岩夹石墨片岩、斜长角闪岩构成的碳酸盐岩夹变质碎屑岩裂隙水，泉流量多为1～10L/s。由以灰岩、页岩互层为明显特征的，泉流量为0.18～3.426L/s，75%以上小于1L/s。野外调查地表溶蚀情况显示，灯影组下部、中部溶蚀弱，中下部及上部溶蚀明显，中上寒武统上部溶蚀强烈。白云岩地表一般溶蚀不明显，灰岩溶蚀强烈。岩性的差异一定程度决定其岩溶发育，其富水性强弱受溶蚀控制明显。钻孔抽水试验，涌水量最大达4979m^3/d，最小2m^3/d。

4. 基岩裂隙水

基岩裂隙水赋存于岩浆岩、变质岩的裂隙内，区内基岩裂隙水大面积分布在南部和北部，总面积14 080km^2，占全区的55.2%。可分为层状变质岩类裂隙水和块状岩浆岩类裂隙水。层状变质岩裂隙水分布广泛，总面积12 423km^2，占全区的48.7%。在强烈切割的沟谷中常以下降泉形式出露，流量多为0.1～0.5L/s。根据丹江口、黄龙滩钻孔及矿区资料，风化厚度2～43.5m，一般13～18m。钻孔涌水量2.33～38.19m^3/d。局部浅层风化裂隙水以侵蚀下降泉形式溢出，常修建小型集水池或拦水坝。如淅川县张沟西北约300m的青龙泉，出露4～5个泉眼，总流量约为5.6L/s。此类含水岩组富水性中等至贫乏，以贫乏为主，属贫水区。

块状岩类裂隙水主要指多期次岩浆岩，岩性为花岗岩、花岗斑岩、闪长岩等，区内总面积1657km^2，占全区的6.5%。具风化和构造裂隙，风化带厚10.46～32.46m，裂隙密集带为主要储水场所，在冲沟沿裂隙溢出形成侵蚀下降泉。此含水岩组分布广而分散，泉流量多小于0.1L/s，富水性贫乏。

5. 相对隔水层

变质岩系泥化层及D_{2+3}、S、O_3、$\in_1$、Z_1d等以泥岩、板岩、页岩为主的地层，中新生代泥岩，风化层以下基本不含水，可作为相对隔水层。在区内出露面积337km^2，仅占全区的1.3%。

6. 地下水补给、径流与排泄及动态特征

调查区以山地为主，地下水补给主要来源于大气降水，少量侧向径流补给。地下、地表分水岭基本一致。区域地质构造与地层岩性控制着地下水的径流范围，地下水向附近沟谷排泄，形成山间河谷地表水流。

浅层孔隙水主要分布于断陷河谷盆地及丹江口库区瓦亭—香花—范岗倾斜平原一带。地形平缓，垂直渗透性较好，降雨是地下水主要补给来源。山间河谷区河流坡降较大，主要以地下水向河流排泄补给为主。以地下潜流或侵蚀下降泉的形式向地表水排泄，动态随季节变化，年变幅0.33～4.95m。中深层地下水埋藏深，补给条件差，主要靠侧向径流补给，向下游排泄或人工开采，动态相对较稳定，年变幅小于1.0m。水位变化有逐年下降趋势。

孔隙裂隙水分布在中、新生代断陷盆地红层内，其边界多为压性、压扭性隔水断裂或不整合接触与其他含水岩组隔开，孔隙裂隙不发育，侧向补给量小。主要接受大气降水入渗补给。该区水系切割密度大，地下水径流途径短，多以侵蚀下降泉向沟谷排泄。

裂隙岩溶水动态与降雨密切相关，泉水流量一般在雨季陡增，如小浏淤泉水旱季最小流量为1.41L/s，雨季最大流量可达12.55L/s。大气降水是其主要补给来源，变质岩、岩浆岩侧向径流补给量甚微。

裂隙岩溶水排泄以侵蚀下降泉、断层泉、接触泉、侵蚀上升泉排泄。季节性变化显著，补给区积水面积大，径流途径长，枯水期不干枯。

基岩裂隙水分布面积大，埋藏较浅，风化构造裂隙发育深度小于43m，较有利于降水及浅层孔隙水入渗。地下分水岭与地表分水岭基本一致，就地补给，就近向沟谷排泄。地下水井流途径短，水交替迅速，以潜流和泉水的方式进行排泄，动态随季节变化明显。

1.4 水文-生态-环境地质问题

1.4.1 丹江口库区地表水

1.4.1.1 背景和现状

2014年丹江口水库汉江白河、凉水河，支流天河、堵河，丹江干流湘河、支流滔河等多个省界水体断面年度水质类别均为Ⅰ、Ⅱ类，水质优良。16条直接入库河流中符合或优于Ⅲ类的河流有11条，其中汉江、淘沟河、丹江河滔河水质为Ⅰ类，将军河、天河、堵河、官山河、淇河和老灌河水质为Ⅱ类，浪河水质为Ⅲ类。劣于Ⅲ类的河流有5条，其中犟河、泗河、剑河、神定河等由于沿河工业和生活废污水收集或处理不到位，水质较差，为劣Ⅴ类，超标项目主要为化学需氧量、高锰酸钾指数、5d生化需氧量和氨氮。水库主体及大部分支流为贫营养或中营养状态，个别支流入库河段及局部库湾为轻度富营养至中度富营养状态。

2015年，水源区十堰市范围内49个考核断面中，Ⅰ类水质断面3个，占6.1%；Ⅱ类水质断面39个，占79.6%；Ⅲ类水质断面3个，占6.1%；Ⅳ类水质断面1个，占2.1%；劣Ⅴ类水质断面3个，占6.1%。水质劣于Ⅲ类的断面主要分布在十堰市神定河、泗河、犟河、剑河，主要污染指标为氨氮、总磷、化学需氧量(COD)和石油类。丹江口水库为中营养水平，总氮浓度在1.3mg/L以上，入库河流总氮浓度在2～10mg/L之间(胡玉等，2019)。

通过近些年来水土防治，水质改善明显。资料显示，2019年商洛市丹江20个监测断面水质全部达到功能区标准，出省断面水质达到国家地表水Ⅱ类标准，9个城市饮用水水源保护区水质100%达标。河南省南阳市丹江、老灌河、淇河、蛇尾河、丁河和丹江口水库6个监测点位均符合地表水Ⅱ类标准，水质状况为优(表1.8)。十堰市环境保护监测站公布的《十堰市环境质量状况(2019)》显示：35个国控、省控、市控地表水断面中，符合Ⅰ～Ⅲ类的断面有33个，占94.3%；劣Ⅴ类断面有2个，占5.7%；水质达标率为97.1%(34个断面符合规划类别)，与2018年持平。丹江口水库、黄龙滩水库2座水库8个测点中，水质现状类别均为Ⅱ类，水质总体为“优”。超标断面为神定河口和泗河口，主要污染物为氨氮。水库水体为中营养状态(陈珍等，2017)。

表1.8 2019年十堰市地表水考核断面水质类别

序号	河流名称	断面名称	断面属性	水质目标	2018年水质	2019年水质	2019年水质评价	超标项目、类别及超标倍数
1	丹江口水库	坝上中	国控	Ⅱ	Ⅱ	Ⅱ	优	—
2		何家湾	国控	Ⅱ	Ⅱ	Ⅱ	优	—
3		江北大桥	国控	Ⅱ	Ⅱ	Ⅱ	优	—
4		五龙泉	国控	Ⅱ	Ⅱ	Ⅱ	优	—
5	黄龙滩水库	黄龙1	国控	Ⅱ	Ⅱ	Ⅱ	优	—
6		黄龙2	国控	Ⅱ	Ⅱ	Ⅰ	优	—

续表 1.8

序号	河流名称	断面名称	断面属性	水质目标	2018 年水质	2019 年水质	2019 年水质评价	超标项目、类别及超标倍数
7	汉江	陈家坡	国控	Ⅱ	Ⅱ	Ⅱ	优	—
8	金钱河	夹河口	国控	Ⅲ	Ⅱ	Ⅰ	优	—
9	堵河	焦家院	国控	Ⅱ	Ⅱ	Ⅱ	优	—
10	天河	天河口	国控	Ⅲ	Ⅱ	Ⅲ	良好	—
11	剑河	剑河口	国控	Ⅲ	Ⅳ	Ⅱ	优	—
12	浪河	浪河口	国控	Ⅱ	Ⅱ	Ⅱ	优	—
13	官山河	孙家湾	国控	Ⅲ	Ⅱ	Ⅲ	良好	—
14	滔河	王河电站	国控	Ⅱ	Ⅱ	Ⅱ	优	—
15	神定河	神定河口	国控	氨氮≤3.5mg/L，总磷≤0.35mg/L，其他指标为Ⅳ类	劣Ⅴ	劣Ⅴ	重度污染	氨氮（劣Ⅴ类）3.68mg/L
16	泗河	泗河口	国控	氨氮≤3.5mg/L，总磷≤0.5mg/L，其他指标为Ⅳ类	劣Ⅴ	劣Ⅴ	重度污染	氨氮（劣Ⅴ类）2.19mg/L
17	曲远河	青曲	国控	Ⅱ	Ⅰ	Ⅰ	优	—
18	犟河	东湾桥	国控	Ⅲ	Ⅱ	Ⅲ	良好	—

监测数据表明，尽管神定河、泗河支流河口水质为劣Ⅴ类，达到重度污染，但整体趋好（表 1.9）。神定河和泗河入库水量（年均径流总量 35.48 亿 m^3）与汉江入库水量（387.8 亿 m^3）相比，仅占 9.1%，对水库水质影响有限（胡玉等，2019）。但从控制水库总氮、总磷，防止库水富营养化风险和保持水质持续向好方面考虑，支流水质现状与目标还有一定差距，个别指标有反复，需要进一步采取治理措施。

表 1.9 主要污染河流 2015—2019 年水质变化

序号	河流断面	年度水质评价情况					变化趋势
		2015 年	2016 年	2017 年	2018 年	2019 年	
1	剑河口	Ⅳ类，轻度污染，COD_{Cr}	Ⅳ类，轻度污染，COD_{Cr}	Ⅳ类，轻度污染，COD_{Cr}	Ⅱ类，优	Ⅱ类，优	趋优
2	神定河口	劣Ⅴ类，重度污染，氨氮	劣Ⅴ类，重度污染	劣Ⅴ类，重度污染，总磷 0.348mg/L	劣Ⅴ类，重度污染，氨氮 4.00mg/L	劣Ⅴ类，重度污染，氨氮 3.68mg/L	趋好
3	泗河口	劣Ⅴ类，重度污染，氨氮、总磷	劣Ⅴ类，重度污染，总磷 0.503mg/L	劣Ⅴ类，重度污染	劣Ⅴ类，重度污染	劣Ⅴ类，重度污染，氨氮 2.19mg/L	趋好
4	犟河东湾桥	劣Ⅴ类，重度污染，氨氮	Ⅲ类，良好	Ⅲ类，良好	Ⅱ类，优	Ⅲ类，良好	趋好

2019 年十堰市 10 个降水监测点位，其中省控降水监测点位 4 个（滨河新村、赛武当、丹江口市胡家岭、竹山县环保局），市控点位 6 个。降水 pH 年均值为 6.79，比 2018 年（6.08）高 0.71。降水 pH 值范围在 5.22（丹江口市胡家岭）～8.24（刘家沟）之间。按降水 pH 值小于 5.6 作为酸雨评价标准，全市年均降水 pH 值高于 5.6。

1.4.1.2 环境质量分析

1. 部分支流入库断面水质仍难达标

丹江口水库库周直接入库的河流有16条，控制流域面积9万 km^2，占整个丹江口库区及上游水源区流域面积(9.52万 km^2)的94.5%。从环保部门断面监测及本次采集的水系水水质结果分析，库周直接入库支流水质除神定河和泗河水质为劣Ⅴ类重度污染外，官山河水质为Ⅲ类良好外，天河、金钱河、堵河、浪河、剑河等监测断面水质均优于或者超过Ⅱ类水质标准，水质为优。支流神定河、泗河超标水质参数主要为总磷、氨氮和 COD_{Cr} 等。汉江陈家坡断面和丹江口库区4个断面水质为Ⅱ类优质。因此丹江口库区水库水整体为Ⅱ类，水质优(表1.10)。

从项目采取的库周水系水分析，一些没有纳入监测的小型冲沟或支流，水系水存在个别金属离子、F^- 超标，水质达到Ⅳ类或Ⅴ类。总氮、总磷达到Ⅴ类或劣Ⅴ类比较普遍，这与库周城镇化水平不断提升，城镇人口迅速集中，城镇工矿废水排放、农业化肥、农药使用和生活、养殖污染关系密切。受库周地表水入库影响，库尾及库汊湿地水质常劣于Ⅲ类。因此，库周支流仍存在部分支流水质出现波动，未稳定达标，个别支流如神定河、泗河水质还不达标等风险。

表1.10 神定河2005—2018入库断面水质监测结果与评价(浓度单位:mg/L)

年度	COD_{Cr}	COD_{Mn}	氨氮	总磷	水质类别	水质状况	主要污染指标超标倍数
2015	24.74	4.25	3.57	0.25	劣Ⅴ	重度污染	COD(0.2)、NH_4^+(2)、总磷(0.25)
2016	21.0	4.87	2.71	0.35	劣Ⅴ	重度污染	COD(0.05)、NH_4^+(1.7)、总磷(0.75)
2017	25.1	5.49	3.41	0.383	劣Ⅴ	重度污染	COD_{Cr}(0.26)、NH_4^+(2.41)、总磷(0.92)
2018	22.0	4.17	4.00	0.336	劣Ⅴ	重度污染	COD_{Cr}(0.10)、NH_4^+(3.0)、总磷(0.68)
Ⅲ类标准值	20	6	1.0	0.2			—

从近年来监测断面水质污染指标浓度逐年下降趋势分析，随着库周不达标河流工程治理、劣Ⅴ类水体攻坚、河长制全面实施、水污染治理和饮用水源保护等工作开展，入库河流水质大大改善。历年监测数据显示，汉江羊尾断面、滔河王河电站断面达到Ⅱ类标准，夹河、天河河口断面持续达Ⅱ类标准，堵河黄龙滩水库一直保持Ⅱ类标准，犟河、剑河、官山河、浪河等水质达到Ⅲ类及以上，神定河、泗河入库断面虽然仍为劣Ⅴ类，但主要污染指标化学需氧量、高锰酸盐指数、氨氮、总磷均处于下降趋势，水质明显好转(表1.11)。

表1.11 泗河2015—2018入库断面水质监测结果与评价(浓度单位:mg/L)

年度	COD_{Cr}	COD_{Mn}	氨氮	总磷	水质类别	水质状况	主要污染指标超标倍数
2015	24.24	4.85	2.57	0.48	劣Ⅴ	重度污染	NH_4^+(0.71)、总磷(0.6)
2016	22.8	4.97	3.42	0.50	劣Ⅴ	重度污染	NH_4^+(2.42)、总磷(1.5)
2017	23.5	4.5	2.94	0.41	劣Ⅴ	重度污染	NH_4^+(0.96)、总磷(0.37)
2018	20.2	3.8	2.73	0.34	劣Ⅴ	重度污染	NH_4^+(0.82)、总磷(0.13)
Ⅳ类标准值	30	10	1.5	0.3			—

2. 局部库湾、冲沟水体富营养化形势严峻

大坝加高后，水库岸线长达4604km，岸线曲折，形成大量库湾，库湾水体流动性较差，营养盐容易累积，水体具有较高富营养化风险。监测结果显示，丹库库体和汉库库体的营养状态指数（EI）值分别为39和45，水库库湾为48，为中营养状态；汉江和丹江局部库湾为57和50，为轻度富营养状态，且库湾水域富营养化趋势越来越明显。该水域为丹江口库区富营养化发生的高风险区域。

丹江口水库库周点源污染已基本得到控制，但面源污染和随支流而来的污染物对水库水体营养状态构成极大威胁，入库河流总氮质量浓度一般为2～10mg/L，少量为11～17mg/L，最高值为62.18mg/L。未经处理的农村生活污水、垃圾、畜禽粪便直接排放，农药化肥的使用，造成氮、磷污染、水体富营养化。此外，受水库蓄水后回水顶托影响，部分库湾污染物扩散能力减弱，水体自净能力进一步削弱。每年4月中旬至5月下旬春夏交替之际，水温上升到藻类生长繁殖适宜范围时，支流库湾水域发生水华的风险较大。

3. 消落带污染问题突出

消落带是水库生态安全体系的重要组成部分，是水源工程最后一道安全屏障。受周期性水位消涨影响，水库消落带成为库区最为敏感的生态脆弱带。南水北调中线工程正式投入运营后，蓄水达到170m时，增加淹没面积为307.7km^2。随着季节变换和调度运行安排，库周将形成大量的消落带土地，面积约435km^2。消落带内有大量的土地处于干湿交替状态，农田化肥使用量为188～356kg/hm^2，最高达646kg/hm^2，化肥利用率仅为15%～35%。当消落带进入淹没状态时，其中吸附的氮、磷和有机质、重金属、农药等有毒有害物质逐渐释放出来，威胁库区水质安全。对消落带土壤无序开垦，导致库区新增淹没区土壤侵蚀和氮、磷随地表径流流失，以及化肥农药残留物、作物秸秆等在涨水期进入水库；另外水位季节性涨落，又会将一些白色垃圾等难降解物质沉积在消落区，库区水质污染风险增大。消落带内水质分析结果显示，水库水总氮质量浓度一般为1.5～3.6mg/L，个别为6.6～8.45mg/L，最高值为13.23mg/L，氮磷超标问题不容忽视，水体富营养化风险加剧。

1.4.2 灾　害

1.4.2.1　地质灾害

1. 鄱阳湖

区内地质灾害发育相对较少，主要发育在丘岗地区，以滑坡和崩塌为主，均为小型，危险程度较低，多威胁道路及交通。多由于建房修路进行的坡脚开挖等人类工程活动诱发，通过调查，坡体多风化强烈，且有显著的卸荷回弹作用，降雨期间多发生强烈的变形破坏（图1.19）。

2. 洞庭湖

1）管涌及岸崩

工作区位于澧水流域，境内水系发育，主要有澧水、道水、澹水和涔水等，另有大小湖泊、岩塘星罗棋布，人工渠道纵横交错，地表水文网极为发育。河流两岸管涌、岸崩地质灾害发育。收集资料及调查结果表明，工作区内共发育管涌8处，岸崩2处。管涌分布于澧水澧县澧澹乡段堤岸内侧，管涌直径一般

图 1.19 典型地质灾害

为 3～8cm，最大约 25cm，主要表现为翻砂和冒浑水现象，有的可发展为管涌群。调查发现澧水河两侧较多民井(压水井)在澧水丰水期出现自流现象，这对澧水大堤是一个安全隐患，存在管涌的风险。

岸崩主要沿澧水及道水沿岸发育，区内发育岸崩 2 处，均为小型土质，多发生在洪水期、洪水消退期。岸崩沿岸长 10～200m，高 10～15m，厚 0.5～2m。岸崩多为河水冲刷作用形成，主要发生在河岸凹岸地带，河水对凹岸产生强烈冲刷侵蚀，致底部被掏空，岸坡上部产生悬空，在重力作用下产生岸崩，主要威胁堤岸安全。

2)滑坡、崩塌

澧水南岸丘陵斜坡地带在强降雨和人类工程活动影响下，易致崩塌、滑坡等地质灾害发生。工作区内共发育滑坡 4 处。滑坡主要分布于襄阳街道果园村、湘澧盐矿黄姑山(图 1.20、图 1.21)、金鱼岭街道津市供电公司、金鱼岭街道虎爪山遗址等斜坡地带。

滑坡均为小型土质滑坡，地层岩性以第四系更新统洪积砾石层和残坡积碎石土为主。坡高一般为 12～25m，坡度为 20°～35°，平面形态主要呈圈椅状、不规则状。区内滑坡主要影响因素为强降雨，目前大多已采取了一定的防治措施。

图 1.20 滑坡顶部

图 1.21 滑坡中部

3. 丹江口库区

安全保障区地跨陕南、豫西南、鄂西北交界处的秦岭、大巴山与南襄盆地过渡地带，大地构造属华北陆块、秦祁昆造山系构造单元，经历多期次构造运动，断裂及褶皱发育，岩浆活动频繁，地质构造复杂，岩性多样，地质条件复杂，地质灾害高发、多发。

区内地质灾害类型主要为滑坡、崩塌、泥石流及地面塌陷(河南省地质工程勘察院,2014;湖北省地质环境总站,2013,2014)。共有地质灾害隐患点3160处,其中滑坡2878处、崩塌240处、泥石流37处、地面塌陷5处。地质灾害类型主要以滑坡(包括不稳定斜坡)为主(图1.22),占地质灾害总数的91.08%,其次为崩塌,占地质灾害总数的7.59%,地面塌陷较少,仅占0.16%(表1.12)。

南化塘至白桑关段公路滑坡

持续降雨诱发的公路边坡滑坡

人工边坡剥落岩屑倒石锥

老灌河支流蛇尾河花岗岩崩塌

图1.22　地质灾害典型实例

表1.12　地质灾害统计表

地级市	面积(km^2)	灾害点(处)					灾害点密度(处/km^2)
		滑坡	崩塌	泥石流	地面塌陷	小计	
十堰市	10 242	1859	89	12	1	1961	0.19
商洛市	7996	766	31	21	0	818	0.10
安康市	31	6	0	0	0	6	0.19
南阳市	5814	188	120	3	3	314	0.05
三门峡市	1097	42	0	0	1	43	0.04
洛阳市	328	17	0	1	0	18	0.05
合计	25 508	2878	240	37	5	3160	0.12

地质灾害的发育密度受地形地貌、地质构造和地层岩性控制,受降雨、人类工程活动影响明显。地形陡峻的中低山区,断层破碎带附近,变质岩区往往地质灾害多发。暴雨及持续性降雨多导致地质灾害群发,人类工程活动剧烈区地质灾害高发。地质灾害类型与岩性关系密切。第四系、片岩、泥岩等分布区,地表覆盖层厚,常发生浅层土质滑坡、坡面泥石流等。岩浆岩、变粒岩、碳酸盐岩分布区,

常发育崩塌。

滑坡、崩塌、泥石流等突发性灾害分布于小秦岭、伏牛山、商洛、安康、十堰等山地丘陵区，其中崩塌多发生于河流岸坡及交通廊道等人类工程活动较发育的地区；地面塌陷以采空塌陷为主，分布在煤矿及金属矿产开采区。

1.4.2.2 洪涝

鄱阳湖区历史上属洪水灾害频发地区，据1959—2012年实测资料统计，星子站年最高水位超过20m的共有20年，其中，1990—2002年后就有8年；三峡水库蓄水运用后，湖区来水整体偏枯，2010年水位相对较高。鄱阳湖曾发生多次大洪水，主要有1954年、1983年、1995年、1996年、1998年、1999年和2010年等(长江水利委员会，2005)。鄱阳湖洪涝灾害成因主要有自然条件和人为因素两个方面。

遥感提取了鄱阳湖2020年5月27日及7月8日当日实时水情。其中5月27日鄱阳湖主湖区水面面积为1 443.4km²，相应的水体容积为28.1亿m³，而沿湖主要圩堤内水面面积为178.7km²；7月8日鄱阳湖主湖区水面面积为3 754.7km²，相较于5月27日水情增加了160.1%，相应的水体容积为211.6亿m³，相较于5月27日水情增加了653.0%，而沿湖主要圩堤内水面面积为386.5km²，增加了116.3%。

江汉平原上古人类遗址的发掘和近2000年来湖区的发展，记录了近5000年以来洪水上涨和人类逐水而居不断迁移的过程(图1.23)。洪水灾害的集中爆发和区内湖泊面积的减少是紧密相关的(陈龙泉等，2010)。1949年长江中下游通江湖泊总面积17 198km²，只剩下洞庭湖和鄱阳湖仍与长江相通，总面积逾6008km²。近40多年来，洞庭湖因淤积围垦减少面积1600km²，减少容量100多亿立方米。洪水是客观存在的，并不时爆发。近代以来，长江中游江汉—洞庭平原区、鄱阳湖地区及武汉、长沙发生了多次全流域同时暴发的大洪水。1998年大洪水期间，荆江分洪区炸堤分洪已经是箭在弦上，此时九江堤防决口，使长江武汉段洪水得以下泄，缓解了武汉防洪压力。1998年大洪水之后，长江中游实施了堤防加固工程，长江大堤决口的可能性降低了，但是防洪的压力并未降低。2016年武汉大洪水、2017年湘江流域大洪水均造成巨大的防洪压力(陈立德，2018)。

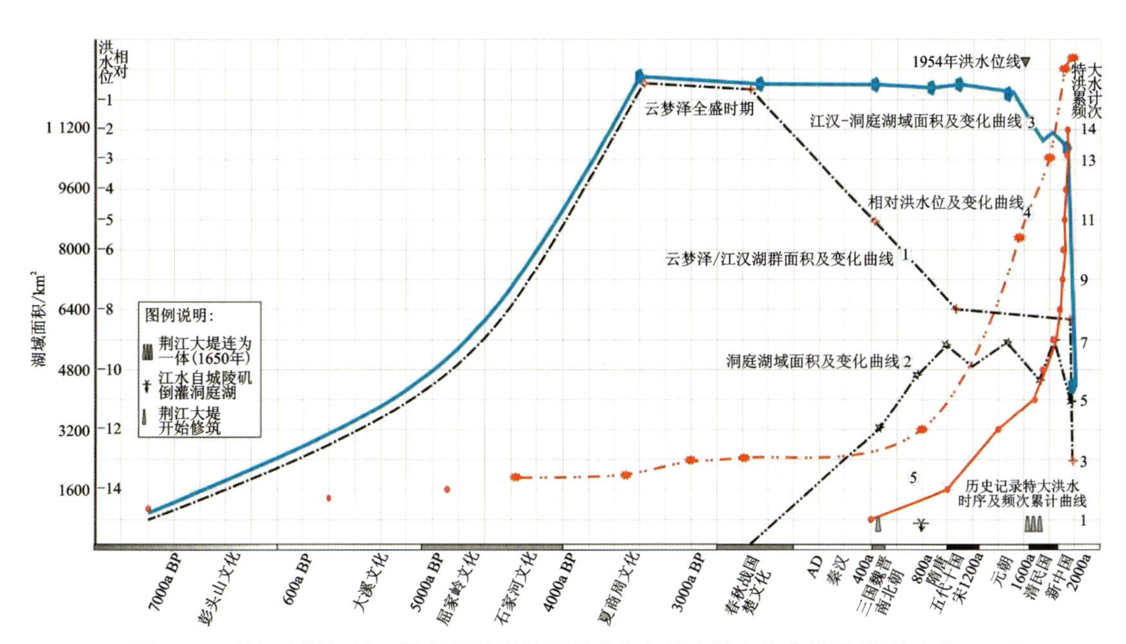

图1.23 长江中游江汉—洞庭地区湖泊面积变化与特大洪水位曲线图(据陈立德，2018)

1.4.2.3　矿山

1. 鄱阳湖

区域内分布多处矿山，均为花岗岩，以石料开采为主，目前多已闭坑，一些矿山进行了复垦、复绿及生态修复，尤其是一些矿渣及尾矿堆积区，多进行了逐级放坡种植耐旱、固土绿植，但一些矿山闭坑后并未进行相应的复绿及生态修复，存在着水土流失、自然景观破坏等环境地质问题。一些仍在运营的矿山，开采与修复工作没有进行有效衔接，生态环境受到不同程度的破坏(图 1.24)。此外，一些矿山的大规模露天开采形成了高陡斜坡，个别工程地质条件脆弱，风化程度较高，裂隙发育较强烈，岩体极其破碎，易发生滑坡、崩塌等次生灾害。

图 1.24　矿山环境特征

2. 丹江口库区

矿山地质环境问题是指矿业活动作用于地质环境所产生的环境污染和环境破坏，主要有大气、水、土的污染，采空区的地面塌陷，山体开裂、崩塌、滑坡、泥石流，侵占和破坏土地、水土流失、土地沙化、岩溶塌陷、矿震、尾矿库溃坝、水均衡遭受破坏等。矿山环境受地质构造条件和矿床产出位置的严格限制，不能提前预测和选择自身所处的环境背景。

工作区内矿产资源丰富(图 1.25)，开采方式多种多样，造成了包括地质灾害(崩塌、泥石流、地面塌陷)、含水层破坏、地形地貌景观与土地资源破坏等一系列的矿山地质环境问题。

工作区内有环境问题的矿山共 248 处，主要为金属及非金属矿类，其中金属类 103 处，占总数的 41.5%；非金属类 143 处，占总数的 57.7%；能源类 2 处，占总数的 0.8%。分布区域主要在陕西境内，有 148 处，占 59.7%；其次在河南境内，有 79 处，占 31.8%；湖北境内仅有 21 处，占 8.5%。

区内矿山地质环境问题共有 325 处，主要为地形地貌景观与土地资源破坏，有 227 处，占总数的 69.8%；其次为含水层破坏，有 85 处，占总数的 26.2%；地质灾害破坏较少，仅有 13 处，占总数的 4%。

区内矿山地质环境问题破坏程度以较轻为主，有 194 处，占总数的 59.7%；严重和较严重为其次，均有 66 处，占总数的 20.3%(表 1.13)。

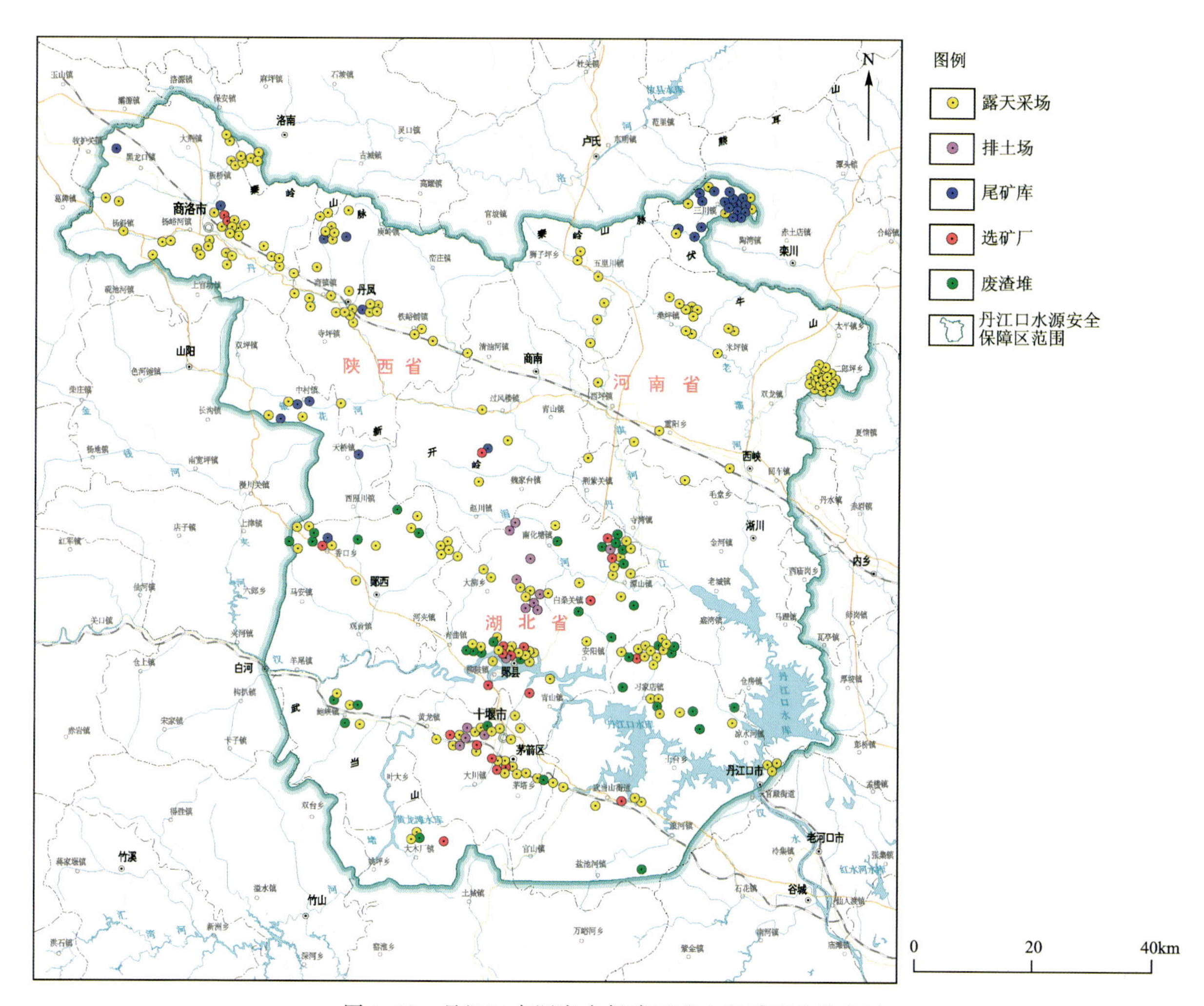

图1.25 丹江口水源安全保障区矿山开采现状分布图

表1.13 矿山环境问题与破坏程度统计表

地质环境问题类型	破坏程度(处)			数量(处)				占比(%)
	严重	较严重	较轻	湖北	河南	陕西	小计	
地面塌陷	0	0	4	1	3	0	4	1.2
崩塌	0	0	2	0	0	2	2	0.6
泥石流	0	0	7	1	0	6	7	2.2
含水层破坏	2	5	78	2	79	4	85	26.2
地形地貌景观与土地资源破坏	64	60	103	21	58	148	227	69.8
合计	66	65	194	25	140	160	325	100
占比(%)	20.3	20.0	59.7	7.7	43.1	49.2		

水源区矿产富集，形成的大量尾矿库，尾矿库施工处理不当，防洪能力不足，尾砂无序排放，截排水沟不规范，疏于管理等，存在安全隐患。2008年、2010年、2011年分别发生3期尾矿库事故，造成巨大损失和影响。2021年11月，因持续强降雨，丹江支流老灌河上游五里川河段多年废弃锑矿遗留矿井矿渣滤液渗出，导致老灌河锑含量超标。

区内矿山地质环境治理包括矿山地质环境治理区和矿山地质环境保护预防区，合计面积为3 037.8km²，主要对采矿活动导致矿山地质环境影响较严重的区域进行治理和保护预防。

矿山地质环境治理区分为重点治理区及一般治理区，其中重点治理区面积2 109.5km²，占治理工程总面积的69.4%，主要分布在区内陕西省境内煤矿、金属矿及非金属矿集中开采区域、河南省三川镇、冷水镇矿山开采区及湖北省丹江口市杨家堡钒矿区、十堰市堰口采石矿矿区。一般治理区面积5.7km²，占比0.2%，主要分布在区内湖北省郧县绿松石矿区。矿山地质环境保护预防面积922.6km²，占比30.4%；主要分布在河南省秦岭山脉的自然保护区及湖北省郧西县徐家湾铁矿、郧县石鸡山铁矿保护预防区。

1.4.3 水土流失

1.4.3.1 鄱阳湖

水土流失主要体现在3个区域：

低丘岗地区。由于地方经济种植业发展，坡体表层林草大面积被清除，种植茶叶等低矮经济作物，从遥感影像上看呈光秃秃"天窗"状，调查发现，经济作物的防沙固土能力明显较天然灌木林草的效果弱，且大多坡地并未进行相应的护坡处理，局部坡体下部垮塌、水土流失。

湖库沿岸消落区。由于湖库水体涨落对库岸的侵蚀、冲刷和降雨的冲蚀作用，宏观特征主要为库岸坍塌，坍塌多呈弧形状，坍塌范围大小不一，坍塌高度多为0.5～2.5m不等。该区另外一种典型特征为冲蚀沟隙，沟隙宽度多为5～40cm，上部窄、下部宽，延伸2～10m不等，顺坡向(图1.26)。它不但导致库岸水土流失，同时加剧湖库的泥沙淤积。

人类工程活动区。多为切坡修路建房过程中，坡脚开挖过度，在降雨及风化作用下发生的水土流失(图1.27)。

图1.26 湖库沿岸消落区冲蚀水土流失

图1.27 人类工程活动诱发水土流失

1.4.3.2 丹江口库区

水土流失主要原因是地面坡度大、土地利用不当、地面植被遭破坏、耕作技术不合理、土质松散、滥伐森林、过度放牧等。水土流失的危害主要表现在：土壤耕作层被侵蚀、破坏，使土地肥力日趋衰竭；淤塞河流、渠道、水库，降低水利工程效益，甚至导致水旱灾害发生，严重影响工农业生产；水土流失对山区农业生产及下游河道带来严重威胁。

水土流失的形成主要有两个因素：

自然因素主要有气候、降雨、地面物质组成和植被4个方面。活动断裂带、构造部位，岩石破碎而松散，易在水流作用下产生位移。中、新生界红色页岩、泥岩、砂岩和浅变质的千枚岩、板岩以及松散的第四系，面蚀作用强烈，地形陡峻，水力坡度大，侵蚀能力和携带能力强，降雨时空分布不均且多暴雨，易诱发浅层滑坡或坡面泥石流，造成水土流失。

人为因素是指土地不合理的利用破坏了地面植被和稳定的地形，造成水土流失。河谷地带开挖地表黏土层、砂层，采集砂土、卵石等，不仅破坏河谷生态系统，造成水土流失，还破坏包气带结构的完整性，大大降低河谷地带地下水防污性能。路堑边坡在短时强降雨下，多形成水石流，威胁交通。毁林开荒、过度樵采、肆意放牧，也造成水土流失。水土流失也会破坏植被，造成土体裸露，使得土壤剥蚀，最终形成水土流失与石漠化。

工作区水土流失发生于河南省西峡、淅川县及丹江口市。本次水土流失点共有87个，其中轻度侵蚀点18个，占比20.69%；中度侵蚀点47个，占比54.02%；强侵蚀点22个，占比25.29%。湖北省占27.59%，河南省占比72.41%。工作区发生的水土流失以中度为主(图1.28)。

红层陡坡水土流失

白云岩石漠化

变质岩陡坡水土流失

清油河公路扩建植被破坏

图1.28　区内水土流失典型实例

中、强侵蚀主要分布在河南的西峡、淅川县；境内暴雨频次多，强度大，历时短，地表产流迅猛，加上山势陡峻，雨水汇流快，流速大，冲刷力强，极易造成水土流失；湖北境内地貌主要为平原，地势平缓，水土流失较轻(表1.14)。

表 1.14　水土流失侵蚀强度分类统计表

省份	侵蚀强度			合计	占比（%）
	轻度	中度	强度		
湖北省	3	15	6	24	27.59
河南省	15	32	16	63	72.41
合计	18	47	22	87	100
占比（%）	20.69	54.02	25.29	100	

1.4.4　荒漠-石漠化

1.4.4.1　鄱阳湖

该环境地质问题主要发育分布在鄱阳湖沿湖地段。地表植被发育较少，地表裸露，沙土干燥，多荒漠化强烈，以细—中颗粒沙为主，主要是水体侵蚀和风化综合作用的产物，尤其是在湖口老爷庙一带、都昌县多宝乡一带、鄱阳湖大桥两端、大唐、华能风力发电厂一带，等刮风频繁和强烈的区域，根据荒漠化程度特征可分为荒漠化强烈区、中等区和一般区，其主要诱发的环境地质问题为侵占湖泊及河流水体、湖泊淤积、侵占农田（图 1.29～图 1.31）。

图 1.29　荒漠化强烈区

图 1.30　荒漠化中等区

图 1.31 荒漠化一般区

1.4.4.2 丹江口库区

石漠化是指在喀斯特脆弱生态环境下，由于人类工程活动而造成植被破坏、水土流失、土地生产能力衰退，以及地表呈现裸露、荒漠景观。

石漠化成因主要因素包括气象水文、地质地貌、植被条件等自然因素和人为因素。

气象水文：流域属北亚热带温暖半湿润气候，雨热同季，降水不均，5—10月降水量占年降水量的80%，易形成暴雨山洪，土体受侵蚀变薄，当干旱与洪涝并存时，土体疏松，易造成水土流失，最终演变成石漠化（裴华钢，2015；勇党等，2012）。

地质因素：碳酸盐岩区，溶蚀裂隙发育，地表-地下水力联系密切，地表水汇流过程中携带黏性土，使土壤砾质化。岩石致密坚硬，地表风化裂隙发育，分化严重，经雨水淋溶，岩石裸露。白垩系的含砂砾岩的抗风蚀能力强，成土过程缓慢，土壤剖面中通常缺乏过渡层，在基质碎屑岩和上层土壤之间，存在软硬明显界面，使岩土之间的黏着力降低，一遇降雨激发极易产生水土流失和石漠化。

地貌因素：低山丘陵地带陡坡段，地下水埋深大，雨水对坡面的冲刷较强，地表水土保持能力差，从而导致在人类和自然营力作用下斜坡地带的石漠化远高于平缓的地区。

植被因素：岩溶区植被具石生性、旱生、喜钙、绝对生长量低、生长缓慢，以及群落结构简单、适生树种少、自我调控能力差的特点，易受外界环境影响，植被易受损，致使岩石裸露，周而复始，最终导致大面积石漠化。

人为因素：①陡坡开垦。耕地资源匮乏，蓄水淹没良田，长期以来，当地居民盲目毁林开荒，陡坡耕种，导致水土流失，形成石漠化。②过度樵采。历史时期库区生活能源主要靠薪材，长期无序过度樵采，且补种不及时，使森林面积大幅减少，土壤流失加快，石漠化加剧。③过度放牧。牲畜放养，啃食植物时常破坏根系而毁坏植被，造成土壤被冲蚀，导致石漠化。

石漠化危害主要包括：①土地退化，耕地减少，土地承载能力降低。水土流失引发石漠化，石漠化又导致了更严重的水土流失，土地承载能力降低甚至丧失，缩小了人类的生存发展空间。②土地石化，耕地破坏。石漠化使土层变薄，土壤层次缺失，土体结构破坏，土壤养分流失。③水源枯竭，人畜饮水困难。严重石漠化区，水源涵养能力差，不仅影响了农业灌溉，而且造成人畜饮水困难。④破坏生态系统。石漠化造成植被结构、生态系统简单化，生物多样性锐减，严重影响库区流域的生态安全。

区内石漠化面积为577.26km²，分布于陕西商洛市商南部分地区、丹江口水库以北区域。水源区石漠化程度分3级，以中度为主，面积为380.21km²，占比65.86%；其次为轻度，面积为187.04km²，占比32.40%；重度面积为10.01km²，占比1.74%。

2002年以来，库区先后实施了生态环境建设、水土保持工程，以及一系列生态环境综合整治项目，库区植被覆盖度呈增加趋势。如“十二五”期间，库区及上游累计治理水土流失面积超过 2 万 km^2，森林、灌木面积比 2010 年增加 1.9 万 hm^2。淅川县实施了水污染防治和水土保持项目 142 个，使库区森林覆盖率达到 53%。累计完成小流域综合治理 110 多条，治理水土流失面积 1300km^2。水土流失与石漠化面积大大减少，生态环境改善明显(图 1.32～图 1.34)。

图 1.32　大石桥石漠化治理

图 1.33　六里坪孙家湾河道生态治理

图 1.34　丹江竹林关水土保持治理示范

第2章　技术方法

2.1　地质环境评价

2.1.1　水　质

2.1.1.1　地表水

地表水水质评价应根据现实的水域功能类别，选取相应类别标准，进行单因子评价。依据地表水水域环境功能和保护目标，按功能高低依次划分为5类。

Ⅰ类：主要适用于源头水、国家自然保护区。

Ⅱ类：主要适用于集中式生活饮用水地表水源地一级保护区、珍稀水生生物栖息地、鱼虾类产卵场、仔稚幼鱼的索饵场等。

Ⅲ类：主要适用于集中式生活饮用水地表水源地二级保护区、鱼虾类越冬场、洄游通道、水产养殖区等渔业水域及游泳区。

Ⅳ类：主要适用于一般工业用水区及人体非直接接触的娱乐用水区。

Ⅴ类：主要适用于农业用水区及一般景观要求水域。

依据本项目地表水水域环境功能和保护目标，本次调查的地表水取样点属于集中式生活饮用水地表水源地及生产养殖区等渔业水域，将本项目的调查区水域定为Ⅲ类水域。

本次地表水水质评价选取pH值、溶解氧(DO)、氟化物、磷酸盐、镉(Cd)、铬(Cr)、铜(Cu)、锌(Zn)、铅(Pb)、砷(As)等10种地表水基本指标和氯化物(以Cl^-计)、硝酸盐(以N计)、硫酸盐(以SO_4^{2-}计)、铁(Fe)、锰(Mn)等5种集中式生活饮用水地表水源地补充项目指标为评价指标，其标准限值(超出标准限值即为超标)见表2.1、表2.2。

表2.1　地表水水质基本指标标准表

指标类型	参评指标	Ⅰ类	Ⅱ类	Ⅲ类	Ⅳ类	Ⅴ类
常规指标	pH值	6～9	＜5.5，＞9	＜5.5，＞9		
	溶解氧	7.5	6	5	3	2
	磷酸盐(mg/L)	0.02	0.1	0.2	0.3	0.4
	铜(mg/L)	≤0.01	≤1.0	≤1.0	≤1.0	＞1.0
	锌(mg/L)	≤0.05	≤1.0	≤1.0	≤2.0	＞2.0

续表 2.1

指标类型	参评指标	Ⅰ类	Ⅱ类	Ⅲ类	Ⅳ类	Ⅴ类
常规指标	氟化物(mg/L)	≤1.0	≤1.0	≤1.0	≤1.5	>1.5
	砷 (mg/L)	≤0.05	≤0.05	≤0.05	≤0.1	>0.1
	镉 (mg/L)	≤0.001	≤0.005	≤0.005	≤0.005	>0.01
	铬 (mg/L)	≤0.01	≤0.05	≤0.05	≤0.05	>0.1
	铅 (mg/L)	≤0.01	≤0.01	≤0.05	≤0.05	>0.1

表 2.2 集中式生活饮用水地表水补充指标限值表

指标类型	参评指标	标准限值	参评指标	标准限值
补充指标	硝酸盐(以 N 计) (mg/L)	10	铁(Fe) (mg/L)	0.3
	硫酸盐(以 SO_4^{2-} 计) (mg/L)	250	锰(Mn) (mg/L)	0.1
	氯化物(Cl^- 计) (mg/L)	250		

2.1.1.2 地下水

地下水质单项评价是根据《地下水质量标准》(GB/T 14848—2017),对 pH 值、总硬度($CaCO_3$)(mg/L)、氯化物(mg/L)等在内的常规指标进行评价,各项组分指标具体评价标准与划分等级见表 2.3。

表 2.3 地下水水质评价标准表

项目序号		项目指标	Ⅰ类	Ⅱ类	Ⅲ类	Ⅳ类	Ⅴ类
1		pH 值		6.5~8.5		5.5~6.5 8.5~9	<5.5,>9
2	感官性状及一般化学指标	总硬度($CaCO_3$) (mg/L)	≤150	≤300	≤450	≤650	>650
3		硫酸盐(mg/L)	≤50	≤150	≤250	≤350	>350
4		氯化物(mg/L)	≤50	≤150	≤250	≤350	>350
5		铁(mg/L)	≤0.1	≤0.2	≤0.3	≤2.0	>2.0
6		锰(mg/L)	≤0.05	≤0.05	≤0.10	≤1.50	>1.50
7		铜(mg/L)	≤0.01	≤0.05	≤1.00	≤1.50	>1.50
8		锌(mg/L)	≤0.05	≤0.5	≤1.00	≤5.00	>5.00
9		铝(mg/L)	≤0.01	≤0.05	≤0.20	≤0.50	>0.50
10	毒理指标	硝酸盐(以 N 计)(mg/L)	≤2.0	≤5.0	≤20.0	≤30.0	>30.0
11		砷(mg/L)	≤0.001	≤0.001	≤0.001	≤0.01	≤0.05
12		镉(mg/L)	≤0.0001	≤0.001	≤0.005	≤0.01	>0.01
13		铬(六价)((mg/L)	≤0.005	≤0.01	≤0.05	≤0.10	>0.10

标准中规定,依据地下水水质状况和人体健康风险,参照生活饮用水和工业、农业等用水水质要求,依据各组分含量高低(pH 值除外),地下水水质分为 5 类。

Ⅰ类:地下水化学组分含量低,适用于各种用途。

Ⅱ类:地下水化学组分含量较低,适用于各种用途。

Ⅲ类:地下水化学组分含量中等,以生活饮用水卫生标准为依据,主要适合集中式生活饮用水水源及工农业用水。

Ⅳ类:地下水化学组分含量较高,以农业和工业用水质量要求以及一定水平的人体健康风险为依据,适用于农业和部分工业用水,适当处理后可作为生活饮用水。

Ⅴ类:地下水化学组分含量高,不宜作生活饮用水,其他用水可根据使用目的选用。

参照表2.3列举的各项指标评价调查区地下水水质的单项指标类别,其中满足Ⅰ类~Ⅲ类指标的视为地下水水质达标,超过Ⅳ类水或Ⅴ类标准的视为地下水水质超标。

地下水水质综合评价是以单项指标评价为基础,采用内梅罗指数法进行的,具体评价方法如下:

(1)在单项组分评价的基础上进行单项组分赋分,根据表2.3划分各项指标所属质量类别。按下列规定确定单项组分评价得分值 F_i,见表2.4。

表2.4 地下水单项组分分值确定标准表

水质类别	Ⅰ	Ⅱ	Ⅲ	Ⅳ	Ⅴ
F_i	0	1	3	6	10

(2)然后计算综合评价分值(F),具体计算方法见下列公式:

$$\bar{F}=\frac{\sum_{i=1}^{n}F_i}{n}$$

$$F=\sqrt{\frac{F_{\max}^2+\bar{F}^2}{2}}$$

式中:i 为本次评价选区的评价指数的数目;F 为综合评价分值;$\bar{F}$ 为各单项组分评分值 F_i 的平均值;$F_{\max}$ 为单项组分评分值 F_i 中的最大值;n 为项数。

参照表2.5地下水综合质量级别表,根据上述方法计算的综合评价分值来对地下水质量进行等级划分,即划分为优良、良好、较好、较差、极差5个等级。

表2.5 地下水综合质量级别表

级别	优良	良好	较好	较差	极差
F	<0.8	0.8~2.5	2.5~4.25	4.25~7.2	>7.2
水质说明	天然低背景含量。适用于各种用途	天然背景含量。适用于各种用途	适用于集中式生活饮用水水源及工农业用水	除适用农业和部分工业用水外,适当处理可作生活饮用水	不宜饮用,其他用水可根据使用目的选用

2.1.2 土壤环境

土壤重金属污染评价多采用单因子污染指数评价法或多因子综合污染指数评价法(内梅罗指数法)。这些方法考虑了重金属的污染现状,但没有考虑环境因子、土壤生物对重金属的响应特征,更不可能说明区域内重金属可能存在的生态危害效应。Hakanson潜在生态评价指数法是根据重金属性质及环境行为特点,从沉积学角度提出来的评价方法。该方法不仅考虑土壤重金属含量,而且将重金属的生态效应、环境效应与毒理学联系起来。采用潜在生态评价指数法首先要确定重金属的毒性系数，但一部分重金属的毒性系数尚未明确，不能全面评价环境重金属的污染状况。因此，本研究采用单因子污染指数法、综合污染指数法和潜在生态评价指数法相结合来评价土壤重金属污染，能更全面地了解和评价重金属污染状况。

采用单因子污染指数法和综合污染指数法，以《土壤环境质量标准(修订)》(GB 15618—2008)中Ⅱ级标准为评价标准来评价土壤重金属环境污染现状。

单因子指数法是对土壤中的某一污染物的污染程度进行评价。评价的依据是该污染物的单相污染指数，其计算公式为：

$$P_i = \frac{C_i}{S_i}$$

式中：P_i 为土壤中污染物 i 的环境质量指数；C_i 为污染物 i 的实测浓度；S_i 为污染物的评价标准。

综合污染指数法全面反映了各污染物对土壤的不同作用，突出高浓度污染物对环境质量的影响，是目前国内采用的主要方法之一，计算公式为：

$$P = \sqrt{\frac{\left(\frac{1}{n}\sum P_i\right)^2 + P_{i\max}^2}{2}}$$

式中：P 为土壤污染物综合指数；$\frac{1}{n}\sum P_i$ 为土壤中各污染指数平均值；$P_{i\max}$ 为土壤中各污染指数最大值。

单因子污染指数和综合污染指数评价法的分级标准见表 2.6。重金属是具有潜在生态危害的污染物，它们能在生物体内富集，成为持久的污染物，造成严重的环境问题。参照 Hakanson 提出的潜在生态危害指数法对重金属的潜在危害进行评价，计算公式如下：

$$C_f^i = \frac{C_i}{C_n^i},\ E_r^i = T_r^i \times C_f^i；\mathrm{RI} = \sum_{i=1}^{m} E_r^i = \sum_{i=1}^{m} T_r^i \times C_f^i$$

式中：C_f^i、T_r^i、E_r^i 分别表示第 i 种金属污染系数、毒性系数和潜在生态危害系数；C_i 为土壤重金属含量实测值；C_n^i 为参照值；RI 为多种重金属潜在危害系数。

重金属参比值采用全国土壤重金属含量背景值(表 2.7)。重金属毒性系数主要反映重金属的毒性水平和生物对重金属污染的敏感程度，其评价指标见表 2.8。

表 2.6　土壤重金属污染等级划分标准

分级	单因子污染指数分级标准		综合污染指数分级标准	
	污染指数	污染等级	污染指数	污染等级
1 级	$P_i \leqslant 1$	清洁	$P \leqslant 0.7$	安全
2 级	$1 < P_i \leqslant 2$	轻污染	$0.7 < P \leqslant 1$	警戒
3 级	$2 < P_i \leqslant 3$	中污染	$1 < P \leqslant 2$	轻污染
4 级	$3 < P_i \leqslant 5$	重污染	$2 < P \leqslant 3$	中污染
5 级	$P_i > 5$	严重污染	$P > 3$	重污染

表 2.7　Hakanson 潜在生态危害分级标准

生态危害	轻微	中等	强	很强	极强
E_r^i	<40	40～80	80～160	160～320	>320
RI	<90	90～180	180～360	360～720	>720

表 2.8　土壤重金属污染评价标准

重金属	农业用地重金属限值(μg/g)			背景值(μg/g)	毒性系数
	pH<6.5	6.5~7.5	pH>7.5		
As	30	25	20	9.2	10
Cd	0.4	0.6	0.8	0.074	30
Cr	250	300	350	53.9	2
Cu	50	100	100	20.0	5
Ni	70	100	190	23.4	5
Pb	80	80	80	23.6	5
Zn	200	250	300	67.7	1

2.1.3　地质环境质量综合分区

本次星子县地质环境质量分区评价依据不规则单元法原则，以图幅区的水文地质单元为评价单元，通过综合指数法，计算出每个单元的地质环境综合评价指数，并对其进行分级合并，从而达到对评价区环境质量进行评价的目的。

评价单元划分原则：根据区内特定的地质环境条件，地质环境质量的优劣，主要受地形地貌、水文地质条件、主要环境地质问题等的差异性控制。因此，在进行地质环境分区时，亦主要以这3个因素为基础，进行评价单元和综合分区。分区评价原则：地质环境包括地质条件和主要环境地质问题等方面的内容，影响地质环境质量的各因素之间既相互联系、相互影响，又各具不同的特点。

确定地质环境质量分区的综合指标。

按照上述的环境因素等级[具体权值赋分和等级指标值参照《环境地质调查技术要求(1：50 000)》]，根据计算公式：

$$R = \sum X_i Y_i$$

式中：R 为综合评价值；X_i 为评价要素的权值；Y_i 为评价单元的评价要素等级指标值；i 为评价要素数量。

依据上述计算公式及确定的各评价单元指标，计算出每个单元的地质环境综合评价指数。

针对不同的水文地质单元体，用以上各单因素量化标准予以评价，然后进行多因子叠加得综合指标 F 值，继而与实际情况拟合，确定地质分区综合评价标准。

地质环境良好区：$20 \leqslant F < 30$。

地质环境中等区：$30 \leqslant F \leqslant 40$。

地质环境较差区：$40 < F \leqslant 60$。

2.2　湿地地球关键带监测

湿地地球关键带调查研究以关键界面调查为特色，以关键带界面的结构和过程通量为主要研究内容(图2.1)。在垂向上，湿地地球关键带可划分出大气、水体、底泥、潜流带、弱透水层、含水层和基岩，每个层之间存在通量界面，即大气-水体、水体-底泥、潜流带-地下水、含水层-弱透水层和含水层-基岩5个界面；横向上从湖泊湿地流域尺度则分为山(矿山)-河(入湖河流)界面、河-湖界面、湖-江(大江)界面

(表 2.9)。其中,垂向 5 个界面调查所要解决的科学问题是关键界面的水文与物质通量。横向的山-河界面及河-湖界面调查所要解决的科学问题是矿山开采影响下河流-湖泊中典型重金属的迁移转化。湖-江界面调查所要解决的科学问题是湖泊-长江的水文、泥沙交换。

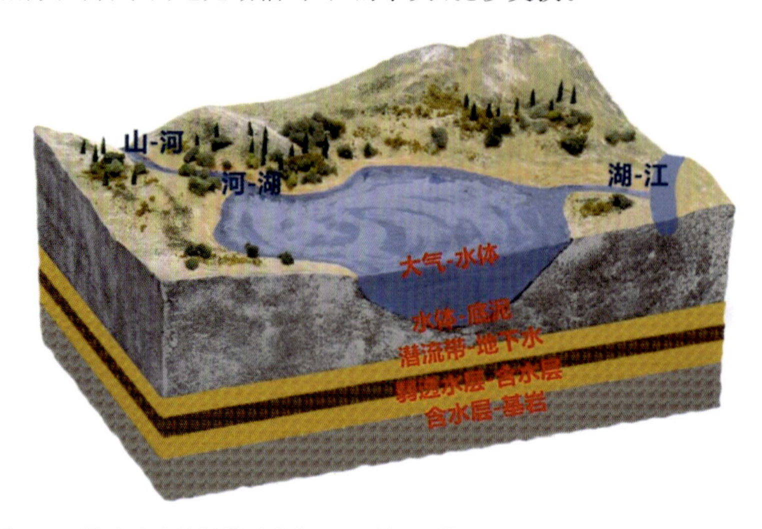

图 2.1　湿地地球关键带垂向“五面四体”和横向“山-河-湖-江”调查研究框架

表 2.9　湿地地球关键带调查监测技术一览表

界面		监测指标	方法/仪器	监测频率
湿地地球关键带垂向界面	大气-水体	降水量	通量塔	日尺度
		风速、风向	通量塔、传感器	日尺度
		光照强度、蒸发量	通量塔、传感器	日尺度
		温度、O_2、CO_2、湿度	通量塔、传感器	日尺度
		水域面积	ICESAT 卫星、实地调查	季度
		湿地植被类型与面积	ICESAT 卫星、实地调查	季度
	水体-底泥	沉积物化学组成	皮特森采样器、ICP-MS	月度/季度
		沉积物颗粒分析	Mastersizer-2000 激光粒度仪	月度/季度
		深层水水化学组成	ICP-OES、传感器	月度/季度
		湖体水深	多普勒声呐扫描	月度/季度
		水体悬浮物	KDa 滤膜、ICP-MS	月度/季度
		水体重金属、营养元素	现场检测、室内测试	月度/季度
湿地地球关键带垂向界面	潜流带-地下水	潜流带水化学性质	土壤水收集器	月度/季度
		潜流带水负压	张力计	月度/季度
		岩性与化学组成	XRD、钻探	一次性
		地下水水位、水温、流速	传感器、多水平监测井	日尺度
		地下水重金属、营养元素	现场检测、室内测试	月度/季度
	含水层-弱透水层	岩性与化学组成	XRD、钻探和室内分析测试	一次性
		地下水水位、水温和流速	传感器、多水平监测井	日尺度
		弱透水层孔隙水/含水层地下水重金属、营养元素	现场检测、室内测试	月度/季度

续表 2.9

界面		监测指标	方法/仪器	监测频率
湿地地球关键带垂向界面	含水层-基岩	地下水水位、水温和流速	传感器、多水平监测井	日尺度
		地下水重金属、营养元素	现场检测、室内测试	月度/季度
		含水层岩性与化学组成	XRD、钻探和室内分析测试	一次性
		基岩岩性与化学组成	XRD、钻探和室内分析测试	一次性
湿地地球关键带横向界面	山-河	地表三维结构	ICESAT 卫星、无人机	一次性
		常规水化指标	传感器	日尺度
		水位、流速、流量	流量计	日尺度
		河床结构	多普勒声呐扫描	一次性
	河-湖	湖床结构	多普勒声呐扫描	一次性
		入湖水量	KBr 河道示踪	季度
		营养元素、重金属通量	传感器、现场检测、室内测试	季度
	湖-江	湖-江交换水量	水动力计算模型、回归方程	月度/季度
		营养元素、重金属通量	传感器、现场检测、室内测试	月度/季度

湿地地球关键带调查监测技术体系的建立同样从垂向和横向两个方面开展，垂向上具体为：①大气-水体界面。地球关键带最上层界面，主要监测对象为大气与表层湖水，主要监测设备包括通量塔、蒸渗仪和冰层、云层和地表高程监测卫星(ICESAT)，监测指标包括降水量、风速、光照强度、气温和植被丰度等。②水体-底泥界面。主要监测对象为深层湖水与湖泊底泥，主要监测设备包括皮德森采样器、测深仪等，监测指标包括底泥化学组成、底泥污染物释放量等。③潜流带-地下水界面。主要监测对象为潜流带与饱水带，主要监测手段为温度示踪、^{222}Rn 示踪等，监测指标包括地下水排泄量、典型污染物排泄量等。④含水层-弱透水层界面。主要监测对象为含水层与弱透水层，主要监测手段为多水平监测井、压实模拟器等，监测指标有弱透水层化学组成、地下水水位等。⑤含水层-基岩界面。主要监测对象为含水层与基岩，主要监测手段包括物探、钻探等，监测指标包括含水层岩性与化学组成、基岩岩性与化学组成等。

横向上具体为：①山-河界面。主要监测对象为矿山与矿区河流，主要监测手段为 ICESAT 卫星、无人机、流量计等，监测指标有地表三维结构、河床结构、水温、流速等。②河-湖界面。主要监测对象为入湖河流与湖泊，主要监测手段为无人机、传感器和示踪技术等，监测指标有湖床结构、水温、流速等。③湖-江界面。主要监测对象为湖泊与长江，主要研究手段包括水文模型等，监测指标有江湖交换水量、污染物通量等。

2.3 流域水生态风险评价

为实现水资源-水环境-水生态综合评价，开展丹江口水库重点流域生态空间风险评估，本项目以风险源-风险受体为基本评价框架，以风险源和生境作为评价Ⅰ级指标，综合考虑流域内土壤侵蚀、地质灾害、人为污染、饮用水源、水环境、水生态、水生境 7 个能够反映流域生态空间风险的指标作为Ⅱ级指标，并结合流域特性于Ⅱ级指标下设 35 个Ⅲ级指标，建立“水资源-水环境-水生态”风险等级评价指标体系。

2.3.1 风险源评价指标

结合中高山地区流域污染特点及官山河流域环境地质调查结果，选取土壤侵蚀、地质灾害及人为污染作为风险源评价的下设指标。

2.3.1.1 土壤侵蚀

土壤侵蚀是指地球表面的土壤及其母质受水力、风力、冻融及重力等外力的作用，在各种自然和人为因素的影响下，发生的各种破坏、分离(分散)、搬运(移动)和沉积的现象。综合考虑国内外建立的土壤侵蚀评价体系囊括的评价因子，结合官山河流域特性，选取地形起伏度(W)、坡度因子(S)、植被覆盖度(T_i/A_i)作为土壤侵蚀指标下的Ⅲ级指标。其中，地形起伏度为一定区域内高程差值，是描述地形特征的宏观性指标，一定程度上反映出水土流失难易程度；坡度因子是指在其他条件相同的情况下任意坡度下的单位面积土壤流失量与标准小区坡度下单位面积土壤流失量之比；植被覆盖度代表一定区域内地表裸露程度。

2.3.1.2 地质灾害

山区用水安全及水生态情况一定程度上受到地质灾害发育程度的影响。山区河流分布于沟谷地区，山高谷深，河道狭窄，滑坡、崩塌、泥石流等地质灾害发生时裹挟大量土体淤积在河道内，易使山区狭窄河道淤塞形成堰塞湖，影响河流下游水量及水质。严重时堰塞湖溃堤，大量积水倾泻而下形成洪水，会造成二次地质灾害。因此流域水生态空间风险评价应把地质灾害作为风险源之一列入Ⅱ级评价指标。山区地质灾害易发风险受很多因素影响，如内动力地质作用、外动力地质作用等。综合考虑内外动力地质作用影响因素选取断裂带发育程度、河流切割因子、地层岩性作为地质灾害下设的Ⅲ级指标，此外官山河流域野外调研资料显示，流域内主要地质灾害类型为滑坡及不稳定斜坡，已有历史灾害点密度和潜在灾害点密度也是反映流域内地质灾害区域风险的重要指标，故也将其列入地质灾害风险等级评价的Ⅲ级指标。

2.3.1.3 人为污染

参考官山河流域污染源调查结果，选取农业污染、生活污水污染、畜牧养殖污染、工业污染、垃圾转运站和加油站作为人为污染的下设评价指标。

2.3.2 生境评价指标

2.3.2.1 饮用水源

环境地质调查查明官山河流域有40个分散式水源地，3个集中式饮用水水源地，2个大型水厂以及1个位于大明峰景区的小型水厂，集中式饮用水水源地负责给这3个水厂供水。流域的大部分供水来自两个水厂，其中位于官山河流域西南位置的水厂，其取水点为赵家坪村夹马洞水库，主要为官山镇的居民供水，惠及8个村，5000多居民；位于官山河流域东北位置的六里坪水厂，其取水点为三合堰水库，主要为六里坪镇的居民供水，日取水量约为1万m^3，服务人口为5万人左右。

参考官山河流域饮用水源类型，选取集中式水源地、分散式水源地作为饮用水源评价的Ⅲ级指标。

2.3.2.2 水环境

水环境评价指标的选取应在充分而全面把握区内域水质特点的基础上，选取对评价环境状况意义最大和最主要的一系列指标。参考《地表水环境质量标准》(GB 3838—2002)、《地表水环境质量评价办法(试行)》，地表水常规监测指标应包括温度、pH值、溶解氧(DO)、营养状况指标(NH_4^+、TN、TP、叶绿素a)、重金属(Cu、Pb、As、Hg等)、有机污染指标(COD、BOD等)。

结合2021年7月野外测试及室内分析指标，官山河流域水温及pH值均在合理范围内，不直接表征水体受污染程度，因此不作为水质评价指标。水体DO和NH_4^+、TN、TP等均是可以反映水体营养状态的指标，但DO由野外便携式仪器测得，可能存在较大测试误差，因此选取NH_4^+、TN、TP作为水体营养状态判断指标。官山河流域主要发展农牧业，工业园区集中于六里坪镇，且区内无矿业，地表水重金属含量较低，均远低于国家水质Ⅲ类标准，因此不纳入评价指标体系。本项目采用高锰酸钾作为氧化剂测得COD含量，即COD_{Mn}，选取COD_{Mn}作为水体有机污染指标。

综上，选取NH_4^+、TN、TP、COD_{Mn}作为Ⅱ级水环境评价指标下的Ⅲ级指标。

2.3.2.3 水生态

在目前社会和经济快速发展的形势下，很多水环境问题都逐渐暴露出来，主要反映在水质污染、水生生物受损及水生态环境破坏等不同层面。对于丹江口水源保障区，水生态环境更是不容忽视的重要环境因素。水生态环境质量的监测和评价是指通过对河流生态系统中不同水生态指标（非生物和生物）的监测，来反映河流生态系统完整性状况。

对于能够反映河流污染情况及富营养化情况的水质评价指标，在上一小节已列入水质评价的Ⅲ级指标，在水生态指标下不作重复评价。因此在本小节主要考虑生态指标及生物衍生物指标。典型的水生态环境质量评价体系包括生物完整性(IBI)评价体系、预测模型评价体系、生物指数评价体系。官山河流域绝大部分河段为浅水河，水深50cm左右，底栖动物较少，在丰水期挺水植物和沉水植物也较少，为更合理有效地反映河道水生态情况，采用能够反映浮游动植物群落多样性的香浓多样性指数作为水生态评价的Ⅲ级指标。

另外，随着中国水体的富营养化程度逐渐加剧，蓝藻水华和赤藻的发生频率逐渐增加，微囊藻毒素作为蓝藻水华生物衍生物，其对水体环境和人群健康的危害已经成为全球关注的重大环境问题之一。叶绿素a是一种包含在浮游植物的多种色素中的重要色素，在浮游植物中，占有机物干重的1%～2%，是估算初级生产力和生物量的指标，也是赤潮监测的必测项目。因此，将藻毒素和叶绿素a也列入水生态评价的Ⅲ级指标。

2.3.2.4 水生境

在众多水生态评价体系中，物理河道生境也被列为水生态健康评价的关键要素之一。在本体系中将水生境单列为Ⅱ级评价指标，下设10个Ⅲ级评价指标进行全面评价。

河道生境是自然风险和人为污染的受体，也是孕育水生生物的载体，是水生态评价中不可忽视的重要环节。本体系参考《河流水生态环境质量监测与评价技术指南》，选取河床底质、栖息复杂性、V/D结合特性、河岸稳定性、河道变化、河水水量情况、河岸带植被多样性、水体情况、人类活动强度、河岸土地利用类型作为水生境评价指标。

河床底质指标主要描述河床沉积物种类、粒径及分选磨圆情况；栖息复杂性指标主要表述河岸带小栖境情况，如水生植被、枯枝落叶、倒木、倒凹河岸和巨石等分布情况；V/D结合特性主要描述河流深度和流速特征；河南稳定性描述河岸自然侵蚀情况；河道变化描述自然河道在人为工程影响下的渠道化情况；河水水量情况以水面是否淹没河岸及河道为参比描述河流水量；河岸植被多样性通过河岸周围植被种类、面积、植被覆盖率描述植被情况；水体情况描述水体清澈度、有无异味及沉淀物等；人类活动强度描述调查区周边有无人类干扰，如是否有机动车通行等；河岸土地利用类型描述河道两岸耕作土壤分布情况。综合10个河道生境指标，能够实现对水生境情况较为全面的评价。

2.3.3 评价指标赋值方法

在本研究建立的水生态风险评价体系中，风险源危险度、生境脆弱度是生态风险评价体系的两个评判因素，两个基本因素与生态风险呈现正相关的关系。

构建该流域水生态空间风险评估数学模型：ER流域水生态风险$=f$[风险源危险度(H)、生境脆弱度(V)]。具体计算公式为：

$$ER = \sum_{i=1}^{n} \omega_i \cdot (H\&V)_i$$

式中：ER为流域水生态风险指数；H为风险源危险度；V为生境脆弱度；w_i为i指标权重；i为Ⅱ级评价指标编号；n为Ⅱ指标数量。生态环境越脆弱，风险受体潜在损失度越大，生态风险就越大。

Ⅰ、Ⅱ、Ⅲ级指标计算公式及赋值方法见表2.10。

表2.10　水生态风险评价指标体系赋值

	Ⅰ级指标	Ⅱ级指标	Ⅲ级指标	Ⅱ、Ⅲ级指标计算公式
水生态空间风险评价体系 $ER = \sum_{i=1}^{n} \omega_i \cdot (H\&V)_i$	风险源 $H = \sum_{i=1}^{n} \beta_i RH_i$	土壤侵蚀	地形起伏度；坡度因子；植被覆盖度	$R_i = \lambda_w \lambda_s \lambda_a W_i S_i \frac{A_i}{T_i}$ $S = \begin{cases} 10.8\sin\theta + 0.03 \\ 16.8\sin\theta - 0.5 \\ 21.9\sin\theta - 0.96 \end{cases}$
		地质灾害	地层岩性；地质构造；河流切割；历史灾害点密度；潜在灾害点密度	$R_i = \sum_{j=1}^{n} \lambda_j Q_{ij}$ $V_i = \begin{cases} N_i / A_i \\ v_i * (L_i / A_i) \end{cases}$
		人为污染	农业污染；生活污染；畜牧污染；工业污染；垃圾转运站；加油站	$R_i = \sum_{j=1}^{n} \lambda_{ji} V_{ji}$ $V_{ji} = \frac{v_{ji} - \min v_{ji}}{\max v_{ji} - \min v_{ji}}$ $v_{ji} = \frac{A_{ji}}{S_i}$

续表 2.10

Ⅰ级指标	Ⅱ级指标	Ⅲ级指标	Ⅱ，Ⅲ级指标计算公式
水生态空间风险评价体系 $ER=\sum_{i=1}^{n}\omega_i\cdot(H\&V)_i$	生境 $V=W_R\cdot R+W_n\cdot N+W_e\cdot E+W_h\cdot H$		
	饮用水源	集中式水源地；分散式水源地	$R_i=\begin{cases}1\\ \dfrac{\frac{n_i}{S_i}-\min\frac{n_i}{S_i}}{\max\frac{n_i}{S_i}-\min\frac{n_i}{S_i}}\end{cases}$
	水环境质量	COD_{Mn}；NH_4^+；TN；TP	$P_j=\dfrac{C_j}{S_j}$ $P_i=\sqrt{\dfrac{\bar{P}^2+P_{max}^2}{2}}$
	水生态	浮游植物/动物香浓多样性指数；藻毒素；叶绿素 a	$H_i=-\sum_{j=1}^{S}\left(\dfrac{n_i}{n}\right)\log_2\left(\dfrac{n_i}{n}\right)$ $Z_i=\dfrac{C_i}{S_i}$ $HZ_i=H_i/Z_i$
	水生境	河床底质、栖境复杂性、V/D 结合特性等 10 个指标	$H_i=0.1\sum_{j=1}^{n}\bar{H}_{ji}$

综合考虑前人研究经验、官山河流域适用性及已有相关评价赋权体系，选用熵权法、专家打分法及已有相关评价赋权方法对各级次指标分别赋权。

2.3.3.1　Ⅱ级指标赋权方法

选用熵权法及专家打分法对各Ⅱ级指标赋权。熵权法的基本思路是根据指标变异性的大小来确定客观权重。一般来说，某个指标的信息熵越小，表明指标的变异程度就越大，提供的信息量越多，在综合评价中起到的作用也越大，其权重也就越大。相反，某个指标的信息熵越大，表明指标值变异程度越小，提供的信息量也越少，在综合评价中起到的作用也越小，其权重也就越小。专家打分法是综合多人意见，从主观角度人为定义权重。本体系先运用熵权法客观计算各指标权重，后邀请专家打分主观判断权重合理性，最终确定权重。

熵权法计算权重见下式。

(1)计算第 j 项指标下第 i 个被评价对象的特征比重：

$$Y_{ij}=\frac{b_{ij}}{\sum_{i=1}^{n}b_{ij}}$$

(2)计算指标信息熵：

$$e_j=-\frac{1}{\ln n}\sum_{i=1}^{n}(Y_{ij}\ln Y_{ij})$$

(3)计算信息熵冗余度：

$$d_j=1-e_j$$

(4)计算指标权重：

$$w_j = d_j / \sum_{j=1}^{m} d_j$$

式中：Y_{ij} 为第 j 个指标第 i 个评价对象特征比重；b_{ij} 为第 j 个指标第 i 个评价对象评价值；n 为评价对象数；e_j 为指标 j 信息熵；d_i 为 i 指标信息熵冗余度；w_i 为 i 指标权重。

2.3.3.2　Ⅲ级指标赋权方法

对于土壤侵蚀、地质灾害、人为污染的Ⅲ级评价指标，因缺少适用于官山河流域的已有评价方法或规划，依然使用熵权法及专家打分法对其赋权。对于饮用水源Ⅲ级指标，暂不需要对其赋值，其计算值直接按照阈值分级即可得到分级结果。对于水环境Ⅲ级指标，因本项目采用内梅罗法对其进行分级评价，故采用内梅罗法赋权方法及分级体系对其进行计算分级。对于水生态及水生境Ⅲ级指标，因本项目主要参考《河流水生态环境质量监测与评价技术指南》中的评价指标及分级阈值进行分级评价，故选用该指南中已有分级阈值及赋权标准进行赋权。各级指标权重见表 2.11。

表 2.11　各级指标权重表

Ⅱ级指标	Ⅲ级指标	Ⅱ级权重	Ⅲ级权重
土壤侵蚀	地形起伏度	0.10	0.26
	坡度因子		0.32
	植被覆盖度		0.43
地质灾害	地层岩性	0.10	0.30
	地质构造		0.40
	河流切割		0.10
	历史灾害点密度		0.10
	潜在灾害点密度		0.10
人为污染	农业污染	0.35	0.15
	生活污染		0.20
	畜牧污染		0.10
	工业污染		0.25
	垃圾转运站		0.15
	加油站		0.15
饮用水源	集中式水源地/分散式水源地	0.2	a*
水环境质量	COD_{Mn}	0.10	b*
	NH_4^+		
	TN		
	TP		
水生态	Ei(香浓多样性指数、藻毒素)	0.1	0.5
	叶绿素 a		0.5
水生境	河床底质、栖息复杂性、V/D 结合特性等	0.05	c*

注：a* 为暂不需要对其赋值；b* 为采用内梅罗法评价体系对Ⅲ级指标进行分级评价；c* 为采用《河流水生态环境质量监测与评价技术指南》中分级阈值及赋权方法对Ⅲ级指标进行分级评价。

第2篇　环境-生态篇

第 3 章　水体-土壤生态环境评价

3.1　地表水环境

3.1.1　洞庭湖重点区

3.1.1.1　津市地区

根据上述评价方法、标准进行地表水水质单项指标评价。评价结果表明：所采集的水样中，12 个为Ⅴ类标准，2 个为Ⅳ类标准，3 个为Ⅲ类标准，2 个为Ⅱ类标准，仅 1 个满足Ⅰ类标准(表 3.1)，补充指标中 Fe、Mn、NO_3^- 超标，其中 Fe 有 2 个超标，超标率为 10%；Mn 有 7 个超标，超标率为 35%；NO_3^- 有 5 个超标，超标率为 25.0%(表 3.2，图 3.1)。

表 3.1　地表水水质基本指标评价结果

指标类型	参评指标	样品个数				
		Ⅰ类	Ⅱ类	Ⅲ类	Ⅳ类	Ⅴ类
常规指标	pH	20	0	0	0	0
	溶解氧	4	2	6	5	3
	磷酸盐(mg/L)	10	0	0	0	10
	铜(Cu)(mg/L)	20	0	0	0	0
	锌(Zn)(mg/L)	7	13	0	0	0
	氟化物(mg/L)	20	0	0	0	0
	砷(As)(mg/L)	20	0	0	0	0
	镉(Cd)(mg/L)	20	0	0	0	0
	铬(Cr)(mg/L)	20	0	0	0	0
	铅(Pb)(mg/L)	20	0	0	0	0

表 3.2　地表水水质补充指标达标率一览表

	参评指标	硝酸盐	硫酸盐	氯化物	铁	锰
补充指标	达标个数	15	20	20	18	13
	达标率(%)	75.0	100	100	90.0	65.0

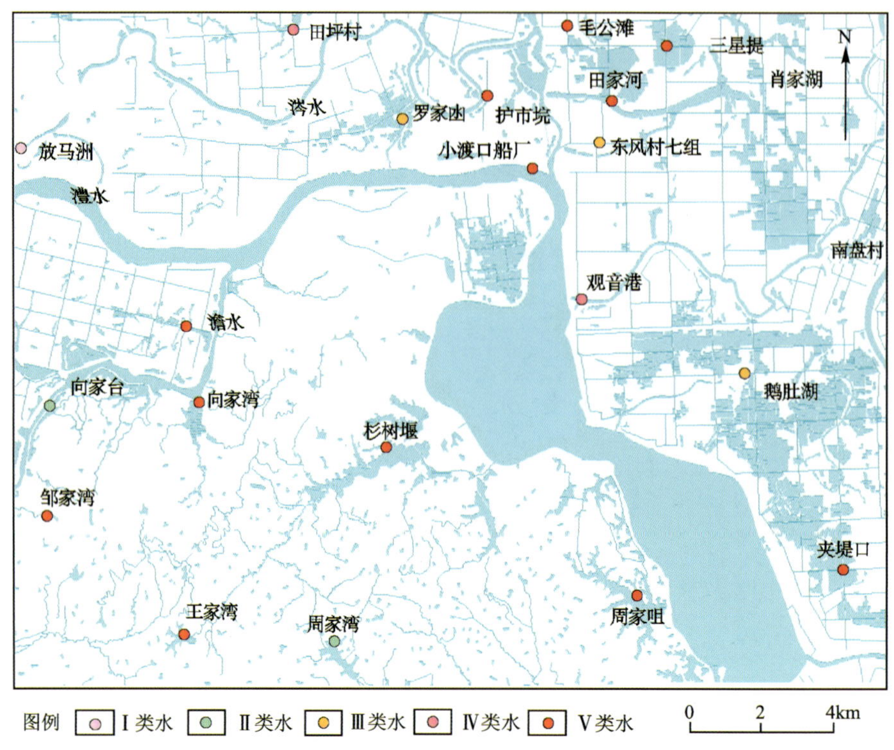

图 3.1　津市市幅地表水水质评价图

3.1.1.2　南县地区

根据上述评价方法、标准进行地表水水质单项指标评价。评价结果表明:其中 7 组成分超标,超标率 35%,包括 3 组 Fe 超标,2 组 Fe-Mn 超标,2 组 Mn 超标。Fe 最高超标 3.5 倍,Mn 最高超标 3.98 倍(图 3.2)。

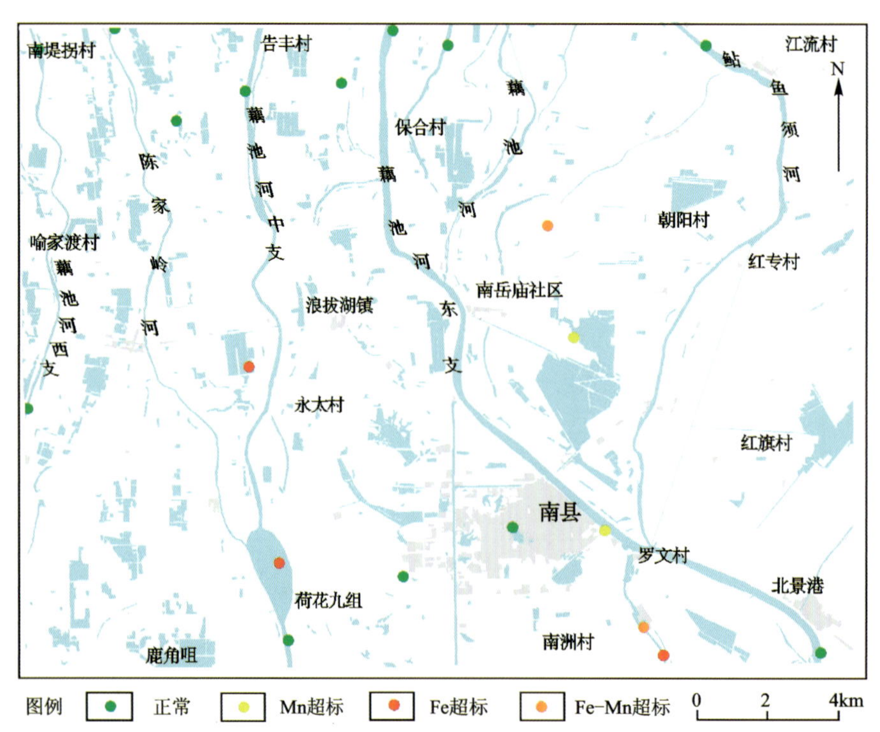

图 3.2　南县幅地表水水质评价图

3.1.1.3　调关镇地区

工作区内河湖密布，水系发育，主要天然河流包括长江。地表水整体 pH 值偏碱性(6.9～9.3)，TDS 在 64 ～ 238mg/L 之间，均值为 172mg/L，水化学类型主要为 HCO_3-Ca 型水型。调关镇幅地表水水质评价结果显示，当地地表水质量较好，水质以Ⅰ类水为主，含少量Ⅱ类水，Ⅱ类水主要分布于区域东南方向宋湖、杨叶湖以及大叉湖区域，影响调关镇幅区域地表水的主要因素为 NH_4^+(图 3.3)。

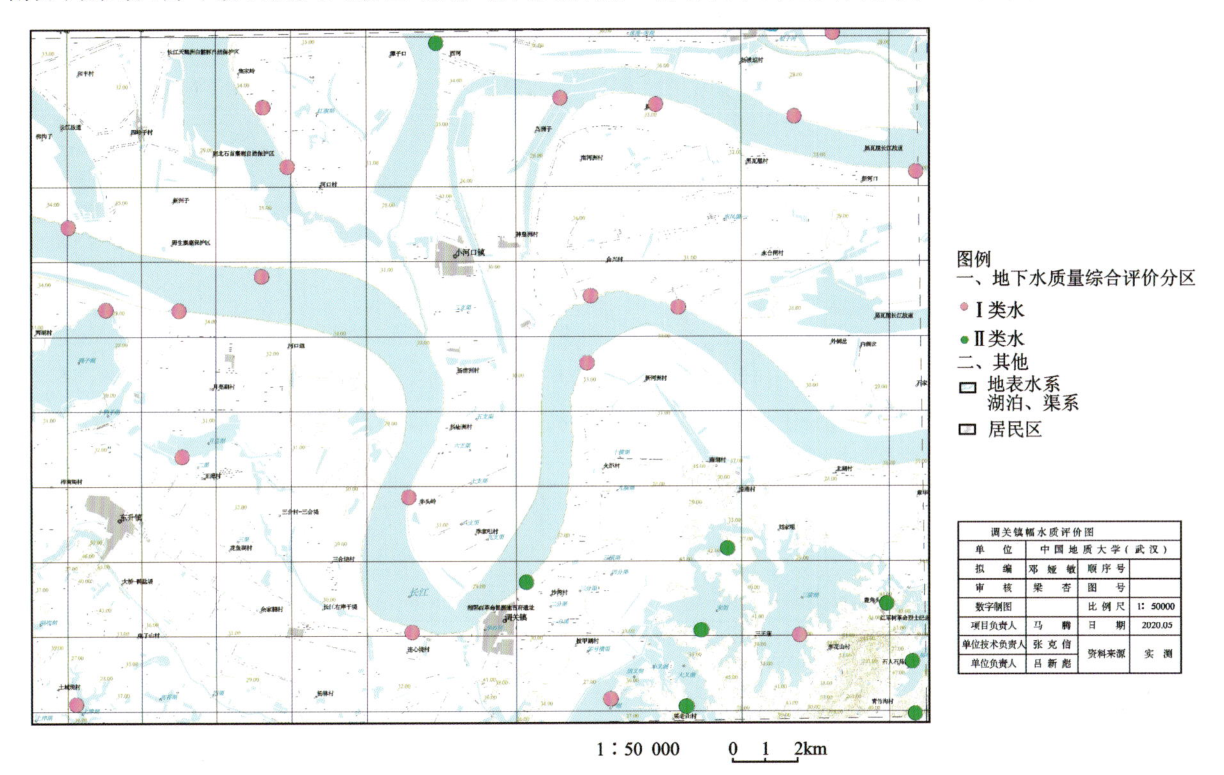

图 3.3　调关幅地表水水质评价图

3.1.1.4　白马寺地区

区内分布有Ⅰ、Ⅱ、Ⅳ、Ⅴ类水，其中Ⅰ、Ⅴ类水分布较广，其中Ⅴ类水主要分布在图幅的东南侧的河流湖泊中；Ⅰ类水主要分布在图幅的中部，沿资水分布；Ⅱ、Ⅳ类水主要分布在图幅的西部的湖泊中；区内地表水水质在空间上整体呈中间向两侧由好到坏的变化。白马寺幅水质评价结果表明，当地主要影响水质的指标为砷、铅、NH_4^+。其中Ⅰ类水面积占比 7.57%，以地表水为主；Ⅱ类水面积占比 1.62%；Ⅳ类水分布区域最广，面积占比 68.11%；Ⅴ类水面积占比为 22.70%(图 3.4)。

3.1.2　丹江口库区

3.1.2.1　水源安全保障区

选取安全保障区内主要地表河流 202 处、丹库陶岔取水口以上库水 12 处、圣母山硫铁矿影响的白石河流域水样 8 处，共计 222 处。

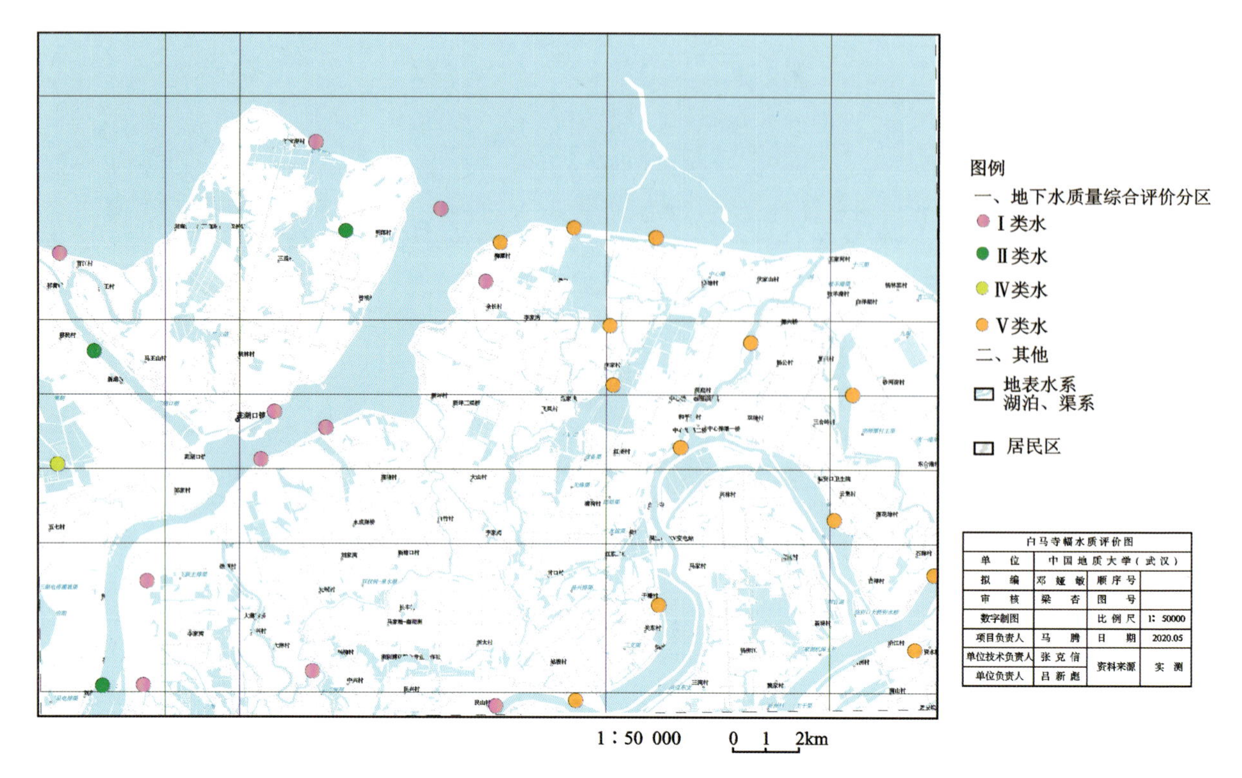

图 3.4　白马寺幅地表水水质评价图

地表河水 202 处：场测定 pH 值在 8.06～10.7 之间，均值 9.19，整体属弱碱性水。溶解氧(DO)4.6～12.6mg/L，大部分为Ⅰ类，个别为Ⅱ类、Ⅲ类。氧化还原电位(Eh)7.2～360.2mV，显示一定的氧化性。电导率(EC)140.1～1108μs/cm。

参照湖库判断标准，区内地表河水总氮浓度普遍偏高(图 3.5)，大多数大于 2.0mg/L，以Ⅴ类水为主。

丰水期检测的 202 个样品中总氮质量浓度达到Ⅳ类、Ⅴ类有 177 个，占 87.6%，大多数大于 2.0mg/L，以Ⅴ类水为主。丹江源头及上游总氮 2.7～3.8mg/L，商洛-丹凤段总氮 3.48～3.79mg/L，丹凤以下总氮 2.0～3.0mg/L。枯水期检测的 175 个样品中总氮浓度达到Ⅳ类、Ⅴ类有 166 个，占 94.9%，以Ⅴ类水为主。丰、枯两期丹江源头至库区以上寺湾镇河水样品测试结果显示：源头(R258)至东峡(R259)总氮 2.28～3.92mg/L，且丰枯变化不明显；雷风村(R257)总氮丰水期、枯水期分别为 5.03mg/L、5.12mg/L；商洛市区以上二龙山水库坝下(R261)总氮丰水期、枯水期分别为 2.33mg/L、3.57mg/L；商洛至丹凤县城(R246)总氮丰水期 3.27～3.79mg/L，枯水期 4.71～6.40mg/L，总氮质量浓度较其他河段高，且枯水期明显高于丰水期；丹凤县城以下河段，总氮丰水期一般 2.28～2.87mg/L，枯水期4.41～6.42mg/L，表现为上游高于下游，枯水期高于丰水期(图 3.6)。

分析表明，总氮超标主要源于自然环境因素、农业面源污染和居民生活污染，从丹江流域总氮分布来看(图 3.7)，源头一带农业及居民生活很少，以自然植被为主，土壤环境基本不受农业耕植影响，居民生活生产活动弱，可河水中总氮含量也在 2.0mg/L 以上，说明该区背景值高。商洛-丹凤段，人口集中、工农业生产沿河密布，受居民生活和农业影响，总氮浓度进一步升高。丹凤以下，城镇分散，仅以农业耕种为主，总氮含量降低。一般而言，地表水按照源流汇分析，总氮往往是下游高于上游、干流高于支流，如堵河支流犟河流域，犟河干流丰水期 3 处水样结果中，总氮分别为 2.8mg/L、2.95mg/L、3.97mg/L，依次递增(图 3.8)。

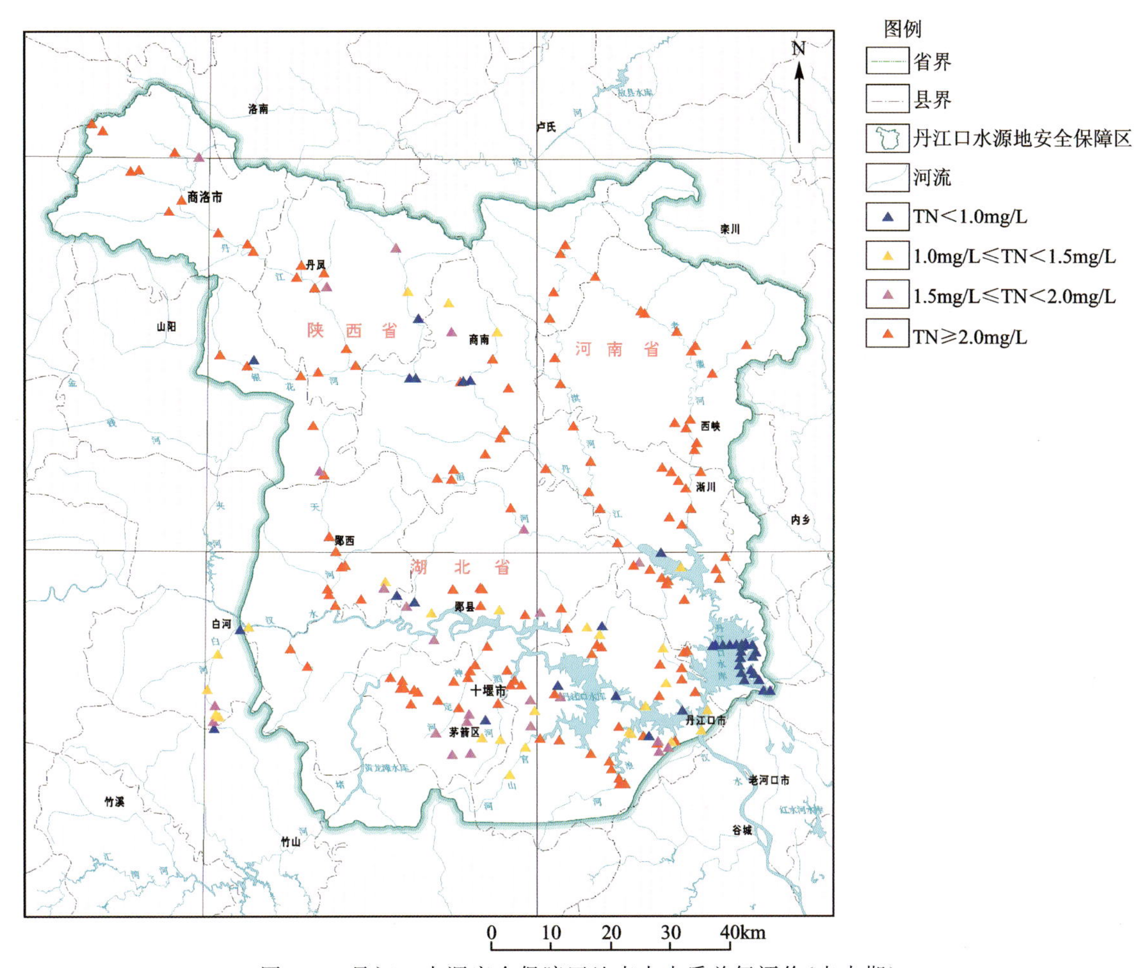

图 3.5　丹江口水源安全保障区地表水水质总氮评价(丰水期)

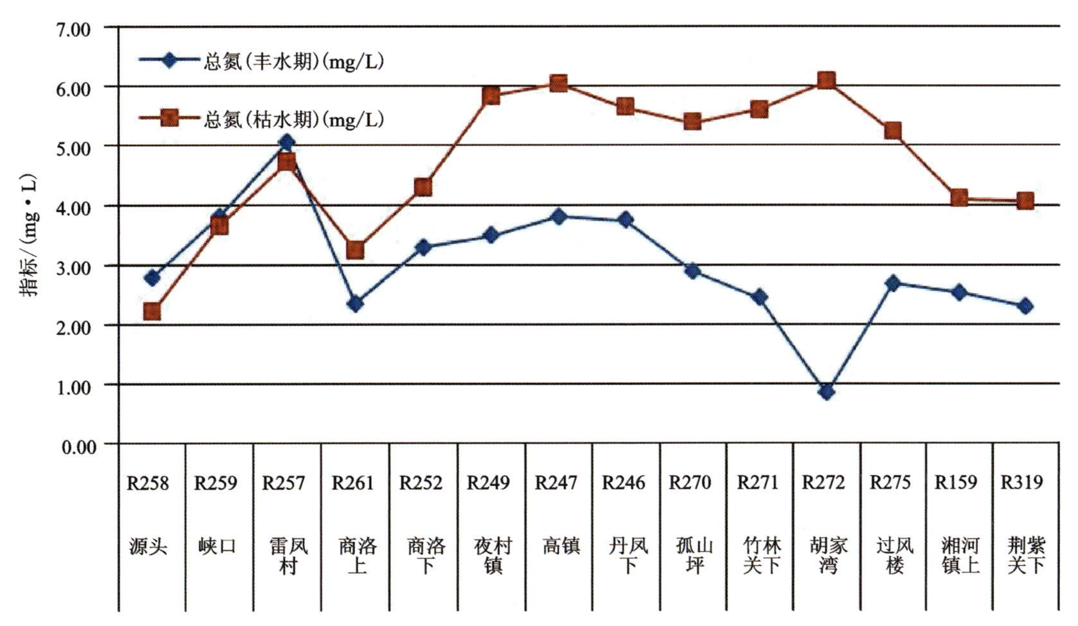

图 3.6　丹江流域源头-荆紫关段水质总氮丰水期、枯水期对比

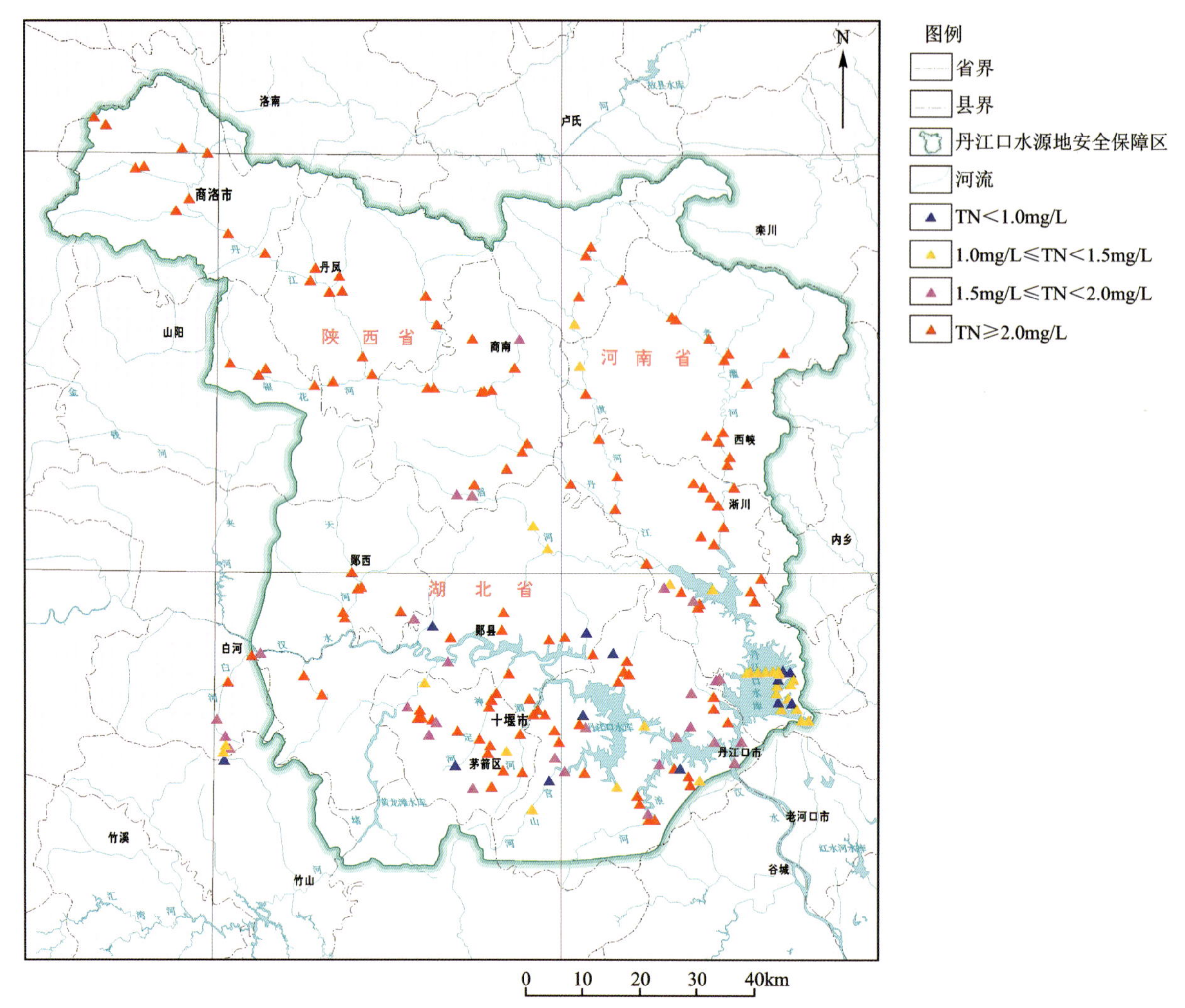

图 3.7　丹江口水源安全保障区地表水水质总氮评价(枯水期)

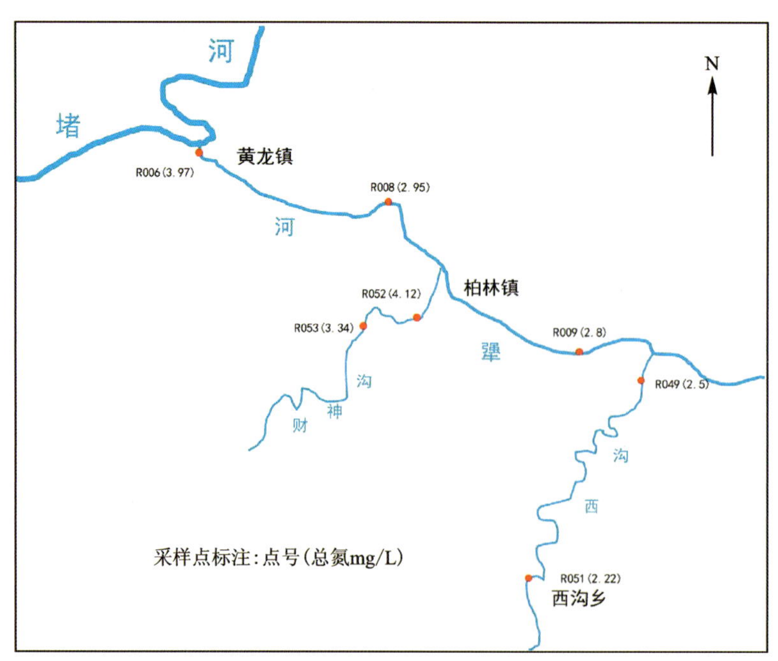

图 3.8　犟河丰水期采样点总氮值示意图

流经十堰城区的神定河，丰水期总氮递增更明显，由上游1.62mg/L向下游增至8.16mg/L，增加了5倍，至库区稀释至5.02mg/L。泗河上游支流变化不明显，经过城区后，总氮增加2倍，至库区浓度有所降低。支流水量大，且人类活动少区域，其总氮相对较低，水质也较好。2020年枯水期沿神定河系统采集的10组样品显示：总氮浓度均为Ⅴ类，浓度两处小者分别为3.98mg/L、7.89mg/L，大多数为11.02～17.78mg/L，最大可达20.56 mg/L。总磷有一处达到Ⅳ类(0.29mg/L)，其余均优于Ⅲ类。硝酸盐含量大于10mg/L限值的有6个，均位于神定河中下游(十堰城区及以下)。铁含量超过0.3mg/L限值的有7个，其中铁含量最高达5.72mg/L，锰含量超过0.1mg/L限值的有6个，分布于神定河上游。氨氮1个为Ⅳ类、2个为Ⅴ类，最大浓度达4.54mg，位于城区及上游；挥发酚类1个为Ⅳ类、2个为Ⅴ类，最大浓度达0.106mg，主要位于城区。流域不同位置水样，氮浓度存在差异，特别是硝态氮，受工业、城市污水等影响，浓度整体呈持续增加，至库区被库水稀释浓度才有所下降(表3.3)。

表3.3　神定河丰水期采样点主要水质影响指标统计

采样点号	采样位置	潜在污染源情况	影响水质指标
R014	上游百二河支流堰河	点下游为大川镇	Fe(0.31mg/L)，总氮(1.62mg/L)Ⅴ类
R015	上游百二河水库		总氮(2.55mg/L)Ⅴ类
R016	神定河十堰城区之上		氨氮(1.5mg/L)Ⅳ类，总氮(4.61mg/L)Ⅴ类、总磷(1.08mg/L)Ⅴ类、COD_{Mn}(7.01mg/L)Ⅳ类
R018	神定河十堰城区之下	点上为十堰城区	Fe(0.50mg/L)，总氮(7.05mg/L)Ⅴ类、总磷(1.14mg/L)Ⅴ类、COD_{Mn}(6.84mg/L)Ⅳ类
R019	神定河下游	点上游350m有神定河污水处理厂，下游800m有污水处理扩建工程	Fe(0.34mg/L)，总氮(8.16mg/L)Ⅴ类、总磷(0.83mg/L)Ⅳ类
R021	神定河下游库区	点上游1km有茶店污水处理厂、华新水泥厂，R019与R021之间有加油站，茶店镇	Fe(0.37mg/L)，总氮(5.02mg/L)Ⅴ类

神定河COD_{Cr}、NH_4^+、TP不同时期浓度变化较大，依次为22.58～35.60mg/L、1.78～4.62mg/L、0.43～0.51mg/L，属于劣Ⅴ类水质。COD_{Cr}浓度总体呈现平水期较高，枯水期和丰水期较低的特征，NH_4^+浓度总体呈现枯水期>平水期>丰水期，TP浓度总体呈现平水期、枯水期较高，丰水期较低。丰水期神定河流域水质并未显著下降，点源污染特征明显。神定河污水厂污水溢流、大量尾水排放和张湾河、百二河两条支流携带的污染物汇入是导致水质超标的主要原因(图3.9)。

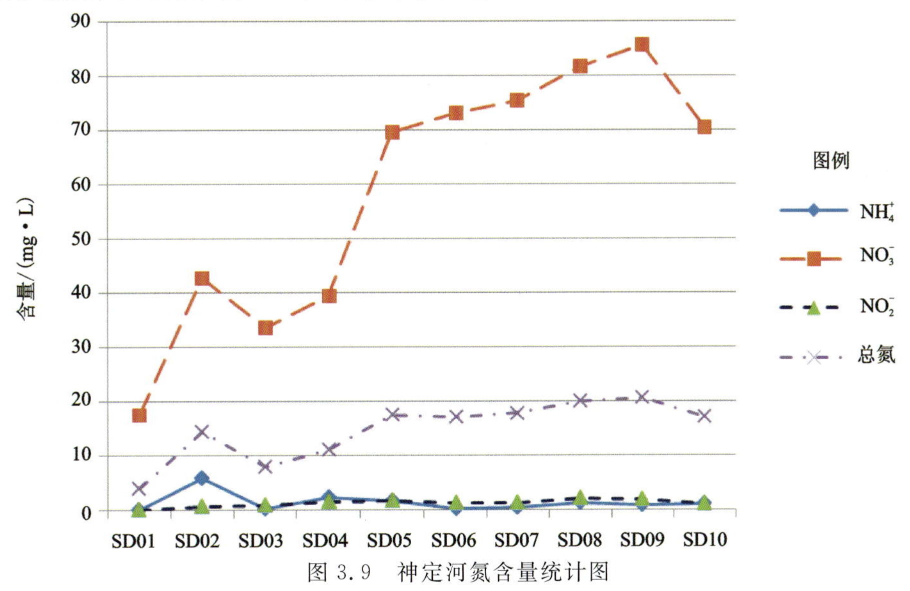

图3.9　神定河氮含量统计图

同一采样位置丰、枯水期均采样的点有194处，总氮浓度大于1.0mg/L的数量枯水期大于丰水期，这表明，枯水期水量减少，总氮浓度整体上升，水库水受其影响，丹库总氮浓度在枯水期略微大于1.0mg/L，水质比丰水期略差(表3.4)。

表3.4　丰枯期地表水总氮浓度统计

期次	总氮(TN)浓度(mg/L)			总氮质量浓度大于1.0mg/L数量	占194个样点比例(%)
	1.5≥TN>1.0	2.0≥TN>1.5	TN>2.0		
丰水期	20	19	119	158	81.4
枯水期	29	27	125	181	93.3

丹江河水铁含量季节变化非常明显，丰水期干流河段均大于0.3mg/L限值，枯水期均小于限值。源头(R258)、东峡(R259)丰水期分别为0.3mg/L、0.7mg/L，枯水期仅为0.11mg/L；雷凤村(R257)丰水期3.78 mg/L，枯水期0.04 mg/L；二龙山水库坝下(R261)丰水期4.54 mg/L，枯水期0.11mg/L；商洛市城区下游沙子镇(R252)、夜村镇(R249)，丰水期铁含量极高，分别为23.7mg/L、44.1mg/L，但枯水期仅为0.06 mg/L、0.14 mg/L；丹凤县城上下游丰水期分别为4.02mg/L、2.77mg/L，枯水期仅为0.14 mg/L、0.16mg/L；丹凤县城以下河段，丰水期铁含量一般在0.93～1.97mg/L，低者0.54 mg/L，高者2.63～3.21mg/L，枯水期则未检出(<0.04 mg/L)。分析表明，区内不存在工业产生铁污染的污染源，地表水铁超限主要源于含铁丰富的白垩纪红层和南华纪火成岩地层，是由原生地质环境造成的。丰水期采取地表河水共222处(丹库12处、白石河8处、河水202处)，铁超限有122处，附近地层出露为白垩系、南华系的地表水超限数量分别达28处、34处，占超限23.0%、27.9%。典型的如丹江河段中商洛至丹凤红层分布区，丰水期铁普遍偏高，如商洛城区上游丹江支流南秦河丰水期铁含量也高达22.191 mg/L，夜村镇一带丹江河水中铁含量最高，但在夜村镇附近汇入丹江的非红层区两条支流中铁含量仅为0.43mg/L、1.28mg/L(图3.10)。

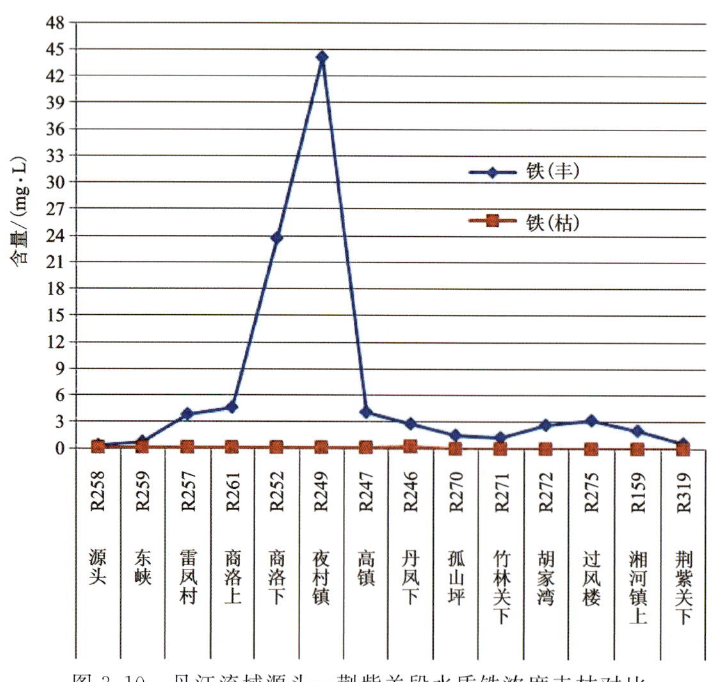

图3.10　丹江流域源头—荆紫关段水质铁浓度丰枯对比

调查分析表明：河流流经红层区、火成岩时，地表土壤铁含量普遍偏高，暴雨冲刷土壤，由于淋溶效应，土壤和岩石中铁、锰溶出随雨水流入河流，水质浑浊，铁、锰难以沉淀而分散在水体中，导致水体中铁、锰浓度骤然升高。枯水期丹江河水主要源于地下水排泄，河水铁含量与附近地下水差别不大，如夜村镇(R249)附近井水(J250)铁含量仅为0.05mg/L。竹林关镇上游丹江(R270)丰水期铁含量为1.47mg/L(图3.11),附近井水(J269)为0.16mg/L,而枯水期均小于0.04mg/L。

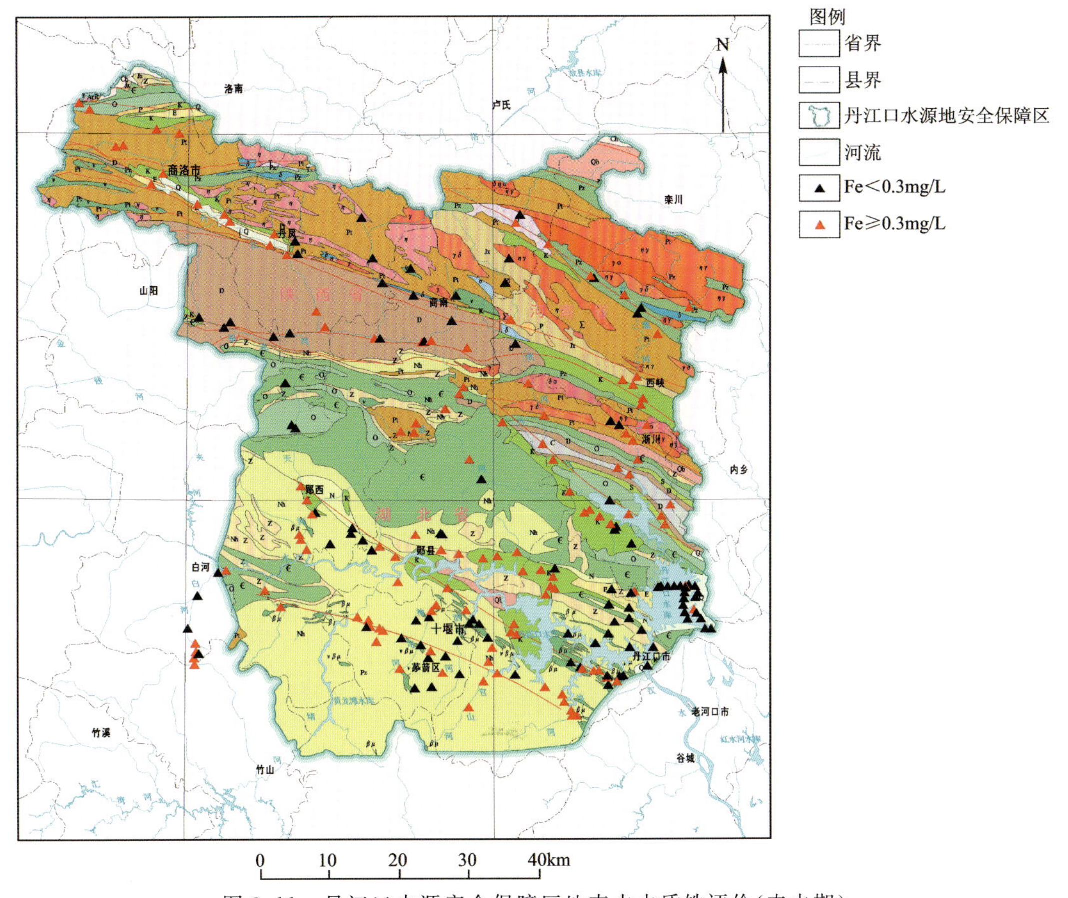

图3.11 丹江口水源安全保障区地表水水质铁评价(丰水期)

丰水期不考虑总氮和铁,Ⅴ类水点3个,占1.5%;Ⅳ类水点12个,占5.9%,Ⅳ类、Ⅴ类水仅占7.4%,符合Ⅰ~Ⅲ类水占92.6%。影响指标为高锰酸钾指数(COD_{Mn}),其次为总磷,个别为溶解氧和氨氮:其中COD_{Mn}为Ⅳ类的12个,总磷为Ⅴ类的3个、Ⅳ类的1个,溶解氧为Ⅳ类的1个,氨氮为Ⅳ类的1个。总磷超标主要为神定河,COD_{Mn}为Ⅳ类的主要在官山河、犟河,其余Ⅳ类水均为小支流。枯水期不考虑总氮及铁、锰、硝酸盐限值,Ⅴ类水点6个,占3.4%;Ⅳ类水点4个,占2.3%,Ⅳ类、Ⅴ类水标准仅占5.7%,符合Ⅰ~Ⅲ类水占94.3%。影响指标主要为氨氮,其次为总磷,个别为铬、氟和高锰酸钾指数(COD_{Mn})。其中氨氮为Ⅴ类的3个、Ⅳ类的3个;总磷为Ⅴ类的3个、Ⅳ类的2个;铬Ⅴ类的1个、COD_{Mn}Ⅳ类的1个、氟Ⅳ类的1个。氨氮超标主要为神定河,其次为犟河、县河、长岭沟、泊河等局部河段;总磷超标主要为县河,其次为神定河、淇河部分河段。

丰枯水样分析,保障区内丹江干流和汉江干流水质均优于Ⅲ类水,仅个别支流、冲沟水质较差,如神定河、县河。影响指标不考虑总氮,丰水期铁含量超限、枯水期硝酸盐超限。总磷在神定河、县河等人口密集区问题仍不容忽视。个别支流、冲沟水质虽然较差,但其径流量占比小,对干流水质影响甚微,整体区内流域河水水质好(图3.12)。

丹库陶岔取水口以上库水12处:现场测定pH值为9.45~9.6,属弱碱性水。溶解氧(DO)7.60~7.96mg/L,为Ⅰ类。氧化还原电位(Eh)为73.6~99.8mV,显示一定的氧化性。电导率(EC)256.0~260.5μs/cm。丰水期仅一处水样铁含量为0.47mg/L;枯水期总氮含量大于等于1.0mg/L以上的Ⅳ类有10组,占83%,表明丰水期水量大、水交替迅速,总氮低于枯水期。不考虑铁和总氮,水库水全部优于Ⅲ类(图3.13)。

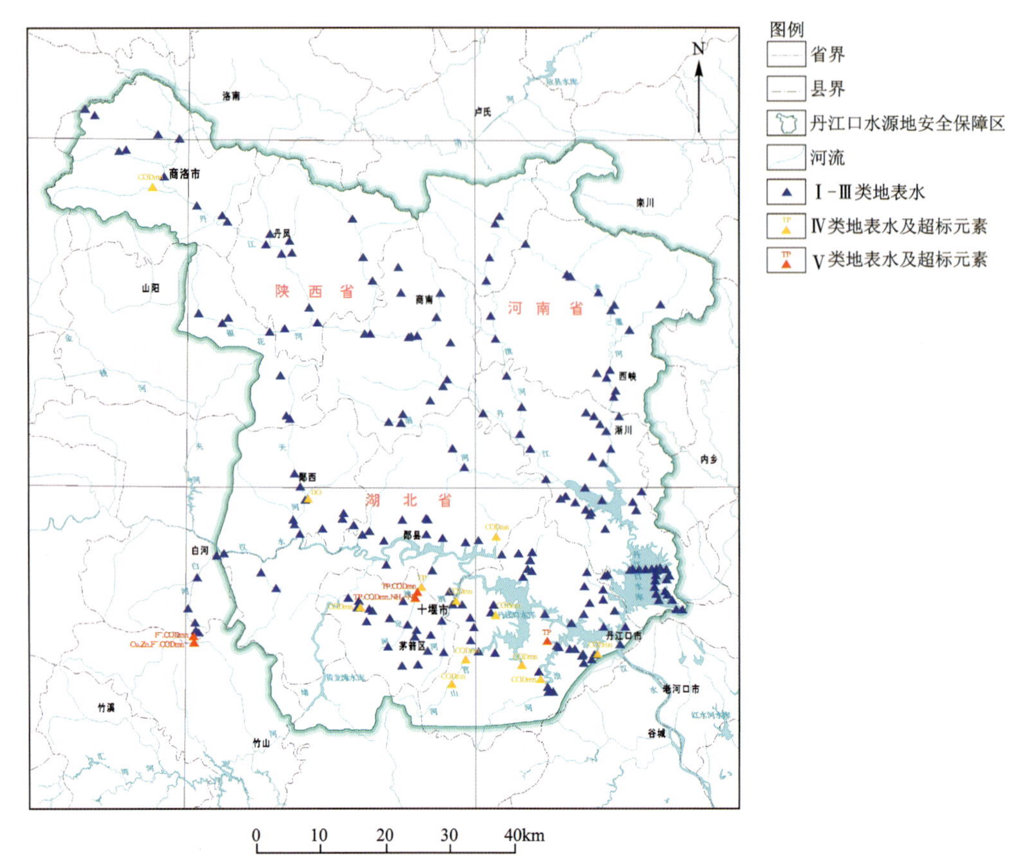

图 3.12　丹江口水源安全保障区地表水水质评价（丰水期）

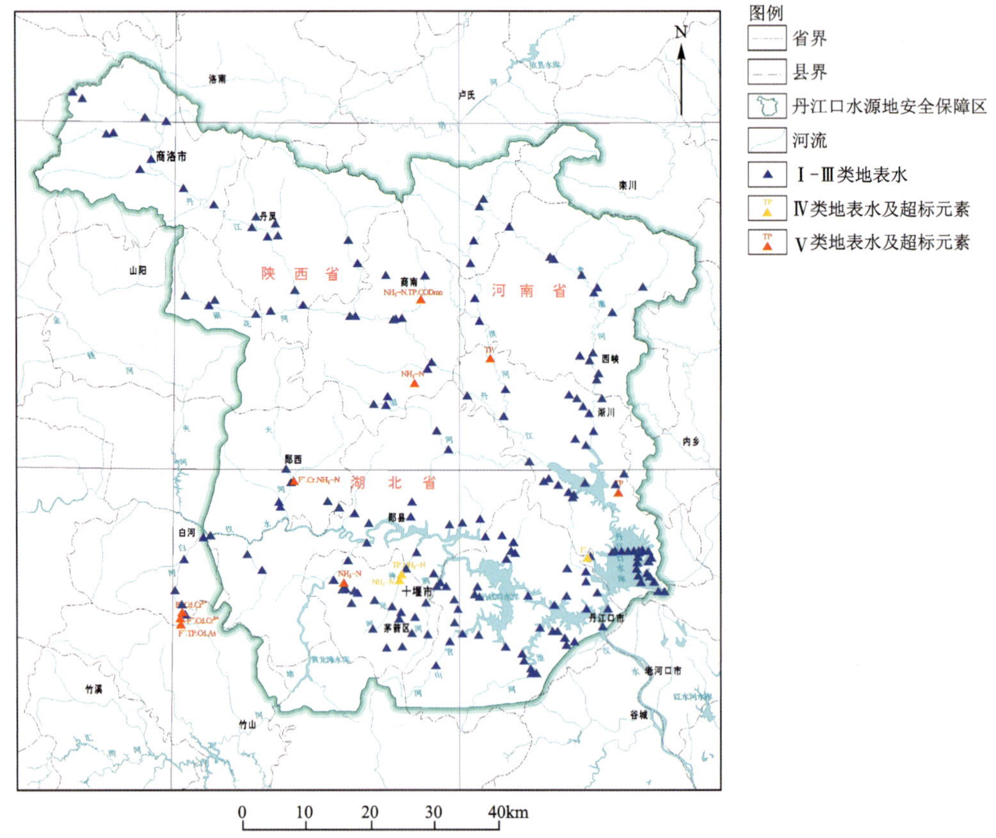

图 3.13　丹江口水源安全保障区地表水水质评价（枯水期）

3.1.2.2 郧西县—寺湾

1. 郧西县

郧西县幅地表水系主要有天河、大麦峪河以及泥河等。枯水期采集地表水样 9 组，覆盖水库(国家一级水源地)、河流。pH 值为 8.62～9.35，平均值为 9.01，呈弱碱性；水体总硬度 92.93～262.19mg/L，平均值为 192.19mg/L，以中硬度水为主；总溶解性固体 178.70～233.10mg/L，平均值为 205.90mg/L。综合目前已获取的数据进行分析，地表水体由于更新速率快，水质较好，半数处于Ⅲ类及以上标准，只有部分样品中的细菌总数超标(表 3.5)。

表 3.5 地表水质量评价等级

样品编号	评价等级	超标要素
TR001	Ⅴ	总大肠菌群
TR002	Ⅲ	
TR003	Ⅴ	总大肠菌群
DMY01	Ⅲ	
NH01	Ⅴ	细菌总数/总大肠菌群
YR001	Ⅱ	
YR006	Ⅲ	
YH040	Ⅴ	总大肠菌群
YH159	Ⅱ	

2. 寺湾地区

依据地表水环境质量标准基本项目标准限值，地表水单因子评价显示：19 个样品中Ⅳ类水点 1 个，Ⅴ类水点 7 个，Ⅰ～Ⅲ类水点 11 个，Ⅳ、Ⅴ类水点占地表水样品总数的 42.11%。详见地表水超标样点详细情况一览表 3.6。

表 3.6 地表水超标样点详细情况一览表

序号	样品编号	水系	取样位置	质量分级	超标影响因子
1	SH049	水库	十堰市刘洞镇江峪村	Ⅳ类	Hg
2	SH121	水库	十堰市谭山镇拦门石村六组	劣Ⅴ类	总氮
3	SiW-19-H049	水库	十堰市刘洞镇江峪村	Ⅳ类	总氮
4	SiW-19-H121	水库	十堰市谭山镇拦门石村六组	劣Ⅴ类	总氮
5	ST078	丹江	淅川县荆紫关镇荆紫关镇大桥	劣Ⅴ	总氮
6	ST001	丹江	淅川县荆紫关镇全庄村刘岗	劣Ⅴ	总氮
7	ST036	丹江	淅川县荆紫关镇张村	劣Ⅴ	总氮
8	SR230	丹江	十堰市刘洞镇刘洞村	Ⅴ类	总氮
9	ST062	丹江	淅川县大石桥乡磨峪湾村	劣Ⅴ	总氮
10	SR191	丹江	淅川县大石桥乡温家营村七组	Ⅴ类	总氮

续表 3.6

序号	样品编号	水系	取样位置	质量分级	超标影响因子
11	ST031	丹江	淅川县滔河乡陈家湾村	劣Ⅴ	总氮
12	SR234	淇河	淅川县寺湾镇杜家河村一组	Ⅴ类	总氮
13	SW085	滔河	郧阳区梅铺镇梅铺村二组	超Ⅴ类	总氮
14	SR096	滔河	淅川县大石桥乡门伙村一组	Ⅴ类	总氮
15	SR115	白竹沟河	郧阳区白桑关镇白竹沟村四组	Ⅳ类	总氮

按照《地表水环境质量标准》(GB 3838—2002),区内地表水超标指标多为总氮。据生态环境部《地表水环境质量评价办法(试行)》中规定,总氮不作为地表水水质评价指标,区内地表水总体质量较好,总体评价为良好。下面对其评价兼顾两项规定进行说明。

1)水库超标样品

水库样品 SH049 和 SH121 结果显示:SH049 中 Hg 达Ⅳ类水标准;SH121 中总氮达劣Ⅴ类。考虑其水库性质的特殊性,重新采取 SiW-19-H049 和 SiW-19-H121 进行验证,结果表明,SiW-19-H049 中 Hg 含量并未超Ⅲ类标准,显示其总氮达Ⅳ标准;而 SiW-19-H121 中总氮依旧达劣Ⅴ类。SiW-19-H121 采自王庄水库,其主要补给来源为上游泉水,径流途经大面积农田,农家肥的流失进入水库,从而导致王庄水库中总氮一直达劣Ⅴ类。据《地表水环境质量评价办法(试行)》去除总氮进行评价,其总体质量为良好。

2)河流

滔河样品:SW085 为污水处理厂处理后的水样,该污水处理厂处理后的水流入滔河,水质分析结果总氮达劣Ⅴ类水质;SR115 为滔河支流白竹沟河采样点,水质分析结果总氮达Ⅳ类水质;SR096 为滔河支流入河口,其水质分析结果总氮达Ⅴ类水质。由图 3.14 滔河阴阳离子变化曲线可知 SR115、SW085 对滔河水质影响较小;研究表明汇入口是营养物及其他有机物聚集处,这可能是 SR096 水质分析结果达Ⅴ类水质的原因。

丹江样品:异常区 1 的阴阳离子异常是荆紫关镇污水处理厂排放的水体等影响;异常区 2 的阴阳离子异常是农田受淋滤液随雨水排入丹江,造成阴阳离子各项因子异常(图 3.15)。除异常区外丹江流域从上至下,阴阳离子逐渐减少,是因沿线植物丰茂,固土蓄水能力较好,对阴阳离子吸附作用强。

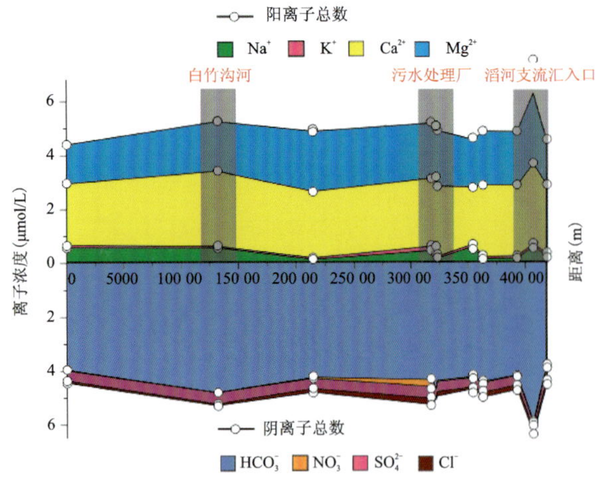

图 3.14　滔河阴阳离子变化曲线

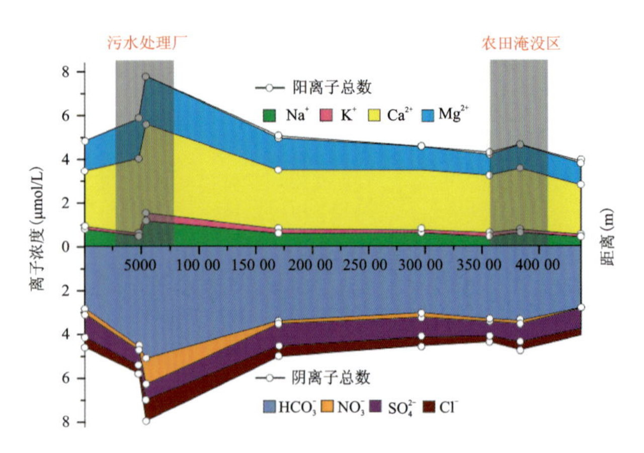

图 3.15　丹江阴阳离子变化曲线

综上所述,区内地表水质量总体良好(图 3.16),但因农田化肥、污水处理排放、有机物聚集等导致其总氮含量较高,最高含量超地表水三类标准 16 倍,存在水体富营养化风险,对丹江乃至丹江库区产生威胁。

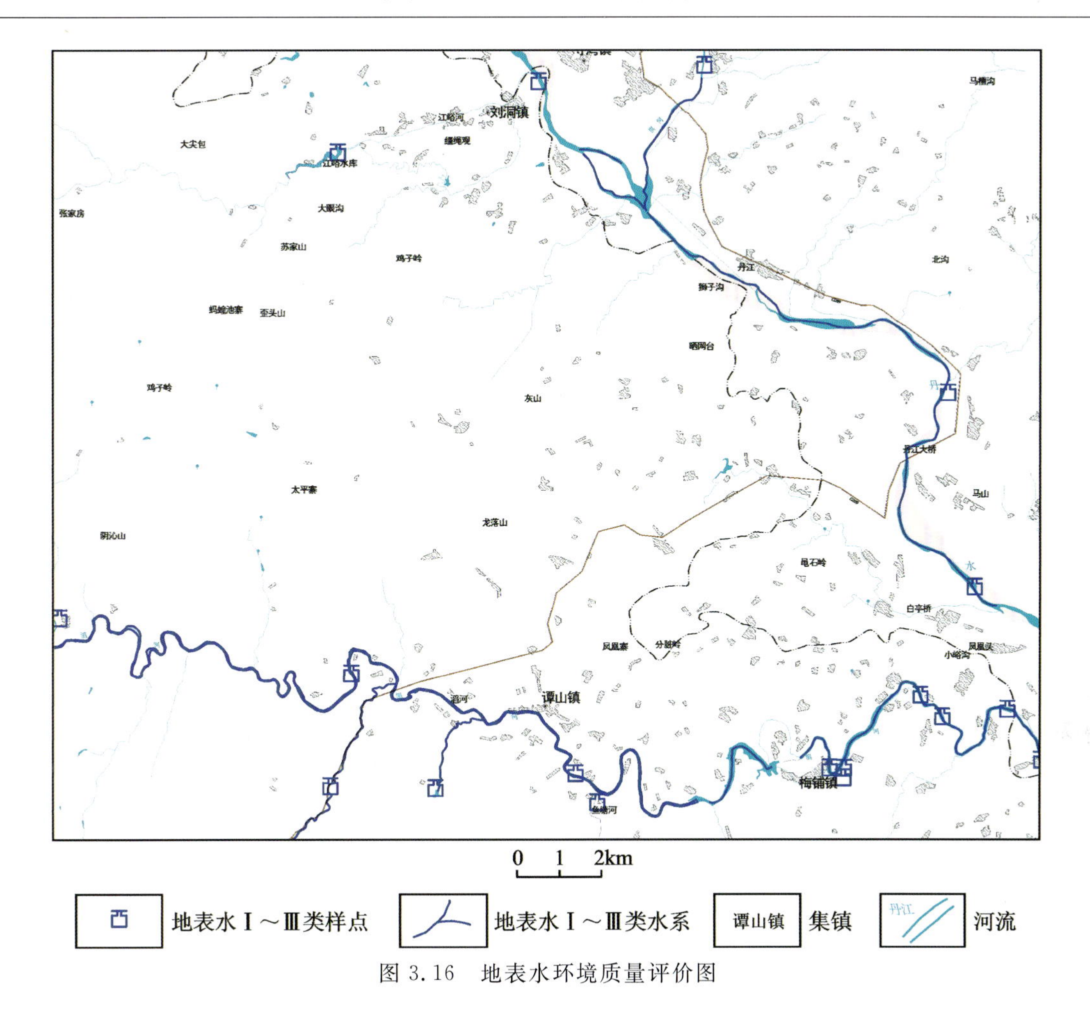

图 3.16 地表水环境质量评价图

3.2 土壤环境

3.2.1 津 市

本次调查共取土壤样品80组,采样点分布均匀,其测试结果能够代表整个工作区内的土壤环境质量。样品测定指标主要为Cr、Mn、Ni、Cu、Zn、As、Se、Cd、Sn、Sb、W和Pb。根据《土地质量地球化学评价规范》(DZ/T 0295—2016)和《土壤环境质量 农用地土壤污染风险管控标准(试行)》(GB 15618—2018),本次土壤质量评价选取Cr、Ni、Cu、Zn、As、Cd和Pb共7项重金属元素,采用单因子指数法和内梅罗综合指数法进行土壤环境质量评价。

3.2.1.1 单因子指数法

根据上述公式,分别计算得到各样品中各元素单因子环境质量指数 P_i,并分别判定各元素污染等级(表3.7)。根据上述评价结果可知,工作区内Cd的污染程度最高,其轻度污染占总样品数的32.05%,平均污染指数也最大。其次是As和Cu污染。

表 3.7　工作区土壤重金属单因子指数法评价结果

元素	污染状况	未污染	轻度污染	中度污染	重度污染	严重污染	平均污染指数
Cr	样品数(个)	78	0	0	0	0	0.40
	各级污染占比(%)	100	0	0	0	0	
Ni	样品数(个)	78	0	0	0	0	0.41
	各级污染占比(%)	100	0	0	0	0	
Cu	样品数(个)	77	1	0	0	0	0.39
	各级污染占比(%)	99	1	0	0	0	
Zn	样品数(个)	78	0	0	0	0	0.35
	各级污染占比(%)	100	0	0	0	0	
As	样品数(个)	76	1	1	0	0	0.47
	各级污染占比(%)	98	1	1	0	0	
Cd	样品数(个)	53	25	0	0	0	0.73
	各级污染占比(%)	67.95	32.05	0	0	0	
Pb	样品数(个)	78	0	0	0	0	0.26
	各级污染占比(%)	100	0	0	0	0	

3.2.1.2　内梅罗综合指数法

根据上述公式，分别计算得到各土壤样品内梅罗综合污染指数 P_z，计算得到，工作区土壤样内梅罗综合污染指数 P_z范围值为 0.20～2.56，其中 $P_z \leqslant 1$ 的样品数占比 92.31%，污染等级为未污染；$1 < P_z \leqslant 2$ 的样品数占比 6.41%，污染等级为轻微污染；$2 < P_z \leqslant 3$ 的样品数占比 1.28%，污染等级为中度污染，据此对区域土壤环境评价图(图 3.17)。

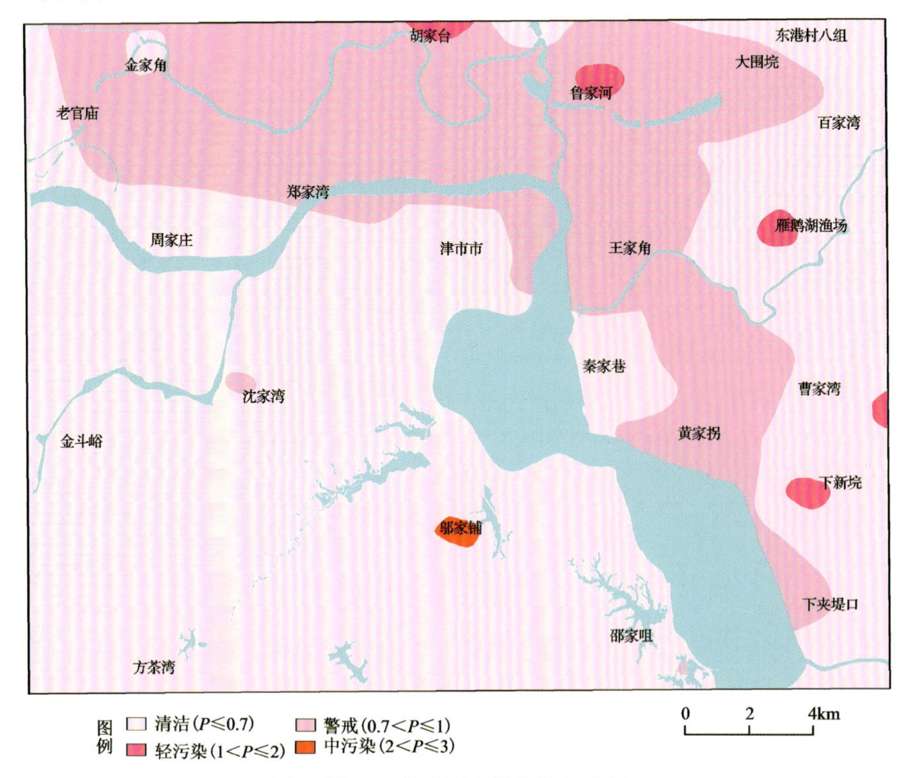

图 3.17　津市市幅土壤环境评价图

3.2.2 南 县

本次对工作区的土壤微量元素进行污染评价，共取样 80 组，取样范围分布均匀，类型覆盖较为全面。本次评价分别采用单因子评价法和综合污染指数评价法。

根据单因子评价法，工作区内土壤总体质量较好，砷、铅、铬、锌 4 种元素均达标。而铜和镉 2 种污染元素少量超标(表 3.8)。

综合污染指数评价结果表明，共 75 个样品，其中安全 8 个、警戒级 27 个、轻污染 39 个、中度污染 1 个，轻污染及以上的样品数量占比超过半数。轻污染分布在工作区华容县鲇鱼须镇、梅田湖镇，南县浪拔湖镇等地，主要呈东西向条带状分布(图 3.18)。中度污染仅出现于华容县操军镇南岳庙社区。

表 3.8 土壤单项污染因子评价表

污染评价项目	样本总数	超标数	超标率(%)
砷	75	0	0
镉		15	20.00
铅		0	0
铬		0	0
铜		13	17.33
镍		1	1.33
锌		0	0

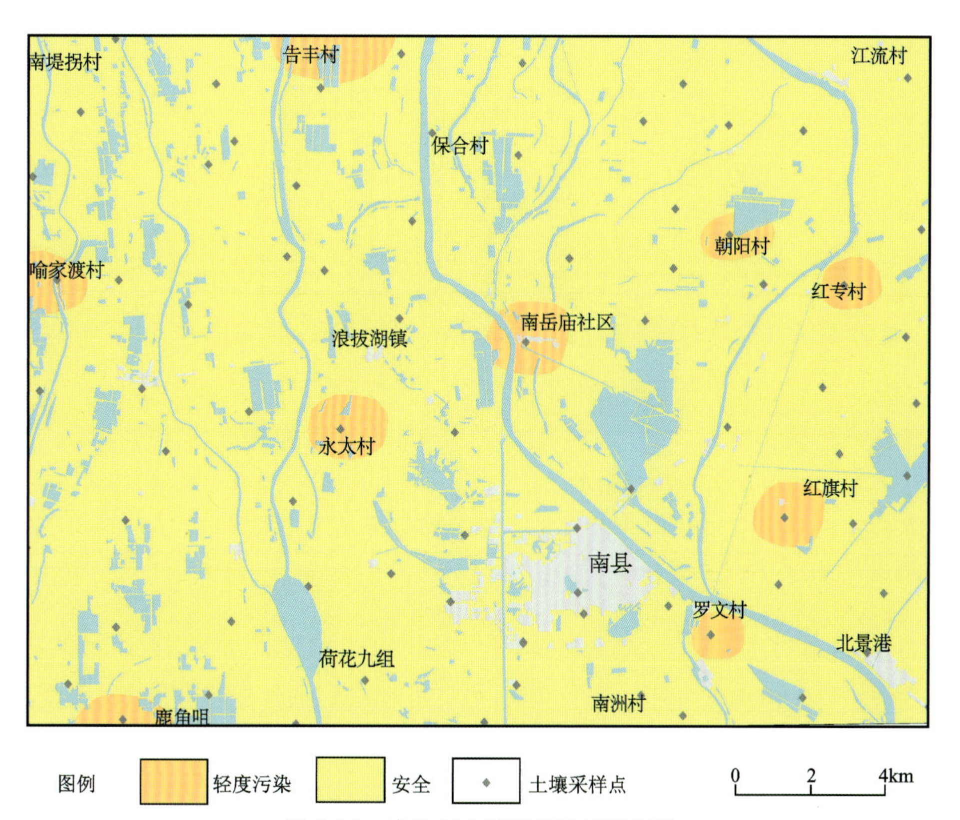

图 3.18 南县幅土壤环境质量评价图

3.2.3 调关镇地区

据上述评价方法，基于123个土壤样品数据，对其重金属污染进行评价。重金属As、Cd、Cr、Cu、Ni、Pb和Zn单因子污染指数均值均小于1，属于清洁水平。As的最大污染指数超过2，处于中污染状态。以《土壤环境质量　农用地土壤污染风险管控标准(试行)》(GB 15618—2018)标准中Ⅱ级标准为评价标准计算综合指数，结果显示区内重金属污染的综合指数为0.89，变异系数为28.84%。从表3.9可以看出，土壤中重金属元素含量大多数处于清洁状态，几乎所有元素均为清洁—轻污染状态，其中Cr、Ni和Pb全属于清洁水平(图3.19)。说明该区域不存在中—重污染，属较清洁区域。

表3.9　土壤重金属污染指数

项目	单因子污染指数							综合污染指数 P
	As	Cd	Cr	Cu	Ni	Pb	Zn	
平均值	0.57	0.91	0.38	0.98	0.58	0.39	0.61	0.89
最大值	2.27	2.00	0.49	1.48	0.77	0.81	1.19	1.77
最小值	0.08	0.26	0.22	0.40	0.30	0.17	0.31	0.39
标准差	0.32	0.35	0.06	0.23	0.10	0.10	0.18	0.26
变异系数(%)	56.14	38.19	15.25	23.72	18.19	26.46	30.22	28.84

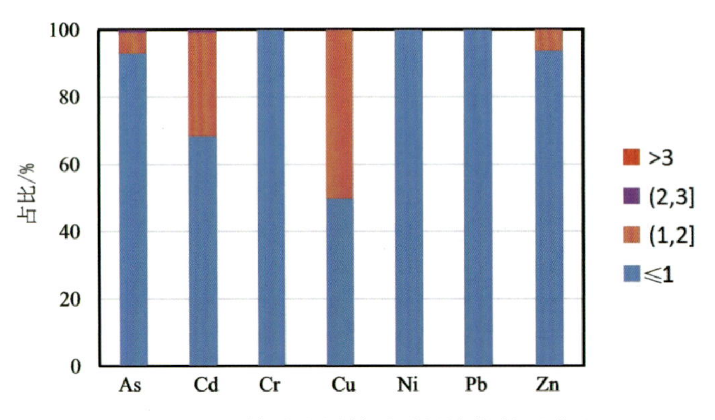

图3.19　土壤重金属单因子污染指数百分比

综合污染指数的范围为0.39～1.77，说明该区域重金属污染程度较轻，仅有1～3级分布，1级、2级和3级质量水平的土壤分别为样品数量的21.14%、49.60%和29.23%(图3.20)。综合污染指数均值为0.89，属警戒水平，说明区域表层土壤总体水平良好。从综合污染指数分布图3.21可以看出，调关镇幅土壤质量水平良好，仅存在部分轻污染区域。

从各重金属潜在生态危害系数来看(表3.10)，镉的潜在生态危害系数最高，平均值为111.14，显示强的生态危害程度，最高值为243.06，最低值为31.68，变异系数为38.19%，表示部分地区Cd的生态危害达到很强的等级。其他重金属As、Cr、Cu、Ni、Pb、Zn的潜在危害系数均值为18.55、3.49、12.19、9.86、6.61、1.79，除As在部分区域生态危害中等外，其余均表现为轻微状。从潜在生态危害指数来看(表3.10)，重金属的潜在生态危害指数平均值为163.63，最大值为313.14，最小值为66.49，变异系数为30.57%，整体表现为强—很强的生态危害，主要贡献因子是镉。从变异系数可以看出区内生态危害具有相似性。

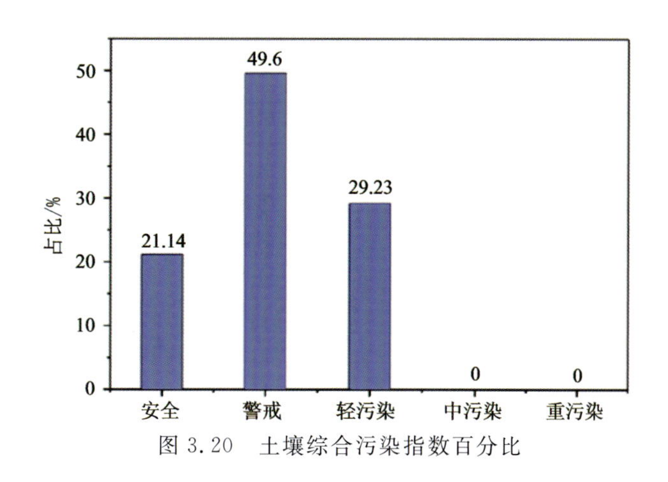

图3.20 土壤综合污染指数百分比

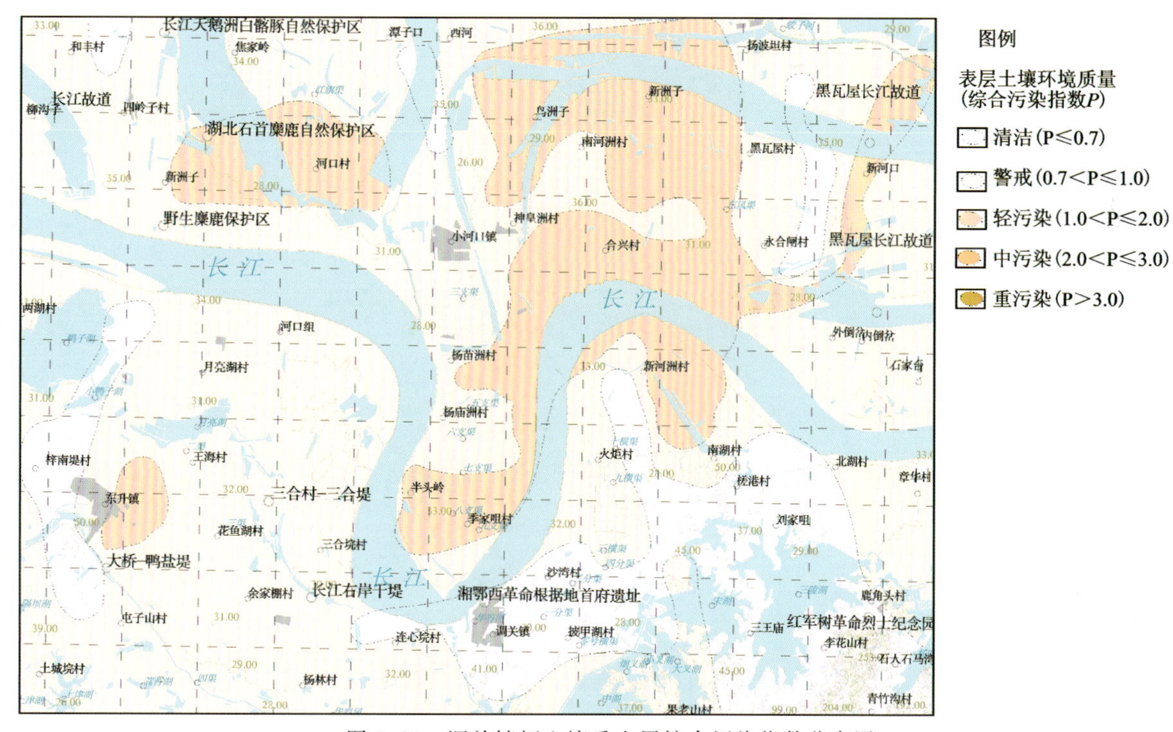

图3.21 调关镇幅土壤重金属综合污染指数分布图

表3.10 潜在生态危害系数和危害指数

项目	潜在生态危害系数 E_r^i							潜在生态危害指数 RI
	As	Cd	Cr	Cu	Ni	Pb	Zn	
最大值	74.09	243.06	4.53	18.46	13.11	13.65	3.51	313.14
最小值	2.46	31.68	2.01	5.03	5.14	2.96	0.93	66.49
平均值	18.55	111.14	3.49	12.19	9.86	6.61	1.79	163.63
标准差	10.41	42.45	0.53	2.89	1.79	1.75	0.54	50.02
变异系数(%)	56.14	38.19	15.25	23.72	18.19	26.46	30.22	30.57

综上所述，区域主要污染重金属为As、Cd，但主要为轻度污染，存在少量中度污染。调关镇幅土壤质量良好，适合大规模的农业活动。

3.2.4　白马寺地区

基于上述评价方法，采用区内 255 个土壤样品数据，对其重金属污染状况进行评价。重金属 Cd 的单因子污染指数均值大于 1，属于轻污染水平，As、Cr、Cu、Ni、Pb 和 Zn 的污染指数分别为 0.59、0.33、0.76、0.50、0.40 和 0.53，属于清洁水平(表 3.11)。As 的最大污染指数超过 2，处于中污染状态，Cd 的最大污染指数超过 3，处于重污染状态。以国家《土壤环境质量　农用地土壤污染风险管控标准(试行)》(GB 15618—2018)标准中Ⅱ级标准为评价标准计算综合指数，结果显示区内重金属污染的综合指数为 0.97，变异系数为 43.04%。土壤中重金属元素含量大多数处于清洁状态，所有元素清洁—轻污染状态的点位超过 90%，其中 Cr、Ni 和 Pb 全属于清洁水平。存在中—重污染点位比例最高的为 Cd，达到 8.5%。说明区域存在个别点位受到了污染。

表 3.11　土壤重金属污染指数

项目	单因子污染指数							综合污染指数 P
	As	Cd	Cr	Cu	Ni	Pb	Zn	
平均值	0.59	1.13	0.33	0.76	0.50	0.40	0.53	0.97
最大值	2.27	6.30	0.49	1.48	0.77	0.92	1.19	4.55
最小值	0.08	0.13	0.21	0.32	0.23	0.17	0.17	0.39
标准差	0.25	0.63	0.06	0.28	0.12	0.10	0.17	0.42
变异系数(%)	42.37	55.75	18.18	36.84	24.00	25.00	32.08	43.04

区内综合污染指数的范围为 0.39～4.55，说明区域重金属分污染程度差异较大，从 1 级至 5 级均有分布。1 级、2 级和 3 级质量水平的土壤分别为样品数量的 21.4%、42.2%和 35.2%，三者之和达到 98.9%。4 级和 5 级质量水平的样点数仅占样品总量的 1.1%(图 3.22、图 3.23)。综合污染指数均值为 0.97，属警戒水平，说明区域表层土壤总体水平良好。从综合污染指数分布图 3.24 可以看出，白马寺幅土壤重污染严重。

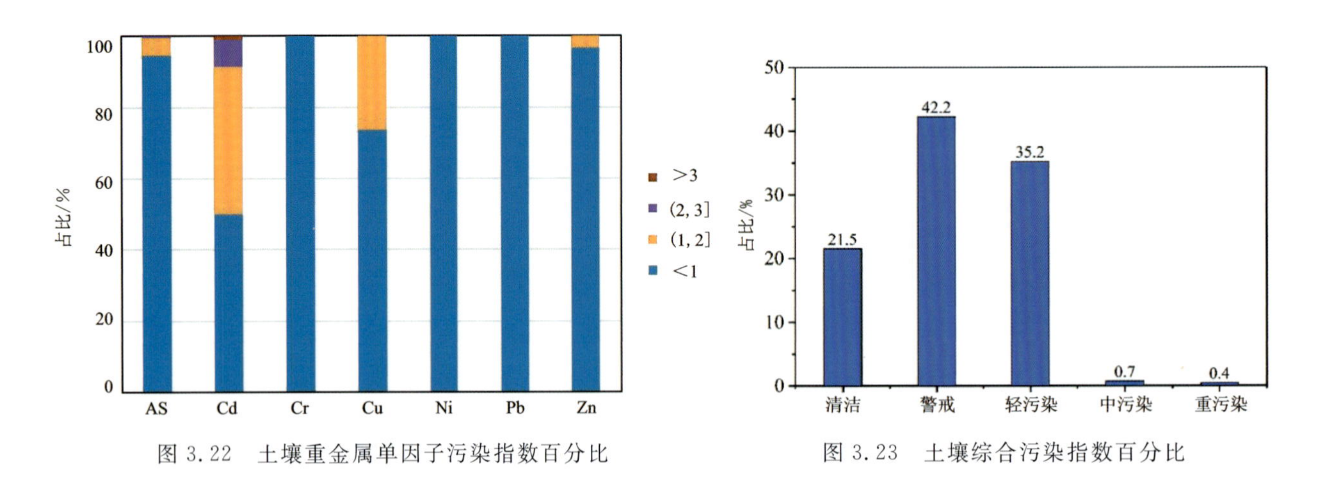

图 3.22　土壤重金属单因子污染指数百分比

图 3.23　土壤综合污染指数百分比

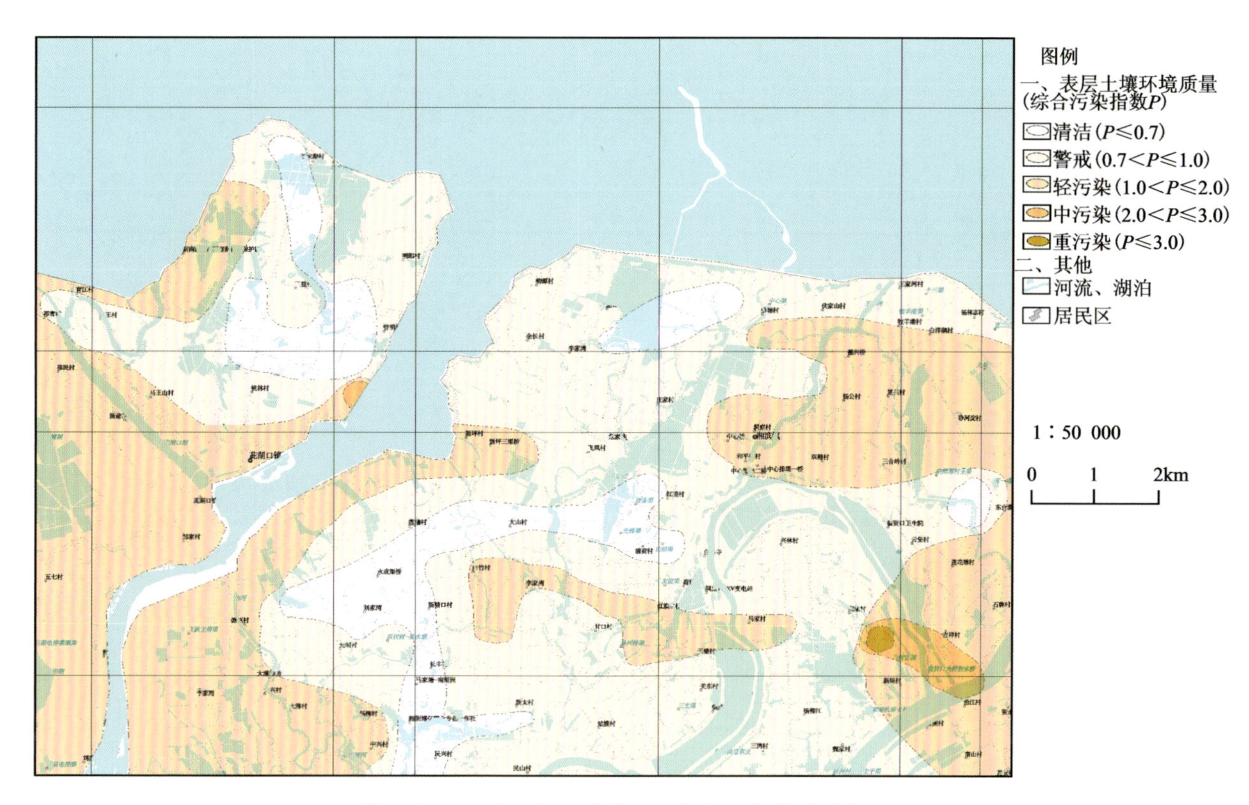

图 3.24 白马寺幅土壤重金属综合污染指数分布图

从各个重金属潜在生态危害系数来看(表 3.12),镉的潜在生态危害系数最高,平均值为 139.81,表现出强的生态危害程度,最高值为 766.22,最低值为 16.22,变异系数为 55.56%,可以看出部分地区 Cd 的生态危害达到了极强的等级。其他重金属 As、Cr、Cu、Ni、Pb、Zn 的潜在生态危害系数平均值分别为 19.23、3.06、9.43、8.42、6.82、1.57,除 As 存在部分地区生态危害达到中等生态危害程度,其余均表现为轻微生态危害程度。从潜在生态危害指数来看,重金属的潜在生态危害指数平均值为 188.35,最大值为 810.58,最小值为 63.01,变异系数为 42.70% ,整体表现为强—很强的生态危害,部分地区表现为极强的生态危害程度,主要贡献因子是镉。从变异系数可以看出区内域内生态危害具有相似性。

表 3.12 潜在生态危害系数和危害指数

项目	潜在生态危害系数							潜在生态危害指数 RI
	As	Cd	Cr	Cu	Ni	Pb	Zn	
最大值	74.09	766.22	4.53	18.46	13.11	15.57	3.51	810.58
最小值	2.46	16.22	1.97	3.95	3.89	2.96	0.49	63.01
平均值	19.23	139.81	3.06	9.43	8.42	6.82	1.57	188.35
标准差	7.96	77.68	0.59	3.50	2.07	1.63	0.49	80.42
变异系数 *Cv*(%)	41.42	55.56	19.37	37.07	24.53	23.94	30.93	42.70

综上所述,区域主要污染重金属为 As、Cd,但主要为轻度污染,仅 Cd 存在少量中—重度污染。中—重度污染点主要分布于白马寺幅的临资口附近,该处为河口区域,大量沉积物快速堆积于此,有利于有机质的富集,有机质则易于吸附重金属。总体来说,白马寺幅土壤重金属含量较高,种植作物时应选择不易富集重金属的种类。

3.3　官山河流域水生态风险

3.3.1　风险源

官山河流域水生态风险源主要分为 3 类:地质灾害风险源、非点源污染风险源和点源污染风险源。各水生态风险源分布如图 3.25 所示。

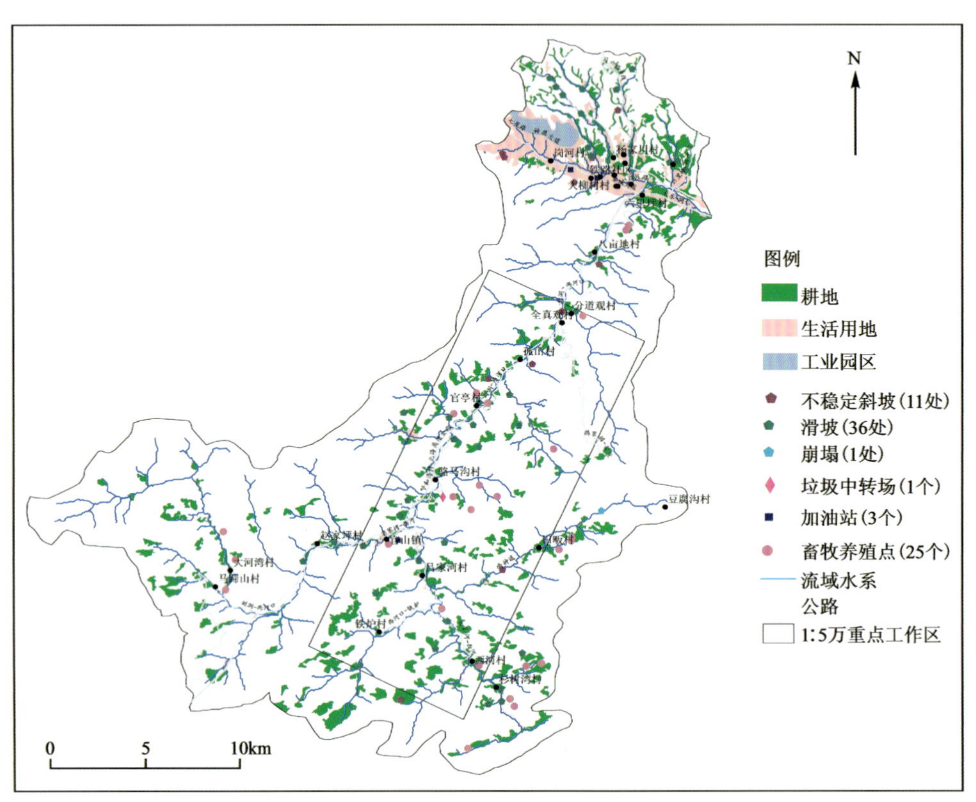

图 3.25　官山河流域水生态风险源分布图

3.3.1.1　地质灾害

官山河流域内主要地质灾害类型为滑坡及不稳定斜坡。经调查统计,区内主要存在滑坡灾害 36 处,不稳定斜坡 11 处,崩塌 1 处。区内滑坡主要分布于官山镇杉树湾村、官亭村,六里坪镇江家沟 2 组、岳家川 3 组、大柳树 5 组及杨家川 4 组、7 组和 8 组。不稳定斜坡分布于官山镇分道观村、西河村、吕家河村、孤山村、八亩地村,六里坪镇岳家川 4 组、大柳树 5 组、财神庙村 2 组、岗河村 6 组,官山河流域主要地质灾害分布情况见图 3.26。

基于官山河流域地层岩性分布、构造及灾害点分布、水系分布、坡度分布及坡向分布数据,基于层次分析法完成官山河流域地质灾害易发性分区(图 3.27)。

地质灾害高易发区域分布在官山河流域北侧,岗河村、铁路社区和江家沟村都处于高易发区中,因为该区域处于两郧断裂带和白河谷城断裂带附近,且有较多灾害点分布在该区域,所以该区域预测结果为高易发区,有部分高易发区以及中高易发区沿官山河干流与道路分布(流域的中部及南侧),如沿着官

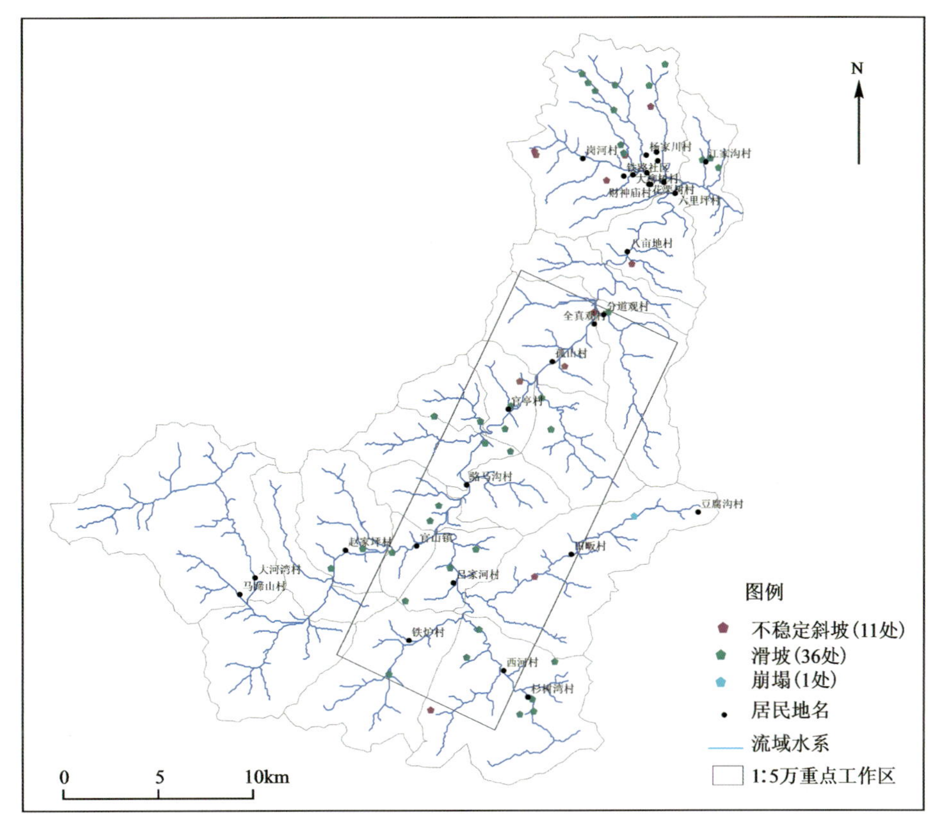

图3.26　官山河流域地质灾害风险源分布图

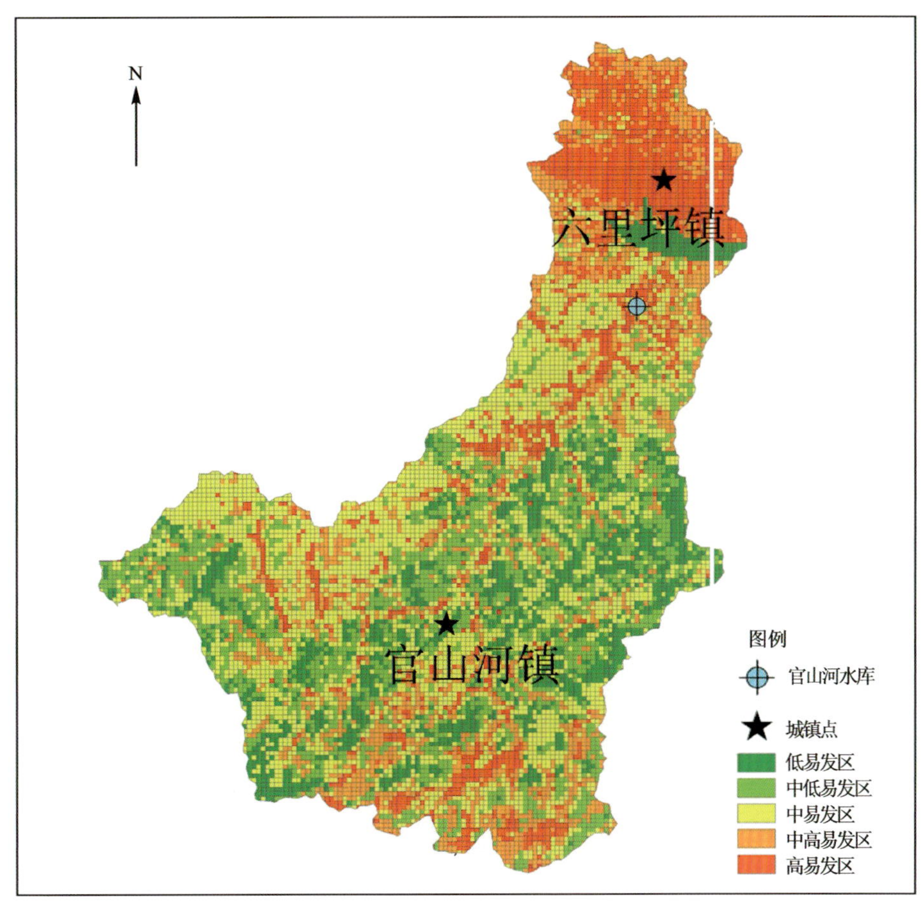

图3.27　官山河流域地质灾害易发性分区图

山河的八亩地村、分道观村、孤山村、官山镇和赵家坪村，说明河流的冲蚀以及公路的切坡对地质灾害有一定影响，需要重视干流和道路附近的灾害易发情况。中易发区主要集中在流域的西北侧，如马蹄山村和吕家河村，该部分区域岩性与十里坪镇附近岩性相似，为块状片麻岩或石英岩，强度差异较大，片理方向强度较低，遇水易发生滑动、剥落，且该区域主要是一些二级或三级断裂，综合来说，将其预测为中易发区。中低、不易发区分布在流域的中部以及西南侧，地层岩性较好，且距离公路较远，断裂线密度较低，故将其预测为低易发区。

从整个官山河流域地质灾害易发性评价图中可以得出，高易发区占整个官山河流域的面积的18.5%，中高易发区占17.4%，中易发区占31.4%，中低易发区占23.5%，不易发区占9.2%。其中93.6%的灾害点都分布在预测高易发区中，且没有灾害点分布在不易发区中(图3.27)。

3.3.1.2　非点源污染

区内主要非点源污染主要有农业污染和生活污染，官山河流域非点源污染分布见图3.28。

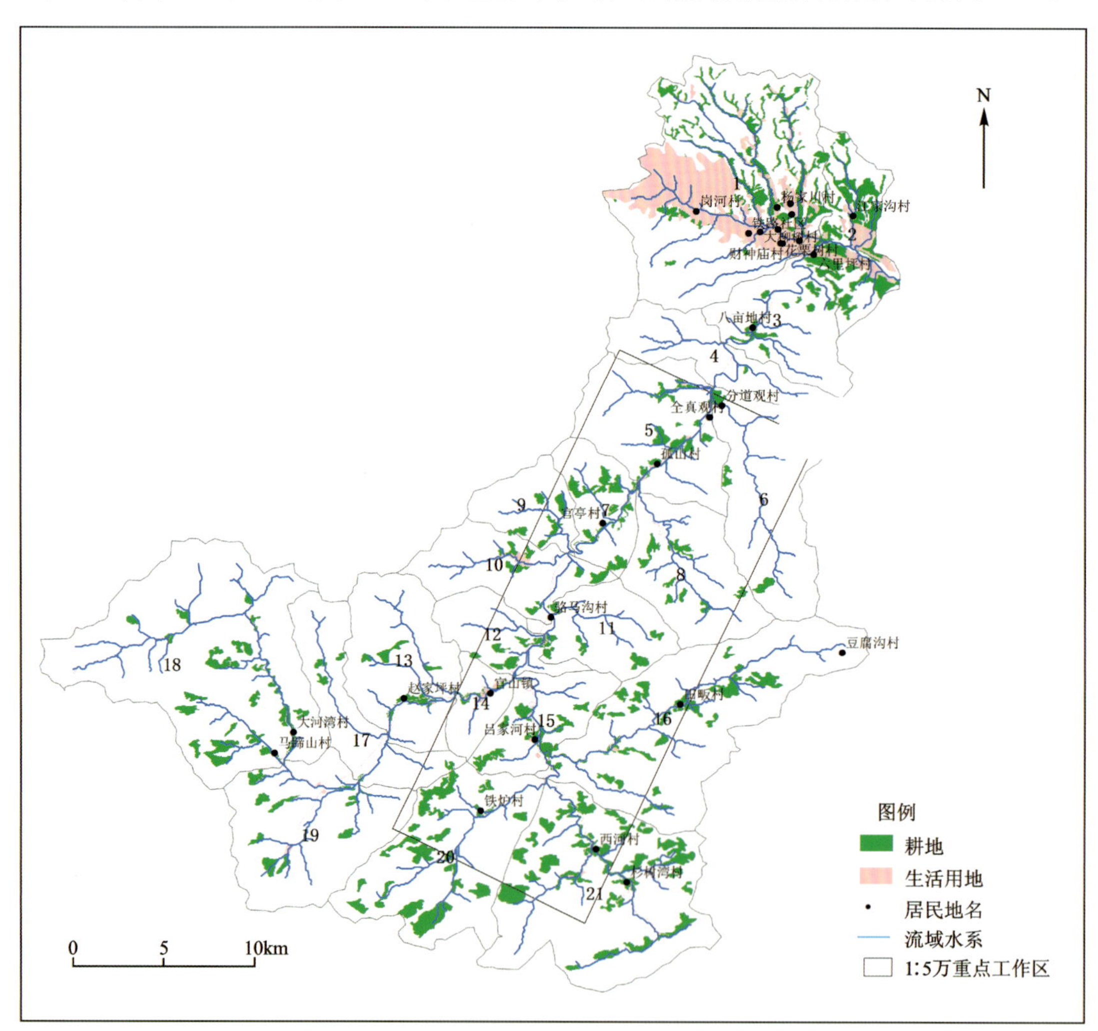

图3.28　官山河流域水生态非点源污染风险源分布图

1. 农业污染源

工作区内耕地沿河道零星分布，主要作物包括小麦、玉米、花生等。区内农民大量使用化肥(三素肥、复合肥、尿素等)和农药(草甘宁、微利等)。未利用的化肥和农药极易随地表径流直接进入官山河，造成水体污染。官山河流域耕地化肥农药施用情况见表3.13。官山河流域可划分为21个子流域，通过遥感解译和ArcGIS等软件计算官山河耕地面积。

表3.13 官山河流域耕地化肥农药施用情况

作物类型	化肥类型	化肥施用频次(次/年)	农药类型	农药施用频率(次/年)
玉米、花生、果木等	复合肥、尿素	1	草甘宁、微利	2～3
小麦、玉米、油菜、大豆等	三素肥、尿素、酰胺、农家肥	1～2	除草酶、封闭药、草甘宁、杀虫剂	2
玉米、芝麻、小麦等	三素肥、尿素、复合肥	1～2	除草剂、杀虫剂	1～2
玉米、芝麻、花生等	三素肥、尿素、混合肥	1～2	吡虫啉、辛硫磷	1

2. 生活污染源

虽然工作区内人口集聚的官山镇和六里坪镇生活污水处理厂集中收集处理，但在分散居住的农村，并未对生活污水进行集中收集处理。生活污水的排放会对流域水体造成污染。

依据生态环境部2021年发布的《排放源统计调查产排污核算方法和系数手册》，估算工作区农村生活污水排放量及污染物产生量见表3.14。

表3.14 工作区农村生活污水排放量及污染物产生量

行政村名称	人口(人)	污水量(m^3/a)	COD(t/a)	氨氮(t/a)	总氮(t/a)	总磷(t/a)
官山社区	3200	48 962.56	27.44	1.78	3.35	0.29
八亩地村	727	11 123.68	6.23	0.40	0.76	0.07
分道观村	535	8 185.93	4.59	0.30	0.56	0.05
五龙庄村	1155	17 672.42	9.90	0.64	1.21	0.11
吕家河村	1121	17 152.20	9.61	0.62	1.17	0.10
孤山村	1436	21 971.95	12.31	0.80	1.50	0.13
官亭村	828	12 669.06	7.10	0.46	0.87	0.08
田畈村	870	13 311.70	7.46	0.48	0.91	0.08
骆马沟村	846	12 944.48	7.25	0.47	0.89	0.08
铁炉村	1688	25 827.75	14.47	0.94	1.77	0.15
赵家坪村	1342	20 533.67	11.51	0.74	1.41	0.12
西河村	1046	16 004.64	8.97	0.58	1.10	0.10
杉树湾村	1100	16 830.88	9.43	0.61	1.15	0.10
全道观村	330	5 049.26	2.83	0.18	0.35	0.03

3.3.1.3 点源污染

官山河流域点源污染风险源主要有畜牧养殖、工业污染源、垃圾中转场和加油站，分布见图3.29。

1. 畜牧养殖

区内畜牧养殖大都为分散式圈养和散养，有部分稍成规模的养殖场，主要分布于丹江口市官山镇西河村(200只鸡)，杉树湾村(约200头猪和260头猪)，骆马沟村(约400只鸡)，孤山村(300头猪)，八亩

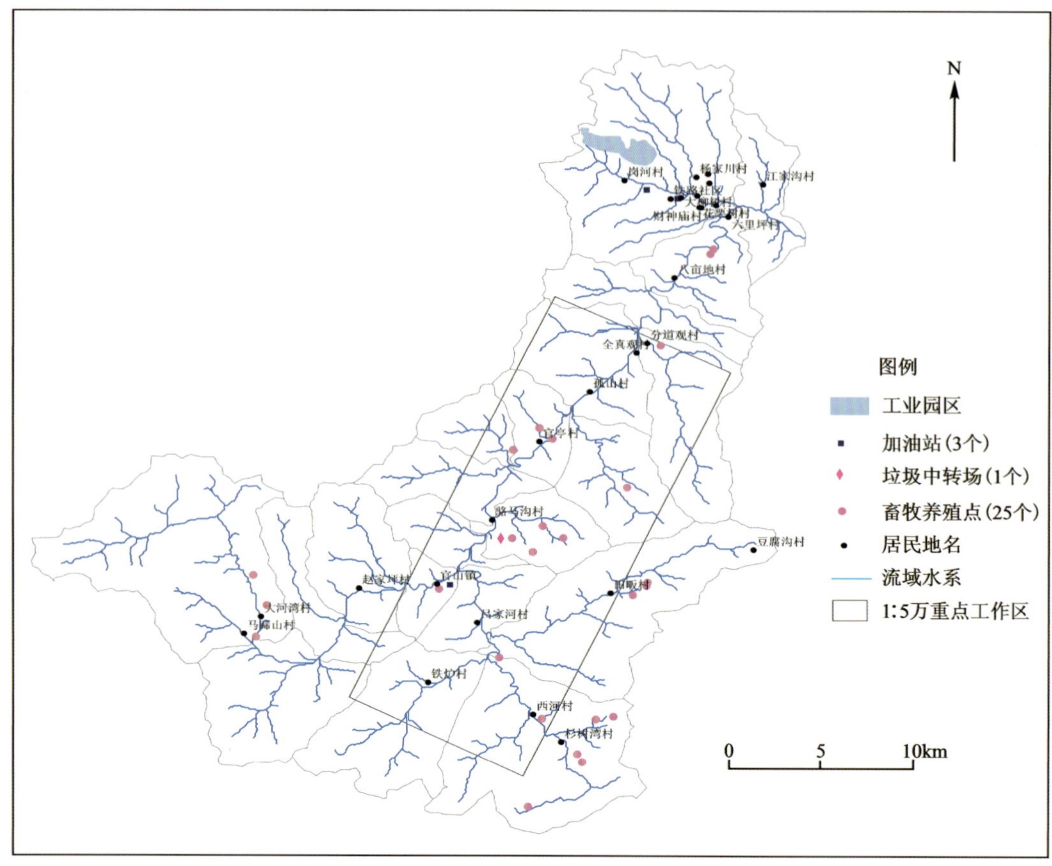

图 3.29　官山河流域水生态点源污染风险源分布图

地村(约 100 只羊)。畜牧养殖产生的大量粪便用来肥田或是长期堆积,畜牧粪水等无固定统一处理设施,通过排水沟直接入河,会造成水体氨氮、抗生素、重金属等污染。

COD 和氨氮作为水体主要耗氧污染物对于研究水体富营养化和水生态有重要意义。通过野外踏勘调查统计官山河流域禽畜养殖点情况,参考《地下水污染防治分区划分工作指南(2019)》中畜禽类中 COD、氨氮换算公式,估算官山河流域畜牧养殖 COD 和氨氮排放量,见图 3.30、图 3.31。

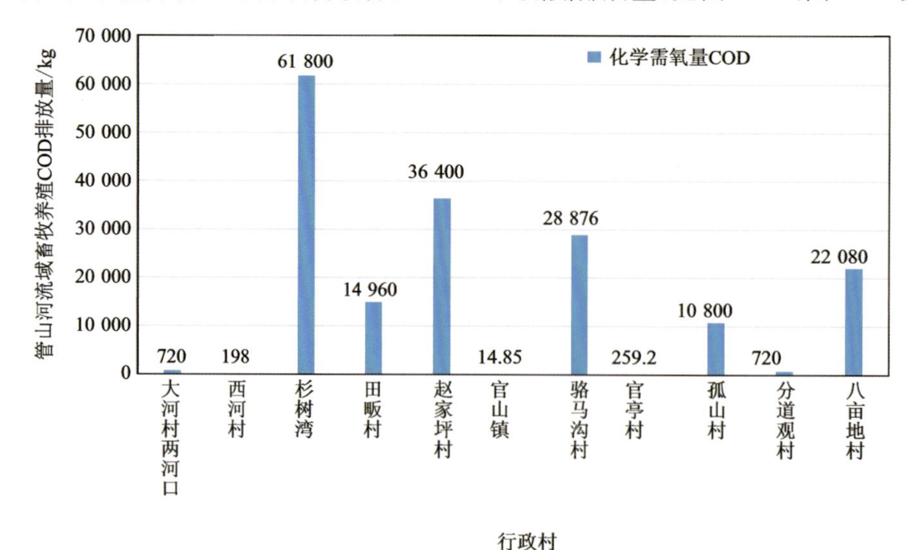

图 3.30　官山河流域畜牧养殖 COD 排放量

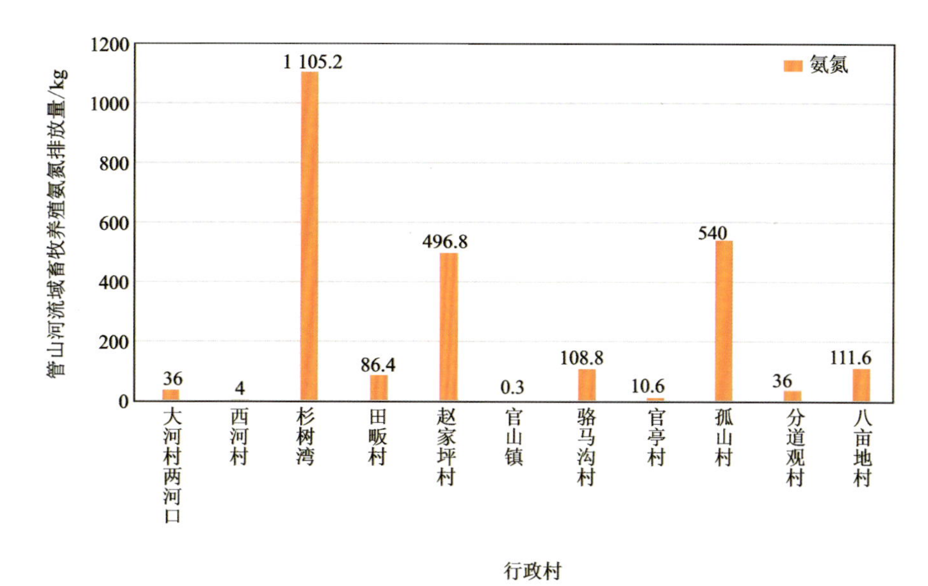

图3.31　官山河流域畜牧养殖氨氮排放量

2. 工业污染源

六里坪工业园位于丹江口市六里坪镇大柳树村，占地面积5000亩(1亩≈666.7m²)。该工业园是以汽车零部件生产加工为主的生态移民产业园，园区内涉水企业较少。现有企业主要包括汽车零部件制造业、医药化工和建材业，建厂时间为1998—2011年间。六里坪工业园区配套污水管网已经全部建成，现企业产生的生活污水全部收集后进入六里坪污水处理厂处理达标后排放。排放的潜在污染物包括氨氮、SS、TN、TP、挥发酚、石油烃类、甲基叔丁基醚。

3. 垃圾中转场

垃圾中转场位于官山镇大坪村，工程总占地面积为30 877.8m²。潜在的污染物包括重金属、盐类、病原微生物、氨氮等。

4. 加油站

工作区共有3个加油站。位于丹江六里坪镇的中石化加油站配有4个油箱，投入运营时间大于15年且无防渗池。海洋石化加油站配有四个油箱，投入运营时间为5～15年，无防渗池。中石化丹江官山加油站配有2个油箱，投入运营时间为5～15年，无防渗池。

3.3.2　水资源-水环境-水生态

3.3.2.1　水资源

丹江口库区地下水主要包括碎屑岩孔隙裂隙水、碳酸盐岩岩溶裂隙水及基岩裂隙水，据调查枯水期地下水径流量分别可达7 117.545 6m³/d，376 102.483 2m³/d及23 353.704m³/d。官山河流域隶属丹江口市管辖，根据《丹江口市"十四五"水安全保障规划报告》，丹江口市地表水多年平均径流量9.66亿m³，正常年份($P=50\%$)径流量8.45亿m³，中等干旱年份($P=75\%$)径流量4.99亿m³，严重干旱年份($P=95\%$)径流量2.45亿m³。多年平均径流深310.6mm，高于全国均值(276mm)；地下水资源总量约2.2亿m³。地下水类型以基岩裂隙水及岩溶水为主，小泉点零星分散，补给来源主要是降水量的垂直补给。区内水资源总量丰富。

官山河发源于房县马蹄山，经过官山镇、六里坪镇汇入丹江口水库，河道长 67.5km，流域面积 413km²。流域内地下水主要分为松散岩类孔隙潜水和变质岩裂隙水两类。松散岩类孔隙潜水主要分布于第四纪沉积物地层中，由冲积、冲洪积砂、砂卵石等组成含水层。水位埋深 0.3～3.14m，含水层厚 1.44～6.25m，结构松散，透水性强。变质岩裂隙水主要分布于武当山群白耳河组和杨坪组中，含水层由片岩、千枚岩、变粒岩、石英岩、硅质岩、板岩、岩浆岩等组成，含水性赋水性较差。

根据《分散式饮用水水源地环境保护指南（试行）》和《集中式饮用水水源环境保护指南（试行）》，将官山河流域的水源地按照供水人口≥1000 人和供水人口＜1000 人划分为集中式饮用水水源地、分散式饮用水水源地。通过野外踏勘和资料收集，查明官山河流域有 40 个分散式饮用水水源地，3 个集中式饮用水水源地，2 个大型水厂以及 1 个位于大明峰景区的小型水厂。其中集中式饮用水水源地为大河村两河口水井、夹马洞水库和三合堰水库。位于大河村两河口的水井为附近 1000 名左右的居民供水；位于官山河流域西南位置的赵家坪村夹马洞水库是官山水厂的取水点，主要为官山镇的居民供水，惠及 8 个村，5000 多居民；位于官山河流域东北位置的三合堰水库是六里坪水厂的取水点，主要为六里坪镇的居民供水，日取水量约为 1 万 m³，服务人口为 5 万人左右。官山水厂与六里坪水厂承担了官山流域大部分居民的用水供给。分散式饮用水水源地主要为散居的居民供水，除大明峰水库为大明峰景区的小型水厂提供水源外，其他分散式水源一般为泉水或井水。官山河流域水源地分布见图 3.32。

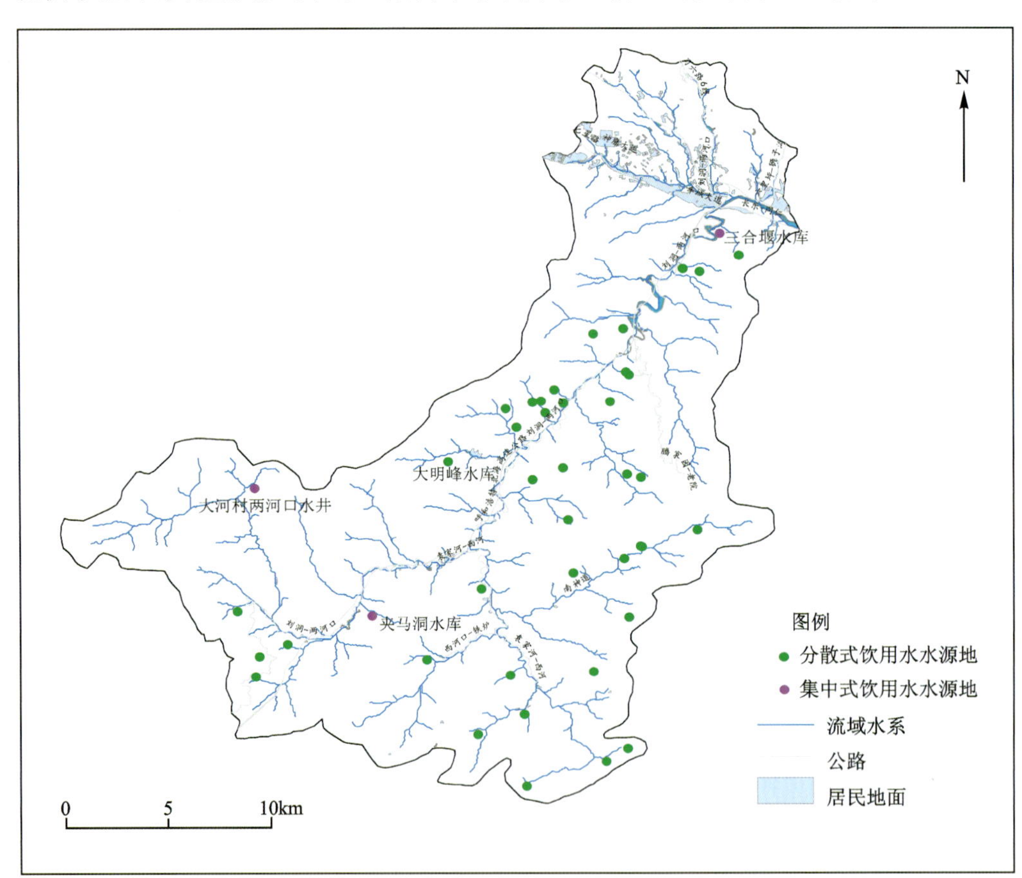

图 3.32　官山河流域水源地分布图

3.3.2.2　水环境

据统计，全流域地表水、地下水供水量可达 10 922.7m³/d，其中地下水供水量为 408.524m³/d，地表水供水量为 10 502.9m^3/d。官山河流域内饮用水资源能够满足流域居民用水需求。

2021 年 7 月通过野外采样、室内测试分析发现，官山河流域水体重金属含量低于检出限（1μg/L），流域氮、磷污染比较严重，部分点位 COD_{Mn} 含量超过国家生活饮用水标准限值。

水体氮形态中，铵态氮含量较低，有 65.08%的水体 NH_4^+ 高于Ⅰ类水限值，有一处采样点 NH_4^+ 含量为劣Ⅴ类，位于官山河入丹江口水库入库口处。水体 TN 含量较高，有 69.84%的位点水体 TN 处于劣Ⅴ类，其中六里坪镇一处地下水水位点 TN 含量最高，达到 11.49mg/L。相比水体氮，水体磷污染程度稍低，有 55.55%的水位点水体 TP 含量处于劣Ⅴ类，TP 含量最高处位于官山河入丹江口水库入库口。流域水体 COD_{Mn} 均优于地表水Ⅰ类限值，存在 37.29%的水位点水体 COD_{Mn} 高于生活饮用水标准限值。为综合分析流域水体污染程度，采用内梅罗法对官山河流域水质进行综合评价。

内梅罗污染指数最早是由美国叙拉古大学内梅罗教授在其所著的《河流污染科学分析》一书中提出的一种水污染指数。与单因子污染指数法相比，内梅罗污染指数法在突出污染最严重的评价因子的同时，更兼顾了评价体系中其他因子的贡献度，是一种比较综合的评价方法。根据《地表水环境质量标准》（GB 3838—2002）《地下水质量标准》（GB/T 14848—2017）及内梅罗水质评价方法，选取 COD_{Mn}、NH_4^+、TN、TP 作为评价指标，对官山河水体水质进行分级评价。

分级评价结果见图 3.33，官山河流域水质涵盖内梅罗 5 级评价体系中的 2～5 级。2 级水主要分布于流域上游及受人类扰动较小的地区，如官山水库及分道观村。在人类聚集区普遍分布 3 级、4 级水，如官山镇、孤山村、西河村。5 级水分布于受人类干扰较强地区，六里坪镇、骆马沟村—官亭村河段、铁炉村一处泉点水质为 5 级。流域水体受污染严重指标为 TN、TP，在流域上游受污染程度较轻点位，TN 普遍为水体污染程度最高的指标，至中下游人类聚集区，TP 普遍为受污染程度较高指标，或 TN、TP 受污染程度相当。

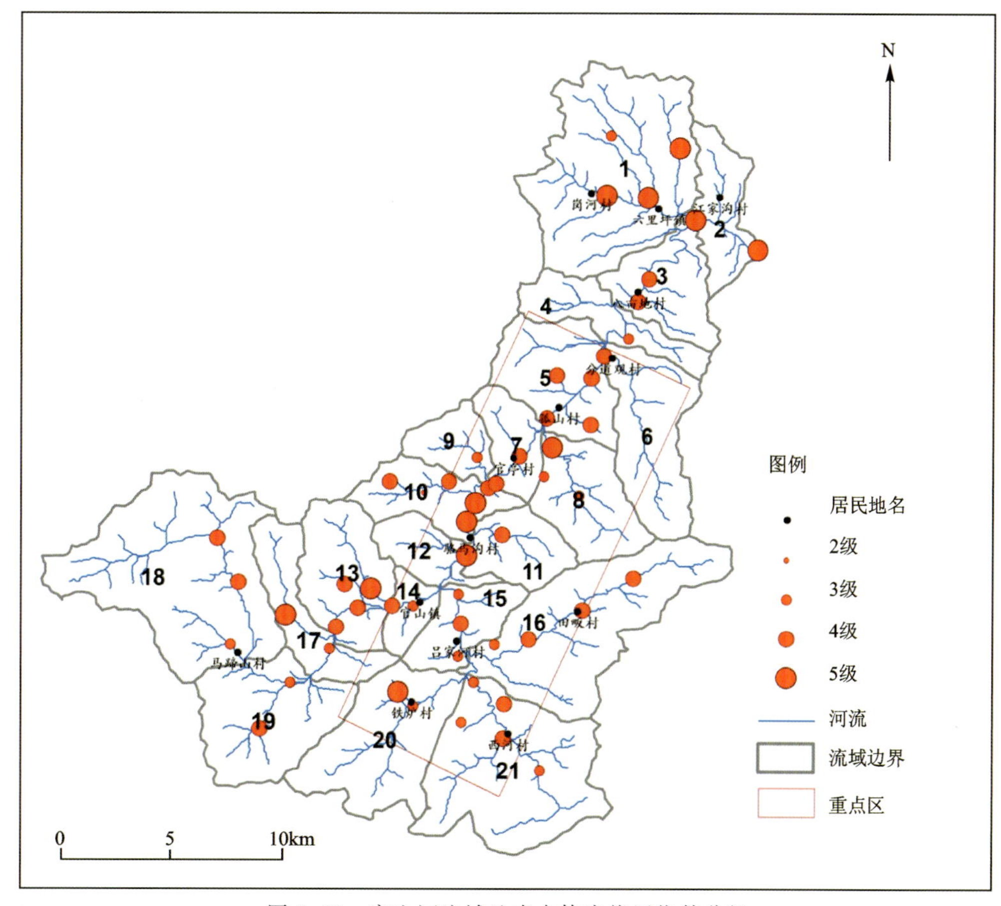

图 3.33　官山河流域地表水体内梅罗指数分级

官山河流域由上游至下游水质逐渐变差，上游多为2级、3级水，中游官山镇—官亭村河段多为4级、5级水，下游六里坪镇河段为5级水（图3.33）。河流汇流作用和人类活动污染易使水质变差，水库净化作用可以显著改善河段水质，如官山水库虽处于河流下游，但水质为2级水。总体来看流域绝大部分河段属于中—高度污染，存在安全隐患，应关注流域水体污染对丹江口库区供水安全的影响。

3.3.2.3　水生态

1. 浮游植物

官山河流域共鉴定出浮游植物包括蓝藻门、硅藻门、绿藻门、隐藻门、裸藻门、甲藻门、金藻门、黄藻门共8门90种。其中绿藻门种类最多，共44种，占同期藻类总数的48.89%；蓝藻门共15种；硅藻门共17种；隐藻门共4种；裸藻门共4种；甲藻门共2种；金藻门共3种；黄藻门1种。各监测点藻类分布情况见表3.15。

表3.15　官山河流域各点位藻类分布

监测点位	蓝藻门	硅藻门	绿藻门	隐藻门	裸藻门	甲藻门	金藻门	黄藻门	合计
GSH-11K	8	4	22	3	3	2	2	0	44
GSH-22上	3	5	12	4	1	1	0	1	27
GSH-22中	3	6	10	4	2	2	0	1	28
GSH-22下	3	6	14	3	2	2	0	1	31
GSH-25B	9	11	19	4	2	2	2	1	50
102-13B	6	12	10	3	2	0	1	0	34
102-17B	6	12	8	2	1	1	0	1	31
103-18B	5	15	9	2	2	1	0	1	35
104-18B	9	14	10	3	2	1	0	1	40

浮游藻类优势种的组成和变化通常可以反映湖泊、水库等水体的营养化状态。优势种能够迅速有效地适应变化的水域生态环境并抵制环境干扰，从而维持不同水域环境下浮游藻类群落的稳定和演替。一般来说，在有机污染较为严重的水体，绝大部分敏感种类消失，取而代之的是耐污性种类。官山河流域夏季浮游植物群落的优势种群为绿藻，绿藻门占总浮游植物的48.89%，生物量占总生物量的33.83%；其次是硅藻门，硅藻门占总浮游植物的18.19%，生物量占比27.38%。通常认为，金藻等为贫营养型水体的优势种，甲藻、隐藻和硅藻为中营养型水体的优势种，而绿藻、蓝藻为富营养型水体的优势种。由此可初步推断官山河流域富营养化程度介于中营养型和富营养化型水体之间。

根据浮游植物群落组成Shannon-Wiener指数、Margalef指数，Pielou指数进一步分析水生态污染现状。各指数计算见下式，浮游植物种类多样性指数越大，其群落结构越复杂，稳定性越高，水质越好；相反，多样性指数减少，群落结构趋于简单，稳定性变差，水质下降。

多样性指数，Shannon-Wiener指数：$H' = -\sum_{i=1}^{S} p_i \ln p_i$

丰富度指数，Margalef 指数：$Dm=(S-1)/\ln N$

均匀度指数，Pielou 指数：$J=H'/\ln S$

式中：$p_i=n_i/N$；n_i 为 i 种的个体数；N 为所有种类总个体数；S 为物种数；H' 值 0～1 为重污染，1～3 为中污染（其中 1～2 为 α-中污染，2～3 为 β-中污染），＞3 为轻污染或无污染。

官山河流域各点位浮游植物丰富度指数、均匀度指数和多样性指数见图 3.34。官山河流域浮游植物 Shannon-Wiener 指数（H'）介于 1.76～2.79 之间，最高值出现在 104-18B，最低值出现在 GSH-22 下。Margalef 指数（Dm）介于 1.59～3.41 之间，最低值出现在 GSH-22 上，最高值出现在 GSH-25B。Pielou 指数（J）介于 0.52～0.76 之间，最高值出现在 104-18B，最低值出现在 GSH-22 下和 102-17B。

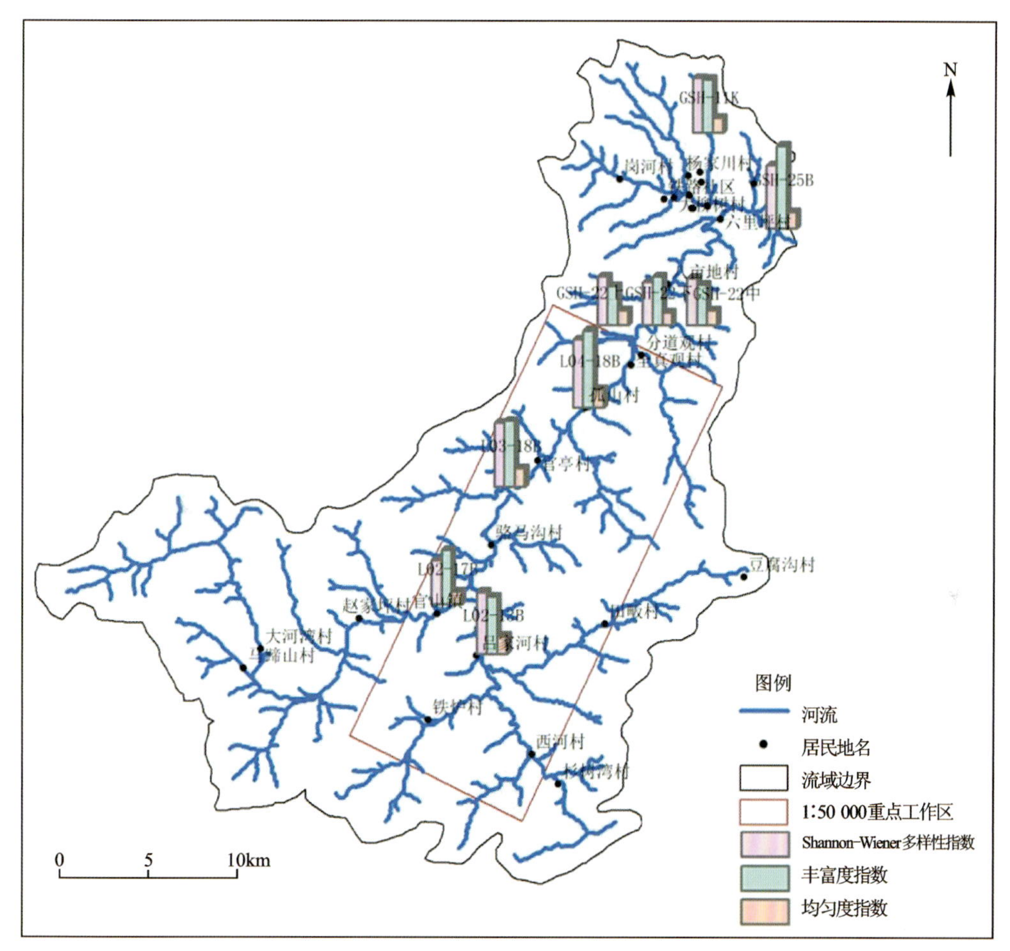

图 3.34　官山河流域生物点浮游植物多样性指数

参照水质评价标准由 H' 初步判断，官山河流域水质状况为中污染；由 Dm 初步判断，为 α-中污染至 β-中污染。

2. 浮游动物

流域共检出浮游动物 2 类 59 种，其中原生动物 27 种，轮虫 31 种（表 3.16）。由表可知，水体浮游动物密度和生物量在各监测点位之间存在差异。各点位浮游动物密度在 145～10 730ind/L 之间。监测点位中最低数量值出现在 104-18B，为 145ind/L，最高数量值出现在 GSH-11K，为 10 730ind/L。官山河流域各点位浮游动物密度浓度空间分布均值为 2564ind/L。各点位之间差异较大。

表 3.16 浮游动物数量及生物量

点位	物种数	密度(ind/L)	生物量(mg/L)	Shannon-Wiener 指数	Pielou 指数
GSH-11K	29	10 730	7.138	2.52	0.75
GSH-22 上	20	4440	1.407	2.15	0.72
GSH-22 中	16	3020	0.565	1.71	0.62
GSH-22 下	16	2685	0.347	1.46	0.53
GSH-25B	14	315	0.119	2.36	0.90
102-13b	13	265	0.174	2.17	0.88
102-17B	12	940	0.461	2.05	0.83
103-18B	10	540	0.188	1.95	0.83
104-18B	8	145	0.048	1.87	0.93
空间分布均值	15	2564	1.161	2.03	0.78

利用浮游动物群落 Shannon-Wiener 指数(H')、Pielou 指数(J)对水质进行评价。有学者认为,H'在 0～1 之间为重污染,1～3 之间为中污染,大于 3 为轻污染或无污染;J 值在 0～0.3 之间为重污染,0.3～0.5 之间为中污染,0.5～0.8 之间为轻污染。官山河流域浮游动物 Shannon-Wiener 指数(H')和 Pielou 均匀度指数(J)见图 3.35。Shannon-Wiener 指数(H')介于 1.46～2.52 之间,最高值出现在 GSH-11K,为 2.52;最低值出现在 GSH-22 下,为 1.46。Pielou 指数(J)介于 0.53～0.93 之间,最高值出现在 104-18B,最低值出现在 GSH-22 下。

3.3.3 重金属生态风险

3.3.3.1 分布特征

面上调查过程中,共在流域内识别出 2 类非点源污染源和 4 类点源污染源,其均可能对官山河流域造成重金属污染,在大多数条件下,水体中 99%的重金属都赋存于沉积物中。因此,探明官山河流域河流沉积物、农田土壤中重金属的污染现状及其来源对于保障河流生态安全和流域居民健康具有重要意义。

本书于官山河流域内采集了 3 种沉积物/土壤样品,分别为未受扰动土壤(23 份)、农田土壤(23 份)和河流表层沉积物(42 份),通过分析流域重金属在 3 种介质中的分布、来源、生态风险及对丹江口水库的年输出通量,阐明流域重金属污染现状及其对丹江口水库的生态风险。

1. 未受扰动土壤重金属

通过测定官山河流域未受扰动土壤中的 7 种重金属含量,包括 As、Cd、Co、Cu、Ni、Pb 和 Zn,其含量特征见表 3.17,空间分布特征见图 3.36。在含量特征方面,官山河未扰动土壤 7 种重金属整体含量较低,其中 As、Cd 元素各点含量均低于湖北省土壤背景值,平均值远低于湖北省土壤背景值;其余 5 种元

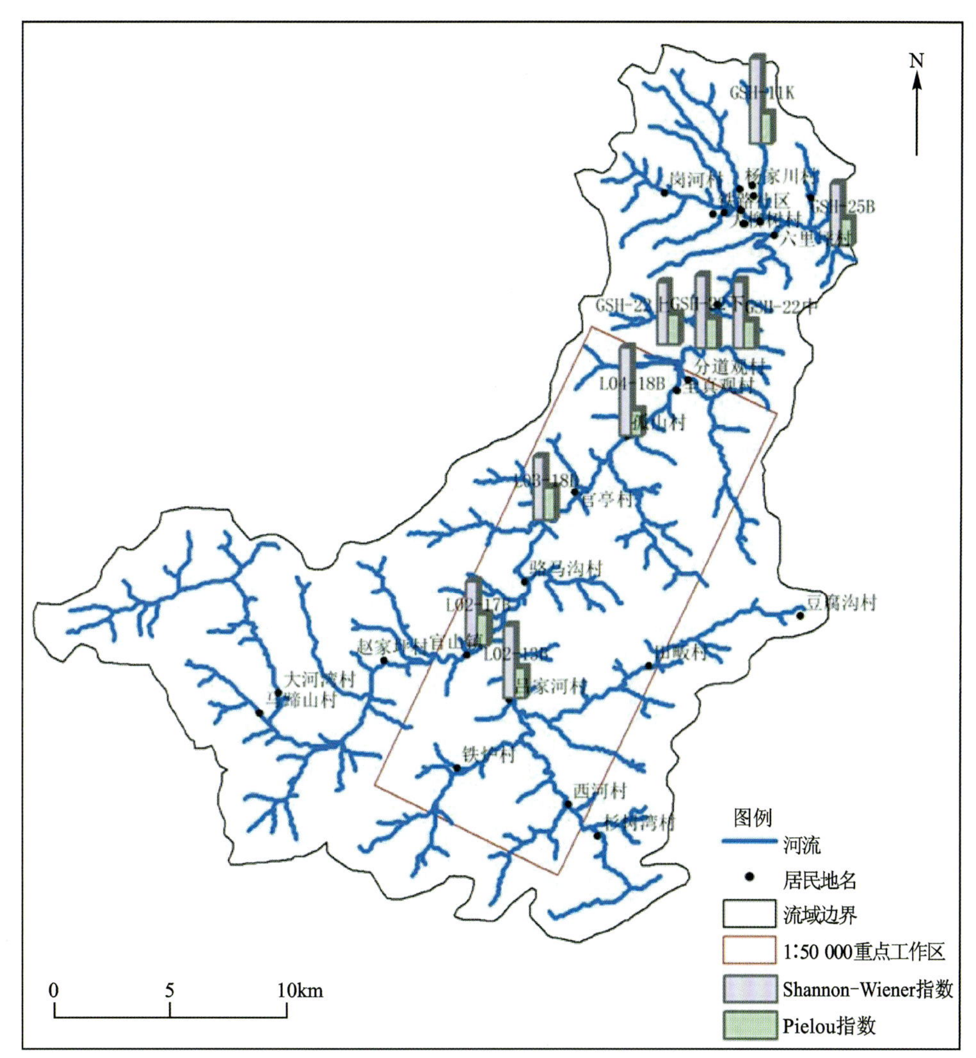

图3.35 官山河流域生物点浮游动物多样性指数

素含量波动幅度较大，整体含量略低于湖北省土壤背景值。值得注意的是，未扰动土壤中Cu、Pb两种元素的峰值分别为湖北省土壤背景值的2.2倍和2.1倍，显示出当地部分地区未扰动土壤重金属天然含量较高，后续应针对原生高重金属含量未扰动土壤进行实地查证和研究。

表3.17 官山河未受扰动土壤重金属含量统计表 单位：mg/kg

项目	As	Cd	Co	Cu	Ni	Pb	Zn
最大值	9.00	0.17	19.71	61.93	41.59	54.83	96.67
最小值	0.00	0.02	2.84	5.90	7.23	15.52	57.65
平均值	1.08	0.04	10.71	22.55	19.41	25.30	72.82
湖北省土壤背景值	10.50	0.11	14.60	28.20	34.70	25.70	77.50

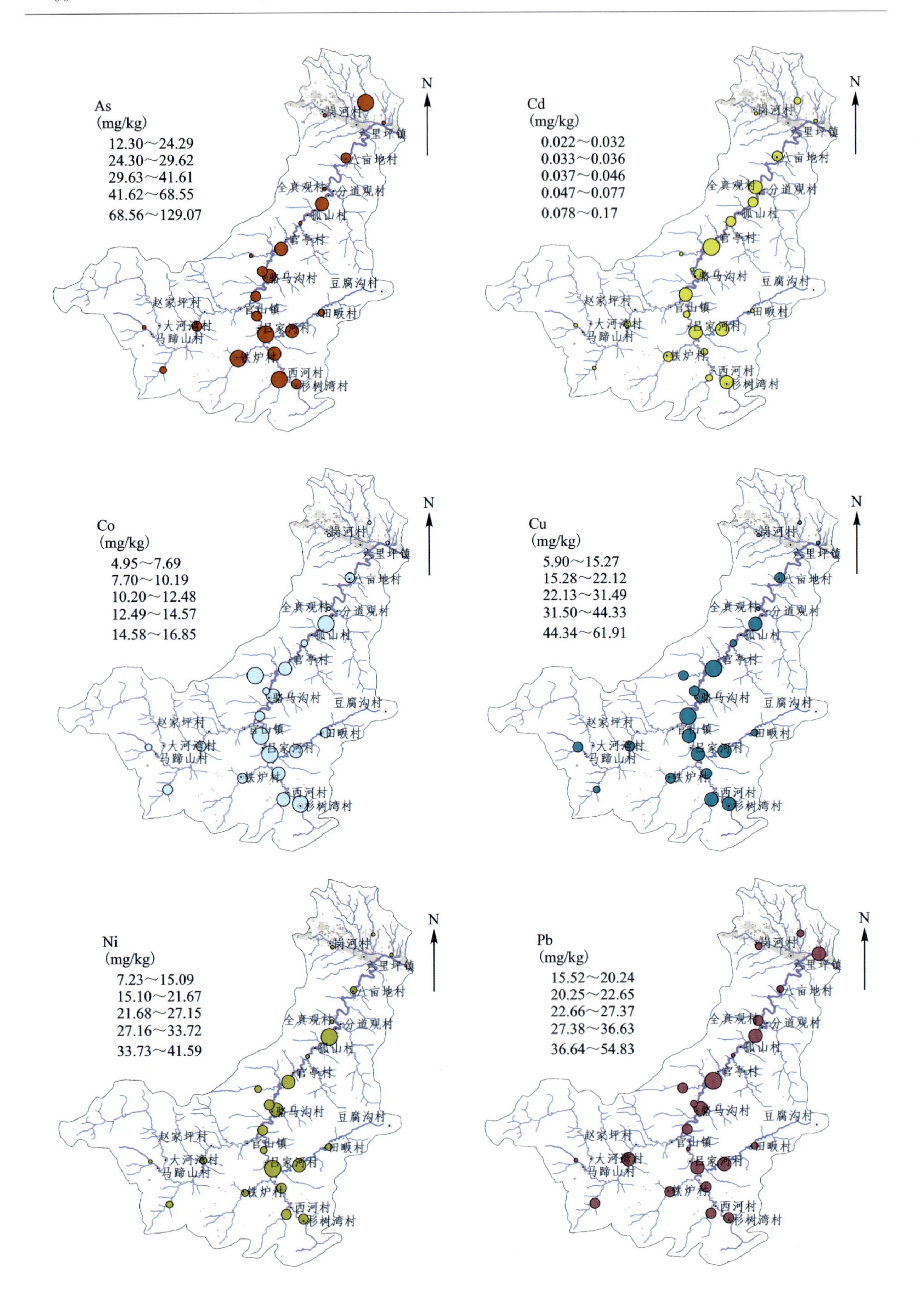
As
(mg/kg)
12.30～24.29
24.30～29.62
29.63～41.61
41.62～68.55
68.56～129.07
Cd
(mg/kg)
0.022～0.032
0.033～0.036
0.037～0.046
0.047～0.077
0.078～0.17
Co
(mg/kg)
4.95～7.69
7.70～10.19
10.20～12.48
12.49～14.57
14.58～16.85
Cu
(mg/kg)
5.90～15.27
15.28～22.12
22.13～31.49
31.50～44.33
44.34～61.91
Ni
(mg/kg)
7.23～15.09
15.10～21.67
21.68～27.15
27.16～33.72
33.73～41.59
Pb
(mg/kg)
15.52～20.24
20.25～22.65
22.66～27.37
27.38～36.63
36.64～54.83
N
里坪镇
六亩地村
全真观村
分道观村
孤山村
官亭村
路马沟村
豆腐沟村
赵家坪村
官山镇
田畈村
大河湾村
吕家河村
马蹄山村
铁炉村
西河村
杉树湾村

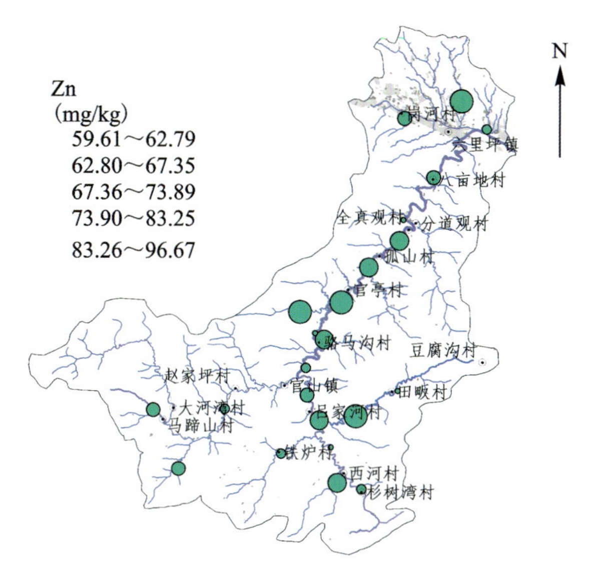

图3.36 官山河未受扰动土壤重金属空间分布图

在重金属空间分布方面，官山河未扰动土壤重金属分布特征各异。其中，Co、Cu、Ni集中元素的空间分布特征基本一致，表现出了于西河—吕家河—五龙庄村一线较高，而河流上游袁家河村、河流中下游孤山村—全真观村—分道观村—八亩地村—六里坪镇较低的特征；As元素表现出了相似的特征，但是河流中游的官亭村和接近下游的八亩地村出现了含量值偏高的异常现象；Cd元素与Co等元素相反，展现出下游（分道观—六里坪）偏高，而中上游（西河—五龙庄村）偏低的特征；Pb和Zn元素基本展现出在流域范围内较为均衡的重金属含量分布特征，且均在上游和下游部分地区含量较低。

2. 农田土壤重金属

官山河流域农田土壤中的7种重金属含量分布特征见表3.18，空间分布特征见图3.37。官山河农田土壤重金属含量整体比未扰动土壤高，体现了农业生产活动使用的农药化肥会对土壤产生一定的重金属污染。其中，As、Cd、Co、Cu、Ni等5种元素含量的平均值均低于湖北省土壤背景值，反映出当地农业生产整体产生的重金属污染不大，仍处于较清洁水平；而Pb、Zn两种元素不仅均值大于土壤背景值，还出现较未扰动土壤巨大的含量上升，分别为未扰动土壤含量峰值的1.6倍和2.1倍，指示出官山河流域农业生产主要产生的Pb和Zn污染。值得注意的是，Cu元素的峰值含量表现出农田土壤小于未扰动土壤，一是可能由成土母岩Cu元素含量的不均质性导致，二是Cu是植物整个生长期内所必需的营养元素，在农作物生长过程中，会从土壤中获取Cu，这个过程会导致农田土壤Cu贫化，若人类活动向农田土壤输入的Cu含量低于农作物从土壤中吸收的总量，则会整体表现为土壤Cu贫化。

表3.18 官山河农田土壤重金属含量统计表 单位：mg/kg

项目	As	Cd	Co	Cu	Ni	Pb	Zn
最大值	13.78	0.11	19.83	34.57	46.35	86.79	204.26
最小值	0.00	0.03	6.82	17.97	14.25	16.02	54.11
平均值	1.74	0.05	12.57	26.68	23.50	28.15	82.94
湖北省土壤背景值	10.50	0.11	14.60	28.20	34.70	25.70	77.50

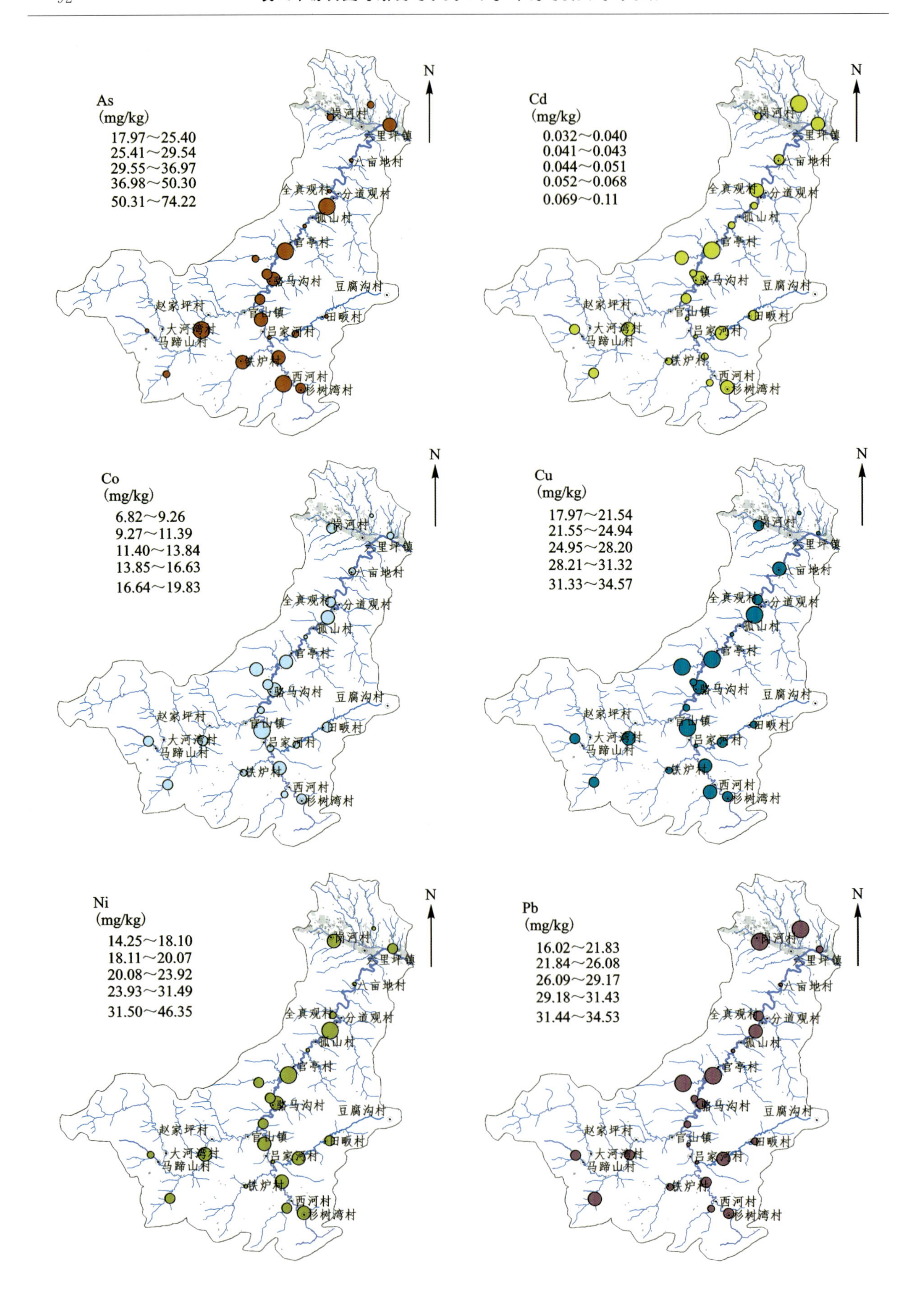

As
(mg/kg)
17.97～25.40
25.41～29.54
29.55～36.97
36.98～50.30
50.31～74.22
Cd
(mg/kg)
0.032～0.040
0.041～0.043
0.044～0.051
0.052～0.068
0.069～0.11
Co
(mg/kg)
6.82～9.26
9.27～11.39
11.40～13.84
13.85～16.63
16.64～19.83
Cu
(mg/kg)
17.97～21.54
21.55～24.94
24.95～28.20
28.21～31.32
31.33～34.57
Ni
(mg/kg)
14.25～18.10
18.11～20.07
20.08～23.92
23.93～31.49
31.50～46.35
Pb
(mg/kg)
16.02～21.83
21.84～26.08
26.09～29.17
29.18～31.43
31.44～34.53
N
六里坪镇
八亩地村
全真观村
分道观村
孤山村
官亭村
路马沟村
豆腐沟村
赵家坪村
官山镇
田畈村
大河湾村
马蹄山村
吕家河村
铁炉村
西河村
杉树湾村

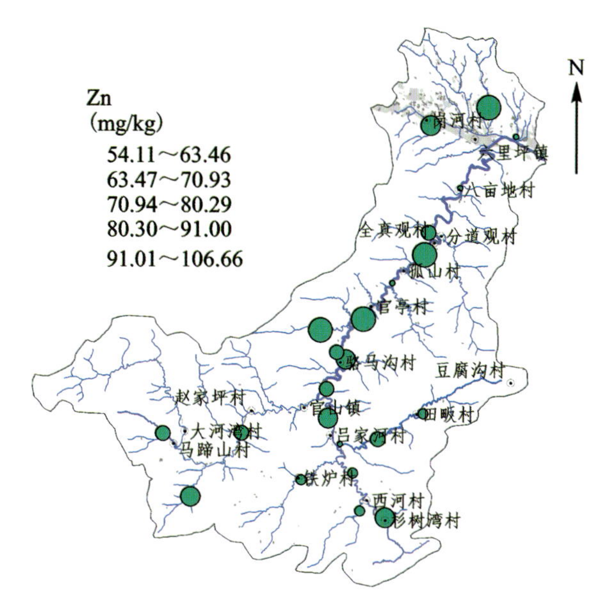

图 3.37 官山河农田土壤重金属空间分布图

官山河农田土壤重金属含量分布特征主要受农业活动影响，7 种重金属元素中，除 Co 外，均表现出在持续开垦的大面积农田所分布的区域含量较高，而以建筑用地为主的人类聚落附近含量较低。Co 元素在流域内整体含量变化不大，且其含量分界线与地层分界线基本重合，因此推断其主要控制因素为地层岩性。

3. 表层沉积物重金属

官山河表层沉积物作为河流重金属的汇，能直接反映官山河受重金属污染的现状及潜在的生态风险，因此研究河流表层沉积物是掌握流域重金属污染、迁移及潜在风险的最佳手段。官山河表层沉积物中重金属含量整体较低，平均值低于农田土壤和未扰动土壤；除 As 元素外，其余重金属元素含量峰值均高于湖北省土壤背景值。该现象说明官山河整体较为清洁，在个别河段存在污染，但污染程度不大，也反映出官山河流域的重金属污染源种类，即以面状污染源为主，点状污染源仍然存在但数量很少，规模不大，如表 3.19 所示。

表 3.19 官山河表层沉积物重金属含量统计表 单位：mg/kg

项目	As	Cd	Co	Cu	Ni	Pb	Zn
最大值	9.56	0.15	24.56	53.06	41.90	35.45	137.36
最小值	0.00	0.01	1.13	3.07	1.93	2.63	7.76
平均值	2.57	0.04	11.20	20.38	15.57	17.09	69.08
背景值	10.50	0.11	14.60	28.20	34.70	25.70	77.50

空间分布方面，Cd、Co、Cu、Ni、Pb 等 5 种元素分布特征相似，均为上游含量小，自中游开始含量逐渐上升，并于汇入丹江口水库处达到最大；Cd、Co、Pb、As、Zn 等 5 种元素含量均在南神道（九道河口—新楼庄村—杨家院）附近出现陡升，推测沿河种植的农田和沿河修建的公路会对河流造成一定重金属污染；Zn 元素在官山河流域内含量较为稳定，仅在官亭—孤山一带出现异常高值（图 3.38）。

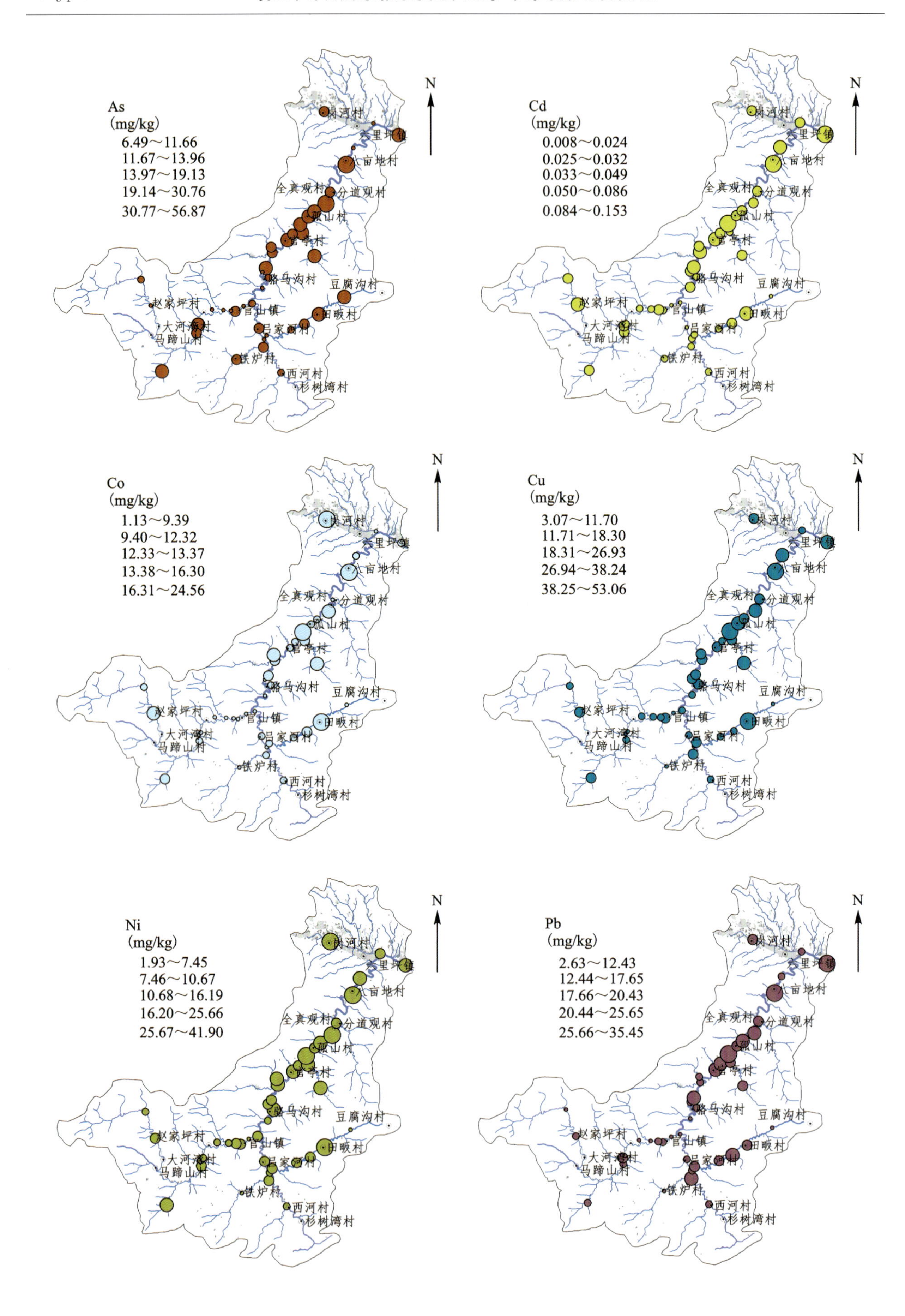
As
(mg/kg)
6.49～11.66
11.67～13.96
13.97～19.13
19.14～30.76
30.77～56.87
Cd
(mg/kg)
0.008～0.024
0.025～0.032
0.033～0.049
0.050～0.086
0.084～0.153
Co
(mg/kg)
1.13～9.39
9.40～12.32
12.33～13.37
13.38～16.30
16.31～24.56
Cu
(mg/kg)
3.07～11.70
11.71～18.30
18.31～26.93
26.94～38.24
38.25～53.06
Ni
(mg/kg)
1.93～7.45
7.46～10.67
10.68～16.19
16.20～25.66
25.67～41.90
Pb
(mg/kg)
2.63～12.43
12.44～17.65
17.66～20.43
20.44～25.65
25.66～35.45
N
全真观村
分道观村
豆腐沟村
赵家坪村
大河溪村
马蹄山村
铁炉村
西河村
杉树湾村
田畈村
吕家河村
官山镇
路乌沟村

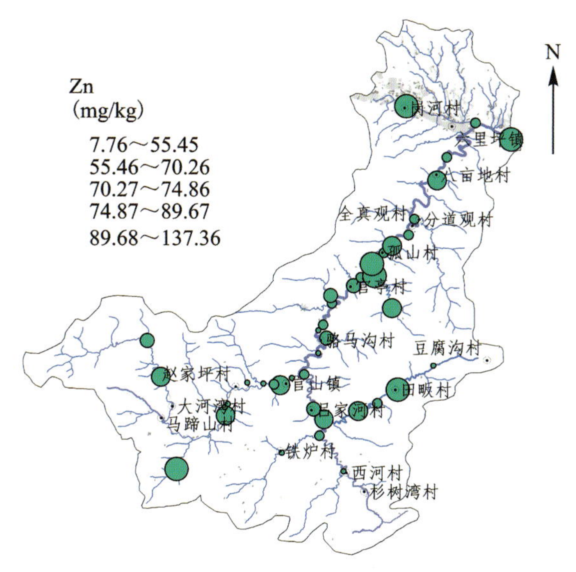

图3.38 官山河表层沉积物重金属空间分布

区内分布着大大小小十几处村庄，分布区域广、聚落规模小、多沿河流分布是该地区人类活动的主要特征。区内无大型工业企业和养殖场，人类活动主要为耕作活动以及家庭散养式养殖活动。沿河修建的农田和河边的养殖场中的农药、化肥和养殖废水经雨水冲刷极易进入河流造成重金属污染。结合含量特征分析，重金属在中游、下游含量虽有明显上升，但是仍在湖北省土壤背景值上下浮动，证明该区域有一定的外源重金属输入且含量较少，这与区内人类活动情况相对应，大体推测该区域内重金属含量的上升是由于耕作、养殖活动引起的。

3.3.3.2 来源及迁移转化过程

相关性分析能够通过相关系数定量化地阐释各重金属之间的联系，有助于初步了解其来源(表3.20)。Cd、Co、Cu、Ni、Pb、Zn等6种元素两两均在置信度为0.01时呈显著相关，其中Pb-Zn和Cd-5种元素(Co、Cu、Ni、Pb、Zn)相关系数较小，推测Cd和Pb两种元素可能受多种因素共同控制。通过相关性分析初步推断Cd、Co、Cu、Ni、Pb、Zn等6种元素有相同来源，As可能受其他因素控制，而Cd、Pb两种元素可能受多种因素共同控制。

主成分分析结果见表3.21和表3.22。本次分析进行了KMO检验和Bartlett球形度检验，KMO值为0.818(>0.5)；Bartlett球形度检验概率为0.000(<0.001)，符合主成分分析的要求，主成分分析结果有效。

表3.20 官山河流域重金属相关性表

	As	Cd	Co	Cu	Ni	Pb	Zn
As	1.000						
Cd	0.090	1.000					
Co	0.260	0.590**	1.000				
Cu	0.179	0.672**	0.812**	1.000			
Ni	0.163	0.585**	0.870**	0.907**	1.000		
Pb	0.174	0.570**	0.651**	0.644**	0.666**	1.000	
Zn	0.242	0.440**	0.715**	0.704**	0.824**	0.578**	1.000

注：**表示在0.01级别(双尾)，相关性显著。

表 3.21 官山河流域重金属主成分分析表

成分	初始特征值			提取平方和载入		
	合计	方差的(%)	累积(%)	合计	方差的(%)	累积(%)
1	4.820	68.857	68.857	4.820	68.857	68.857
2	0.855	12.212	81.069	0.855	12.212	81.069
3	0.550	7.856	88.925	0.550	7.856	88.925
4	0.407	5.815	94.740	0.407	5.815	94.740
5	0.204	2.915	97.655			
6	0.099	1.421	99.076			
7	0.065	0.924	100.000			

结合上文含量分布与污染评价，官山河流域重金属应主要受成岩母质背景值控制，仅在个别区域受到轻微污染。针对外源污染弱、污染范围小这一特点，为更好识别出可能的污染源，本书扩大了特征值抽取范围，抽取出 4 个特征值，PC1 的方差贡献率为 68.857%，PC2 的方差贡献率为 12.212%，PC3 的方差贡献率为 7.856%，PC4 的方差贡献率为 5.815%，四成分累计方差贡献率达到 94.740%。

表 3.22 官山河流域重金属主成分分析各成分载荷分布表

重金属元素	成分			
	1	2	3	4
As	0.482	0.856	0.170	−0.044
Cd	0.791	−0.256	0.510	−0.081
Co	0.934	0.015	−0.163	−0.232
Cu	0.935	−0.087	0.080	−0.200
Ni	0.880	−0.108	−0.391	−0.163
Pb	0.855	−0.159	0.150	0.353
Zn	0.843	0.106	−0.228	0.392

主成分 1 贡献率达 68.857%，是区内重金属的控制性因素。As、Cd、Co、Cu、Ni、Pb、Zn 全部 7 种元素在 PC1 中均有较高的载荷，结合含量分布特征和污染程度，表明 PC1 指征成岩母质的影响。

主成分 2 贡献率为 12.212%，As 元素在 PC2 中载荷较大，Zn 元素也有一定的载荷。主成分 3 贡献率为 7.856%，Cd 元素在 PC3 中载荷较大。As、Cd、Zn 元素的常见来源有农药化肥及饲料中的添加剂。官山河流域沿河流分布有大量农田和零散养殖户，农药化肥和饲料的使用量大。因此 PC2 和 PC3 应共同表征官山河流域农业面源污染的影响。其总贡献率为 20.068%，为流域内主要污染源，这一推论与面上调查实际情况相互印证。

主成分 4 贡献率仅为 5.815%，Pb、Zn 元素在 PC4 中载荷较大。上述两种重金属含量在中下游均高于土壤背景值，其中 Zn 的常见来源有汽车尾气与轮胎磨损，其会随雨水、灌溉水径流进入河流造成污染。此外，Pb 元素常见于机械制造、电镀行业生产和金属加工行业中。结合区内重金属分布规律来看，上述几种元素在河流中游出现不同程度的含量上升，这与当地人口聚落分布大致相似。河流中游分布有官山镇，人口相对稠密，镇内分布有一座加油站，汽车往来频繁，排放大量尾气，因此，第一主成分主要受生活污水、农业径流排放和交通污染源的搬运作用的共同控制，属于区内的主要人为污染源。较低的贡献率与前文的污染评价相互印证，说明官山河流域重金属污染程度较低，整体较为清洁。

聚类分析结果见树状图 3.39。聚类分析结果与主成分分析结果基本相同，这证明了主成分分析的正确性和来源分析的科学性。聚类分析结果将重金属元素分为 3 类：①Co、Ni；②Cu、As、Cd、Zn；③Pb。

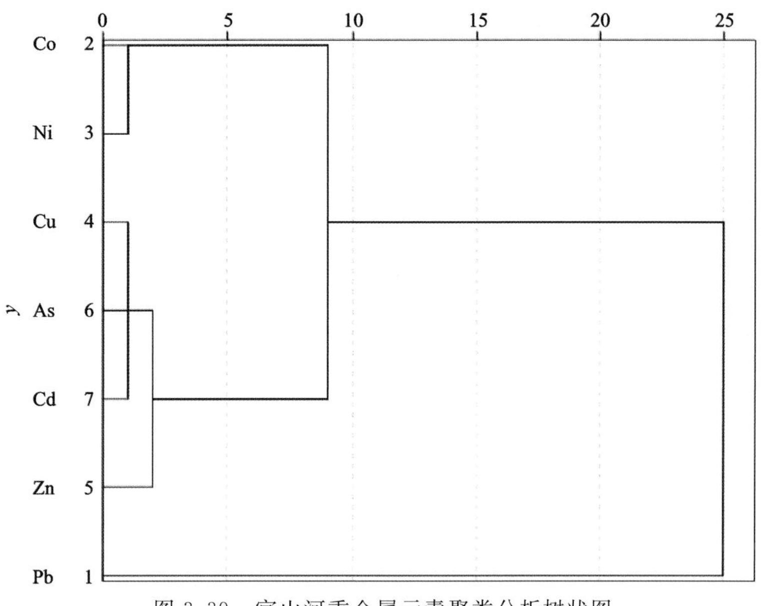

图 3.39 官山河重金属元素聚类分析树状图

其结果与主成分分析结果基本一致，第一类指征土壤背景值的影响；第二类指征农业面源污染的影响，第三类指征微弱的以生活污水和交通污染源的搬运作用为主的区内主要人为污染源的影响。进一步验证了含量分布特征、污染评价和主成分分析的正确性。官山河流域重金属来源主要受成岩母质特征控制，农业面源污染对其中的 As、Cd、Zn(Cu)有一定贡献，该区域人类工业、建筑活动强度弱，对流域整体的重金属贡献轻微。

3.3.3.3 生态风险及贡献率

针对日益严重的重金属污染形势，考虑到重金属污染对生态和人体健康的严重危害，国内外众多学者研究制定了大量的针对不同介质重金属的污染评价标准。针对沉积物的评价方法一般有地积累指数法、脸谱图法、单因子污染指数法、富集因子法、内梅罗污染指数法、潜在生态风险指数法(RI)和污染负荷指数法等。

其中，单因子污染指数法和潜在生态风险指数法(RI)较为常用，单因子污染指数法聚焦于某一种特定元素与沉积物背景值的比值进而评估其受污染情况，最为直观地体现单一元素的污染情况；潜在生态风险指数法(RI)主要关注重金属对生物体的毒性问题，从毒性出发，兼顾含量特征，进一步定量评价由重金属引发的生态风险。

重金属污染指数也常被称作富集系数，主要用来评价和分析沉积物中的单项重金属的污染程度 C_f^i 和多种重金属的综合效应，广泛应用于土壤、大气、水和沉积物中重金属的单项污染程度及多种综合污染效应评价。计算公式如下：

$$C_f^i = \frac{C_s^i}{C_n^i}$$

式中：C_s^i 为实测浓度(mg/kg)；C_n^i 为湖北省土壤环境背景参考值标准(mg/kg)。

具体数值表征意义参考重金属污染程度等级标准(表 3.23)。

表 3.23　单项重金属污染程度等级标准

重金属污染程度等级	C_f^i
轻度	<1
中度	1～<3
重度	3～<6
严重	≥6

单因子污染指数法主要关注单个重金属污染的现状，忽略了重金属在未来可能对生态环境造成的危害，为评价这一危害，潜在生态危害指数法(RI)应运而生。其主要根据重金属的相关性质和在环境中的迁移转化一般规律，基于沉积学的认识，系统地提出了评价重金属潜在生态危害的评价方法。该方法较前两者考虑了重金属的环境效应、自身的生物毒性及生态效应，并以定量的方法刻画其潜在生态危害，该方法由瑞典学者 Hakanson 提出，目前广泛应用于重金属风险评价领域。

单项重金属的潜在生态风险系数(E_r^i)及多种重金属的综合潜在生态风险指数(RI)的计算公式分别如下：

$$E_r^i = T_r^i \times C_f^i$$

$$\mathrm{RI} = \sum_{i=1}^{n} E_r^i = \sum_{i=1}^{n} T_r^i \times C_f^i = \sum_{i=1}^{n} T_r^i \times \frac{C_s^i}{C_n^i}$$

式中：T_r^i为第 i 种重金属的毒性响应系数；C_f^i为第 i 种重金属的污染指数；C_s^i为沉积物中重金属的实测含量(mg/kg)；C_n^i为湖北省土壤环境背景参考值(表 3.24)标准(mg/kg)。

表 3.24　湖北省重金属的背景值及其毒性

重金属元素	As	Cd	Co	Cr	Cu	Ni	Pb	Zn
毒性响应系数	10	30	5	2	5	2	5	1

重金属的风险等级见表 3.25。

表 3.25　单项潜在生态风险和综合潜在生态风险危害程度分级标准

潜在生态危害程度	E_r^i	RI
低风险	<40	<150
中风险	40～<80	150～<300
高风险	80～<160	300～<600
很高风险	160～<320	600～<1200
极高风险	≥320	≥1200

1. 农田土壤重金属污染评价

1)单因子指数法

单因子指数法旨在评价单个重金属元素的污染情况，如图 3.40 所示，Co、Ni、Cu、As、Cd 等 5 种重金属元素的单因子指数整体位于轻污染线以下，较为清洁，仅有个别点位表现为轻污染，且污染程度不高；而 Zn、Cd 两元素的单因子指数平均值和中位值均位于轻污染线上，略微高于轻污染线，说明该区域 Zn、Cd 两元素可能存在被污染的情况，但是污染程度整体较低，仅有 Zn 元素个别点位的单因子指数超过 2，表征该点被污染。

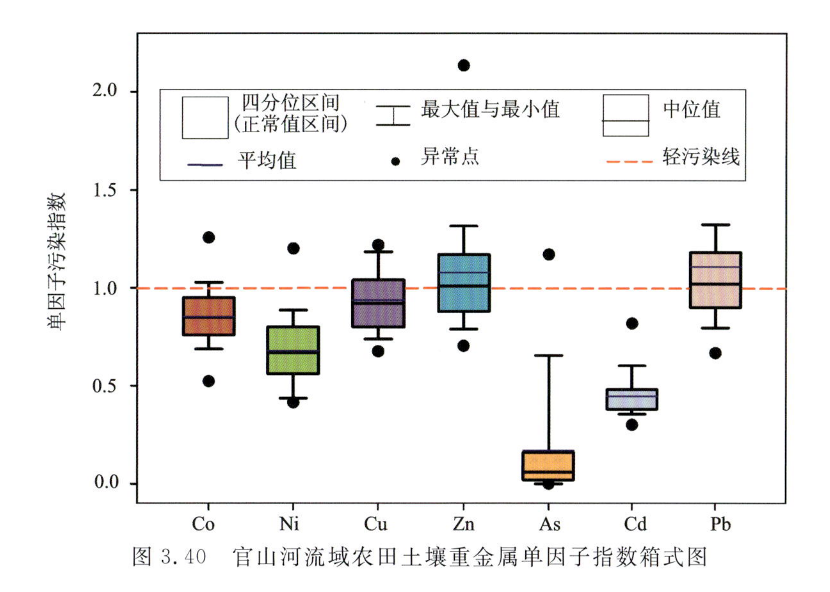

图 3.40　官山河流域农田土壤重金属单因子指数箱式图

结合未扰动土壤的分析结果，官山河流域农田土壤的重金属含量略高于当地土壤背景值，证明官山河流域存在重金属污染现象，但各项元素的单因子指数低于湖北省土壤背景值，表征目前官山河流域重金属对丹江口水库的污染风险可控。

2)潜在生态风险指数法(RI)

潜在生态危害指数堆叠柱状图直观地显示了各个元素的潜在生态风险贡献及各个点位的生态风险，如图 3.41 所示。各点位的总潜在生态风险指数全部低于 60，主要在 25～35 区间内波动；各点位每个元素的潜在生态风险指数均远低于 40，官山河农田土壤潜在生态风险较低，发生由重金属污染引起的生态安全事件概率较小，风险可控。通过观察各点位潜在生态风险指数的组成特征，发现在所有点中，Cd 元素的潜在生态风险贡献率最高。

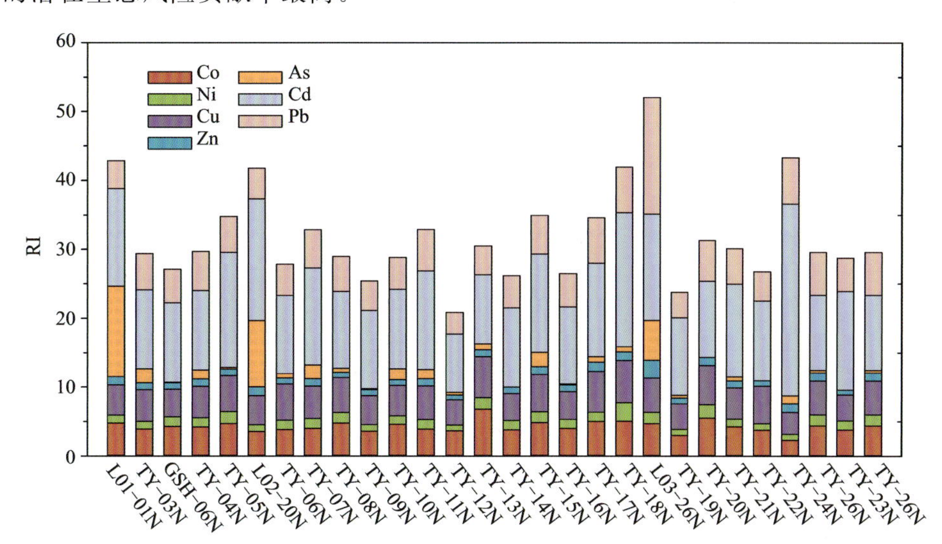

图 3.41　官山河流域农田土壤重金属潜在生态风险指数堆叠柱状图

Cd 是一种低含量、高毒性的重金属元素，2019 年 7 月 23 日，Cd 及其化合物被列入有毒有害水污染物名录(第一批)。官山河流域农田土壤中 Cd 含量较低，全部位于湖北省土壤背景值以下，整体较为清洁，污染风险可控，其在 RI 值中占主导。此外，Co、Cu、Pb 等 3 种元素在 RI 值中也占有一定比例，指示其存在一定的潜在生态风险，应进行更长时间尺度的监测、研究。

2. 表层沉积物重金属污染评价

1)单因子指数法

相较于官山河流域农田土壤,官山河表层沉积物重金属单因子指数较低,除 Zn 元素外,其他 6 种元素四分位区间全部位于轻污染线以下,整体较清洁,受污染程度不大。Ni、As、Cd 等 3 种元素全部单因子指数均小于 1,剩余 4 种元素在个别点位表现为轻污染状态(图 3.42)。结合前文,官山河表层沉积物重金属含量低于官山河流域未扰动土壤这一特点,推测官山河的自净作用主导了重金属的含量特征。调查发现官山河流量季节变化较大,采样所处的丰水期流速快、流量大,河水自净能力强,导致河流表层沉积物重金属含量低。

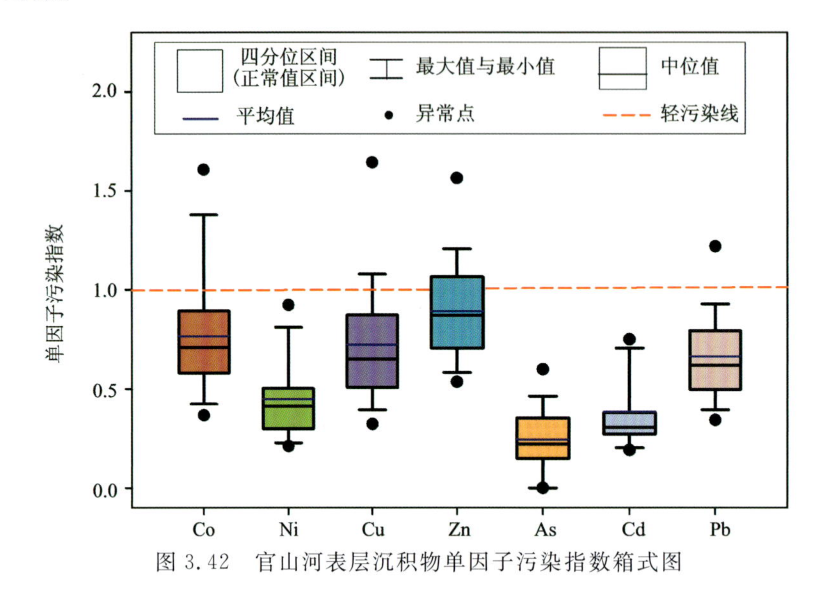

图 3.42　官山河表层沉积物单因子污染指数箱式图

2)潜在生态风险指数法(RI)

官山河表层沉积物与官山河流域农田土壤重金属潜在生态风险指数分布特征基本一致,整体维持在较低水平。仅在 L02-01s、GSH-02s、L03-11s、L04-12s 和 GSH-24s 等 5 个点位 RI 值较高,但仍处于低风险区域。从各重金属对 RI 的贡献率出发,发现 Cd 元素在 RI 中占主导。结合含量分布特征,发现官山河表层沉积物中其余 6 种元素平均含量较低,这一现象放大了高毒性的 Cd 元素在 RI 中的占比,且在 5 个 RI 值较高的点位均观察到 Cd 值升高的现象(图 3.43)。因此 Cd 是官山河重金属潜在生态风险的主要元素。

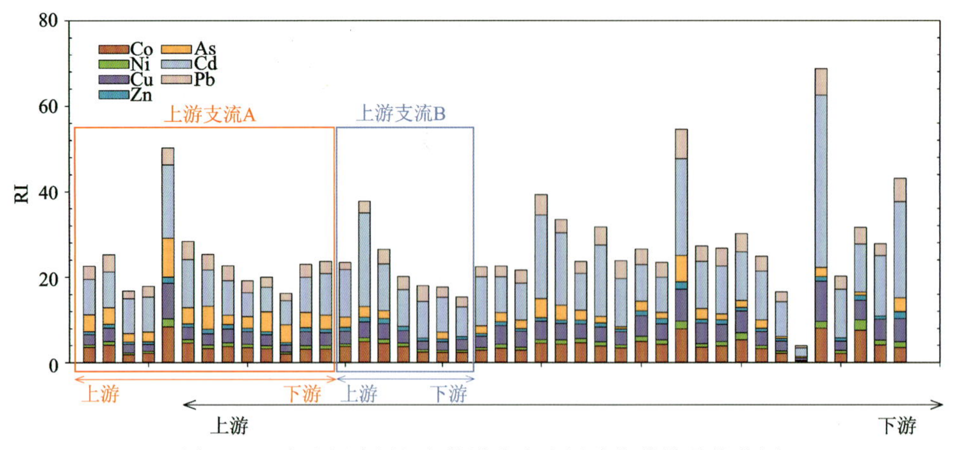

图 3.43　官山河表层沉积物潜在生态风险指数堆叠柱状图

3)官山河流域对丹江口水库重金属输出量及贡献

河流沉积物重金属污染的研究,经历了以含量为核心到含量毒性并重这一过程,但研究对象一直聚焦于污染水体本身,忽略了污染水体输出污染物总量对下游水体的影响。报道显示,丹江口水库周边个别农田存在重金属污染现象,一旦受污染的土壤在雨水裹挟下,随河流沉积物进入水库,会对丹江口水库生态安全产生重大影响,因此研究评价官山河流域重金属对丹江口水库的输出量及其贡献至关重要。

SWAT 模型作为一种发展成熟的分布式流域水文模型,因其强大的功能、先进的模型结构和高效的计算性能,已经被国内外学者广泛应用于流域水文过程模拟、气候变化与土地利用对径流的响应、非点源污染负荷估算及形成机制、环境变化及农业管理对水文水质的影响等研究中,其在国内外各个流域均表现出良好的适用性。

据统计发现,官山河对丹江口水库的输沙量在 30.7 万～66.5 万 t/a 之间。水库于 2012 年开展大坝加高工程,因此选取工程完成后的 5 年,即 2013—2018 年进行模拟计算。通过 SWAT 模型计算,得到官山河流域 2013—2018 年均输沙量为 40.1 万 t/a,表明输沙量模拟结果可靠。重金属污染负荷分布如图 3.44 所示,其中 1 号、2 号、3 号、7 号、11 号子流域污染最为严重,这与输沙量的空间分布相似(图 3.45)。研究表明,泥沙是重金属迁移的主要载体,可占重金属迁移总量的 97 % ～ 99 %,而产沙量一般与土地利用类型、降水和径流等有关。不合理的土地利用,改变了地表地貌条件,破坏了植被资源,进而加剧了土壤侵蚀,是土壤侵蚀的主要原因。经验表明,耕地和裸地的产沙量较高。此外,降雨和径流也与产沙量呈正相关关系。本研究中,1 号、2 号、3 号、7 号和 11 号子流域产沙量较高,其中,1 号、2 号、3 号占据了流域内大部分的耕地面积,年平均降水量和产水量相对较高,而 7 号和 11 号虽然大部分土地利用类型为林地,但年平均降水量和产水量较高,导致子流域因水土流失严重而携带大量重金属进入河流。

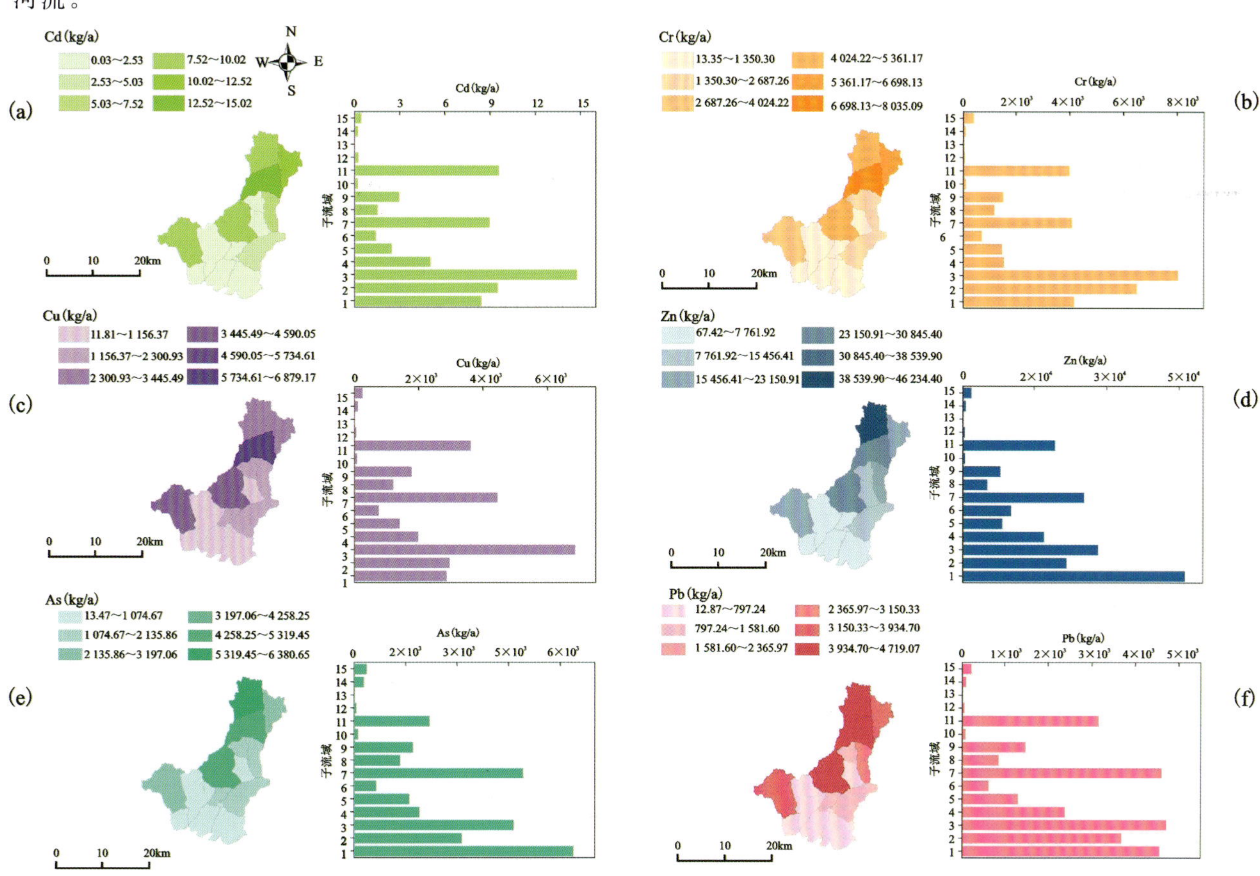

图 3.44　研究区重金属污染负荷分布

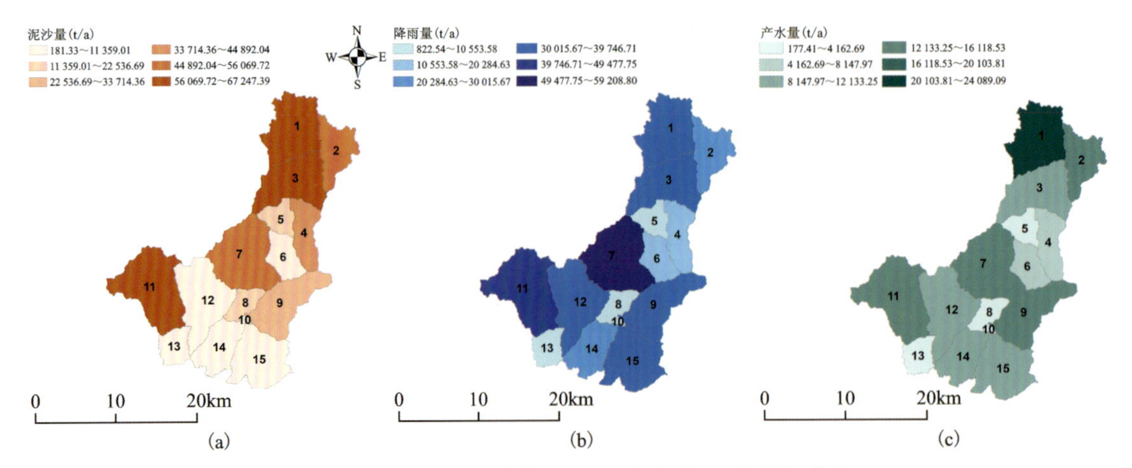

图 3.45　泥沙(a)、降水量(b)和产水量(c)的空间分布

模拟结果表明，官山河流域重金属污染物在2013—2018年间输入丹江口水库重金属的年平均负荷量为Zn：192 633.39kg/a、As：29 203.74kg/a、Cu：28 466.36kg/a、Pb：27 855.70kg/a、Cd：65.58kg/a。目前，尚无关于丹江口水库入库重金属总量研究，无法量化本流域在其中所占贡献，因此选取其他典型流域进行定性讨论。阿布胶(Abujiao音译)流域位于东北地区，曾是以森林、湿地等原始地貌为主的区域，流域集水面积约142.9km^2。20世纪80年代以来，当地居民开始在流域内开垦农田，至2014年农田面积已占流域面积的56.32%，属于典型农业区。相关学者通过开展重金属负荷研究，发现其重金属年平均负荷为Pb:342.25kg/a、Cu:408.41kg/a、Cd:3.00kg/a。同时计算得出其年均输沙量仅为0.442万t/a。官山河流域的集水面积约465km^2，其中耕地面积占8.88%，年均输沙量约40.1万t，主成分分析显示官山河流域重金属主要来源有二，分别是成岩母质背景值，以Pb和Cu元素为代表；农业污染源，以Cd元素为代表。选取阿布胶流域进行对比，可初步判断官山河流域重金属的输出对丹江口水库的生态风险。

将年均泥沙量、重金属负荷进行换算，发现官山河流域输出的单位泥沙中，Pb、Cu和Cd的负荷均低于典型农业区阿布胶流域，其负荷分别仅为后者的89.71%、76.83%和24.10%。相比典型农业区，官山河流域单位泥沙重金属负荷较小，且Pb、Cu负荷占比是Cd的3～4倍，这说明在向丹江口水库输出的重金属中，来自成岩母质的重金属占主导，而农业活动人为引入的重金属占比较小。

值得注意的是，官山河流域年泥沙输出量高达862.37t/km^2，是阿布胶流域的27.82倍。前文提到，泥沙是重金属迁移的主要载体，可占重金属迁移总量的97%～99%。因此，由SWAT模型计算得出的重金属年输出总量远高于其他小流域，下一步应加强流域水土保护措施，减少对丹江口水库的泥沙输出，控制流域向丹江口水库输出的重金属总量。

3.3.4　氮磷迁移转化及生态风险

3.3.4.1　分布特征

1.水体

官山河流域水体NO_3^-含量介于0.2～5.3mg/L之间，平均值0.91mg/L，均低于国家集中式生活饮用水地表水源地标准限值(10mg/L)。流域六里坪镇(GSH-07、GSH-08G、GSH-09)、铁炉村(L01-14G)NO_3^-含量较高，其中GSH-08G、L01-14G为地下水水位点，说明这两处区域地下水有潜在污染风险。不恰当的人类生产生活方式，如过度施肥，畜牧、生活污水乱排等，导致地表土壤层积蓄的N物质随雨水淋滤进入地下水，从而污染地下水体。

水体 NO_2^- 含量普遍较低，介于 0.01～0.53mg/L 之间，平均值 0.05mg/L，因为流域水体普遍处于氧化环境，亚硝态氮含量较低。水体中 NO_2^- 含量较高的点位于田坂村（L02-08S）和骆马沟村（L03-11S），考虑是河流坝体拦截导致坝前积水较深，水体处于贫氧环境，在外源氮大量输入条件下反硝化作用及有机氮矿化作用致使水体中亚硝态氮含量较高。

水体 NH_4^+ 含量介于 0.01～2.58mg/L 之间，平均值 0.16mg/L。六里坪镇水体 NH_4^+ 含量最高（GSH-07），为劣Ⅴ类（参考《地表水环境质量标准》），是由生活污水不合理排放及氮肥过度使用导致水体富集 NH_4^+。流域水体 TN 含量介于 0.98～11.99mg/L 之间，平均值 2.50mg/L，除点 L03-07S 以外，所有点位含量 TN 均劣于国家Ⅲ类水质标准，最高值位于六里坪镇（GSH-08G），需高度重视（图 3.46）。水体 TN 含量较高，而无机氮含量较低，说明有机氮对总氮的贡献值较大，有机氮主要来源于有机肥的施用和生活污水、禽畜养殖废水的不合理排放。

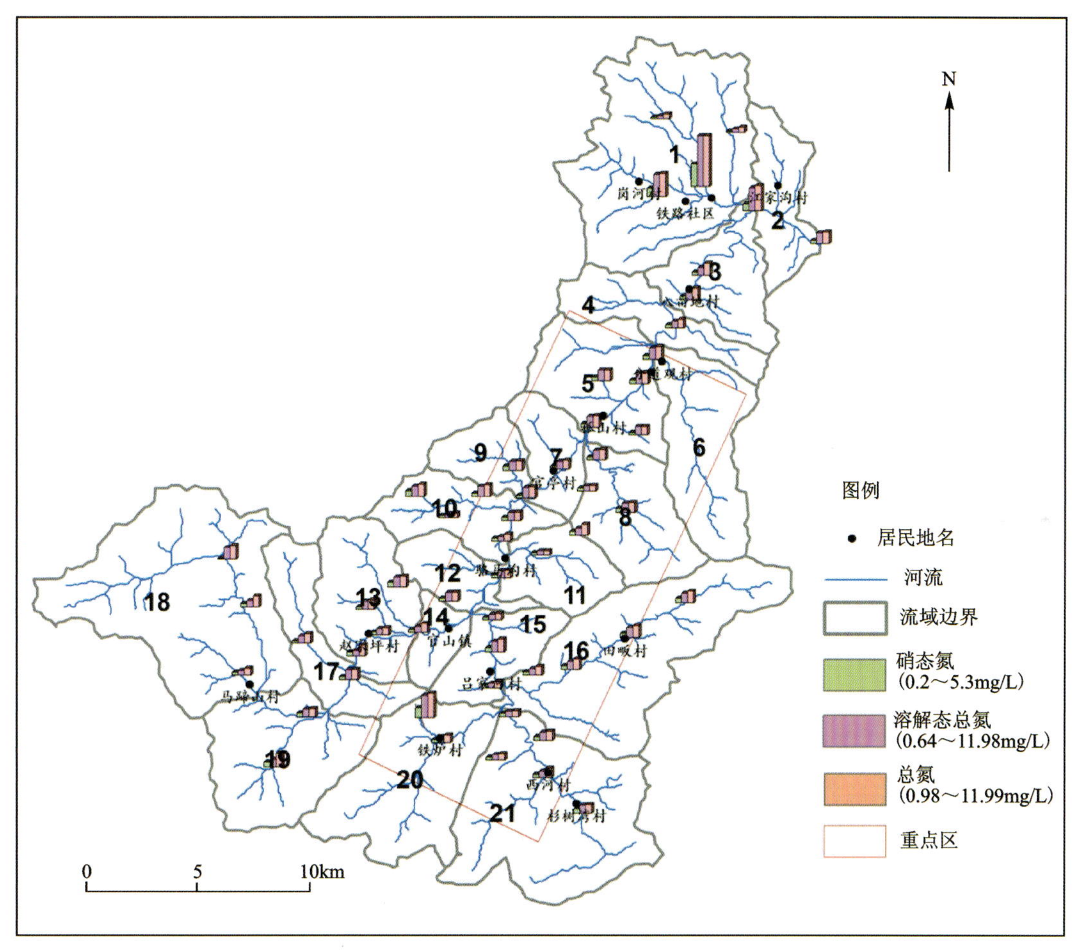

图 3.46　官山河流域水体氮形态空间分布

官山河流域水体 PO_4^{3-} 含量介于 0.08～1.01mg/L 之间，平均值 0.23mg/L，含量最高处位于六里坪镇（GSH-07、GSH-09、GSH-08G），此外丹江口水库入库口处（GSH-25B）PO_4^{3-} 含量也偏高。活性磷通常为水生生物生长的限制因子，较高的磷含量易使水体存在富营养化风险。

水体 TDP 含量介于 0.11～2.00mg/L 之间，平均值 0.37mg/L，含量最高处同样位于六里坪镇，此外，丹江口水库入库口、铁炉村、孤山村 TDP 含量也较高。水体 TP 含量介于 0.14～3.59mg/L 之间，均值0.64mg/L，与 TDP 有相同的空间分布规律，除官山水库及马蹄山村上游点位（图 3.47），其余点位 TP 均劣于国家Ⅲ类标准，需警惕流域 TP 含量偏高造成的水体潜在富营养化风险。

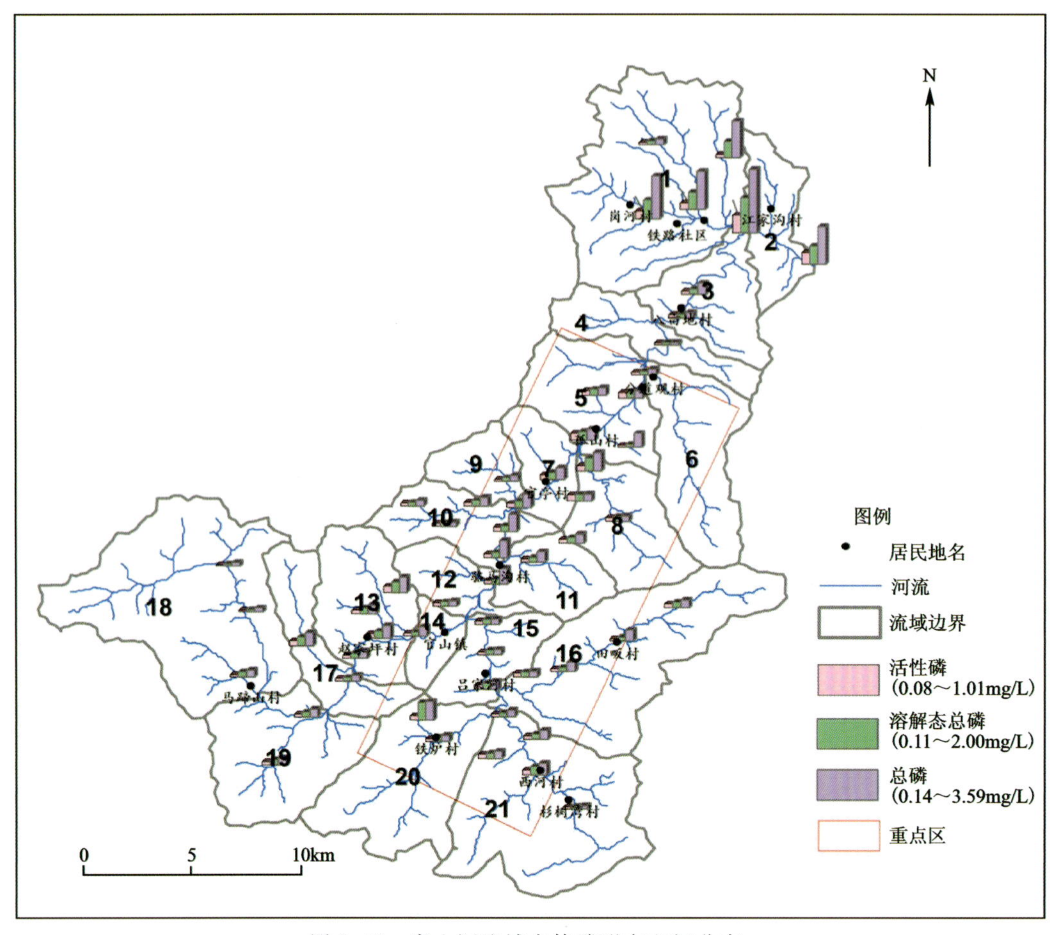

图 3.47 官山河流域水体磷形态空间分布

2. 沉积物

官山河流域沉积物三氮形态中 NO_3^-、NH_4^+ 含量显著高于 NO_2^- 含量。沉积物 NO_3^- 含量介于 0.45～42.95mg/kg 之间，平均值 4.04mg/kg，NH_4^+ 含量介于 0.33～70.73mg/kg 之间，平均值 6.22mg/kg，NO_2^- 含量介于 0.01～3.02mg/kg 之间，平均值 0.46mg/kg。河床沉积物及库区（官山河水库、丹江口水库）沉积物 NO_3^-、NH_4^+ 含量受人为活动及氧化还原条件干扰较为强烈。在人类聚集区及受工业活动影响较为强烈的地区，河流沉积物 NO_3^- 含量偏高，如田坂村（GSH-19、L02-01S）、吕家河村（L02-11S、L02-13B）、官亭村（L04-02S）及六里坪镇（GSH-25B），其中 GSH-25B 位于官山河汇入丹江口水库入库口，此处水流湍急、河水较浅，受上游工业园区及城镇生活污水的影响，沉积物 NO_3^- 含量为流域内最高值，在水流扰动及氧化环境下沉积物中的 NO_3^- 极易释放进入上覆水体，威胁丹江口水库汉库水质。

流域沉积物 NH_4^+ 主要富集于深水型湖库及农业活动较为强烈的地区，如官山河水库（GSH-22K）、丹江口水库汉库区（HK-3）、马蹄山村（GSH-03）、江家沟村（GSH-07）。官山河水库水深 10 余米，丹江口水库汉库中心区水深 40 余米，两处水库 NH_4^+ 均较高，官山河水库为 70.73mg/kg，略高于汉库的 69.81mg/kg。水库沉积物处于极度厌氧环境，随泥沙及水流汇集于水库的有机氮、无机氮经物理吸附沉降作用及微生物、浮游动植物、水生植物吸收代谢作用下最终沉降在库区底泥中，生物碎屑及泥沙携带的有机氮经矿化作用、硝态氮经反硝化作用转化为铵态氮，致使库区沉积物富集 NH_4^+。由于极端厌氧环境，库区沉积物中微生物硝化作用受到抑制，NO_2^- 及 NO_3^- 含量较低，但在氧化还原条件发生改变或微生物群落结构变化的情况下，底泥中高含量 NH_4^+ 存在向硝态氮转化释放风险。此外，流域马蹄山村及江家沟村分布有大片农田，考虑农业肥料利用效率低导致未利用 NH_4^+ 随径流汇入河流，最终在河流沉积物中富集。

流域沉积物 NO_2^- 含量普遍较低，但骆马沟村（L03-04S）及六里坪镇（GSH-25B）NO_2^- 含量显著偏高，考虑农业生产、工业生产及不恰当排污导致这两处河流沉积物 NO_2^- 值较高（图 3.48）。沉积物中过高的亚硝态氮除了可能向硝态氮转化释放，增加上覆水体富营养化风险外，其本身也是剧毒物质，有致癌风险，且对胎儿有致畸作用。需重视流域内个别点位沉积物亚硝酸盐含量偏高对流域居民饮水健康及库区供水安全的影响。

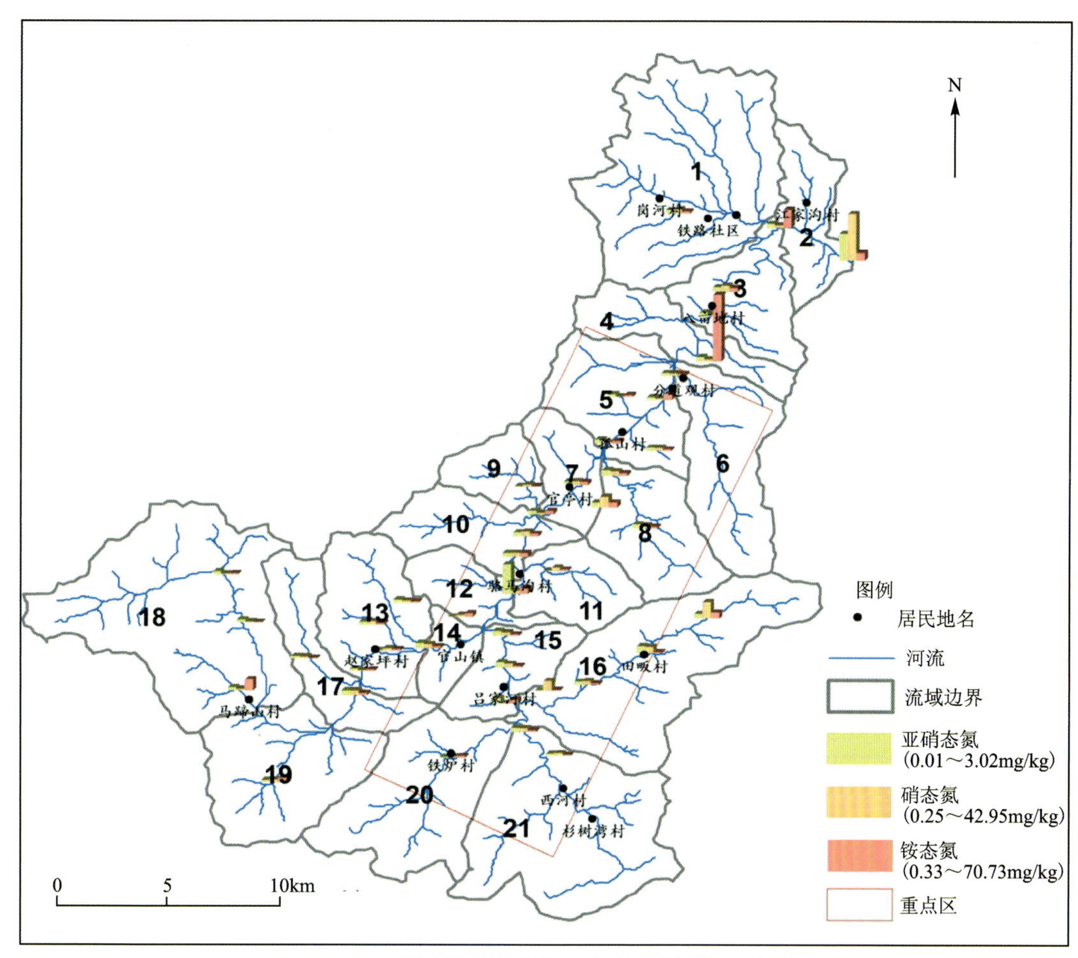

图 3.48 官山河流域沉积物可交换态氮形态空间分布

官山河流域 TN 含量介于 201.31～456.91mg/kg 之间，平均值 309.85mg/kg。沉积物 TN 含量空间分布明显受人类活动控制，在人口密集区及人为生产活动强烈区 TN 含量均较高，如六里坪镇（GSH-25B）、分道观村（L04-23S）、官亭村（L03-25S）及官山镇（L02-19S、L02-18S）。另外，流域内库区沉积物 TN 含量也较高，官山河水库（GSH-22K）及丹江口水库汉库区（HK-3）沉积物 TN 含量达 400mg/kg 以上（图 3.49）。

流域沉积物 TN 含量远高于可转化态无机氮含量（NO_3^-、NO_2^-、NH_4^+），说明沉积物中有机氮含量较高，占总氮的绝大部分。有机氮来源主要为人为污染（有机肥、生活污水排泄等），说明流域内人为活动对沉积物氮形态分布有重要影响。较高的有机氮负荷将大大增加上覆水体氮污染风险。在氧化环境下，有机氮经微生物矿化作用转化为铵态氮，再经硝化作用向亚硝态氮、硝态氮转化，在对流及扩散作用下进入地表水体，污染水体环境。

采用 SMT 法（The Standards, Measurements and Testing Programme）分 5 级提取出 5 种形态磷，包括铁/铝吸附态磷（Fe/Al-P，也可表达为 NaOH-P），钙磷（Ca-P，也可表达为 HCl-P），无机磷（IP），有机磷（OP）及总磷（TP）。Fe/Al-P 通过化学、物理作用吸附在铁、铝氧化物或氢氧化物表面，在外部氧化

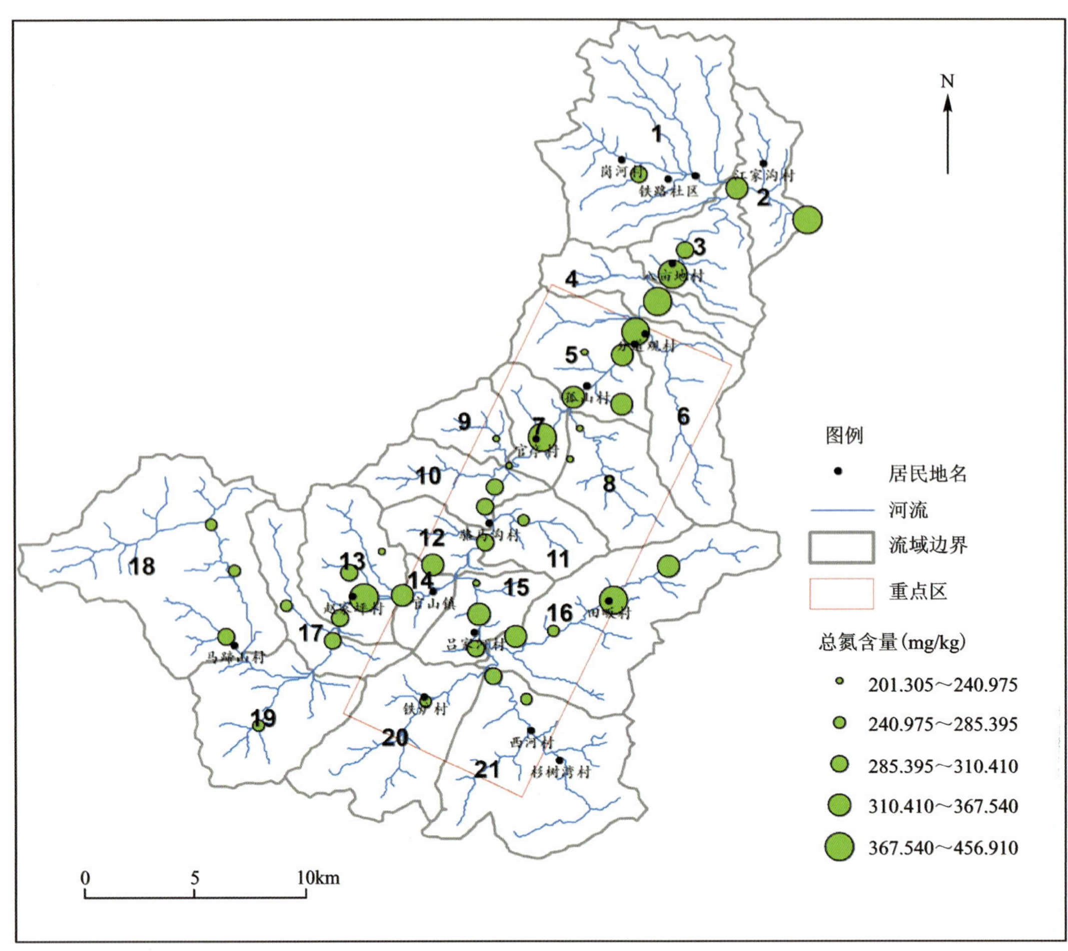

图 3.49　官山河流域沉积物总氮空间分布

还原点位变化时易得到释放，从而造成水体磷升高的风险，Fe/Al-P 主要受人为活动和陆源输入的影响，可以作为沉积环境质量的判别标志。Ca-P 是活性较弱的磷形态。IP 是生态系统中比较活跃的磷的赋存形态，其在沉积物中有多种赋存形态，包括 Fe/Al-P、Ca-P、Labile-P 及 RSP-P。OP 来源于陆源输入和生物过程，是优于总磷可指示富化程度的指标。

官山河流域沉积物 Fe/Al-P、Ca-P 分布见图 3.50，相对于 Ca-P，Fe/Al-P 总体偏高。Fe/Al-P 含量在 1.90～314.94mg/kg 之间，平均为 40.52mg/kg。Ca-P 含量在 5.56～32.33mg/kg 之间，平均值 9.81mg/kg。流域整体铁铝吸附态磷含量较高，说明流域沉积物磷主要受人为外来输入影响。点 HK-3 铁铝态磷含量最高，表明丹江口水库沉积物磷存在较高的潜在释放风险，若上覆水体氧化还原条件发生改变，沉积物中埋藏的 Fe/Al 态磷极易释放进上覆水体中，增加水体富营养化风险。官山河流域 GSH-02、GSH-22K 铁铝态磷也较高，其中 GSH-02 位于官山河上游沙坪，考虑因不规范排放生活污水导致沉积物富集 Fe/Al-P。GSH-22K 位于官山河水库，是水库沉积物采样点，考虑上游河流汇集于此处经吸附及沉降作用使沉积物富集 Fe/Al-P，应警惕其潜在活性磷释放风险。

官山河流域及丹江口水库丰水期 TP 含量介于 311.98～1 756.02mg/kg 之间，OP 含量介于 184.94～1 562.31mg/kg 之间，IP 含量介于 49.37～365.84mg/kg 之间。流域 TP 含量主要受 OP 控制，OP 含量占 TP 的 59%～96%，说明 OP 为流域沉积物 P 的富化程度。沉积物有机磷含量较高说明流域沉积物 P 含量主要受人为陆源污染控制。IP 在 TP 中的占比较低，说明官山河流域 P 虽然受人为活动影响较大，但最易释放的无机磷含量处于中低水平(主要受 Fe/Al-P 影响)，释放风险较低(图 3.51)。

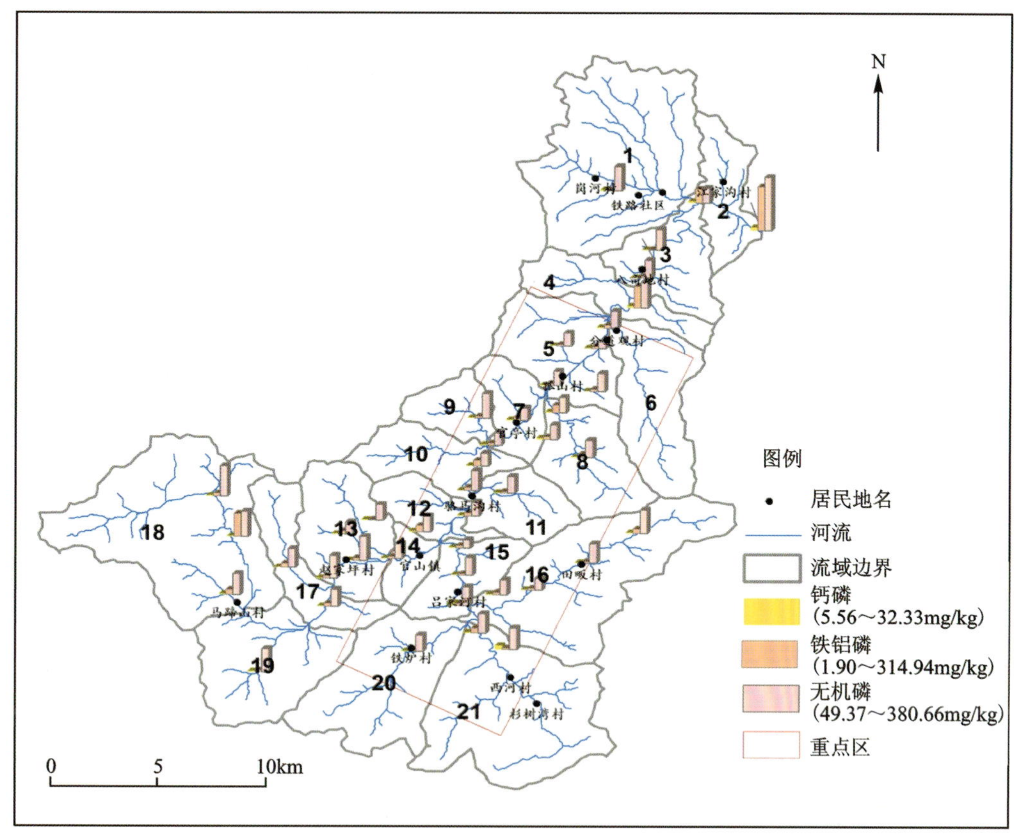

图3.50 官山河流域沉积物无机磷形态空间分布

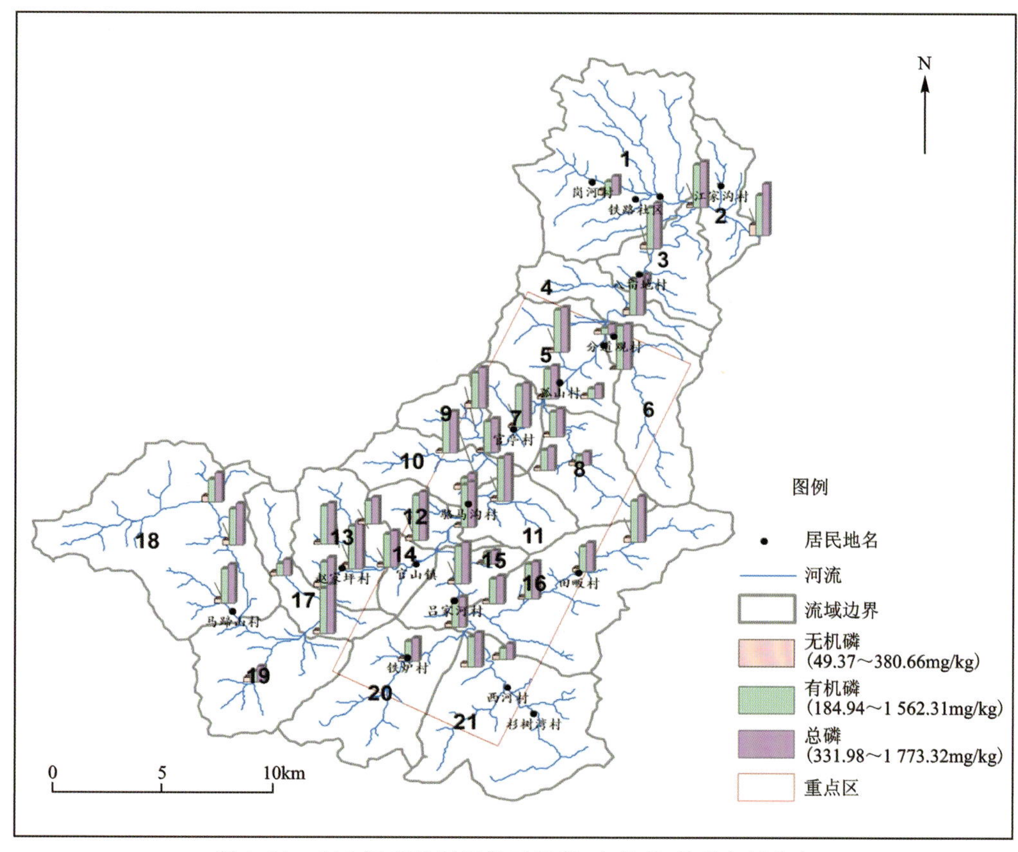

图3.51 官山河流域沉积物无机磷、有机磷、总磷空间分布

3. 土壤

土壤 NO_3^- 含量介于 0.06～69.2mg/kg 之间，平均含量 6.85mg/kg；NO_2^- 含量介于 0～1.17mg/kg 之间，平均值 0.31mg/kg(含量为 0 的点位 NO_2^- 值低于检出限)；NH_4^+ 含量介于 0.81～112.08mg/kg 之间，平均值 6.33mg/kg；TN 含量介于 190.05～590.89mg/kg 之间，平均值 368.04mg/kg。流域土壤采样点中，有 57.1％的点位农田土壤 NO_3^- 含量高于未扰动土壤 NO_3^- 含量，有 60.7％的点位农田土壤 NH_4^+ 含量低于未扰动土壤 NH_4^+ 含量，有 67.9％的农田土壤 TN 含量高于未扰动土壤 TN 含量，农田与未扰动土壤中 NO_2^- 含量均较低，无明显分布规律(图 3.52、图 3.53)。

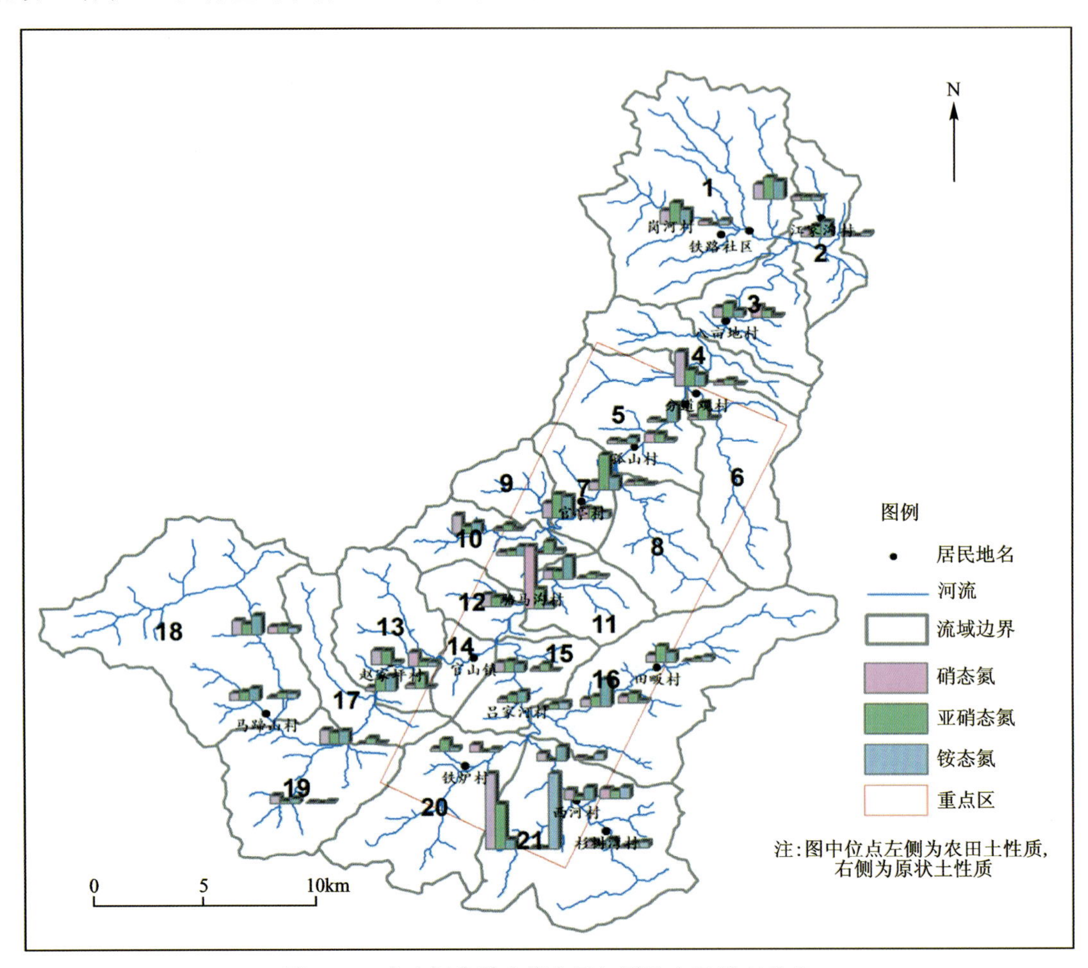

图 3.52　官山河流域土壤农田与原状土氮形态分布

流域土壤无机磷含量中，大部分位点 Fe/Al-P 远高于 Ca-P，说明土壤中易迁移转化态磷含量较高，在地表径流冲刷下 Fe/Al-P 易释放进入地表水及地下水体，造成水环境 P 污染。另外，大部分位点农田土壤 Fe/Al-P 含量远高于未扰动土壤，这与 Fe/Al-P 主要受陆源输入和人为扰动影响的特性相符，说明人类耕作生产活动中使用的化肥、农药、有机肥等的确会对土壤 P 含量造成一定影响，增加可迁移态 P 赋存风险。相对于未扰动土壤，居民区土壤 Fe/Al-P 含量也较高，但普遍低于农田土壤 Fe/Al-P 含量(图 3.54)。

官山河流域土壤 TP 含量介于 175.75～1 952.31mg/kg 之间，平均值 1 038.46mg/kg，OP 含量介于 151.07～1 697.31mg/kg 之间，平均值 916.25mg/kg，IP 含量介于 16.61～425.71mg/kg 之间，平均值 123.64mg/kg。流域土壤 TP 主要受 OP 控制，OP 占 TP 的比例介于 52％～98％之间。OP 的主要来源为人为污染，说明流域土壤 TP 受人为干扰影响较大。IP 在流域土壤 TP 中占比较低，说明流域土壤 TP 中易迁移态磷占比较小，但 OP 可通过微生物转化为 IP，同样具有潜在释放风险(图 3.55)。

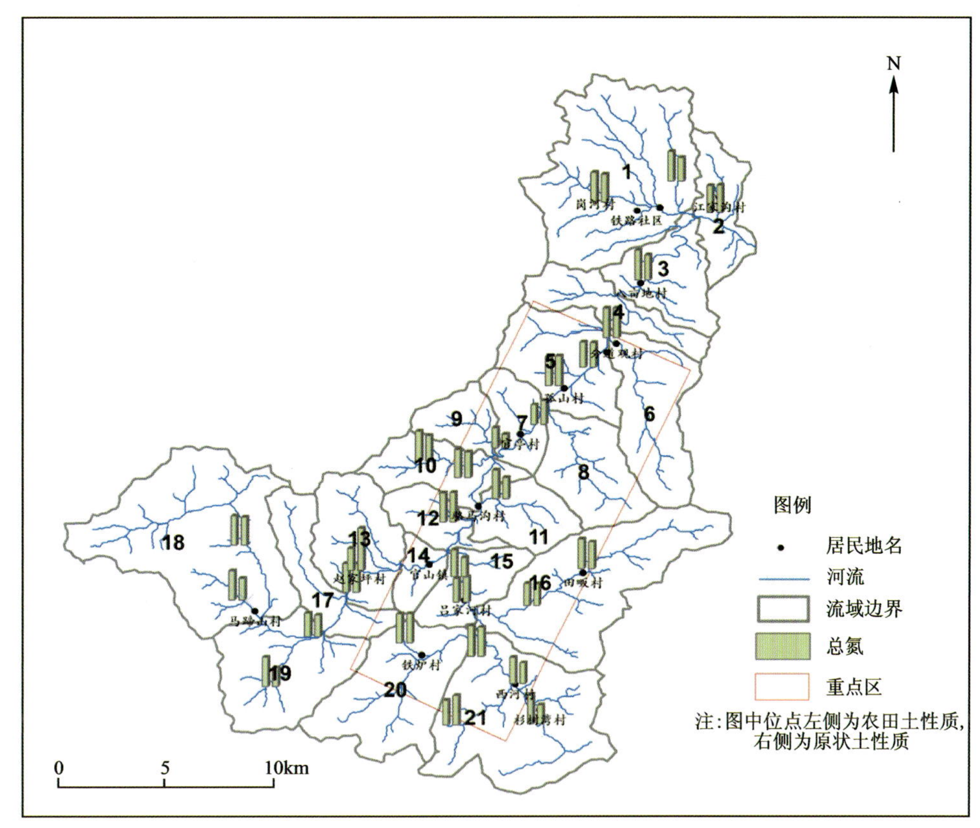

图 3.53　官山河流域土壤与原状土总氮含量分布

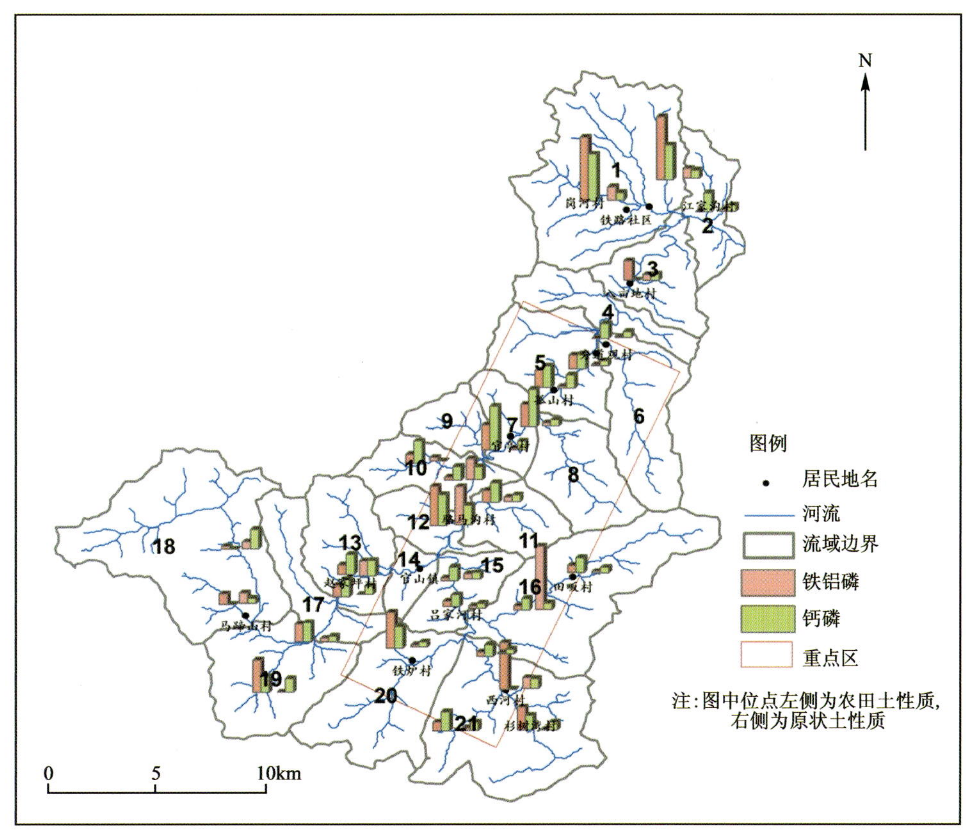

图 3.54　官山河流域土壤农田与原状土无机磷形态空间分布

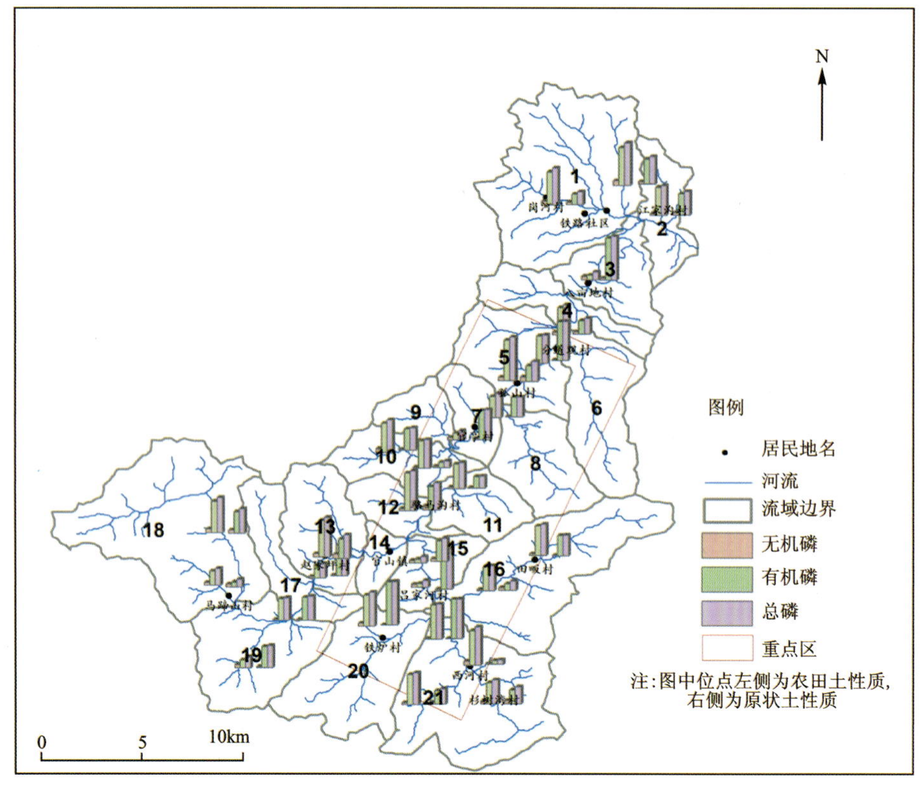

图 3.55 官山河流域土壤农田与原状土无机磷、有机磷、总磷含量分布

3.3.4.2 来源及迁移转化过程

使用流域水体环境因子间聚类分析、主成分分析及皮尔逊相关分析判定水体氮磷污染来源,发现流域水体环境因子主要有 3 种来源,分别为生活及畜牧养殖污水、农业化肥和岩石矿物风化。

选取水体氮磷指标和能够代表人类生活污染来源的 Cl^-、Na^+ 指标及能够代表自然来源的 Ca^{2+}、SO_4^{2-} 指标做层次聚类分析,谱系图见图 3.56。这些指标主要被分为 3 类,第一类指标包括 TDN、TN、

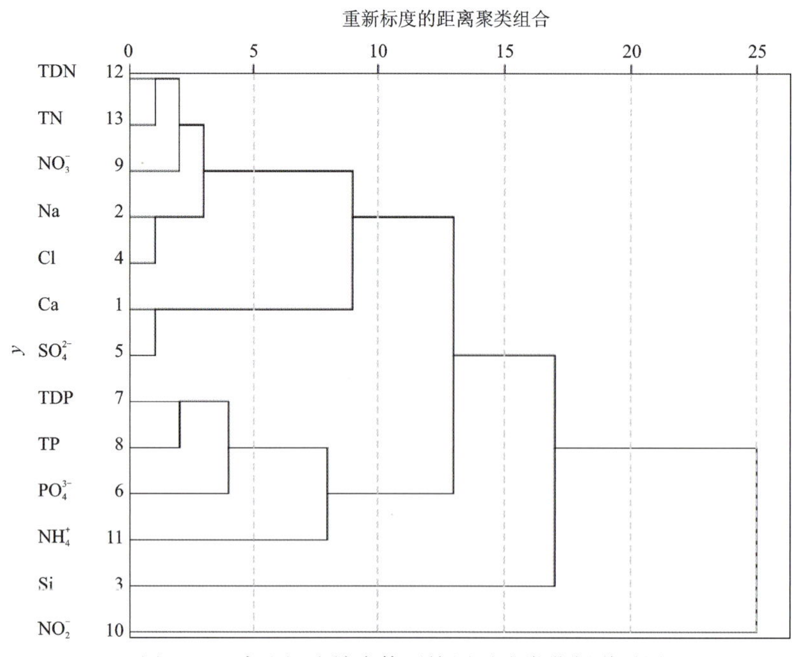

图 3.56 官山河流域水体环境因子聚类分析谱系图

NO_3^-、Na、Cl，大量学者研究表明内陆水体 Cl^- 主要来源于人类生活污染，且 Cl^- 在水体中较稳定，可用 Cl^- 表征人类生活污染来源，因此水体中 TDN、TN、NO_3^- 可能主要来源于人类生活污染。第二类指标包括 TDP、TP、PO_4^{3-}、NH_4^+，前人研究表明地表水中 NH_4^+ 主要来源于未完全利用的农业化肥，近年来我国农业耕作使用的化肥已从单一氮肥转为氮磷复合肥，因此可判定第二类指标主要来源于农业污染。第三类指标包括 Ca^{2+}、SO_4^{2-}，表征自然岩石风化来源，这类来源指标与第一类指标距离更为接近，表明地表水体硝态氮、总氮部分来源于岩石风化，而磷、铵态氮则主要受人为输入控制。

上述13个环境因子的主成分分析结果与聚类分析结果互为佐证。主成分分析提取出3个主要成分，各成分指标贡献值见表3.26。

表3.26 官山河流域水体环境因子主成分分析成分矩阵

	成分		
	1	2	3
Ca^{2+}	0.825	0.054	−0.021
Na^+	0.931	−0.259	−0.013
Si^{2+}	0.463	−0.423	0.085
Cl^-	0.912	−0.269	−0.001
SO_4^{2-}	0.805	0.029	−0.057
PO_4^{3-}	0.656	0.642	0.012
TDP	0.827	0.488	−0.006
TP	0.819	0.463	0.022
NO_3^-	0.831	−0.456	0.012
NO_2^-	−0.056	0.01	0.993
NH_4^+	0.432	0.726	0.041
TDN	0.889	−0.302	0.021
TN	0.89	−0.288	0.028

第一类主成分 Na^+、Cl^-、TN、TDN、NO_3^- 为贡献值前五的指标，同时，其他指标也具备较大贡献值，说明第一类主成分主要表征人为污染。第二类主成分 NH_4^+、TDP、TP、PO_4^{3-} 贡献值较大，表征农业污染贡献。第三类主成分与 NO_2^- 呈现强相关性，与其他指标均呈弱相关关系，指示水体 NO_2^- 并不受人类活动直接影响，这与因子层次聚类分析结果相符。

流域水体多元回归分析结果与聚类分析、主成分分析结果互为佐证。多元回归分析结果表明水体各类磷形态间有较显著且较强的自相关性，指示水体各类磷形态高度同源，除 NO_2^- 外，水体氮磷显著高度相关且水体磷与 NH_4^+ 相关性更强（表3.27），指示大部分水体磷与 NH_4^+ 具有同一来源，即农业污染。

表 3.27　地表水氮磷相关性分析

		TP	PO_4^{3-}	TDP	NO_3^-	NO_2^-	NH_4^+	TDN	TN	TSP
皮尔逊相关性	PO_4^{3-}	0.880**								
	TDP	0.944**	0.956**							
	NO_3^-	0.541**	0.477**	0.560**						
	NO_2^-	0.004	−0.051	−0.060	0.016					
	NH_4^+	0.707**	0.763**	0.792**	0.388**	−0.016				
	TDN	0.721**	0.642**	0.724**	0.708**	−0.005	0.610**			
	TN	0.687**	0.598**	0.701**	0.742**	0.009	0.635**	0.925**		
	TSP	0.953**	0.725**	0.801**	0.471**	0.063	0.561**	0.647**	0.607**	
	TSN	−0.018	−0.051	0.010	0.156	0.036	0.126	−0.101	0.284*	−0.041

注："**"表示在 0.01 级别(双尾)，相关性显著；"*"表示在 0.05 级别(双尾)，相关性显著。

水体各类氮形态中，NO_2^- 及 TSN 与其他氮形态相关性均不显著，NH_4^+ 与 NO_3^-、TDN、TN 虽呈现显著正相关性，但正相关较弱，表明水体氮存在多种来源(人类生活污染、农业污染及自然来源)。

农田土壤是水体及沉积物氮磷的主要迁移来源。沉积物在官山河流域磷循环过程中有着极重要的作用，它可以通过 Fe/Al-P 内源释放影响上覆水体溶解态磷含量，水体颗粒态磷则受沉积物 Ca-P 影响。沉积物在官山河流域氮循环过程中影响程度较弱，但其可以通过影响磷在沉积物中的赋存量间接影响流域地表水-沉积物体系中磷的迁移转化，总体表现为流域沉积物中亚硝态氮向硝态氮的转化改变氧化还原条件，促使沉积物弱吸附态磷向水体释放。

3.3.4.3　生态风险及贡献率

1. 流域氮磷生态风险评价

根据项目组 7 月野外采集的河流及地下水体样品分析测试数据，结合《地表水环境质量标准》(GB 3838—2002)选取 COD_{Mn}、NH_4^+、TN、TP 指标使用内梅罗法综合评价官山河流域水环境质量。各流域内梅罗评价计算值及分级值见表 3.28 和图 3.57。

表 3.28　各子流域内梅罗指数计算及分级结果

子流域	$P(COD_{Mn})$	$P(NH_4^+)$	P(TN)	P(TP)	P	内梅罗分级
1	0.23	0.09	4.93	8.72	6.86	5
2	0.50	1.39	4.39	14.25	10.71	5
3	0.45	0.25	2.80	2.32	2.33	4
4	0.39	0.12	2.02	1.15	1.57	3
5	0.70	0.19	2.47	2.79	2.39	4
6	0.83	0.21	2.60	1.66	2.06	4
7	0.43	0.11	1.70	2.68	2.09	4
8	0.17	0.07	2.37	3.36	2.86	5

续表 3.28

子流域	$P(COD_{Mn})$	$P(NH_4^+)$	$P(TN)$	$P(TP)$	P	内梅罗分级
9	0.76	0.18	1.40	2.70	2.11	4
10	0.51	0.19	2.16	2.94	2.50	5
11	0.17	0.04	0.98	2.93	2.19	4
12	0.27	0.06	1.80	4.42	3.33	5
13	0.73	0.19	2.45	3.02	2.51	5
14	0.44	0.15	1.94	2.63	2.21	4
15	0.35	0.11	2.30	1.50	1.80	4
16	0.26	0.04	2.37	2.40	2.05	4
17	1.02	0.31	2.34	2.76	2.49	5
18	0.20	0.07	2.47	1.33	1.96	4
19	0.45	0.07	2.64	2.19	2.20	4
20	0.11	0.03	3.84	3.51	3.02	5
21	0.40	0.08	1.86	2.19	1.88	4

注:“P”为内梅罗指数计算值。

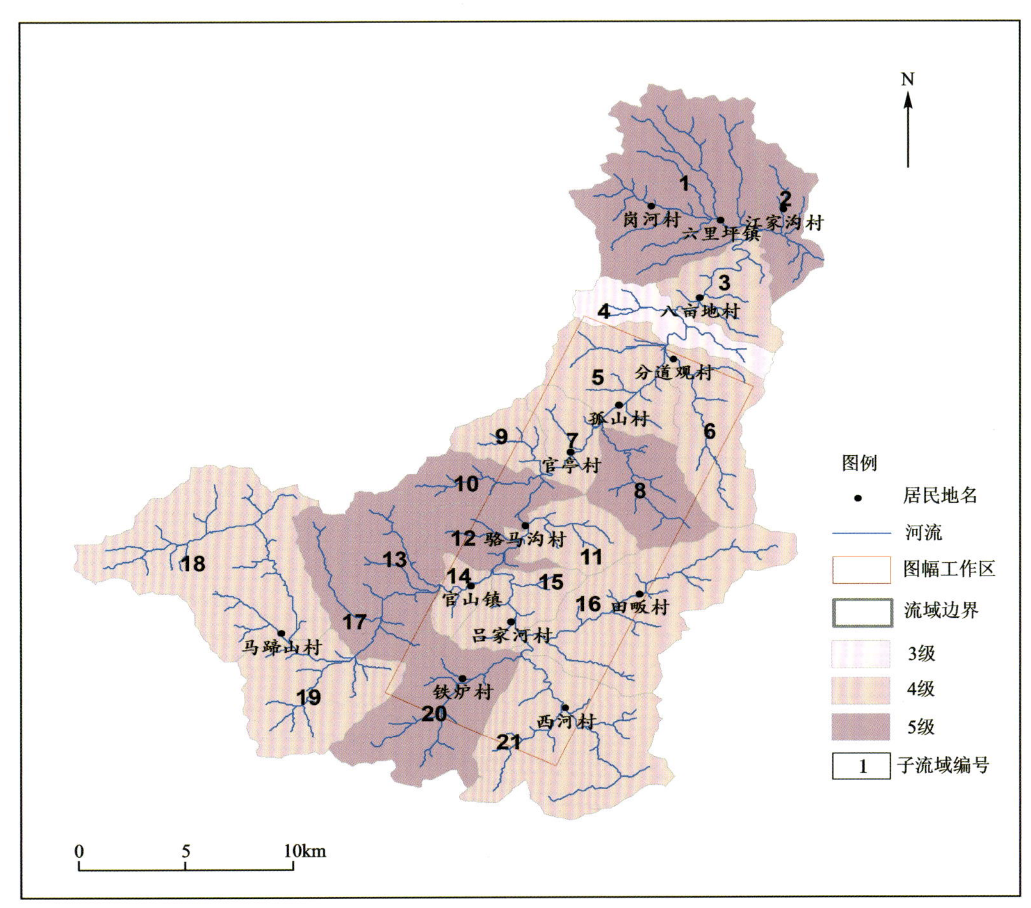

图 3.57　官山河流域水环境空间风险区划

根据5级分级阈值对官山河流域各子流域水环境风险进行分级评价,官山河流域水环境风险分级涵盖其中3～5级,流域水环境整体为中高风险。

官山河流域水环境污染程度较高，子流域1号、2号、8号、10号、12号、13号、17号、20号均为高风险(5级)，六里坪镇、骆马沟村、赵家坪村、铁炉村位于这些流域，需要引起高度重视。这些流域水体污染的主要风险源为TN及TP，参考《地表水环境质量标准》(GB 3838—2002)，水质最差的监测点位TN、TP含量均属劣Ⅴ类水，另外子流域2号氨氮含量超标，属劣Ⅴ类水。值得关注的是2号毗邻丹江口水库，但水环境较差，易对丹江口水库水质造成直接影响，威胁丹江口水源保障区供水质量。

子流域4号整体水质中等，为3级。官山河水库位于该流域，水库表层水质较好，水体质量优于Ⅲ类水，但水库底层水TP含量稍高，为Ⅴ类水。

其他子流域水环境风险均为4级，主要风险来源同样为TN、TP，经走访得知区内村民大多将农业污水、生活污水及畜牧养殖废水直接排入河中，造成流域水环境整体较差，应加强环保知识宣传力度，提高村民环保意识，确保丹江口水库水源保障区供水安全。

2. 官山河流域对丹江口水库氮磷输出量及贡献

一直以来，对氮磷污染物研究的重点集中于浓度和形态，往往忽略了输出通量对下游水体的影响。报道显示，丹江口水库氮、磷等营养盐类物质含量丰富，总氮浓度超标问题尤为突出，并逐渐成为影响丹江口水库水质的关键因素。为保护丹江口水库水质，保障南水北调工程的顺利开展，调查并评价官山河流域对丹江口水库氮磷的输入量及贡献占比至关重要。

丹江口水库于2012年开展大坝加高工程，因此选取工程完成后的5年，即2013—2018年进行模拟计算。利用SWAT模型分析流域2013—2018年氮磷时空分布特征，发现官山河流域非点源TN、NH_4^+、TP污染物输入丹江口水库的年平均负荷分别为571.2t/a、53.77t/a、22.03t/a。根据孤山水文站2013—2018年月平均流量变化[图3.58(a)]，将流域水期划分为丰水期(径流量＞4m^3/s，8—10月)、平水期(4m^3/s＞径流量＞0.6m^3/s，3—7月和11月)和枯水期(径流量＜0.6m^3/s，1—2月和12月)3个时段。

图3.58为官山河流域氮磷负荷模拟结果。可以看出，氮磷负荷在径流和降水的影响下呈现出一定的波动性，且变化规律基本一致，氮磷污染负荷为TN＞NH_4^+＞TP。氮磷年输出负荷变化较大，最大值均出现在2016年，TN：1 303.21t，NH_4^+：156.18t，TP：46.83t。TN、TP最小值出现在2013年，而NH_4^+最小值出现在2018年，分别为：TN 250.86t、NH_4^+ 13.56 t、TP 7.20t。从各年污染负荷占比变化来看，非点源污染氮磷负荷总体表现为丰水期＞平水期＞枯水期。污染负荷主要集中在丰水期。丰水期的TN、NH_4^+和TP负荷分别占全年的56.63 %、79.67 %和71.02 %。此外，氮磷与降水量和径流量的相关性分析表明，氮磷与径流量和降雨量呈显著正相关关系(表3.29)，表明降雨和径流与非点源污染负荷的产生密切相关。因此，加强汛期非点源污染是控制污染的关键。

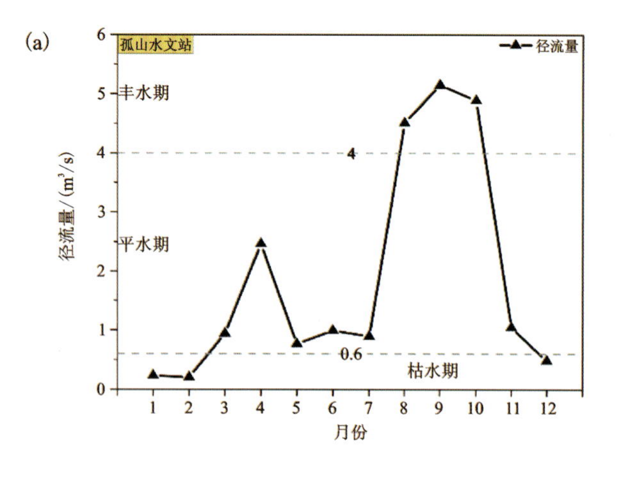

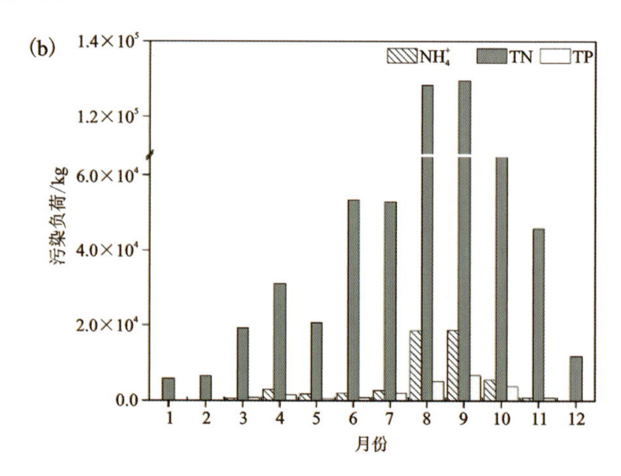

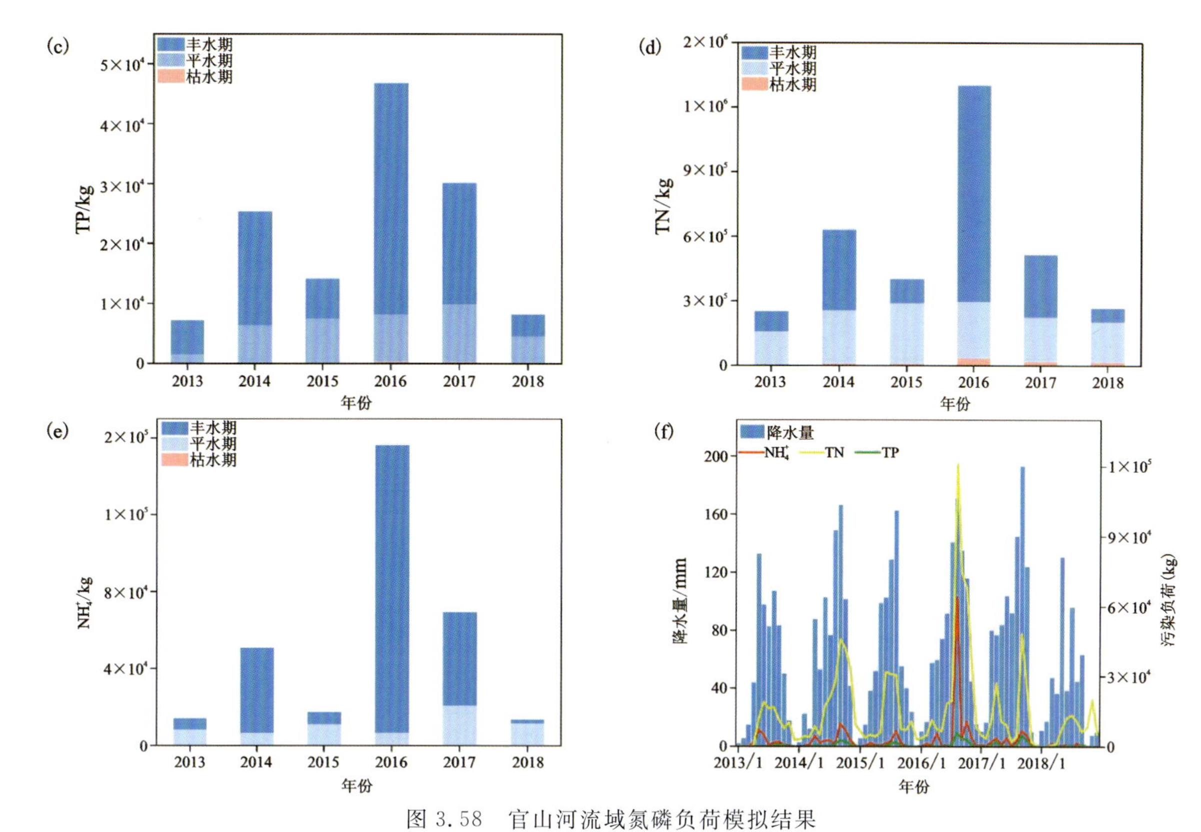

图 3.58　官山河流域氮磷负荷模拟结果

(a)2013—2018 年孤山水文站月平均径流量;(b)2013—2018 年官山河流域月均氮磷变化;(c~e)2013—2018 年不同时期官山河流域氮磷变化;(f)2013—2018 年流域内月降水量和氮磷时间序列

表 3.29　氮磷与降雨、径流的相关性分析

	降水	NH_4^+	TN	TP	径流
降水		0.429**	0.626**	0.669**	0.747**
NH_4^+			0.779**	0.723**	0.609**
TN				0.906**	0.863**
TP					0.924**
径流					

注:* $p<0.05$,** $p<0.01$。

非点源污染具有明显的空间特征。这与研究区的降雨、土地利用、土壤类型、地形等特征密切相关。SWAT 模型作为分布式模型,结合 ArcGIS 可以分析研究区非点源污染的空间分布。由图 3.59 可知,

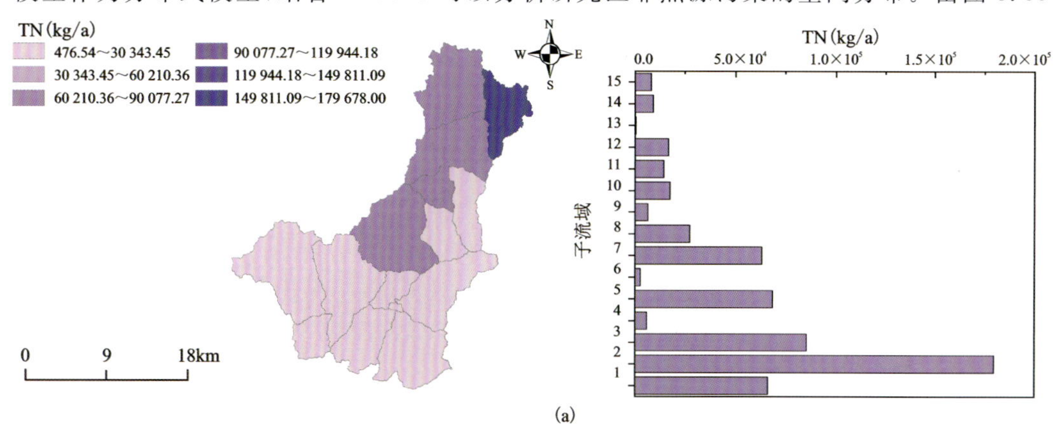

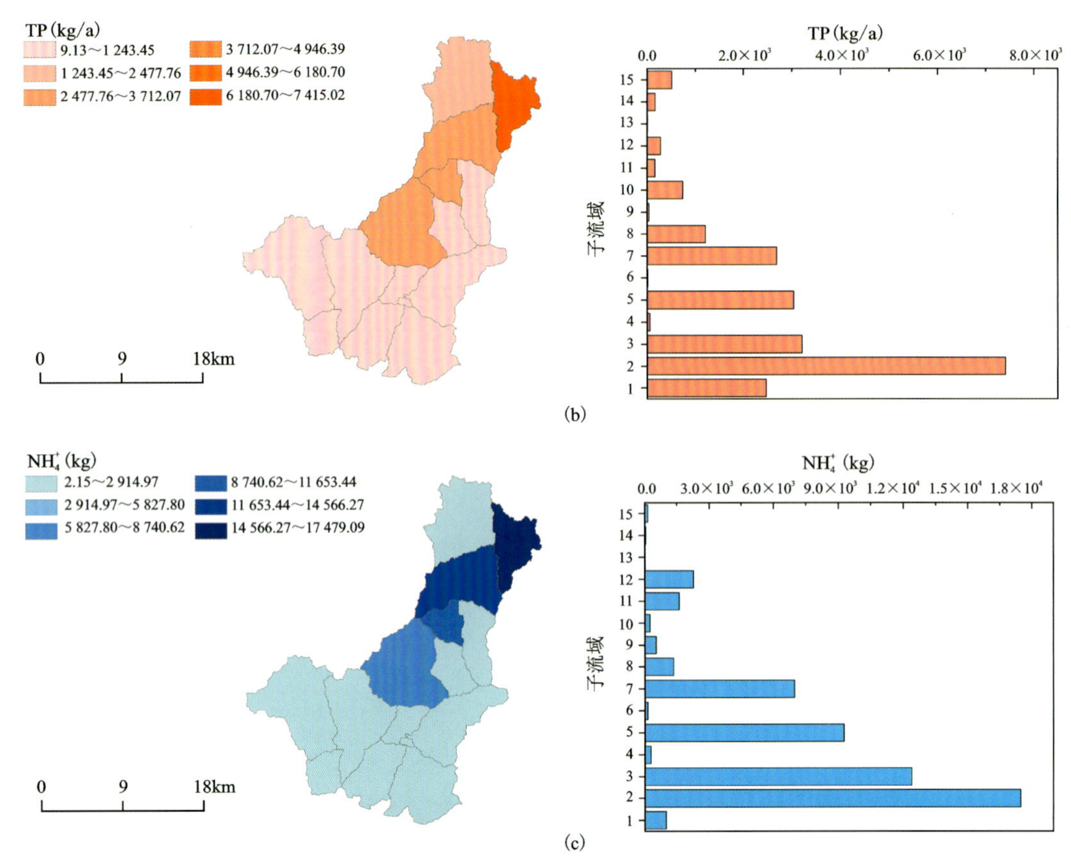

图 3.59　2013—2018 年官山河流域平均污染负荷空间分布(a)TN;(b)TP;(c)NH_4^+

TN、NH_4^+ 和 TP 负荷的损失主要集中在流域东北部。主要分布在 2 号、3 号和 5 号子流域，这 3 个子流域的平均损失量分别为 TN:111 258kg/a，NH_4^+:13 045.4kg/a，TP:4 557.9kg/a。3 个子流域 TN、NH_4^+、TP 的污染负荷分别占流域总污染负荷的 58.4 %、72.8 %和 62.1 %。

已有研究显示，丹江口水库 2018 年入库总氮和总磷通量分别为 4.81 万 t 和 1 303.4t，而本项工作基于 SWAT 模拟计算出的 2018 年面源污染官山流域的总氮和总磷通量分别为 266.064t 和 8.2t，进而粗略计算出官山河流域氮磷对丹江口的年贡献分别占其总氮和总磷通量的 0.553%和 0.629%。但官山河流域面积仅占丹江口水库集水面积的 0.489%，因此仍应警惕官山河流域对丹江口水库的氮磷输入风险。

3.4　地下水环境

3.4.1　鄱阳湖重点区

3.4.1.1　星子县地区

根据本次调查采集的 38 组地下水样品分析测试结果，按照《地下水质量标准》(GB/T 14848—2017)，采用内梅罗指数法对调查区内地下水质量进行评价。

根据内梅罗指数法，参照地下水质量标准，评价结果为Ⅰ～Ⅲ类视为水质达标，可作为居民生产生活饮用水水源地，Ⅳ类和Ⅴ类水视为水质超标。以下按照整体情况与单项情况分别对地下水的水质进行评价分析。

1. 整体情况

内梅罗指数法评价结果表明调查区地下水水质总体较好，其中，13 个水样为优良级，16 个水样为良好级，9 个水样为较差级，1 个水样为极差级，如图 3.60 所示。因此，良好级以上地下水有 29 个。

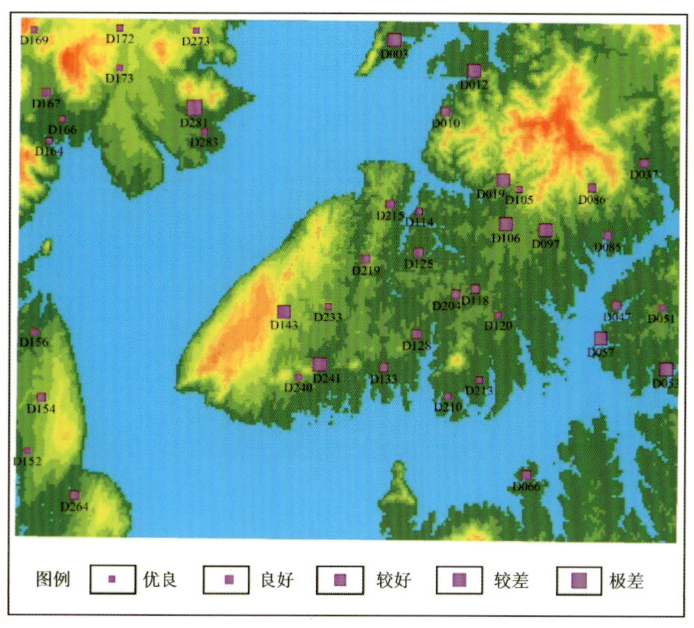

图 3.60　星子县幅地下水综合评价得分空间分布图

2. 单项情况

根据对地下水的 17 个指标进行评价分析，明确各个指标超标程度，其中以NO_2^-的浓度和NO_3^-的浓度变化最为突出，其他指标浓度均较低，因此这里仅介绍NO_2^-的浓度和NO_3^-的浓度的单项水质评价。

1）NO_2^-

星子县幅图区地下水中的NO_2^-的浓度（以 N 计）变化范围为 0.0～4.37mg/L；其均值为 0.19mg/L。NO_2^-浓度异常高值区（$>$ 0.44mg/L）在鄱阳湖沿岸分布较多，其余都零星分布在图幅里，如图 3.61所示。

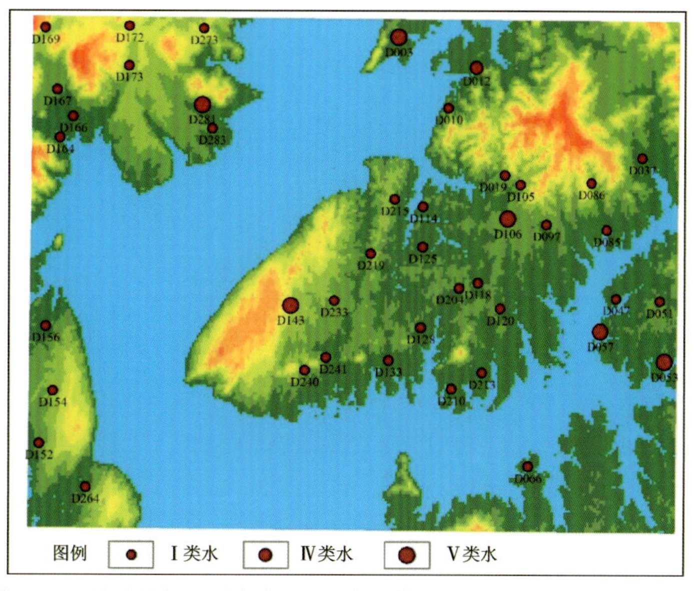

图 3.61　星子县幅地下水中 NO_2^- 离子单项评价（以 N 计）空间分布图

2）NO_3^-

星子县幅图区地下水中的NO_3^-的浓度（以N计）变化范围为0.0～9.7mg/L；其均值为2.62mg/L。NO_3^-浓度相对高值区（>20mg/L）在左里镇分布较集中，如图3.62所示。

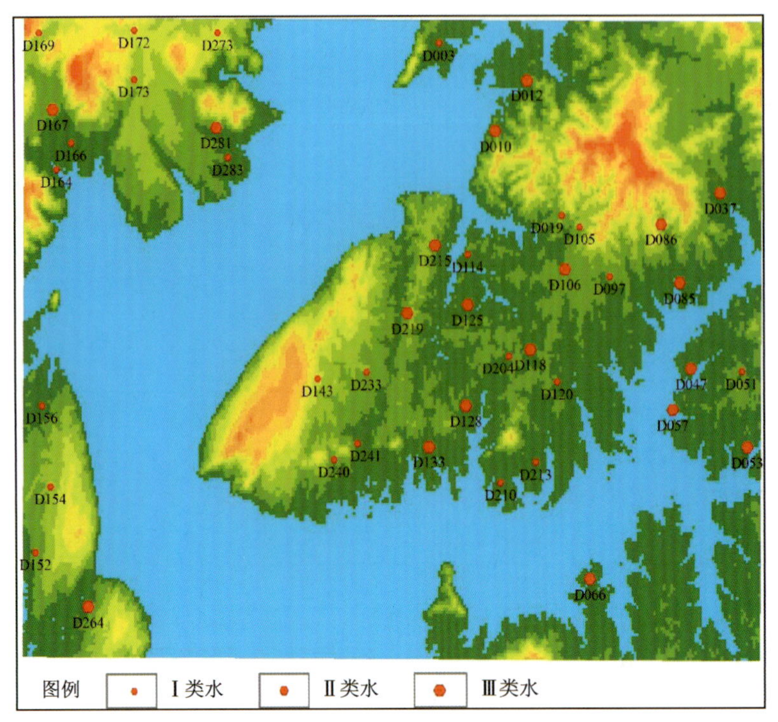

图3.62　星子县幅地下水中NO_3^-离子单项评价（以N计）空间分布图

3. 环境地质综合分区

根据星子县幅的环境地质禀赋进行评价，其环境地质条件分区可分为3类，具体如下：

（1）地质环境良好区。该区主要分布在图幅周缘，地貌以冲积平原以及垄状低丘为主，地表出露地层以中晚更新世以及全新世地层为主，包括进贤组、新港黏土层、柘机砂层、联圩组、赣江组等，也零星出露奥陶系仑山组以及中元古界修水组的栖贤寺片岩，岩性以粉砂岩、泥岩为主，小范围分布白云石灰岩、石榴云片岩等。地下水类型主要以松散岩类孔隙水、基岩裂隙水以及风化带网状裂隙水为主。松散岩类孔隙水地区富水性较好，基岩山区富水性较差，该区域地下水水质较好，铁、锰含量较低；另外，由于人类活动较弱，硝酸盐污染物的浓度较低。

该地区已发的环境地质问题较少，出露面积约为74.5km²，占图幅面积的16.9%，存在零星的地下水硝酸盐浓度较高的问题，危险性较小。

（2）地质环境中等区。该区主要分布在图幅中部东区，地貌以冲积平原以及垄状低丘为主，地表出露地层以中晚更新世以及全新世地层为主，岩性以粉砂岩、泥岩为主。地下水类型以松散岩类孔隙水为主，富水性较好。该区域地下水水质较差，铁、锰含量较高；另外，由于人类活动较强，硝酸盐污染物的浓度也较高。

该地区已发的环境问题主要为地下水元素超标的问题，如硝酸盐浓度，铁、锰含量，出露面积约为109.2km²，占图幅面积的24.8%，主要受原生劣质地下水以及区域人类活动造成的农业面源污染及养殖点源污染的影响，危险性中等。

（3）地质环境较差区。该区主要分布在图幅的鄱阳湖两岸以及东北区域，地貌以垄状沙丘以及中低山为主，地表出露地层以中晚更新世柘机砂层以及中元古界安乐林组为主，岩性以粉砂岩、粉砂质板岩夹变余细粒岩屑杂砂岩为主。地下水类型以松散岩类孔隙水、构造裂隙水为主。该区域由于人类不合理矿山开发以及自然形成的风成沙山，导致该地区的地质条件较差。

该地区已发的环境问题较多，主要是鄱阳湖周缘的土地沙化、左里镇附近的矿山开发造成的矿山环境地质问题，以及变质岩风化区存在的公路、修房切坡引起的崩塌、滑坡等环境地质问题，出露面积约为74.4km²，占图幅面积的16.9%，危险性较高(图3.63)。

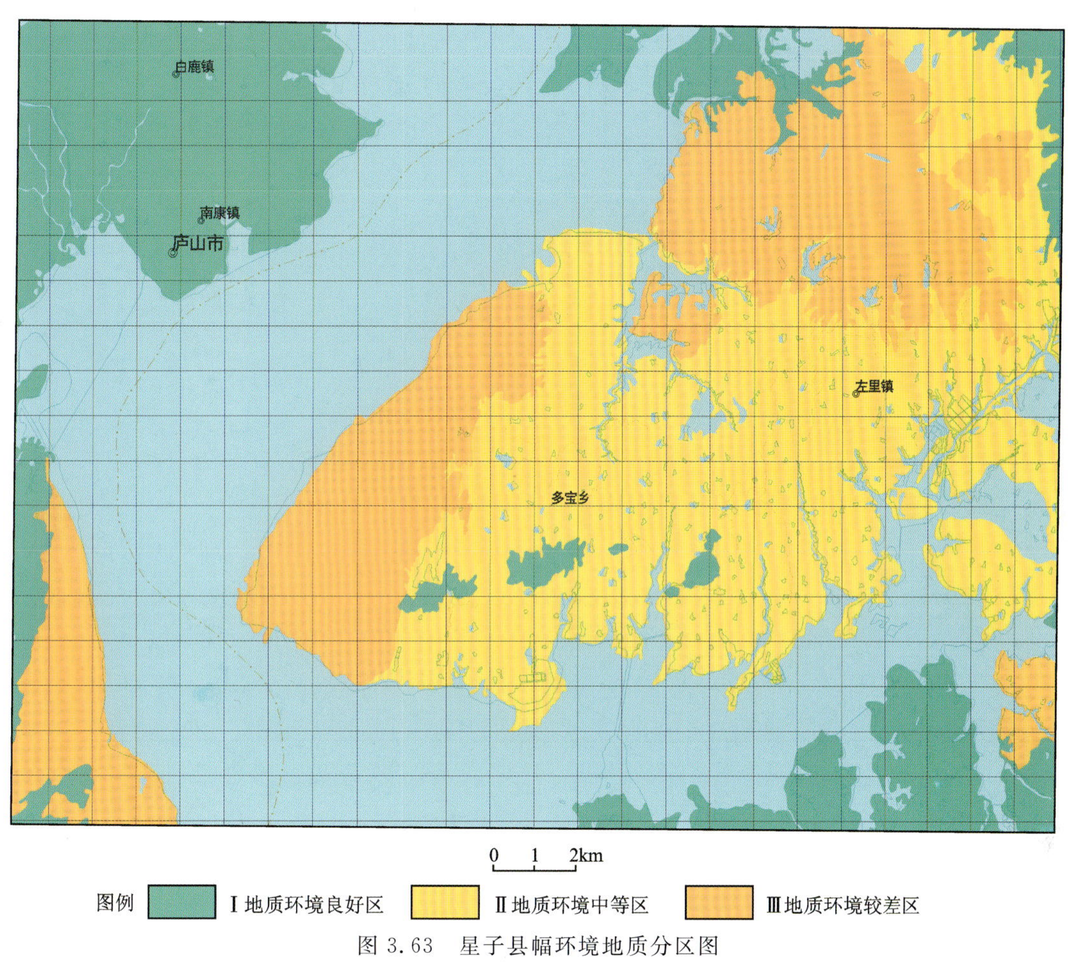

图3.63　星子县幅环境地质分区图

3.4.1.2　鹭鸶口地区

1.高含铁浅层地下水

根据区内地下水中检测出的铁含量值，按照《地下水质量标准》(GB/T 14848—2017)，工作区可划分出≤0.1mg/L(Ⅰ类水)，>0.1～0.2mg/L(Ⅱ类水)，>0.2～0.3mg/L(Ⅲ类水)，>0.3～2.0(含)mg/L(Ⅳ类水)，>2.0mg/L(Ⅴ类水)。

≤0.1mg/L(Ⅰ类水区)：整个工作区均有零散分布，丰水期有56个样点为Ⅰ类水，占总样品量的58%；枯水期有60个样点为Ⅰ类水，占总样品量的58.8%。

>0.1～0.2mg/L(Ⅱ类水)：丰水期有12个样点为Ⅱ类水，占总样品量的12.3%，零星分布于工作区中北部，夹在赣江和赣江中支的平原区，仅在赣江中支以北、范湖子地段呈集中分布状态(图3.64)；枯水期有9个样点为Ⅱ类水，占总样品量的8.8%，虽较丰水期样点数减少，但在工作区中部，官港河流域呈现集中分布，且在官港河入图上游，铁元素含量较丰水期增加(图3.65)。

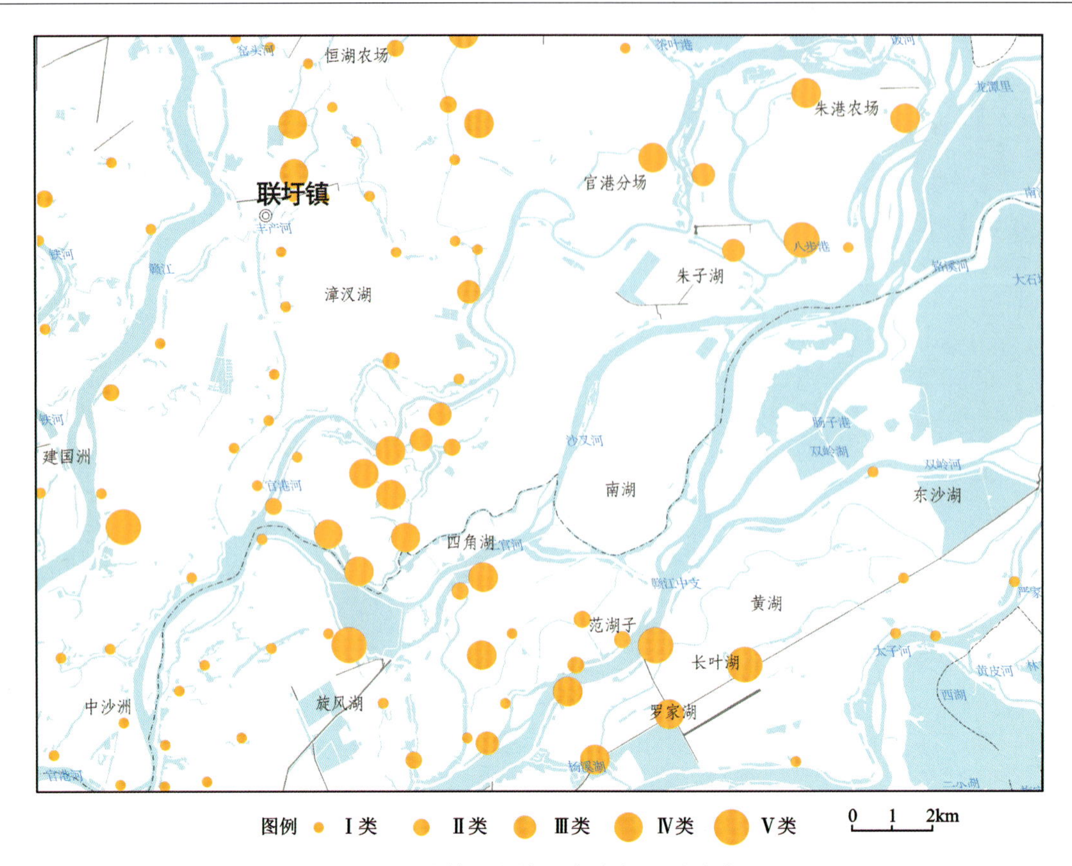

图 3.64　鹭鸶口幅铁元素分布图(丰水期)

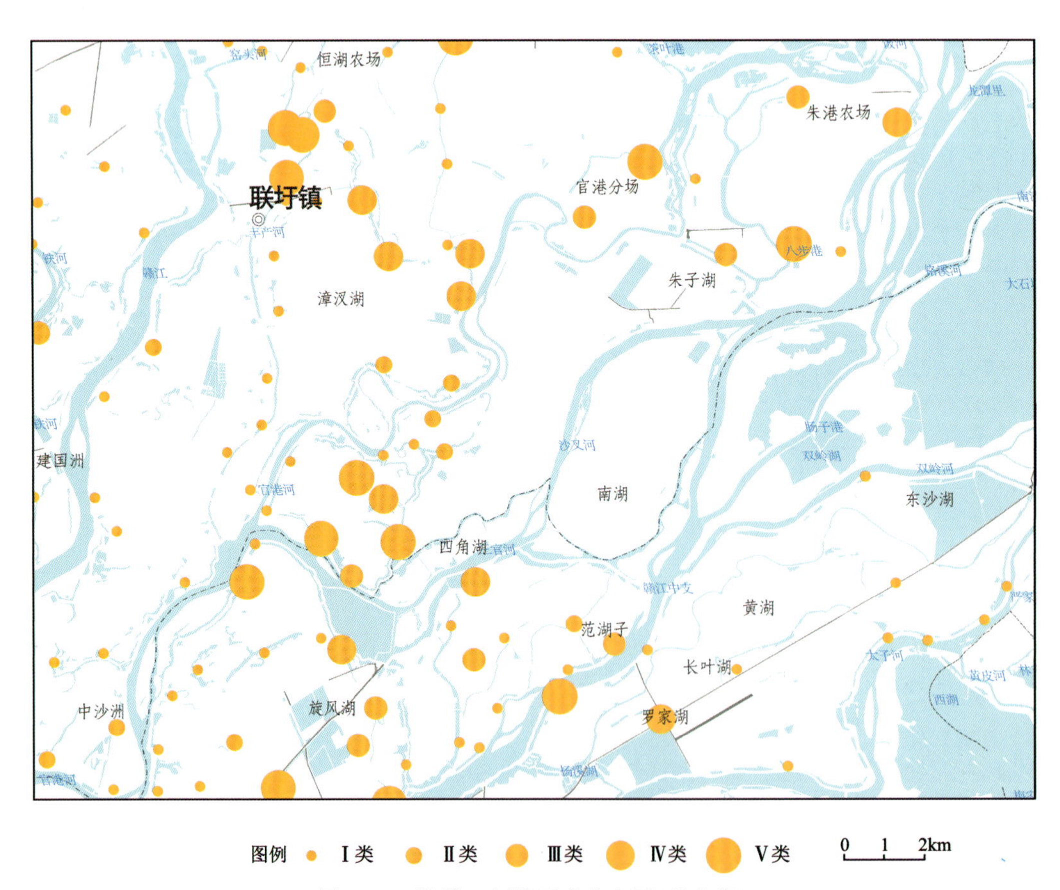

图 3.65　鹭鸶口幅铁元素分布图(枯水期)

＞0.2～0.3mg/L(Ⅲ类水)：丰水期有6个样点为Ⅲ类水，占总样品量的6.2%，主要集中分布在官港河流域东岳庙段及官港河入鄱阳湖末端、朱港农场地段。枯水期有11个样点为Ⅲ类水，占样品总量的10.8%，主要分布在丰产河流域、联圩镇下游，朱港农场及三官河和赣江中支相夹地段。

＞0.3～2.0mg/L(Ⅳ类水)：丰水期有18个样点为Ⅳ类水，占总样品量的18.6%，主要分布在工作区北部丰产河、朱港农场、军港分场地段，以及官港河、赣江中支相夹的三角洲地段。且朱港农场入鄱阳湖地段铁元素含量达到最高，为1.11～1.99mg/L。枯水期有9个样点为Ⅳ类水，占样品总量的8.8%，且铁含量在0.33～0.79mg/L之间，较丰水期有所减小。

＞2.0mg/L(Ⅴ类水)：丰水期有5个样点为Ⅴ类水，占总样品量的5%，主要分布在工作区南部，含量范围在2.7～6.29mg/L之间；枯水期有13个样点为Ⅴ类水，占样品总量的12.7%，样点数较丰水期翻倍，且部分样点铁含量显著升高，如D0187点，铁含量从丰水期的5.42mg/L升高到13.3mg/L，D0226样点，铁含量从0.98mg/L升高到55.0mg/L，增长近55倍。

总的来说，工作区铁含量较高的地段位于官塘河和赣江中支相夹的三角洲地区，以及北部各水网的下游地段(恒湖—军港—朱港农场一带)，其他地段铁含量较低。

2. 高含锰浅层地下水

根据区内地下水中检测出的锰含量值，按照《地下水质量标准》(GB/T 14848—2017)，工作区可划分出≤0.05mg/L(Ⅰ类水、Ⅱ类水)，＞0.05～0.10mg/L(Ⅲ类水)，＞0.10～1.50mg/L(Ⅳ类水)，＞1.50mg/L(Ⅴ类水)(图3.66、图3.67)。

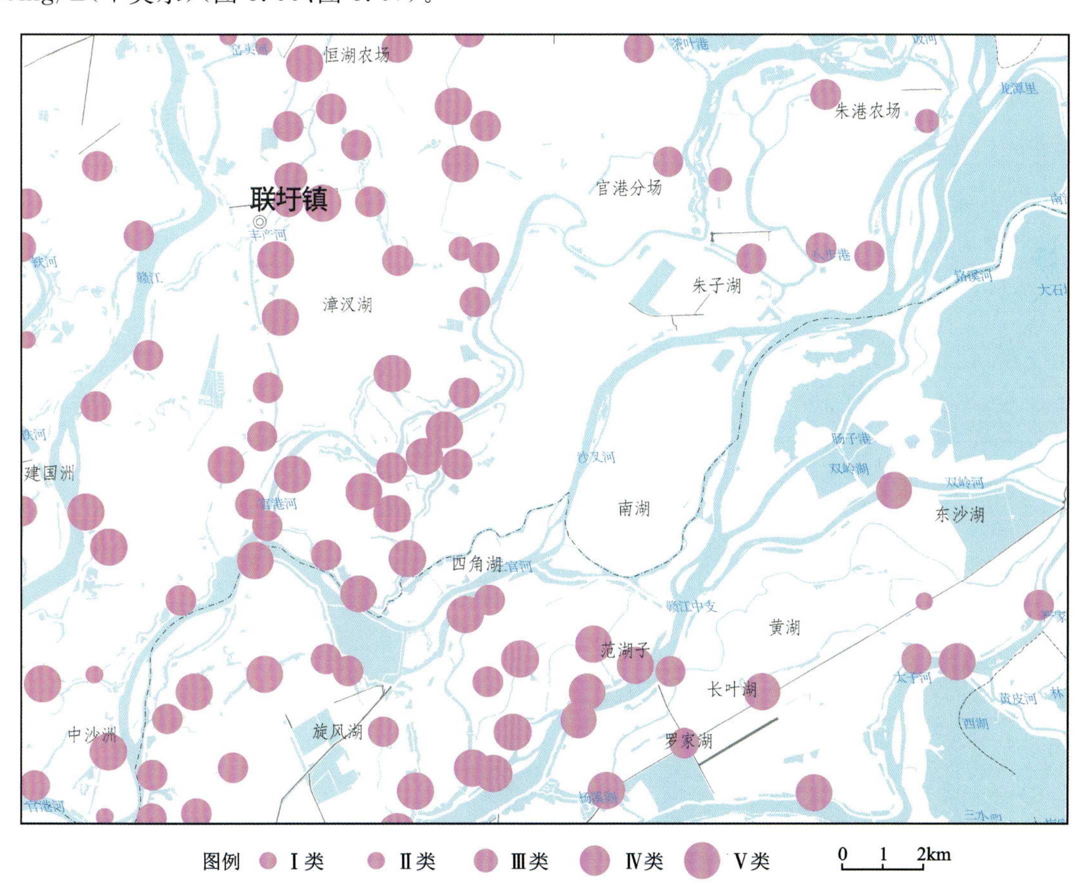

图3.66　鹭鸶口幅锰元素分布图(丰水期)

≤0.05mg/L(Ⅰ类水、Ⅱ类水)：丰水期有6个样点为Ⅰ类、Ⅱ类水，占总样品量的6.19%，零星分布于工作区东、西两侧；枯水期有10个样点为Ⅰ类、Ⅱ类水，占总样品量的9.80%，虽较丰水期样点数

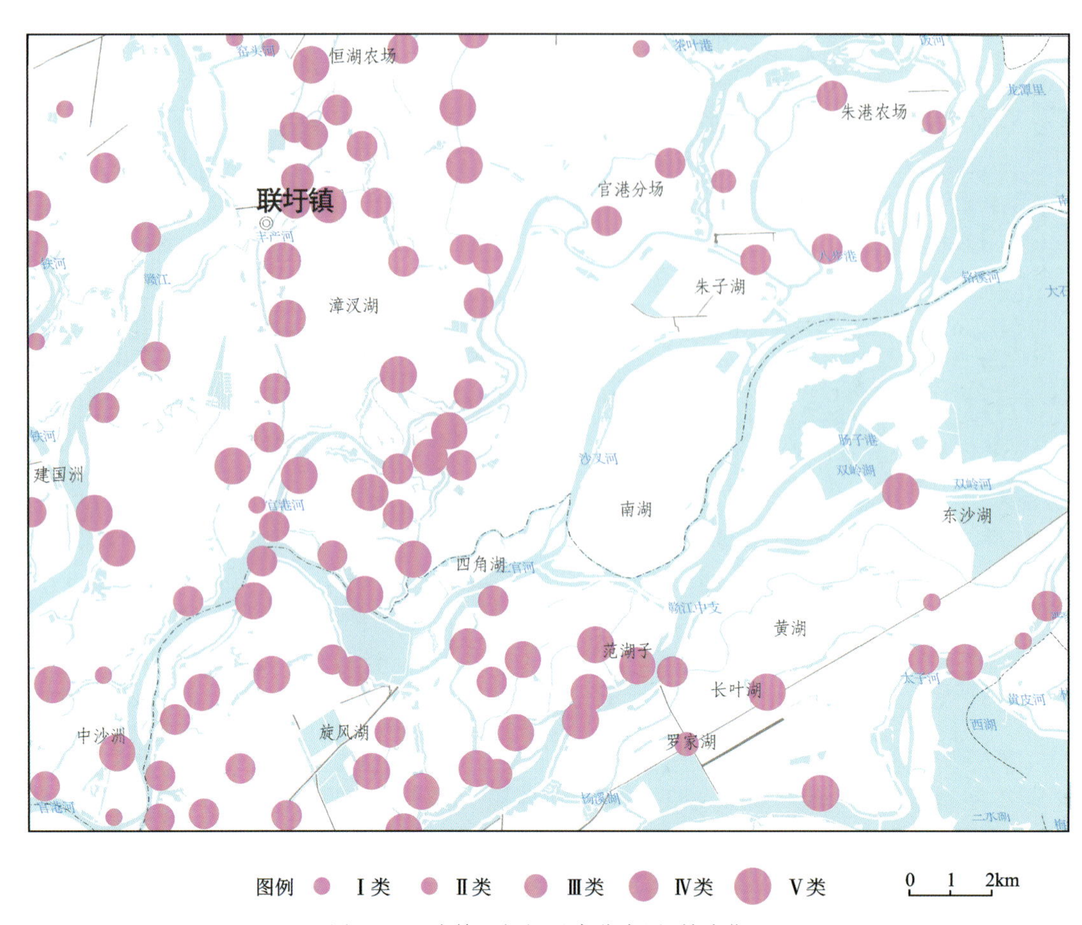

图 3.67 鹭鸶口幅锰元素分布图(枯水期)

增加,但仍基本分布在工作区边界,如西部的铁河边,西南部的官港河,东部的太子河及联圩镇以北的窑头河周边分布。锰含量平均值较丰水期有所下降(由 0.028mg/L 降至 0.018 4mg/L)。

>0.05~0.10(含)mg/L(Ⅲ类水):丰水期有 3 个样点为Ⅲ类水,占总样品量的 3.09%,主要分布在官港河流域恒波农场—朱港农场地段,接近入鄱阳湖口。枯水期也有 3 个样点为Ⅲ类水,占总样品量的 2.94%,2 个点落在朱港农场区域,且锰含量在丰、枯两个时期变化较稳定。

>0.10~1.50(含)mg/L(Ⅳ类水):丰水期有 50 个样点为Ⅳ类水,占总样品量的 51.55%,零散分布于工作区内;枯水期有 52 个样点为Ⅳ类水,占总样品量的 50.98%。丰枯水期Ⅳ类水样点基本相同,样点 Mn 含量均值也相当(丰水期均值为 0.66mg/L,枯水期均值为 0.62mg/L)。

>1.50mg/L(Ⅴ类水):丰水期有 38 个样点为Ⅴ类水,占总样品量的 39.18%;枯水期有 37 个样点为Ⅴ类水,占总样品量的 36.27%。丰、枯水期水样点基本相同,丰水期最大值可达 19.6mg/L,枯水期最大值可达 18.6mg/L,均为 D0049 样点。

总的来说,工作区浅层地下水 90%的样点 Mn 含量均大于 0.05mg/L,最大可达 19.6mg/L,且丰、枯水期样点的锰含量变化不大。

3. 高铁锰地下水的成因分析及影响因素

1)含水层介质

地壳中,铁、锰是属于丰度较高的元素(Fe 为 4.65%,Mn 为 0.1%),大量存在于岩石中,而岩石是土壤发育的母质,决定了土壤的化学成分,进而影响地下水的化学成分。

工作区浅层地下水含水层主要为全新世地层,含有丰富的铁锰成分,上游山前地带及中游偏上沉积有含钙质结核及铁锰小球的地层,且砂层中含黄铁矿晶体,局部沉积富含钙质结核及铁锰小球的亚黏土。这为流域内浅层地下水中铁锰的聚集提供了物源基础。在漫长的历史进程中，处于还原环境的含水层中，Fe_2O_3、MnO_2被还原，并以二价离子形态迁移至地下水中，造成了地下水中铁、锰离子含量较高的现象。

2）地下水 pH 值的影响

据全区水质分析资料，流域内第四系含水层水质多为弱酸性水质（图 3.68），铁的溶解度在酸性水溶液中大于碱性溶液中。在这种环境地质条件下，地层中铁锰质结核及黄铁矿、赤铁矿含铁硅铝酸盐等在地下水中溶解，影响铁、锰的富集和迁移。这些铁和锰质组分在淋滤、地下水运移过程中溶解于地下水，造成含量升高。另外，人类活动造成的污水进入地下水中激发地层中的铁和某些组分发生交换使铁含量升高。因此，pH 值是地下水中铁、锰含量高低的原因之一。

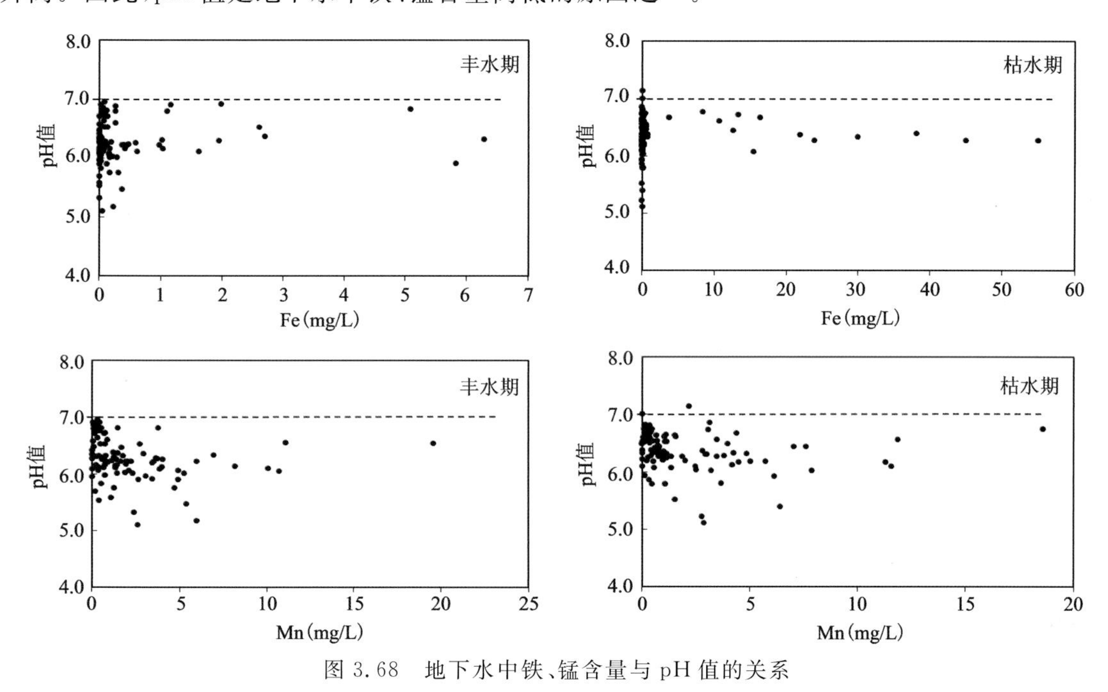

图 3.68　地下水中铁、锰含量与 pH 值的关系

3）氧化还原环境

铁、锰均是变价元素，价态的改变可引起离子性质的变化。在氧化环境中能够形成难溶的化合物，不易迁移，但在还原环境中能形成易溶的化合物，迁移能力明显增强（图 3.69）。因此，地下水系统的氧化还原环境是影响铁、锰元素富集的重要因素，它受浅部土层中有机物含量及地下水径流条件等因素的控制。

含氧的地表水或大气降水在入渗补给过程中，包气带及含水层中有机物的氧化过程需消耗水中的溶解氧，即：

$$CH_2O+O_2=CO_2+H_2O$$

地下水处于还原环境，此时，包气带及含水层中含有高价的铁、锰氧化物替代氧作为氧化剂，使得反应继续进行：

$$CH_2O+2MnO_{2(S)}+3H^+=2Mn^{2+}+HCO_3^-+2H_2O$$

$$Fe_2O_3+CH_2O+2H^+=Fe^{2+}+CO_2+2H_2O$$

可见，铁、锰离子的还原反应是基于有机物被不断氧化的基础上进行的。

有机物质在地下水中都是较强的还原剂，使得高价锰还原为低价锰。因此，有机质含量较高或与大气隔绝较好的封闭还原环境及地下水中含量较高的酸性介质环境是高锰的水文地球化学环境，与富铁的水文地球化学环境相同。

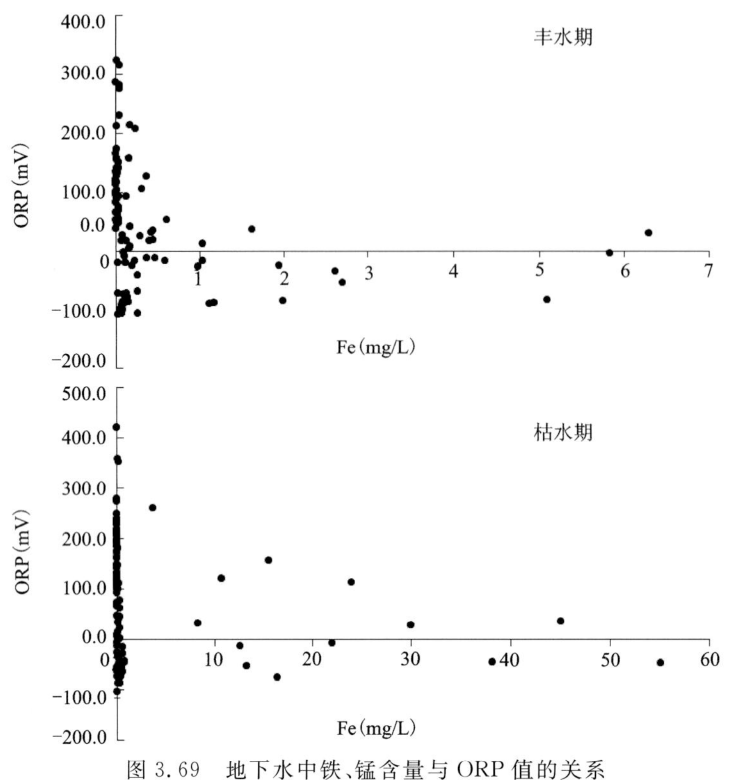

图 3.69　地下水中铁、锰含量与 ORP 值的关系

3.4.2　洞庭湖重点区

3.4.2.1　津市地区

根据内梅罗指数法，参照《地下水质量标准》(GB/T 14848—2017)，评价结果为Ⅰ～Ⅲ类视为水质达标，可作为居民生产生活饮用水水源地，Ⅳ类和Ⅴ类水视为水质超标。以下按照整体情况与单项情况分别对地下水的水质进行评价分析。

1. 整体情况

内梅罗指数法评价结果表明调查区地下水水质总体较差，其中，1 个水样为优良级，6 个水样为良好级，107 个水样为较差级，6 个水样为极差级，如图 3.70 所示。

由图 3.70 可知，调查区内地下水水质大部分为较差级别，仅个别地段地下水水质为良好—优良。

2. 单项情况

根据对地下水的 18 个指标进行评价分析，明确各个指标超标程度，单项指标评价结果见表 3.30，以下逐项阐述。

1)锰

锰离子是区内地下水超标最严重的一个元素。调查区内地下水中的 Mn^{2+} 的浓度变化范围为 0.001 8 ～7.543 9mg/L，其均值为 0.915 6mg/L。Mn^{2+} 浓度高值区(>0.1mg/L)较为集中，主要位于工作区北部及东部的澧水两岸，低背景值(≤0.1mg/L)在区内多呈零星分布，主要分布于新洲镇、灵泉镇南部一带(图 3.71)。

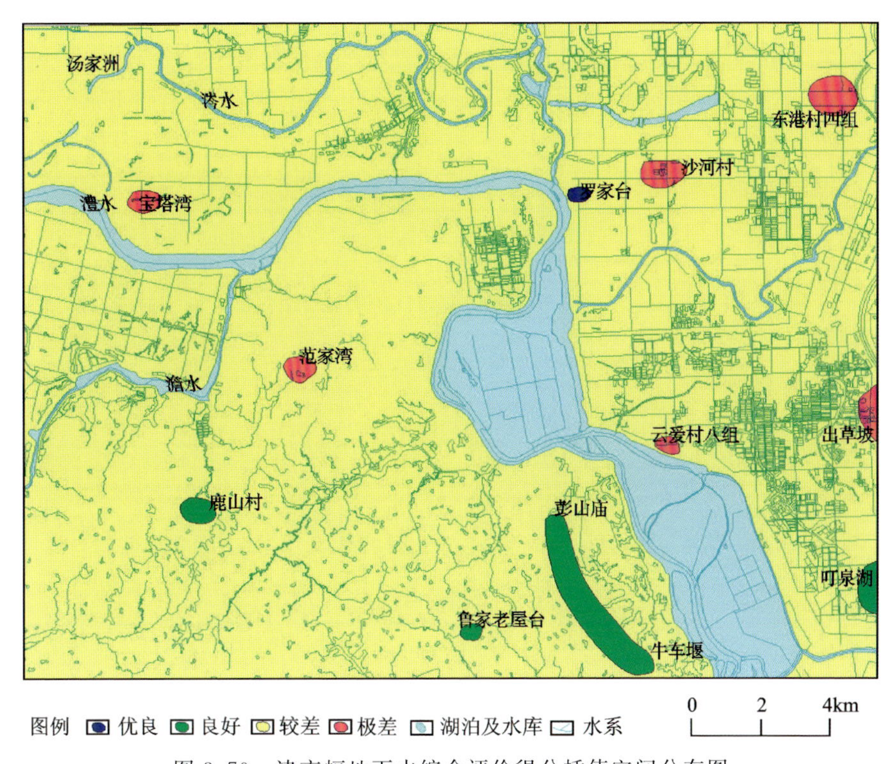

图3.70 津市幅地下水综合评价得分插值空间分布图

表3.30 地下水各单项指标超标率表

pH值	总硬度	Fe	Na	Al	As	Ba	Cd	Cr	Cu	Mn	Pb	Zn	F	Cl	NO_2^-	NO_3^-	SO_4^{2-}
25.0	23.3	30.0	0.0	5.8	15.0	0.8	0.0	0.0	0.0	50.0	0.0	0.8	0.0	0.0	1.7	34.2	0.0

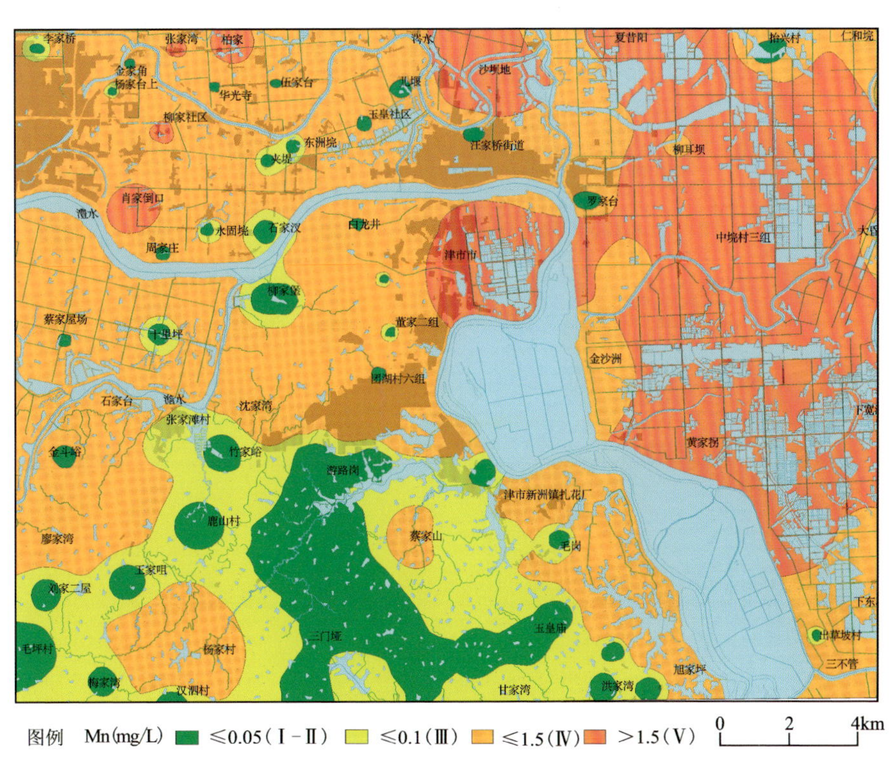

图3.71 津市幅地下水中锰离子浓度空间分布图

2）NO_3^-

该区地下水中的 NO_3^- 的浓度（以 N 计）范围为 0.0～205.35mg/L，均值为 22.26mg/L。NO_3^- 浓度异常区（>30mg/L）在澧水支流澹水沿岸较集中，在澧水南岸零星态分布于关山村—团湖村一带、张家滩村、同兴村等地（图 3.72）。

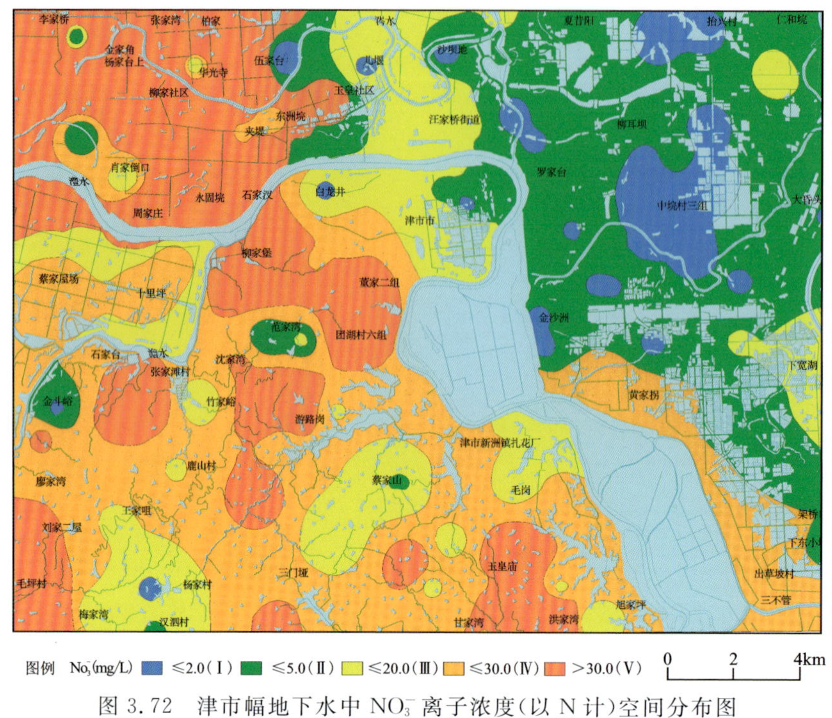

图 3.72　津市幅地下水中 NO_3^- 离子浓度（以 N 计）空间分布图

3）铁

类似于地下水中锰的来源，铁主要来源于人类生产活动以及含水层中的原生铁。调查区内地下水中铁的浓度变化范围为 0.011～24.96mg/L，其均值为 1.163mg/L。铁浓度高值区（>0.3mg/L）主要位于澧水东岸支流观音港两岸，在澧水西岸多呈零星分布（图 3.73）。

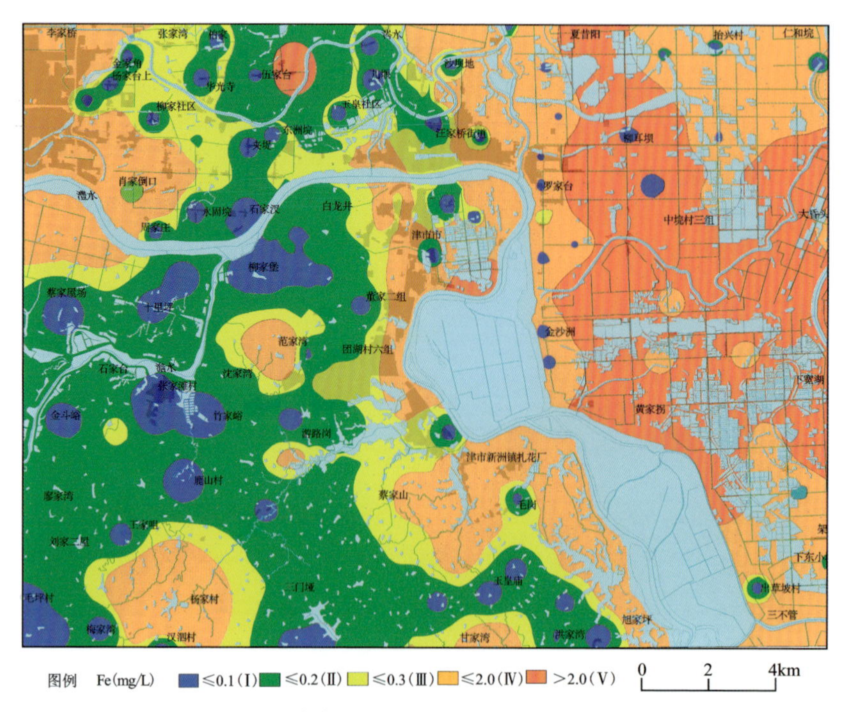

图 3.73　津市幅地下水中铁浓度空间分布图

3.4.2.2 南县地区

本次评价水样118组，其中浅层承压水106组、中层承压水10组、深层承压水2组。浅层承压水包括93组Ⅳ类水，10组Ⅴ类水，1组Ⅲ类水，2组Ⅱ类水。中层承压水包括8组Ⅳ类水，2组Ⅴ类水。深层承压水2组均为Ⅳ类水。总体来看，工作区地下水质量较差，超标率达97.45%，Ⅳ类水超标率达10.17%。地下水的主要超标因子为铁、砷和锰，以下分别进行阐述。

浅层承压水单项指标超标率统计如表3.31所示。

表3.31 浅层承压水单项指标超标率统计表

超标因子	超标个数	超标率(%)	最高超标倍数	超标倍数最高点所处位置
NO_2^-	1	1	1.40	华容县北景港镇鲤鱼鳃村
铁	79	66.95	24.72	南县南洲镇青鱼村
砷	31	26.27	4.52	华容县操军镇砚溪村
锰	79	66.95	12.30	南县南洲镇青鱼村

中层承压水主要超标成分为铁、砷、锰。

其中铁超标率100%，最高超标倍数9.23倍，位于安乡县三岔河镇三多村。砷超标率40%，最高超标倍数1.47倍，位于安乡县三岔河镇三多村。锰超标率80%，最高超标倍数9.32倍，位于华容县鲇鱼须镇业谟村(图3.74)。

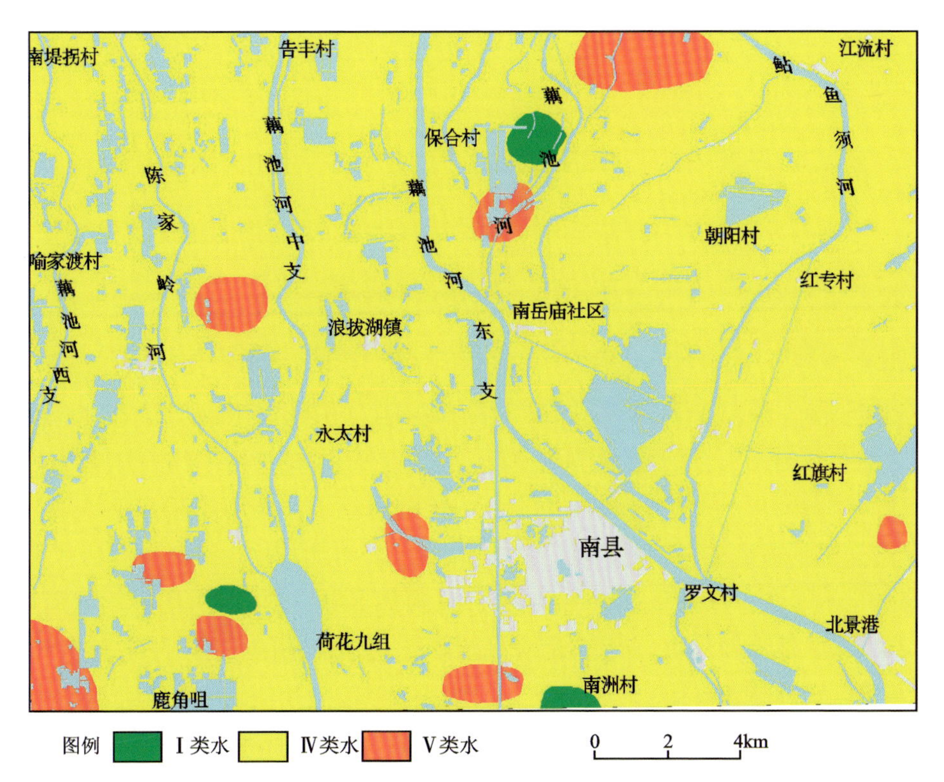

图3.74 南县幅浅层地下水质量分区图

深层承压水铁超标率 100%，最高超标倍数 2.6 倍。砷超标率 50%，最高超标倍数 1.51 倍，均位于华容县操军镇湖城村。锰超标率 100%，最高超标倍数 3.31 倍，位于华容县梅田湖镇告丰村。基于以上水质的实际情况，推测工作区地下水的污染主要是地下水原生水质较差，成分超标较多。

3.4.2.3 调关镇地区

评价结果显示，区内地下水水质较差，以Ⅳ类水和Ⅴ类水为主，含少量Ⅱ类水(图 3.75)。Ⅱ类水面积占比 2.38%，分布于区域南部的果老山村以及西部的梓南堤村；Ⅳ类水分布区域最广，面积占比 64.7%，分布于长江南部以及区域最北部等地；Ⅴ类水面积占比为 32.92%，主要分布于区域中部的小河口镇、南部的屯子山村以及西部的合丰村等地。调关镇幅地下水主要污染物为砷、铁、锰以及 NH_4^+，长时间直接饮用会导致重金属中毒。

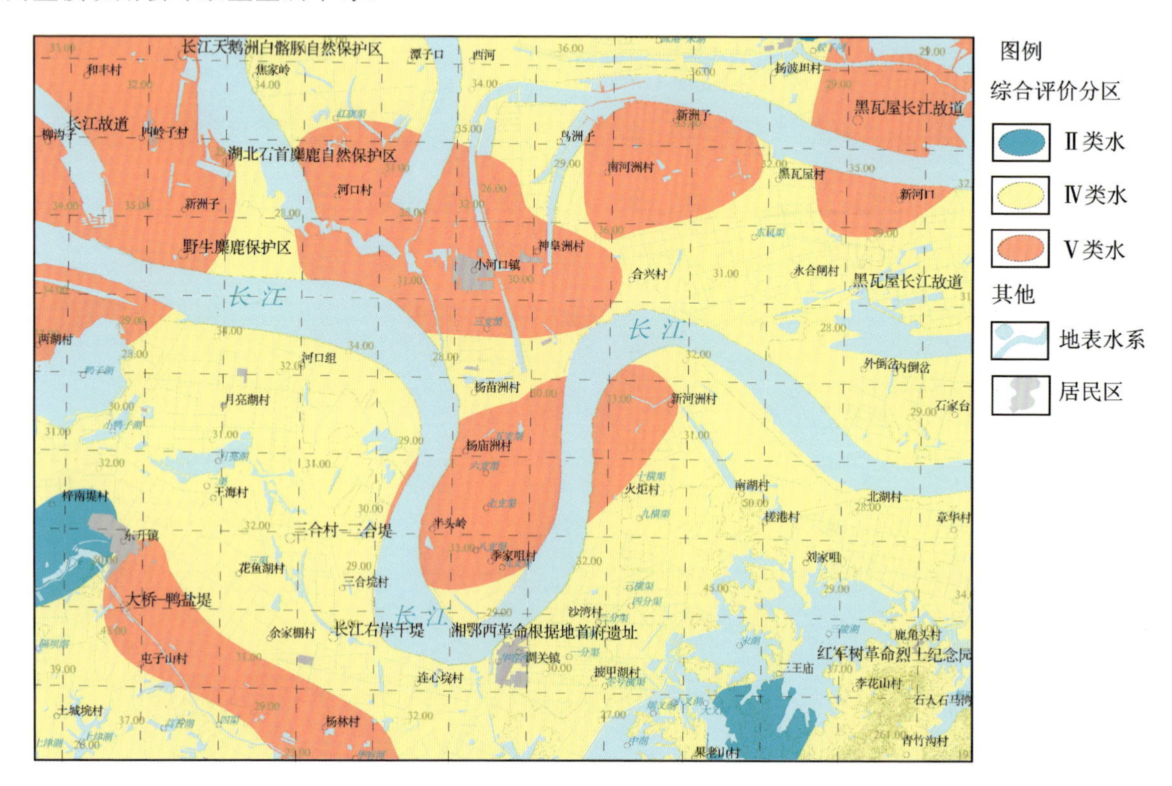

图 3.75 调关镇幅区域地下水质量评价图

区内广泛分布天然劣质地下水，主要指标为铁、锰、总砷、氨氮。浅层地下水中铁、锰、总砷、氨氮含量普遍较高。由图 3.76～图 3.79 可知，区域内浅层地下水中铁、锰、砷、氨氮含量高的区域分布在长江沿岸，在长江拐弯东升镇达到极大值，砷含量超标区域分布最广，占比 90%；铁含量高的区域主要分布在图幅中心位置，整体上有距离长江越远含量越低；锰含量超标区域分布较广，约占区域面积的 80%；氨氮含量高的区域在图中呈散点状分布，主要分布在湖泊附近，在图幅西南位置，分布有养殖场，其附近区域地下水中氨氮平均含量高达 15mg/L。

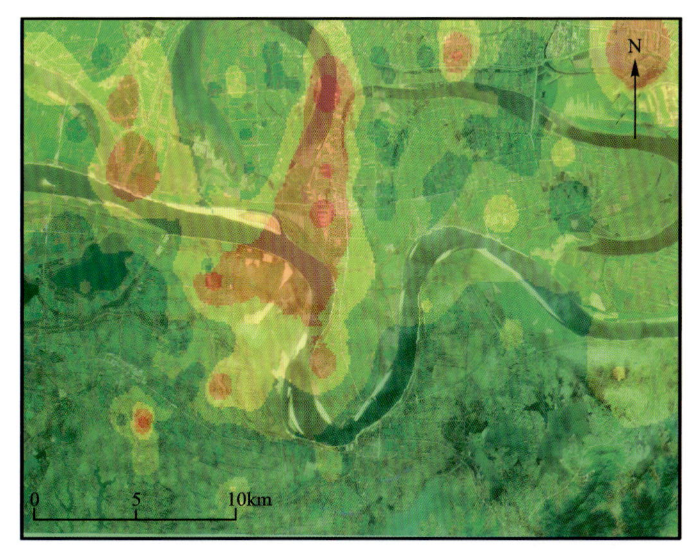

图 3.76　区内浅层地下水铁含量分布图

图 3.77　区内浅层地下水砷含量分布图

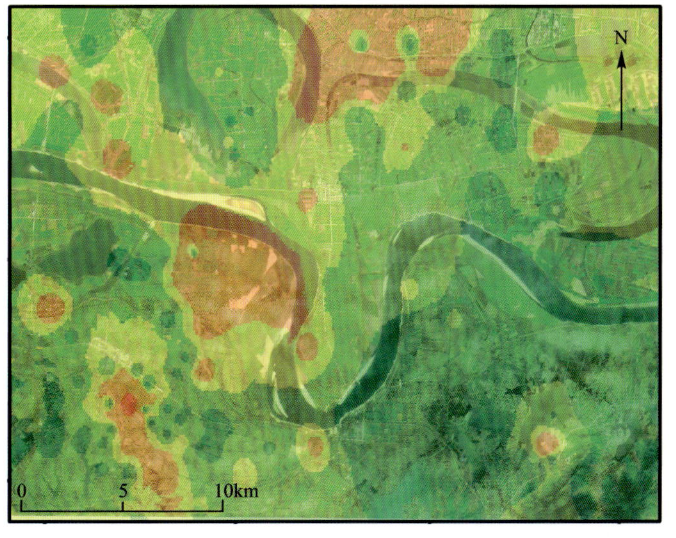

图 3.78　区内浅层地下水氨氮含量分布图

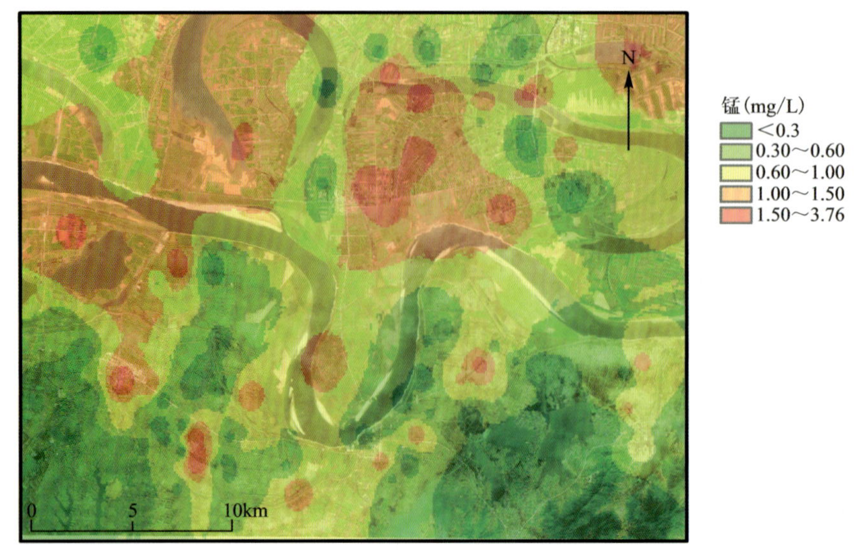

图 3.79 区内浅层地下水锰含量分布图

3.4.2.4 白马寺地区

白马寺幅地下水水质评价结果显示，当地地下水水质同样较差，以Ⅳ类水和Ⅴ类水为主，含少量Ⅱ类水和Ⅲ类水。其中Ⅱ类水面积占比 1.62%，分布在图幅北侧的明朗山村、祁青村附近；Ⅲ类水面积占比为 22.70%，主要分布于茈湖口镇、大兴村一带；Ⅳ类水分布区域最广，面积占比 68.11%，分布于整个图幅。其中Ⅴ类水面积占比 7.57%，主要分布在图幅中部的湘滨镇附近（图 3.80）；地下水主要污染物为砷、铅、NH_4^+，长时间直接饮用对人体有害。

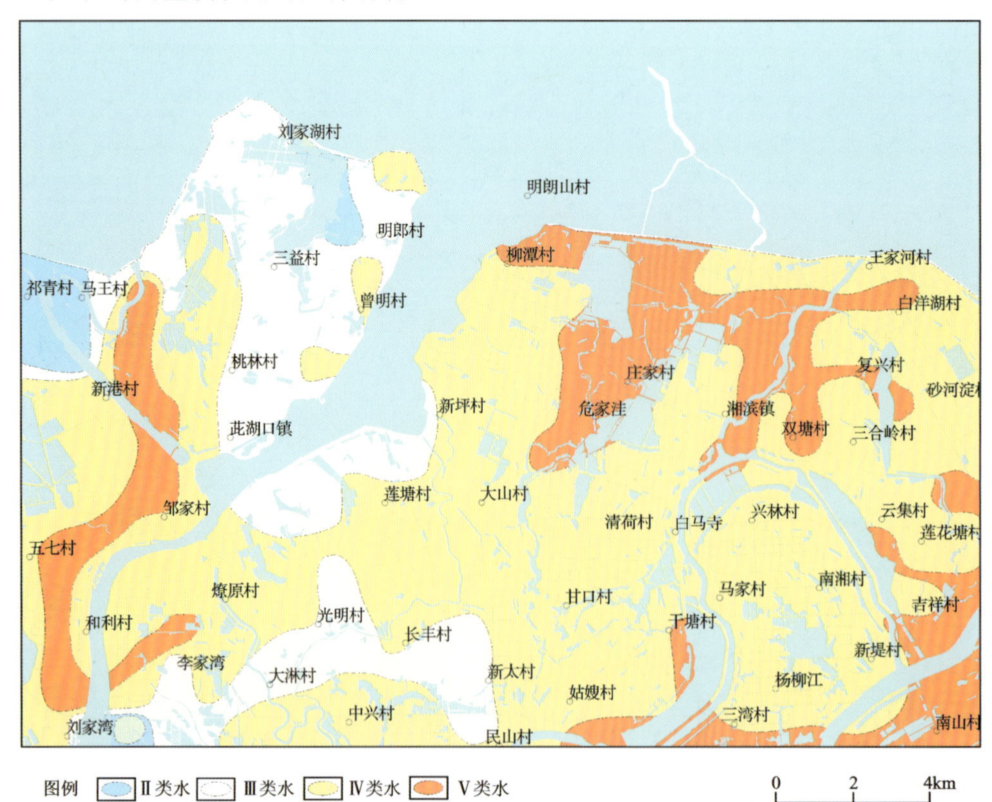

图 3.80 调关镇幅区域地下水质量评价图

1.天然劣质水分布特征

区内的地下水中铁、锰、总砷、氨氮含量普遍较高，严重影响地下水水质。其分布见图3.81～图3.84，区域内浅层地下水中铁、锰、砷、氨氮较高值分布在图幅的西北角，此处为南洞庭湖南侧，水流动力条件较弱，重金属与氨氮易在此沉积富集；其次在养殖场、湖泊等区域附近氨氮含量较高。其中全区域的总砷均超标，除西北角外，在图幅东南侧其含量较高，此处湖泊分布众多；锰、砷、氨氮，极大值主要分布在图幅西侧，向东呈递减趋势。

图3.81 浅层地下水主要污染离子分布(铁)

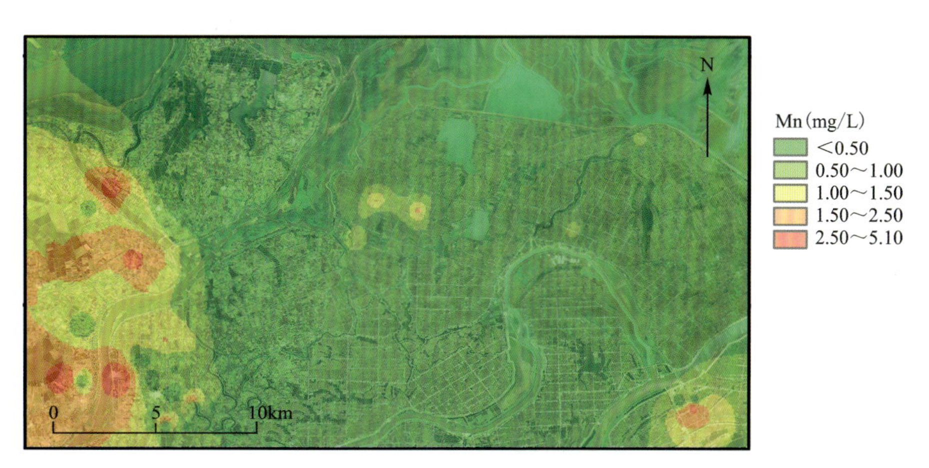

图3.82 浅层地下水主要污染离子分布(锰)

图3.83 浅层地下水主要污染离子分布(总砷)

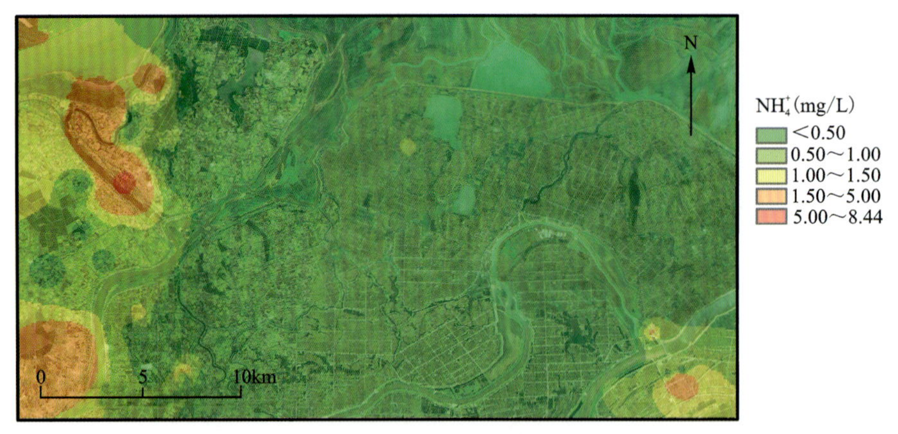

图 3.84 浅层地下水主要污染离子分布(氨氮)

2. 地下水污染指标

区域内浅层孔隙潜水中氯化物、硫酸盐含量整体较低,符合国标Ⅲ类水标准,其中相对较高的区域主要分布在南洞庭湖南侧、区域南侧河流拐弯处;其中硝酸盐在区域分布空间变异系数大,分别在区域西南侧资水的西侧、区域中心白马寺镇附近分布极大值,受到人类活动的影响较大。区内中层孔隙承压水中,主要水化学类型为 NO_3-Ca 型,其中 NO_3^- 均值含量高达 1200mg/L,总砷含量高,为高砷地下水(图 3.85～图 3.87)。

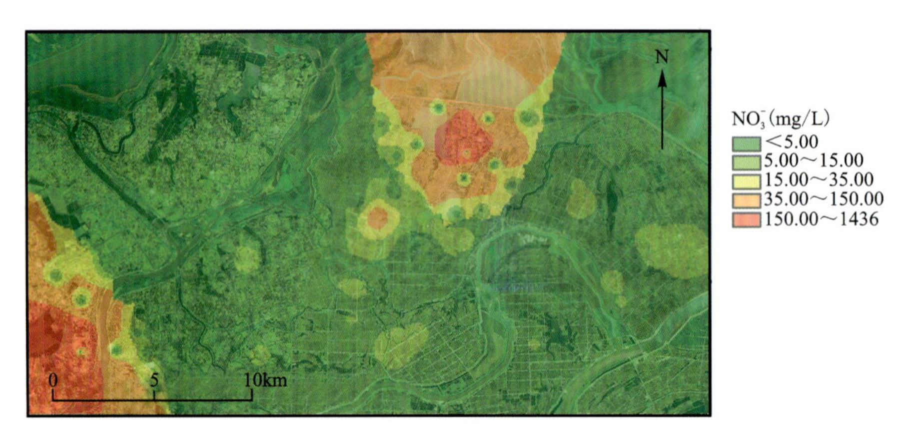

图 3.85 浅层孔隙水主要超标离子分布(NO_3^-)

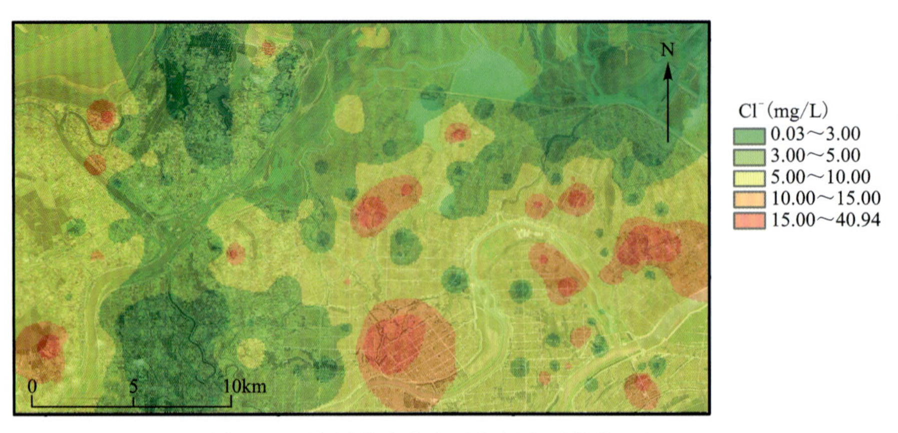

图 3.86 浅层孔隙水主要超标离子分布(Cl^-)

图3.87　浅层孔隙水主要超标离子分布(SO_4^{2-})

3.4.3　丹江口库区

3.4.3.1　水源安全保障区

1. 地下水化学特征

据1∶20万区域水文地质普查报告资料，区内地下水化学类型主要为重碳酸钙镁型(HCO_3-Ca·Mg)和重碳酸钙型(HCO_3-Ca)，矿化度多小于0.3g/L，以软水和微硬水为主。

基岩裂隙水水化学类型较简单，多为重碳酸钙镁型(HCO_3-Ca·Mg)和重碳酸钙型(HCO_3-Ca)，局部由于矿化作用为重碳酸硫酸钙型(HCO_3·SO_4-Ca)或重碳酸钙钠型(HCO_3-Ca·Na)。由于基岩地区地下水渗透性差，径流途径短，近补给区排泄，地下水对岩石成分的溶滤较弱，使其矿化度较低，多数为0.18～0.38g/L。

碳酸盐岩岩溶水径流排泄条件良好，含水层中大部分为碳酸钙、碳酸镁等，地下水化学类型为重碳酸钙镁型(HCO_3-Ca·Mg)和重碳酸钙型(HCO_3-Ca)，矿化度为0.15～0.47g/L，属软水—硬水。南化塘温泉水温26℃，含F 1.4mg/L，水化学类型为HCO_3-Ca·Mg型。

碎屑岩裂隙孔隙水多分布盆地内，为重碳酸钙镁型(HCO_3-Ca·Mg)，矿化度为0.2～0.3g/L，属微硬水。

松散岩类孔隙水受人类工程活动影响，水化学类型较复杂。除为重碳酸钙镁型(HCO_3-Ca·Mg)和重碳酸钙型(HCO_3-Ca)外，还有重碳酸钙镁钠型、重碳酸氯化物钙钠型等。矿化度为0.2～0.62g/L，属微硬—极硬水。

区内地下水矿化度受地貌条件控制较明显。补给区地下水径流速度快，径流途径短，溶滤时间短，矿化度多小于0.1g/L。从径流区至排泄区，地下水运移途径增长，溶滤了沿途岩石中的盐分和矿物质，矿化度有所升高，一般为0.2～0.3g/L。

2020年丹江口水源地安全保障区地下水采样范围主要分布在库周汉江郧阳至丹江口和丹江西峡至淅川段河谷两岸1km范围内，大部分在0.5km以内，采样点以筒井、压水井为主，少量机井、钻孔和泉点，主要围绕地下水排泄区河流两岸采集，县城、市区上下游部署开展。除个别泉点为深层地下水外，大部分都是浅层地下潜水，以松散层孔隙水为主，易受人类活动、降雨等季节性影响。项目共采集地下水点136处，其中丰水期130处次、枯水期105处次，井、钻孔水位统测173处次(丰水期99处、枯水期74处)。两期测试均由武汉地质调查中心完成，测试数据分析归纳如下。

丰水期采集地下水130个，其中井点74处、泉点31处、钻孔25处。按地下水质量常规指标评价，130个样点中Ⅳ类35个、占26.9%，Ⅴ类21个、占16.2%，二者合计达43.1%。Ⅳ类、Ⅴ类水影响指标主要是铁，其次为pH值、硝酸盐、耗氧量(COD_{Mn})，个别为锰、汞、铝、氟、钠、碘、亚硝酸盐、总硬度等。

枯水期采集地下水105处，其中井点58处、泉点31处、钻孔16处。按地下水质量常规指标评价，105个样点中Ⅳ类19个、占18.1%，Ⅴ类8个占7.4%，二者合计达25.5%。Ⅳ类、Ⅴ类水影响指标主要是铁，其次为总硬度、硝酸盐，个别为锰、耗氧量(COD_{Mn})、汞、氟、溶解性总固体等。

地下水丰枯水样品分析结果表明，影响地下水质量的主要因素是地下水赋存含铁水层、总硬度高背景区，系天然因素形成。特别是丰水期，受土壤淋滤影响，铁含量普遍偏高(图3.88、图3.89)。其次为人类活动引起的pH值、硝酸盐、耗氧量(COD_{Mn})。

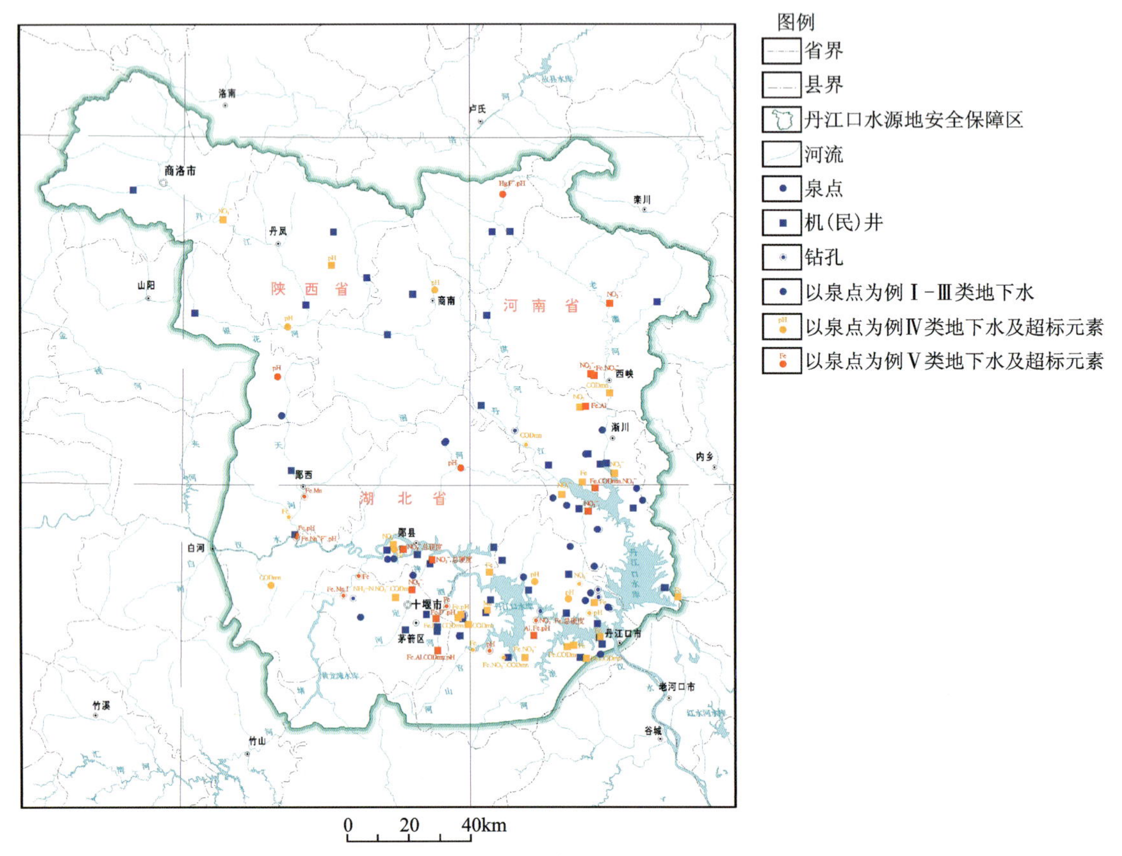

图3.88　丹江口水源安全保障区地下水水质评价(丰水期)

2. 地下水环境质量评价

影响河流周围地下水的指标主要分为两大类：一是铁、锰质和总硬度高背景区的原生水分布；二是人类活动引起的铝、硝酸盐(总氮计)、亚硝酸盐、氟、耗氧量增加和pH值异常。其分布特征如下：

原生铁、锰高背景区主要分布于汉江变质岩、岩浆岩分布区，水质为Ⅳ、Ⅴ类，该类地下水径流流动慢，水量少，与地表水交换差，且一般处于还原地层环境中，上覆土层富含有机质，其分解产生的还原性物质将地层中铁锰质分离，导致地下水中铁含量超标。

人类活动造成的氨氮、硝酸盐(总氮计)、亚硝酸盐、氟、COD_{Mn}等的污染主要分布在十堰市城区至郧阳区与武当山镇等规模化城镇发展水平高以及人口集中区，水质为Ⅳ、Ⅴ类。化肥滥用、生活污水未达标排放等是引起地下水氨氮、硝酸根(总氮计)超标的主要原因。工业以及建筑业中广泛应用的亚硝酸盐导致地下水亚硝酸根含量超标，主要集中在城区以及堵河下游。氟是自然环境中广泛分布且与人体健康密切相关的微量元素，高氟地下水主要为淋滤-汇聚和蒸发-浓缩成因。本区氟污染主要受工业发

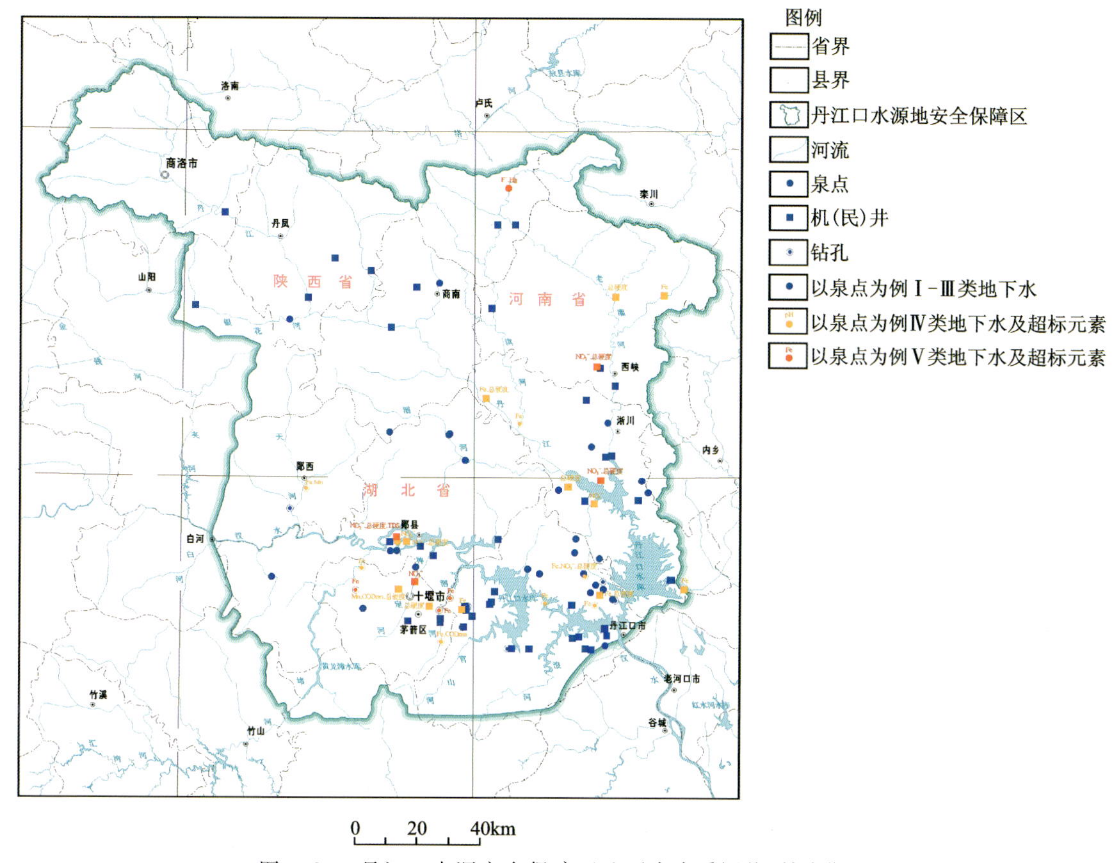

图 3.89　丹江口水源安全保障区地下水水质评价(枯水期)

展的影响,集中分布在十堰市张湾区,电镀工艺流程中会产生大量含高氟废水,可直接或间接污染地下水,同时,铝制品加工生产过程中产生的大量氟化铝、氟化钙粉尘,排放到空气中,随大气降水入渗影响地下水水质(聂京和夏东升,2014)。

3. 地下水对地表水水质影响分析

为分析地下水与地表水水质相关性和水力联系,专门沿主要河流断面分别采取地下水和地表水,进行断面水质对比研究。

神定河下游 J017-R018 断面丰水期:K^+、Na^+、Ca^{2+}、Mg^{2+}、HCO_3^-、Cl^-、NO_3^-、总溶固、总硬度井水>河水,特别是 NO_3^- 井水(262mg/L)为河水(20.3mg/L)的 12.9 倍。Cu、Zn、Li、As、Fe^{3+}、Al^{3+}、NO_2^-、COD_{Mn}井水<河水,其中 NO_2^- 河水(7.78mg/L)是井水(0.051mg/L)的 153 倍。受 NO_2^-、NO_3^- 浓度影响,总氮井水(59.2mg/L)远远大于河水(7.0mg/L)。枯水期 K^+、NO_3^-、总溶固井水>河水,K^+ 井水(62.1mg/L)是河水(11.4mg/L)的 5.4 倍,NO_3^- 井水(316mg/L)是河水(69mg/L)的 4.6 倍。Zn、Mn、Fe^{3+}、NH_4^+、F^-、NO_2^- 井水<河水,表明河水中重金属主要受表层土壤淋滤影响。受农业生产影响且流动性不畅的浅层地下水水质劣于河水。

泗河城区下 K030-R031 断面丰水期:Li、As、Na^+、Fe^{3+}、Cl^-、HCO_3^-、F^-、PO_4^{3-} 钻孔水>河水,F 钻孔水(4.44mg/L)是河水(0.33mg/L)的 13.5 倍、Fe 钻孔水(3.44mg/L)是河水(0.26mg/L)的 13.2 倍;Cu、Zn、Mo、V、K^+、Ca^{2+}、Al^{3+}、NO_2^-、NO_3^-、SO_4^{2-}、COD_{Mn}、总硬度钻孔水<河水。总氮河水(3.53mg/L)是钻孔水(0.24mg/L)的 14.7 倍。泗河下游 K032-R033 断面丰水期:Fe^{2+}、Fe^{3+}、Al^{3+}、Mn、HCO_3^-、总溶固、总硬度钻孔水>河水;Cu、Zn、Li、Mo、As、K^+、Cl^-、NO_2^-、NO_3^-、SO_4^{2-}、COD_{Mn}钻孔水<河水,总氮河水(3.41mg/L)远远大于钻孔水(0.14mg/L)。未受农业影响的基岩裂隙水、松散层孔隙水水质优于

附近地表河水。

丹江夜村镇 R249-J250 断面丰水期：Zn、Na^+、Ca^{2+}、Mg^{2+}、Cl^-、NO_3^-、总溶固、总硬度井水＞河水，其中 NO_3^- 河水(59.2mg/L)为井水(15.4mg/L)的 3.8 倍。Cu、Mo、As、Fe^{2+}、Fe^{3+}、Al^{3+}、COD_{Mn} 井水＜河水，特别是 Fe 河水(44.13mg/L)是井水(0.056mg/L)的 788 倍、Al 河水(562μg/L)是井水(16.4μg/L)的 34.3 倍。枯水期 Al^{3+}、Cl^-、NO_3^- 井水＞河水，其中 NO_3^- 井水(84.4mg/L)是河水(25.3mg/L)的 3.3 倍。Fe^{3+}、NO_2^- 井水＜河水，Fe^{3+} 河水(0.14mg/L)是井水(0.05mg/L)的 2.8 倍，NO_2^- 河水(0.36mg/L)是井水(0.01mg/L)的 36 倍。表明地表水铁、铝、硝酸盐主要受沟谷上游来水影响，与地下水关系不大。

丹江孤山坪 J269-R270 断面丰水期：Zn、Ca^{2+}、总溶固、总硬度井水＞河水。Fe^{2+}、Fe^{3+}、Al^{3+}、COD_{Mn} 井水＜河水，特别是 Fe 河水(1.47mg/L)为井水(0.16mg/L)的 9.2 倍、Al 河水(371μg/L)是井水(9.35μg/L)的 39.7 倍。Na^+、Mg^{2+}、Cl^-、NO_3^- 井水＜河水，Zn 井水(54.4μg/L)是河水(0.77μg/L)的 70.6 倍。表明地表水铁、铝主要受上游来水影响，与附近沟谷地下水关系不大。

调查表明，库周地下水主要赋存于碳酸盐岩中，以裂隙岩溶水为主，主要以降雨入渗和上游侧向径流补给，以岩溶泉形式排泄，地下径流快，交替迅速，对水库水质影响小。碎屑岩区和松散层分布区在区内出露面积小，该区人类活动集中，浅层地下水氨氮、硝酸盐(总氮计)、亚硝酸盐、氟超标，对水库水质虽有影响，但因其排泄入库总量小，对水库水质影响不大。监测断面水质比较分析显示，未受人类工程活动影响的地下水，除因地层影响铁、锰、总硬度较高外，整体水质优于地表水。受人类生产、生活影响的第四系松散层孔隙水，水质可能劣于河水。地表水铁、铝含量较高，主要源于矿物淋滤和工业排放影响，与附近浅层地下水指标不具有相关性，说明河水主要为上游来水，与附近地下水交换弱。地表水来源主要以大气降雨形成地表径流为主，地下水补给有限。

综上所述，以流域为单元，系统采集水样品显示，区内地表水、地下水质量整体好，局部水体受岩性、区域土壤环境和人类生产生活影响，铁、总氮含量普遍较高。铁含量受河流流经区域岩性影响明显，富含铁的岩性分布区，其地表水、地下水铁含量普遍偏高。总氮与区域土壤环境、水土流失和人类活动相关，按照源流汇分析，总氮往往是下游高于上游，干流高于支流。典型矿山污染指标分析显示，地表水随流动途径增长，其综合水质整体趋向改善，说明水体在迁移过程中，经一系列的物理(混合、稀释、扩散、沉淀等)、化学(还原反应、酸碱平衡、水解等)和生物(动植物和微生物的同化、分解等)作用得到一定程度的净化与改善，但受降水量以及周围环境影响，河水自净能力有限，如果一定时间、空间范围内，污水过量排放，超过自净能力，就会改变水和底泥的理化性质，改变生物群落组成，造成水质恶化、水体利用价值降低甚至丧失的情况。

3.4.3.2　郧西县—寺湾

1. 郧西县

郧西县幅地下水以变质岩风化裂隙水为主，样品主要采集于机(民)井、泉以及水文地质钻孔。地下水 pH 值介于 7.28～9.9 之间，平均值为 8.42，以弱碱性水为主；总硬度为 16.56～343.21mg/L，平均值为 221.63mg/L，主要以中硬度水为主；总溶解固体含量为 189.89～564.91mg/L；地下水以 HCO_3-Ca 型水为主，其次为 HCO_3-Ca·Mg 型水。测试结果显示：民井主要用于采集第四系含水层中的水，来源于大气降水，水质相对较好。钻孔中地下水整体水平较差，例如观音镇大麦峪河钻孔(ZK05)水样氟含量严重超标(4.36mg/L)；ZK03 中的地下水亚硝酸盐含量超标；除此外部分民井细菌总数含量较高。具体评价结果见表 3.32。

表 3.32　郧西县地下水质量综合评价结果

样品编号	评价结果	超标要素
YQ119	Ⅱ	
YJ097	Ⅲ	
YJ097-1	Ⅱ	
YJ097-2	Ⅱ	
YQ022	Ⅱ	
YQ019	Ⅲ	
YQ012	Ⅱ	
YJ043	Ⅴ	细菌总数
YQ162	Ⅲ	
YJ181	Ⅲ	
YQ156	Ⅱ	
YJ175	Ⅴ	细菌总数
YQ152	Ⅴ	细菌总数/总大肠菌群
YJ061	Ⅴ	细菌总数
YQ172	Ⅴ	细菌总数
ZK03	Ⅳ	亚硝酸盐
ZK01	Ⅴ	铝
ZK02	Ⅴ	锰
ZK06	Ⅲ	
ZK05	Ⅴ	氟
ZK07	Ⅲ	
ZK08	Ⅱ	
ZK10-H	Ⅴ	锰/铝/铅/氟
ZK09-H	Ⅳ	铁/铝/铅

2. 寺湾

依据地下水环境质量常规指标及限值，对图幅内不同地下水类型进行单因子评价。

1）松散岩类孔隙水

松散岩类孔隙水样点 8 个，影响水质的单因子指标为总硬度、硝酸盐（N）、Fe 离子，且总硬度和硝酸盐（N）两个指标影响明显（表 3.33）。其中总硬度Ⅳ、Ⅴ类水点 2 个，占比 25%；硝酸盐（N）Ⅴ类水点 1 个，占比 12.5%（表 3.34，图 3.90）。其他各影响因子仅有局部地区少量水点超标。总硬度主要受地质背景条件影响；硝酸盐可能受人类活动影响，与丹江周围大量密集农田有关。

表 3.33　松散岩类孔隙水超标样点情况表

序号	样品编号	地理位置	质量分级	四类影响因子	五类影响因子
1	SJ197	河南省淅川县大石桥乡磨峪湾村	Ⅳ类	—	总硬度、硝酸盐
2	SJ252	河南省淅川县大石桥乡关田村十组	Ⅳ类	总硬度	—
3	SK02-1	寺湾镇 SK02 水文孔第四系	Ⅳ类	Fe	—

表 3.34　松散岩类孔隙水单因子指标评价表

评价因子	Ⅰ～Ⅲ类		Ⅳ类		Ⅴ类	
	点数(个)	占比(%)	点数(个)	占比(%)	点数(个)	占比(%)
总硬度	6	75.0	1	12.5	1	12.50
硝酸盐(N)	7	87.50	0	0.00	1	12.50
Fe	7	87.50	1	12.50	0	0.00

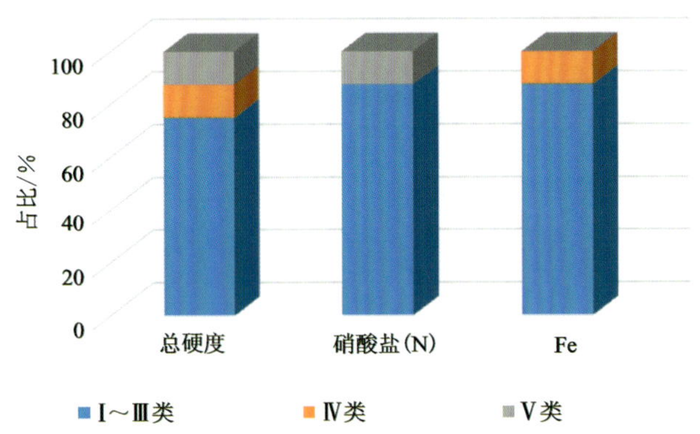

图 3.90　松散岩类孔隙水部分单因子指标评价柱状图

2)碎屑岩类孔隙裂隙水

碎屑岩类孔隙裂隙水样点 5 个，影响水质的单因子指标为 Fe 离子、Al 离子(表 3.35)，其中 Fe 离子Ⅳ、Ⅴ类水点 3 个，占比 60%；Al 离子Ⅴ类水点 2 个，占比 40%。Fe 离子和 Al 离子超标可能与其赋存在白垩系红层有关。

表 3.35　碎屑岩类孔隙裂隙水超标样点情况表

序号	样品编号	地理位置	质量分级	四类影响因子	五类影响因子
1	SK02-2	河南省淅川县寺湾镇周家营村	Ⅳ类	Fe 离子	Al 离子
2	SK03	河南省淅川县寺湾镇周家营村	Ⅳ类	Fe 离子	Al 离子
3	SK05	河南省淅川县寺湾镇清凉寺村	Ⅳ类	Fe 离子	—

3)碳酸盐岩岩溶裂隙水

碳酸盐岩岩溶裂隙水样点 2 个，其质量均优于Ⅲ类，整体质量好。

第 4 章　劣质地下水分布与成因

4.1　环境关切组分

4.1.1　超标组分

劣质地下水是指地下水中的砷、铁、锰、氮、磷等对人体有害的组分超过相关的饮用标准。饮用高浓度砷会在人体的几个部位致癌,特别是皮肤、膀胱和肺部,饮用标准为小于 0.05mg/L。饮用水中铁含量过高会导致肾脏功能受损及铁中毒,铁的饮用标准为 0.3mg/L。锰超标会影响人的中枢神经,过量摄入对智力和生殖功能有影响,锰的饮用标准为 0.1mg/L。饮用高浓度氮的地下水会引起消化系统疾病甚至癌症,也会导致高铁血红蛋白症,铵氮的饮用标准为 0.05mg/L,硝酸盐为 20mg/L。饮用高磷地下水会导致高磷血症,影响骨骼发育,磷的饮用标准为 0.3mg/L。鄱阳湖区域和长江以北的彭蠡泽区域共部署了 106 个采样点。其中,鄱阳湖区域部署了 65 个采样点,包含 7 个地表水点和 58 个地下水点;长江以北的古彭蠡泽区域共采部署了 41 个采样点,包括 1 个地表水点,40 个地下水点。采样点的空间分布图和特征组分空间分布如图 4.1、图 4.2 所示。

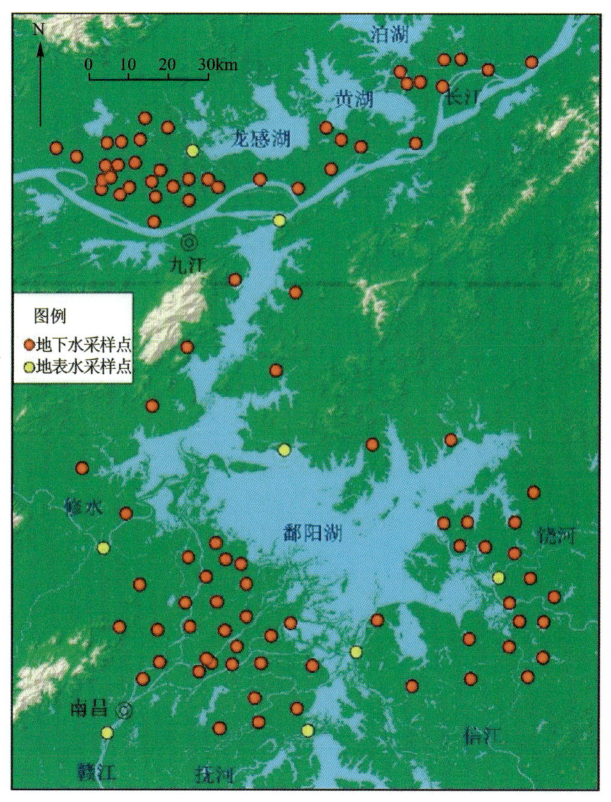

图 4.1　采样点空间分布图

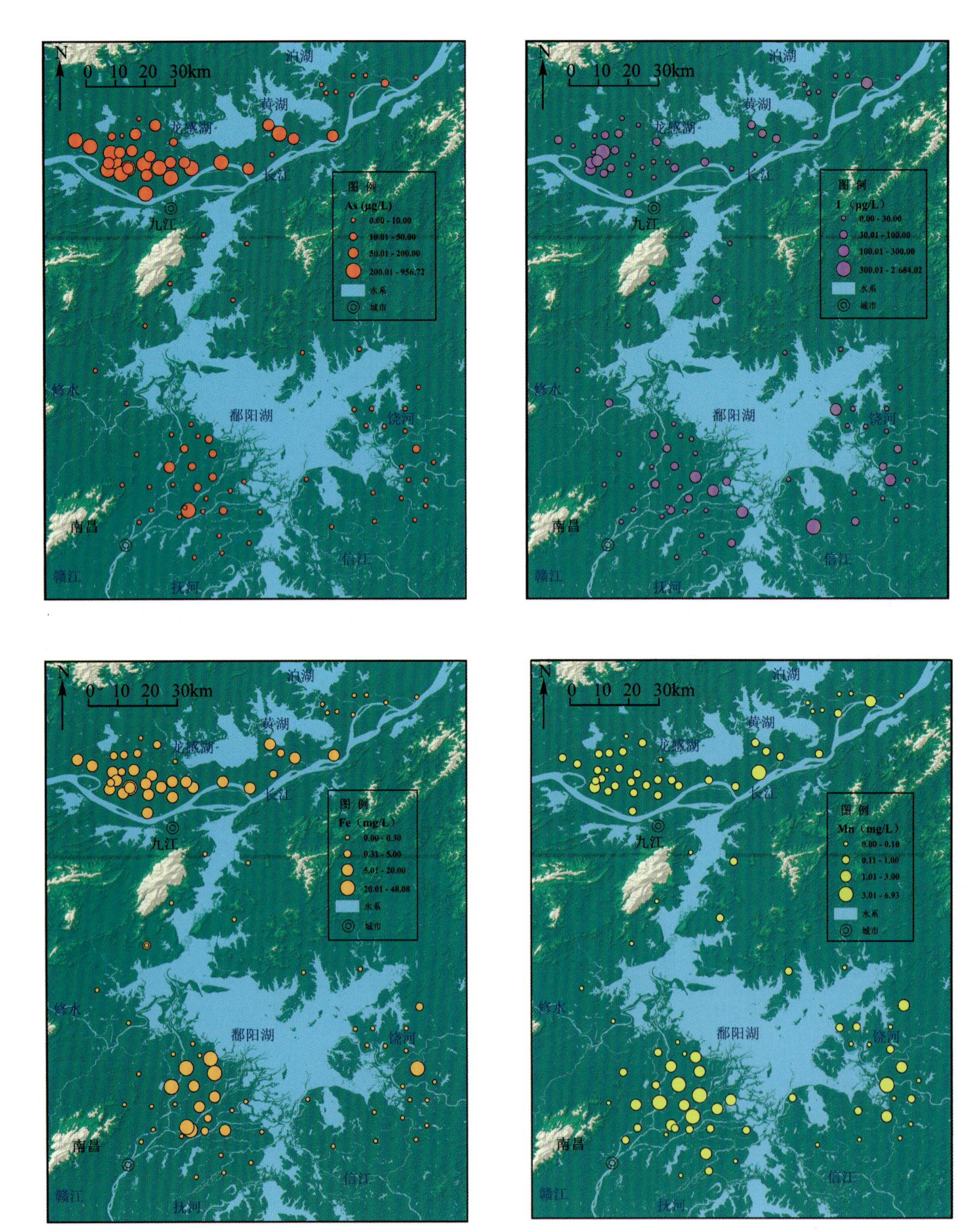

图 4.2　鄱阳湖区 As、I、Fe、Mn 的分布及浓度

鄱阳湖区域地下水点砷含量最大值为 267.45μg/L，均值为 11.73μg/L。鄱阳湖区域砷含量高值点主要分布于西南部赣江与抚河之间的平原区。彭蠡泽区域砷含量最大值达 956.72μg/L，超过饮用水标准 95 倍，均值为 210.78μg/L(Bauer and Blodau，2006；Du et al.，2018)。

鄱阳湖区域地下水点碘含量最大值为 1560μg/L，均值为 57.7μg/L。彭蠡泽区域地下水点碘含量均值为 109.85μg/L，最大值达 2 684.02μg/L。相较于区内其他元素，碘含量超标率较低，仅有 12%的地下水点超标，但其离散程度较高(Li et al.，2017)。

鄱阳湖区域地下水点铁含量最大值为 48.08mg/L，均值为 5.64mg/L，最大值超过饮用水标准 160 倍。鄱阳湖区域铁含量较高的地下水点主要分布于西南部赣江与抚河之间的平原区。彭蠡泽区域地下水铁含量最大值为 20.30mg/L，均值为 6.63mg/L，变异系数较小，离散程度低，总体铁含量高于鄱阳湖区域。

鄱阳湖区域地下水点锰含量最大值为 6.93mg/L,均值为 0.99mg/L,南部平原区域的地下水点的锰含量均较高。彭蠡泽区域地下水锰含量最大值为 3.48mg/L,均值为 0.47mg/L,锰含量高值点主要分布于长江沿岸。

鄱阳湖区域地下水中 NH_4^+ 含量最大值为 9.9mg/L,平均值为 0.81mg/L。鄱阳湖区域地下水中 NH_4^+ 浓度较高的点主要分布于南昌赣江三角洲平原地带。彭蠡泽区域地下水中 NH_4^+ 含量最大值为 15.6mg/L,平均值为 3.37mg/L,高浓度的 NH_4^+ 广泛分布于该区域,仅黄湖以东部分 NH_4^+ 浓度低。

鄱阳湖区域地下水中 NO_3^- 含量最大值为 117.1mg/L,平均值为 19.92mg/L,地下水中 NO_3^- 浓度较高的点主要分布于鄱阳湖区域东南。彭蠡泽区域地下水中 NO_3^- 含量最大值为 94.64mg/L,平均值为 9.84mg/L,该区域 NO_3^- 的浓度分布特征基本上与 NH_4^+ 分布相反,高浓度 NO_3^- 主要分布于黄湖以东。

鄱阳湖区域地下水中 P 含量最大值为 1.95mg/L,平均值为 0.18mg/L,P 浓度较高的点主要分布于南昌赣江入湖三角洲平原地带。彭蠡泽区域地下水中 P 含量最大值为 2.52mg/L,平均值为 0.56mg/L,该区域 P 含量较高的点主要分布于黄湖以西,与 NH_4^+ 的浓度分布特征相似(图 4.3)。

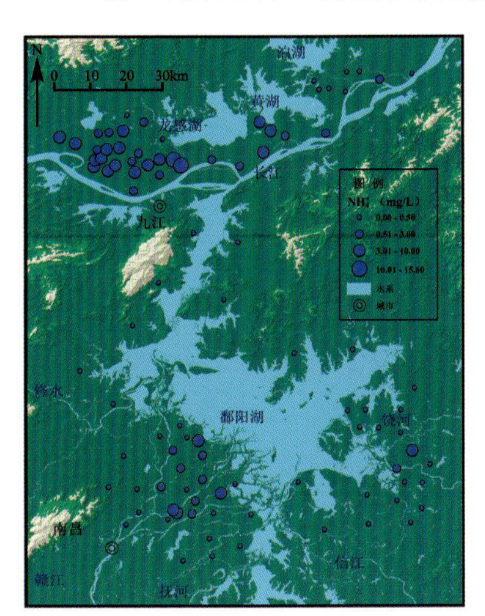

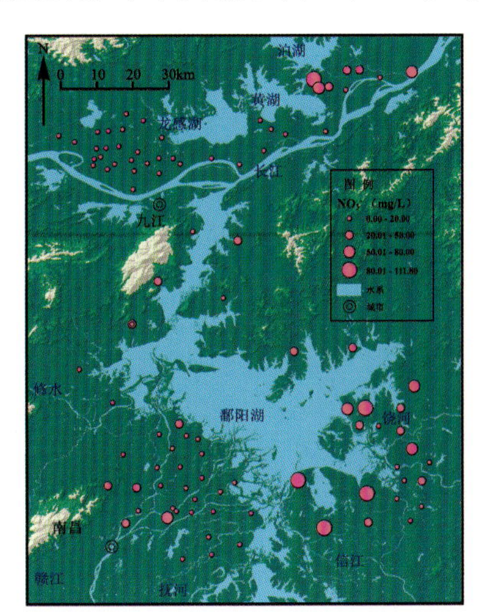

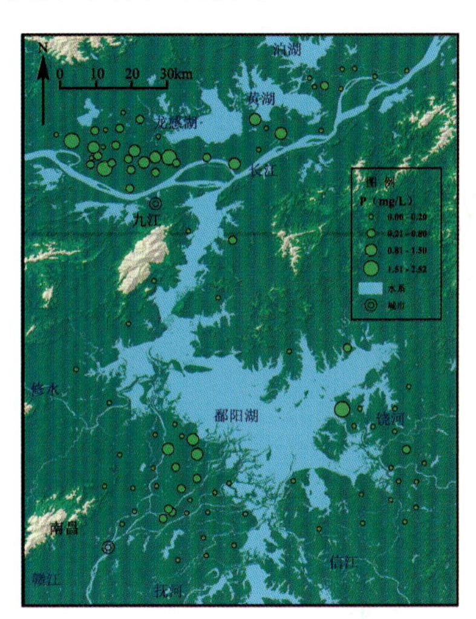

图 4.3　鄱阳湖区 NH_4^+ 、NO_3^- 、P 的分布及浓度

江汉-洞庭盆地地下水中铵氮、磷、砷、铁和锰含量普遍较高,如图 4.4、图 4.5 所示。其中,地下水中 NH_4^+ 浓度最大值为 71.00mg/L,平均浓度为 4.52mg/L,变异系数为 1.76。地下水中总 P 浓度最大值为 4.31mg/L,平均浓度为 0.58mg/L,变异系数为 1.207。从浓度分布图上看,江汉-洞庭盆地地下水中高 NH_4^+ 地下水分布与高 P 地下水分布具有很好的一致性,高值分布为 3 个条带区域,洞庭西部平原、荆州往南长江沿岸以及荆门—仙桃一带。其中,洞庭湖西部平原的地下水中,均主要集中于南县以南至汉寿县以北地带,且高值点呈带状分布,主要沿南西至北东向贯穿大通湖;长江沿岸高值主要集中于石首市、监利市;江汉平原洪湖附近含量不高,高值主要集中于北部一带(Duan et al.,2017,2019)。

地下水中 As 含量为 0.14~824.54μg/L,平均浓度为 63.77μg/L,变异系数为 1.82,高值主要分布在中间的长江沿岸以及仙桃区域。地下水中总 Fe 浓度最大值为 34.87mg/L,平均浓度为 7.39mg/L,中值浓度为 0.88mg/L,变异系数为 0.98,其分布和 NH_4^+ 浓度空间分布规律呈现较强的一致性。地下水中总 Mn 浓度范围在 0.01~4.60mg/L 之间,平均浓度为 0.51mg/L,中值浓度为 0.26mg/L,变异系数为 1.320。

从浓度分布图上看,江汉-洞庭盆地地下水中铵氮、磷、砷、铁和锰含量热点分布相似,主要集中在洞庭湖西部平原常德—大通湖一带、荆州往下长江沿岸以及江汉平原荆门—仙桃一带,体现了几种原生劣质组分之间存在一定的联系(Huang et al.,2021;Sun et al.,2022;Xue et al.,2022;Tao et al.,2020;Xiong et al.,2021)。

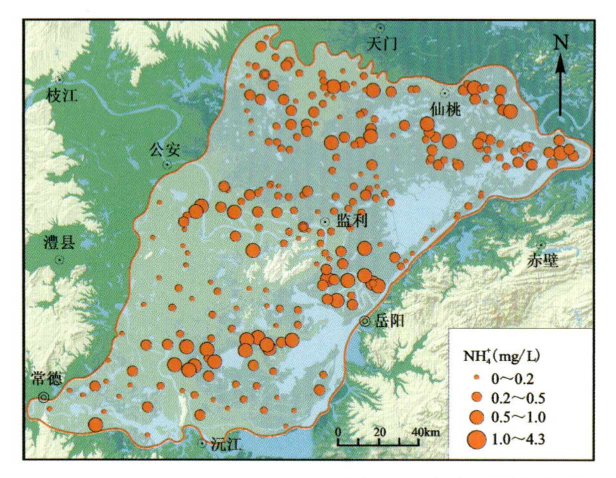

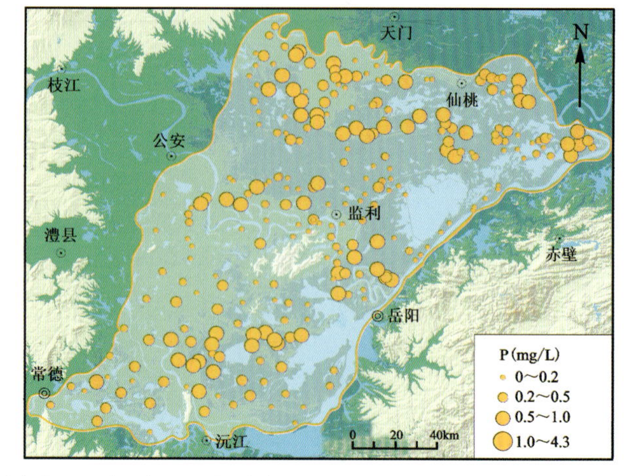

图 4.4　江汉-洞庭盆地地下水中 NH_4^+、总 P 空间分布

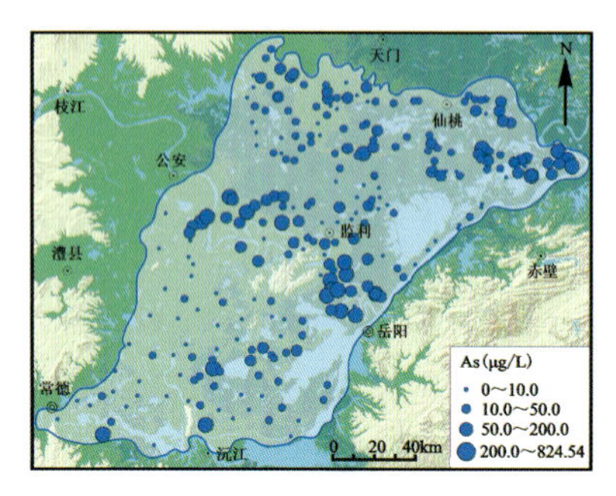

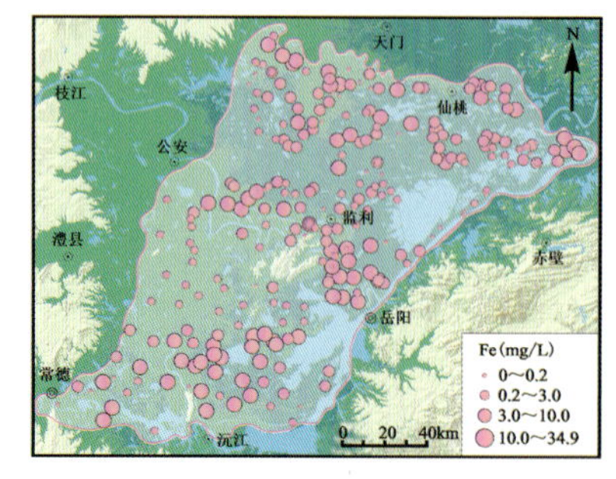

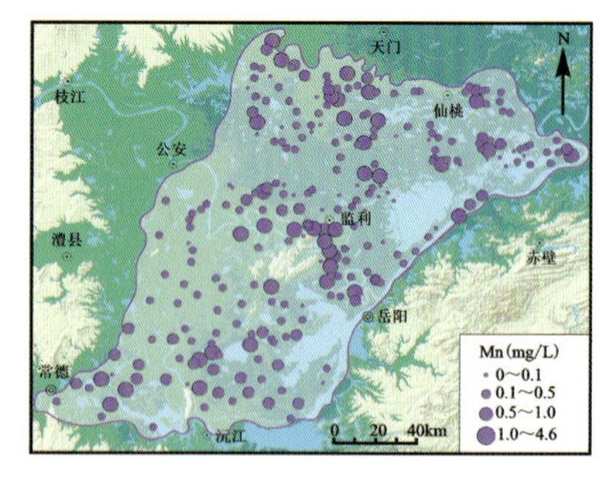

图 4.5　江汉-洞庭盆地地下水中总 As、总 Fe、总 Mn 空间分布

4.1.2　砷

从长江中游地下水砷含量的空间分布上看，长江以北的江汉平原和江北平原地下水砷的含量远高于长江以南的洞庭湖平原和鄱阳湖平原，形成此现象的主要原因为含水层物源的差异(李典等，2021；徐雨潇等，2021；罗义鹏等，2022)。江汉平原和江北平原地下水含水介质主要来自长江冲积，含水层系统为长江干流物源。而洞庭湖平原和鄱阳湖平原地下水含水介质主要来自入湖河流冲积，含水层系统为入湖河流物源。不同物源导致了含水层系统砷释放的差异。

对于含水层沉积物的研究发现，江汉平原和江北平原沉积物中砷含量均值接近 20mg/kg，而洞庭湖平原和鄱阳湖平原的含水层沉积物中砷平均含量约 12mg/kg，进一步佐证了上述认识。除了物源差异，水交替程度的差异导致的地下水环境差异可能是另一个重要原因：长江以北的江汉平原和江北平原的承压含水层整体与外界交换强度较弱，地下水还原环境更强，而长江以南的洞庭湖平原和鄱阳湖平原的承压含水层与外界交换较强，地下水的氧化性更强，进一步导致江汉平原和江北平原承压含水层中砷的显著富集。此外，可以明显地观察到在长江古河道、沅江古河道及资江古河道分布带上地下水中砷含量更高，这可能是由于在古河道分布区域有机质含量更高，沉积的弱透水层厚度更大，由此形成更强的还原性环境，在这种条件下含砷矿物的还原性溶解程度更高，所以地下水砷的浓度更高(图 4.6)。

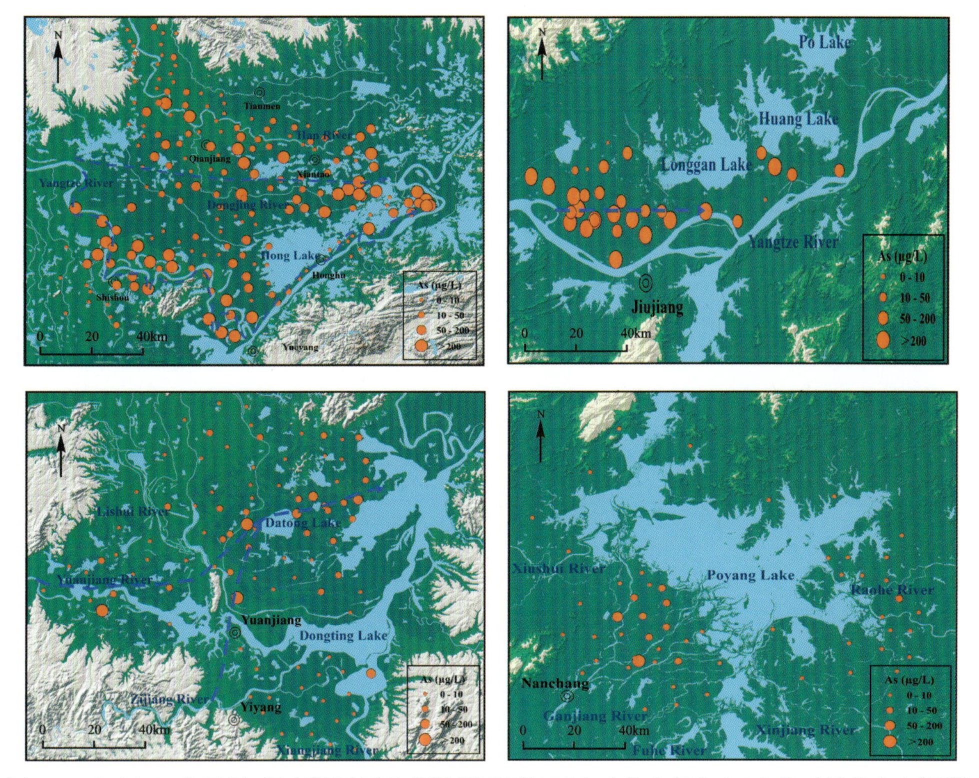

图 4.6　江汉、江北平原、洞庭湖平原及鄱阳湖平原地下水砷的空间分布(蓝色虚线代表古河道)

4.2　铵

4.2.1　$\delta^{15}N_{NH_4^+}$

长江中游江汉-洞庭平原区域内高铵氮地下水分布广泛，在横向上沿着晚更新世长江古河道或长江支流古河道方向呈条带状展布，而低铵氮地下水主要分布于古河间洼地区(图 4.7)。由此可以看出，长江中游河湖平原高铵氮地下水的分布与晚更新世以来的沉积环境演化存在密切关系(黄艳雯等，2020)。

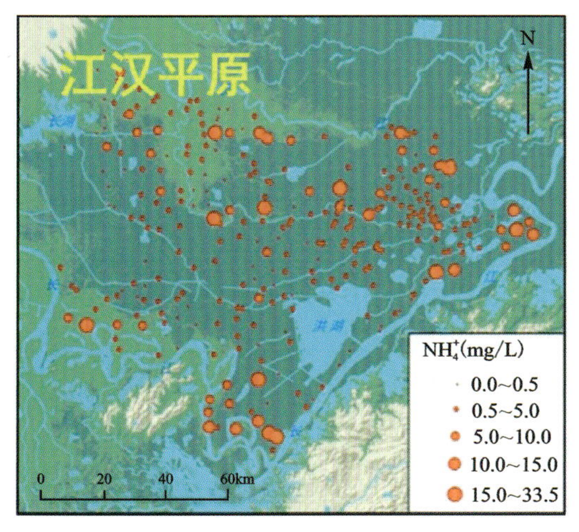

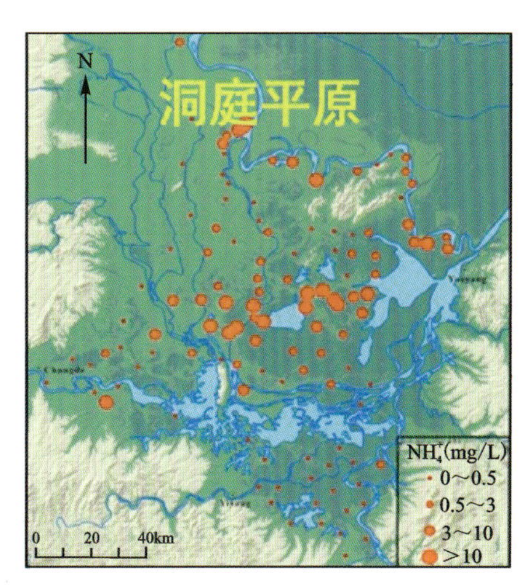

图 4.7　长江中游江汉-洞庭平原地下水中铵氮含量分布图

铵氮中稳定氮同位素可以被用来指示铵氮的来源，通常情况下，地下水中来源于埋藏的有机质降解的铵氮同位素组成较小，而来源于人类活动的铵氮氮同位素组成较高。浅层承压含水层中 $\delta^{15}N_{NH_4^+}$ 值变化范围为+2.3‰～+4.5‰（图4.8），说明铵氮主要来源于天然埋藏的有机质，受人类活动影响较小。沉积物中有机氮的 $\delta^{15}N_{Org}$ 值变化范围为+2.0‰～+6.0‰（图4.9），有研究表明来源于埋藏有机质降解的 $\delta^{15}N_{NH_4^+}$ 值在+1‰～+7‰之间，指示了埋藏含氮有机质的降解作用造成了地下水中铵氮的富集。

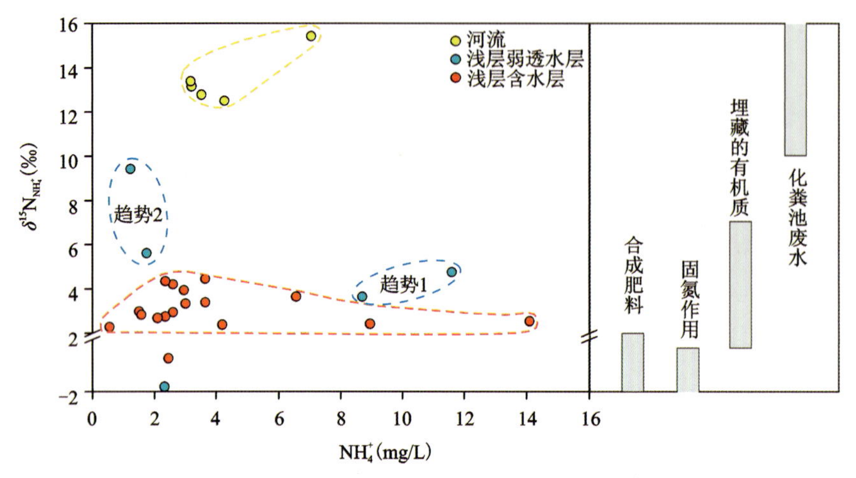

图4.8　长江中游江汉-洞庭平原地下水中 $\delta^{15}NH_4^+$ 值分布图

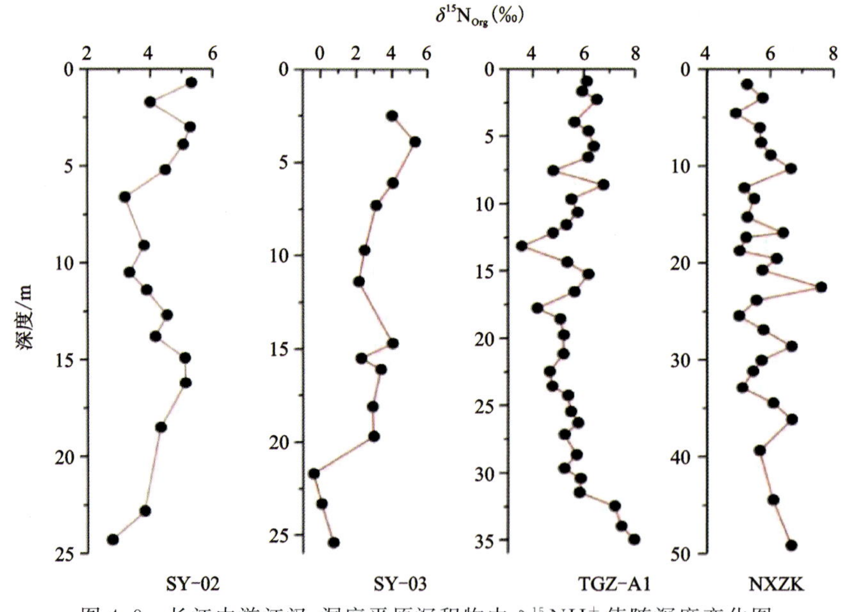

图4.9　长江中游江汉-洞庭平原沉积物中 $\delta^{15}NH_4^+$ 值随深度变化图

针对高铵氮地下水和沉积物中的有机质进行分子组成特征分析，高铵氮地下水有机质由高分子陆源类腐殖质占主导，主要由CHO化合物、CHO-N化合物组成，有机质类型多为高度不饱和化合物、多酚类化合物，陆源特征明显，表现为腐殖化程度更高、新鲜度更低、芳香结构更多、分子量更大、不饱和程度和腐殖化程度更高；高铵氮沉积物低分子陆源类腐殖质贡献最大，主要由CHO化合物、CHO-N化合物、CHO-2N化合物、CHO-nN化合物组成，化合物类型为高度不饱和化合物、多酚类化合物、多环芳烃类化合物，表现为腐殖化程度较低、新鲜度较低、芳香结构更少、分子量更小、不饱和程度和腐殖化程度更低，与地下水变化趋势相反，说明受到各组分有机质的综合影响以及微生物不同利用方式的控制，具有陆源和自生源的混合特性。

高铵氮沉积物是地下水铵氮来源的重要储库。在有机质的降解中,微生物优先去除非荧光物质,或低分子量、非芳香性的组分如饱和化合物和脂类化合物,一部分通过生物合成作用形成低芳香性、低分子量的脂质、蛋白质、碳水化合物,另一部分通过生物降解作用形成高芳香性、高分子量的高度不饱和化合物、多酚类化合物、多环芳烃类化合物,这些产物会进入地下水或保留在沉积物中。其中,多酚类化合物、多环芳烃类化合物由于更不饱和,更多的双键更易吸附在沉积物中。进入地下水的有机质在更还原的条件下经历了更充分的降解,有机质中N的含量也越来越少,有机质类型也越来越单一,剩余不饱和度更高、腐殖化程度更高、芳香结构更多的脂类化合物、高度不饱和化合物、多酚类化合物。此外,高铵地下水含有更多具有较高NOSC值的木质素类组分,表明NOSC值对地下水系统中有机质的生物利用度有较大的影响,更大的、能量更丰富的有机化合物被优先利用。

在长江中游江汉-洞庭平原区,几千年前为沼泽地,大量湿地植物残留物迅速沉积并埋藏在地下沉积物中。植物残留物中富氮有机质主要由较大分子的陆源类腐殖质组分如木质素化合物组成,具有在热力学上更有利于被氧化利用的CHON化合物。在微生物降解过程中:首先,分子较大的CHON化合物通过水解酶降解为较小的CHON化合物。其次,进一步的发酵导致分子较小的CHON化合物降解成乙酸、CO_2和H_2,在此过程中产生NH_4^+和甲基化胺。最后,乙酸降解、H_2还原CO_2或甲基化胺降解过程进一步生成CH_4和NH_4^+。在此过程中,铵氮不断富集(图4.10)。

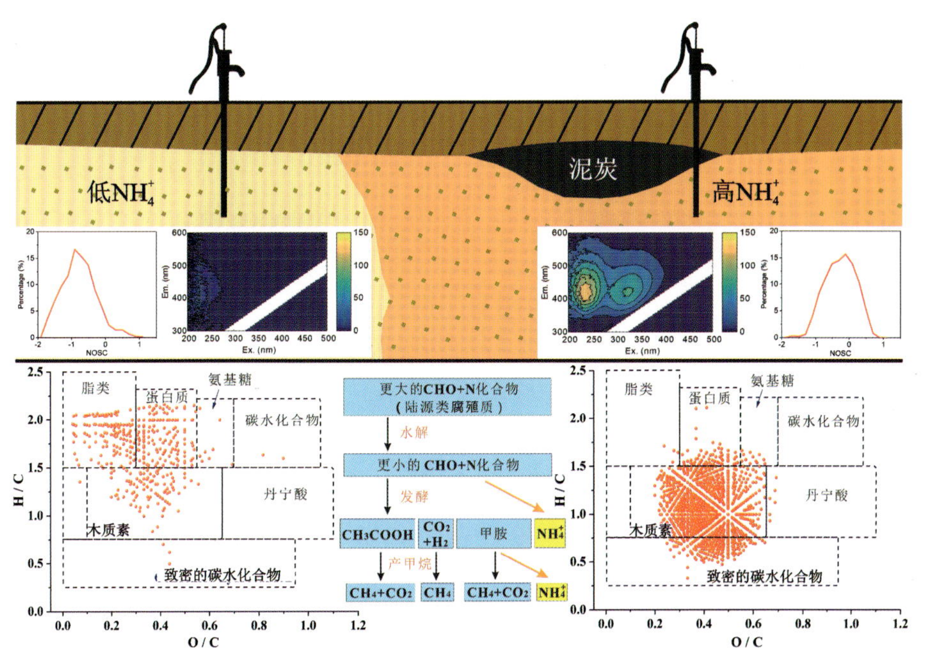

图4.10 长江中游江汉-洞庭平原地下水中有机质降解概念模型图

4.2.2 沉积演化

进一步探讨沉积环境演化对高铵氮地下水空间变异性的内在控制机制。根据65个水文地质钻孔的全新统厚度沉积标高以及前人对洞庭湖第四纪演化的钻孔资料,对洞庭湖平原全新统厚度进行插值化处理,得到全新统厚度等值线图(图4.11)。在沅江古河道展布范围内,全新统沉积厚度高达10~30m,同时也是高铵氮采样点(NH_4^+浓度>10mg/L)集中分布区域,其他区域全新统厚度较低,铵氮浓度也较低,指示了地下水中铵氮浓度分布与全新统厚度(深切河谷)展布高度一致。

为了验证并识别沅江古河道内高铵氮地下水的成因机制和影响因素,引入统计模型与机器学习的

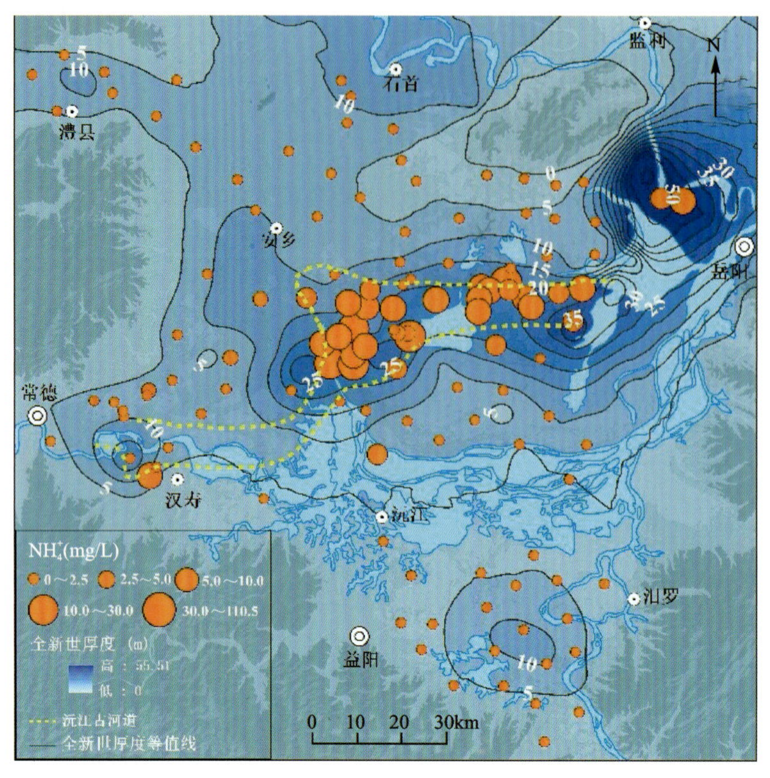

图 4.11　洞庭湖平原全新统厚度等值线图

方法，其优势在于模型建立只需要相对较少的数据与相关因子。综合考虑地下水中铵氮的人为输入和地质成因的双元影响，并纳入与铵氮迁移富集相关的沉积环境参数和常规水化学参数等解释变量，包括SO_4^{2-}、Cl^-、NO_3^-、*Eh*、DOC、高程、全新统(Qh)厚度等值(图 4.12)。解释变量选取的依据：一是洞庭湖平原属于季风湿润带且第四系沉积物中几乎不含有石膏等可蒸发矿物，因此选用SO_4^{2-}、Cl^-、NO_3^-值协同对比指示铵氮的人为来源影响；二是铵氮主要来自天然有机质的矿化作用，主要发生于不同程度的还原环境中，因此以*Eh*、DOC值指示地下水环境；三是在平原地区，区域地下水水位会受到微地貌的影响，因此将地面高程作为水动力条件的判断依据；四是前人研究表明洞庭湖平原高铵氮地下水与地质成因关系密切，因此以全新统厚度作为量化评价因子指示古河道沉积演化。

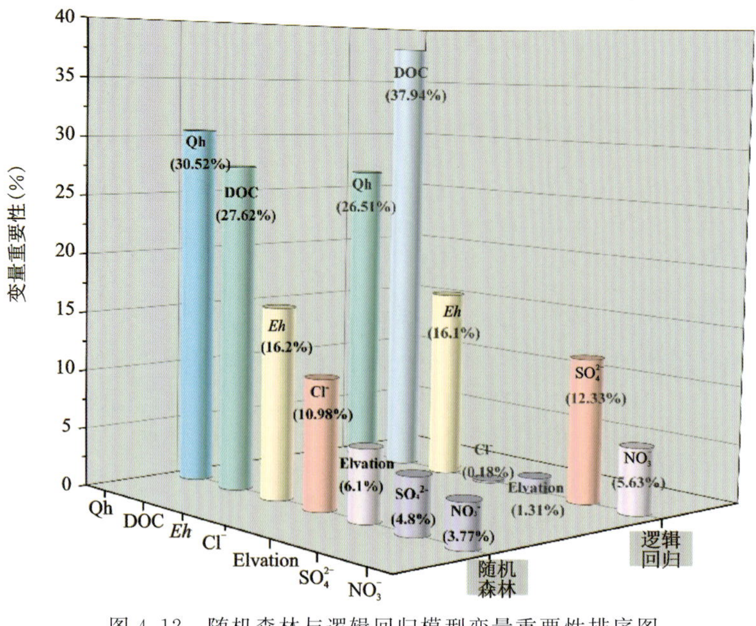

图 4.12　随机森林与逻辑回归模型变量重要性排序图

采用随机森林(Random Forest)与逻辑回归(Logistic 回归)建立预测模型,其中随机森林是目前最先进的机器学习模型之一。在这项研究中,使用 SPSS 对不同含水层的数据集进行随机抽样,分为两个子集。第一个子集包括 80%的样本用于构建训练模型,第二个子集 20%的样本用于模型的测试。对汇总的采样点的 NH_4^+ 浓度数据进行二进制编码(高铵氮为 1,低铵氮为 0)。随机森林结果显示训练集预测正确率高达 88.78%,测试集预测正确率高达 92%,预测效果良好。根据随机森林模型得到的影响因子的变量重要性进行排序,结果显示全新统厚度、DOC、*Eh* 是对 NH_4^+ 浓度最有影响的因子,且影响程度大小为:全新统厚度(30.52%)>DOC(27.62)>*Eh*(16.2%),指示了古河道的沉积演化以及地下水中的有机质含量、还原环境是造成高铵氮地下水的主要影响因素。

从宏观角度对高铵氮地下水成因机制进行分析,可以推测:全新统沅江古河道沉积演化形成的全新统厚度是高铵氮地下水产生的主控因素。在沉积演化过程中,古河道的快速河槽沉积决定了富有机质地层的沉积物厚度,影响了可降解的天然有机质含量,进而影响了有机质降解产物——铵氮的浓度。天然有机质的降解导致地下水中形成更还原的水文地质环境,该过程又进一步促进天然有机质的降解释放。因此,沉积演化下形成的全新统厚度驱动着高铵氮地下水的形成,这与长江中下游平原高铵氮地下水来源于天然有机质降解的说法是相互印证的。

因此,沉积演化下形成的全新统厚度驱动着富含有机质的沉积物形成,而后沉积物中富氮有机质降解控制高铵氮地下水的形成。

4.3 磷

4.3.1 随机森林特征

最近的研究发现长江中游平原区出现高磷地下水分布,这可能构成长江中游河湖水体营养程度增加的潜在来源。长江中游平原区高磷地下水主要集中分布在江汉平原北部的汉江下游,干流荆江的沿岸以及南部的洞庭平原以西(图 4.13)。平原区的浅层沉积物主要由全新统和晚更新世粉质黏土(局部夹层粉砂)组成,有十几米厚,具有隔水层的作用。调查发现,含水层高 TDP 地下水往往具有较低的 Cl^- 和 SO_4^{2-},该类离子在内陆平原通常表现为人类活动输入,因此所研究含水层中高 TDP 的主要来源是天然地质富集而不是人为输入。地下水中天然存在的 P 主要来源于平原中的与埋藏的天然有机质(OM)伴生的 P 以及初级和次级矿物(主要为富磷的铁或钙质矿物)组成的含水层沉积物。

利用 Python 语言进行随机森林(RF)特征选择,调用 feature_important 函数分析和以上过程相关的解释变量,研究长江中游平原区高磷地下水的来源,其 feature_important 函数值越大,则表明该解释变量对预测变量 TDP 影响程度越大(图 4.14)。

汉江下游的 Ca^{2+} 以 0.39 的重要性作为绝对高值,突出表现在富磷的钙质矿物(磷灰石等)对高磷地下水的影响。汉江下游的富磷平原区地处荆襄磷矿带的下游,地层受含磷岩系影响,磷灰石含量占比高,而且亚热带湿润季风气候使得区域降雨充沛,影响矿物风化淋滤。因此,在气候、地质等多因素的影响下导致的岩石的风化和运输,使得汉江下游地下水可能拥有高 TDP。NH_4^+ 在荆江沿岸 RF 中具有极其高的重要性(0.46),之前调查发现 NH_4^+ 是在含氮有机质矿化过程中被释放到地下水中的,而且在缺氧含水层中很难被氧化成硝酸盐,因此,微生物介导的含 P 的 OM 矿化可能是控制 P 释放到水相中的重要过程。此外,该过程可能促进 FeOOH 还原溶解释放磷,因为 Fe^{2+} 具有仅次于氨氮的重要性位置(0.26)。荆江平原受到末次冰期气候影响,埋藏的动植物残骸形成地层深厚的有机质沉积,而且来自长江上游的花岗岩也堆积在蜿蜒的两岸地层,在密封性能和有机质富集的还原环境,有利于地下水磷富

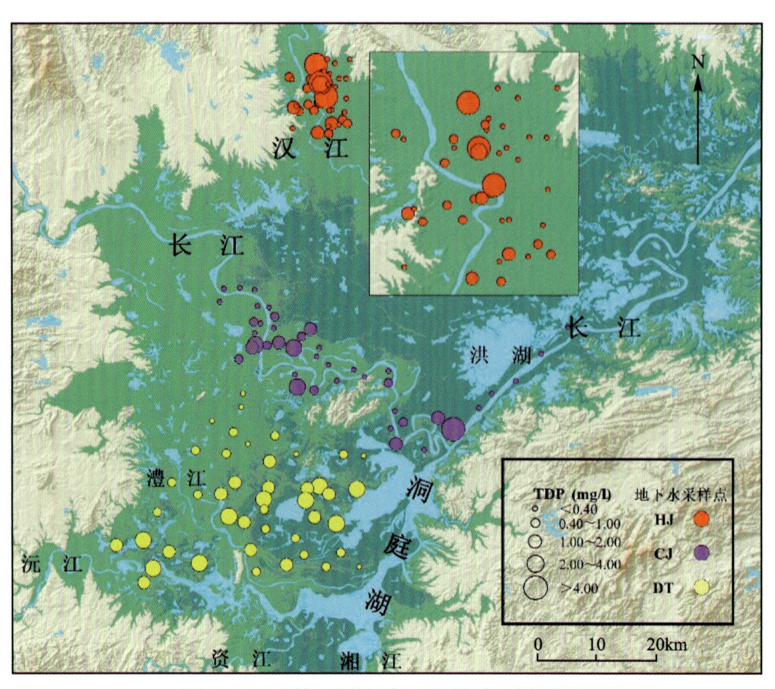

图 4.13　长江中游平原高磷地下水分布

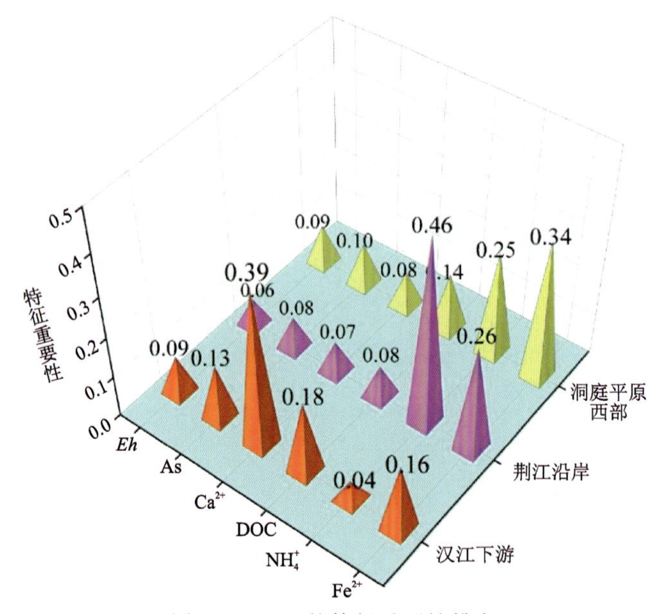

图 4.14　RF 的特征重要性排名

集。但毗邻的洞庭平原西部 RF 表现出 Fe^{2+} 的最高影响效果(0.34)，NH_4^+ 排名紧随其后，说明地下水中的地质成因 P 主要来源于铁氧化物还原溶解和 OM 矿化。这可能与平原内发源于周边山区的四水的冲积有关。砂砾层成分显示砾石主要由脉状石英、硅质矿物等组成，而且周边山区以硅酸盐矿物为主。此外，数千年前洞庭平原是一片被称为云梦沼泽的巨大沼泽地，在此期间，大量湿地植物残留物迅速沉积，随后埋藏在地下沉积物中。因此，我们推测微生物介导的 OM 矿化和富磷的 FeOOH 还原溶解一起促进了固相中的 P 向地下水的释放，但以 OM 矿化为主。结合以上物源的分析，我们对长江中游平原高磷地下水的宏观形成机制有所理解，其中 OM 和 FeOOH 在长江中游平原南部地球成因磷循环中发挥着相对关键的作用，但二者对地下水磷迁移的耦合影响还不清晰。

4.3.2　$\delta^{13}C_{DIC}$

由以上分析发现微生物介导的 OM 降解是一个非常重要甚至是主导的 DIC 来源，因此 $\delta^{13}C_{DIC}$ 中由微生物降解控制的 C 组成可以作为说明与地质成因 P 迁移相关的 OM 降解阶段的强大工具。$\delta^{13}C$-DIC 值与 TDP 的关系图显示了 OM 降解在不同阶段释放 P 的过程。图中的 1 区通常解释为在中等还原条件下 OM 降解过程中，^{12}C 优先被利用，理论上造成地下水 $\delta^{13}C_{DIC}$ 值相对较低，因而在 −15‰ 和 −30‰ 的相当低的 $\delta^{13}C$-DIC 值范围内，$\delta^{13}C$-DIC 随着 TDP 浓度的增加而弱下降。当 OM 降解进入产甲烷阶段时，通过乙酸等低分子化合物的发酵和 CO_2 还原产生 CH_4 的过程均可在产生或残留的 DIC 中富集 ^{13}C。这解释了图中的区域 2 的 $\delta^{13}C$-DIC 值随着 TDP 浓度的增加而逐渐增加。高磷地下水样品显然主要分布在 2 区（图 4.15），这表明磷的迁移与产甲烷作用更相关。Redfield 比（NH_4^+ ∶ P≥16）表明，当孔隙水属于 Redfield 比时，P 几乎完全来自有机磷矿化，因而还比较了 OM 降解两个不同阶段下 N/P 比（即 NH_4^+ ∶ P 比）和 Fe^{2+} 浓度的差异。

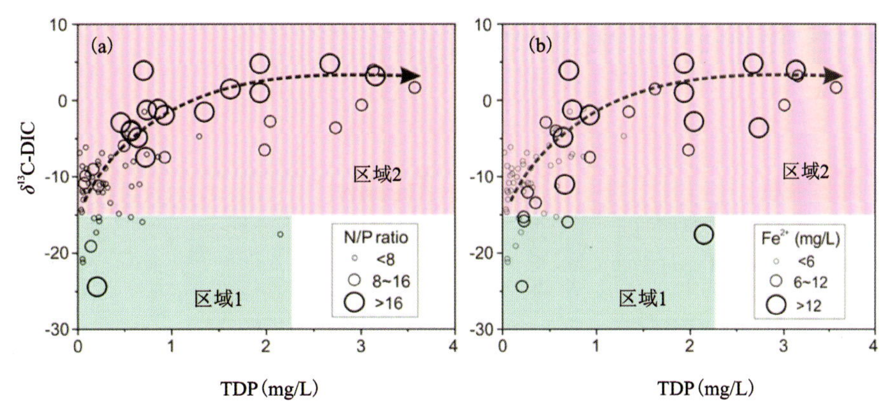

图 4.15　地下水中 $\delta^{13}C$-DIC 与 TDP 浓度关系

总体而言，经受“强烈”有机质降解阶段（即 2 区）的地下水样品比经受“正常”有机质降解阶段（即 1 区）的地下水样品具有更高的 N/P 比。当 OM 在强还原条件下降解时，P 的富集与有机磷的降解更相关，N/P 比变得更接近或等于 16。此外，区域 2 更高的 Fe^{2+} 浓度表明在“强烈”OM 降解阶段存在 FeOOH 的活跃和持续的还原溶解，这与观察到的较大 Fe 同位素变化相联系。参与铁循环的生物地球化学过程可以分离稳定的铁同位素，因此 Fe 同位素特征可作为重要指标指示与 Fe(Ⅲ)氧化还原循环有关的 P 迁移的途径和机制。图 4.16 显示地下水样品的 $\delta^{56}Fe$ 和 $\delta^{13}C$-DIC 值与 Fe^{2+} 和 TDP 浓度之间的关系，有 8 个对应于“强烈的”OM 降解阶段，即区域 2。在产甲烷阶段，顽固性 OM 的降解与晶体态 FeOOH 作用释放 P。在“正常”的 OM 降解阶段，无定型的 FeOOH 比晶体态 FeOOH 更容易还原释放 P。

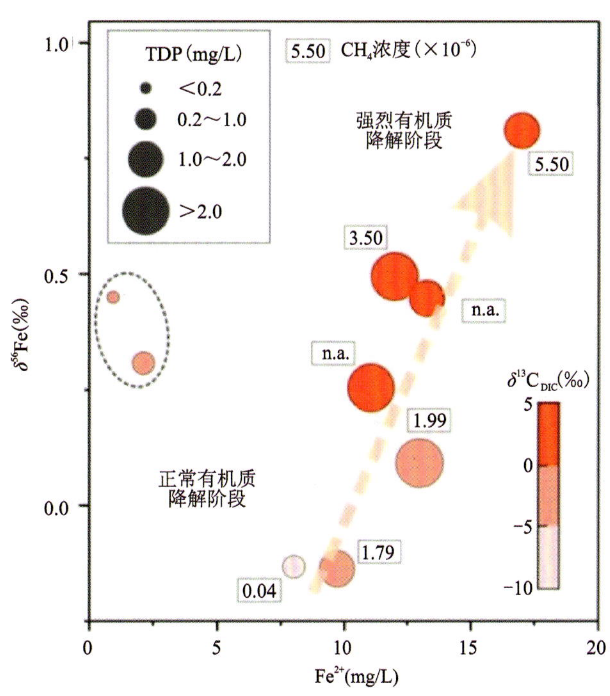

图 4.16　地下水中 $\delta^{56}Fe$ 与 Fe^{2+} 浓度关系

总结以上研究(图 4.17),在中等还原条件下,不稳定的 OM(易被生物可利用的有机物)首先被氧化并驱动无定型 FeOOH 的还原。随后,与 OM 和无定形 FeOOH 结合的 P 随之释放到周围地下水中。另一个过程是在强烈还原条件下,在高 TDP 浓度的地下水中会发生相当强烈的 OM 降解,直至产甲烷阶段。在这种条件下,结晶态 FeOOH 会促进产甲烷和顽固 OM 降解,并且自身部分还原溶解,这又会释放 Fe^{2+} 进入地下水并进一步影响 P 的流动性。根据我们的结果,洞庭平原西部中 P 浓度高的地下水样品显然似乎与产甲烷作用更相关。总体而言,长江中游平原原始地质环境造就的独特地球化学特性,为不同的磷富集过程提供了条件。

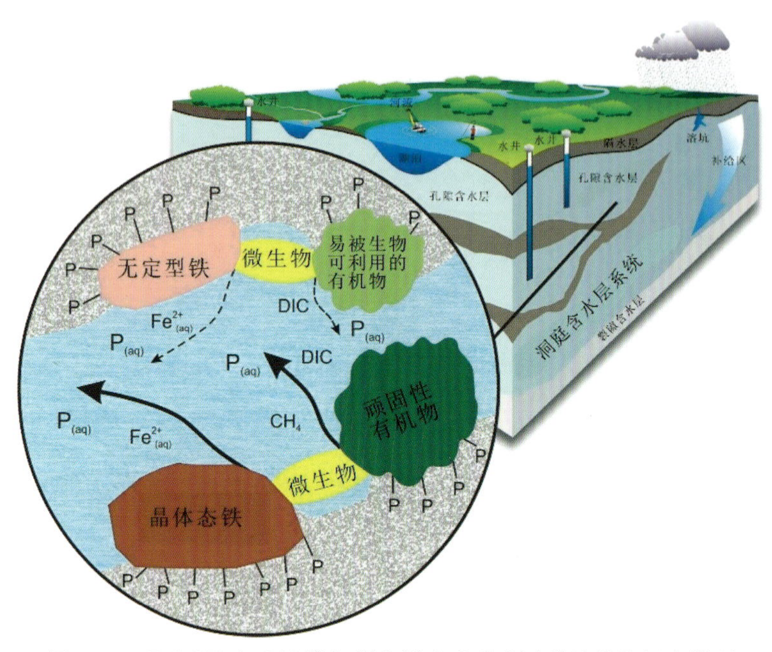

图 4.17　FeOOH 和 OM 降解耦合影响地质成因磷迁移的概念模型

4.4　湿地地球关键带地下水动态

4.4.1　监测场地、指标和频率

目前已建设完成位于长江中游典型牛轭湖的湿地地球关键带场地,并于 2020 年 8 月份开始进行调查与监测。地球关键带场地共布置了 3 条剖面(图 4.18),其中 2 条剖面布置于长江北岸长江故道周围(1＃剖面、3＃剖面)和南岸调关河曲(2＃剖面)。

在 3 条测线附近共布置了监测孔 30 个(15 个 25m 深度孔、15 个 10m 深度孔),根据钻孔岩芯岩性并结合物探解译结果绘制了剖面二维结构图。其中,1＃剖面上有 5 个 25m 深度孔(A1～A5)、5 个 10m 深度孔;2＃剖面上有 4 个 25m 深度孔(B1～B4)、4 个 10m 深度孔;3＃剖面上有 6 个 25m 深度孔(C1～C6)、6 个 10m 深度孔。各个监测剖面的二维结构如图 4.19、图 4.20 所示。

监测指标包括地表水位、地下水位、现场参数、常规水化学、典型劣质组分(As、Fe、Mn、I、NH_4^+、P),具体如下。

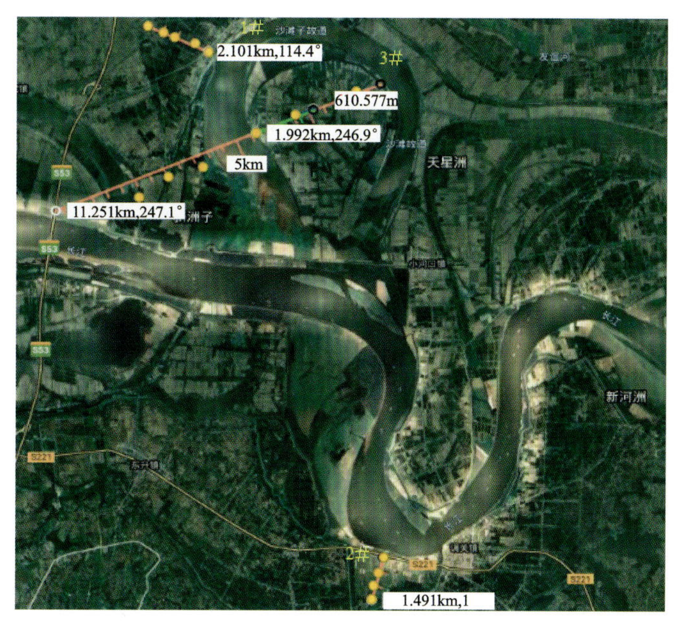

图 4.18　湿地地球关键带监测场监测点分布图

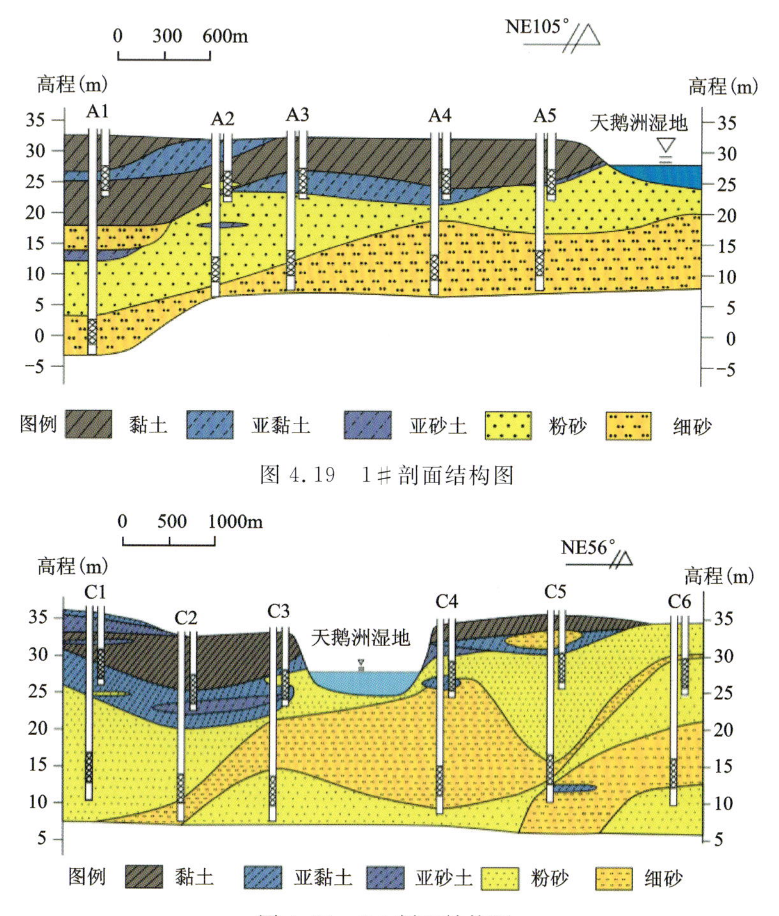

图 4.19　1＃剖面结构图

图 4.20　3＃剖面结构图

水位监测：用水位计测出地下水埋深，用地面高程减去水位埋深得出地下水水位；选取典型地物利用差分 GPS 测定其高程并作为参考点，通过测定地表水面与参考点的垂向高度，得出地表水水位；地表水和地下水水位的监测频率为 1 次/月。

水化学监测：对地下水和地表水监测点开展 1 次/两个月的采样工作；现场测定 T、pH 值、*Eh*、EC

及部分氧化还原敏感组分(Fe^{2+}、NH_4^+、S^{2-}等);碱度采用滴定法在24h内完成测定;分装指标包括阴离子、阳离子、微量元素(包括As、Fe、Mn、P、I)、氢氧同位素、DOC/TN、DOM。

2020年8月开始开展监测工作。监测工作频率为每隔1月进行一次地下水水位监测,每隔2月进行一次地下水水化学监测。地下水水化学监测指标为现场水质指标(水温、DO、EC、*Eh*、pH值)、阴离子、阳离子、微量元素、氢氧同位素、DOC、微生物等指标,每次采集32组样品,包括2组地表水样品,30组地下水样品。目前,已进行水位监测13次,已进行水化学监测7次。

4.4.2 地下水动态

4.4.2.1 水位

从图4.21可以看出,天鹅洲监测场的地下水水位和地表水水位随时间呈现出一定的变化规律。3个剖面中,A剖面水位变化与C剖面水位变化相似,在2020年9月水位最高,2021年2月水位最低。而B剖面的水位相对稳定。此外,长江的水位波动幅度明显大于天鹅湖的水位波动幅度,但均呈现出从2020年8月至2021年8月先下降后上涨的趋势。

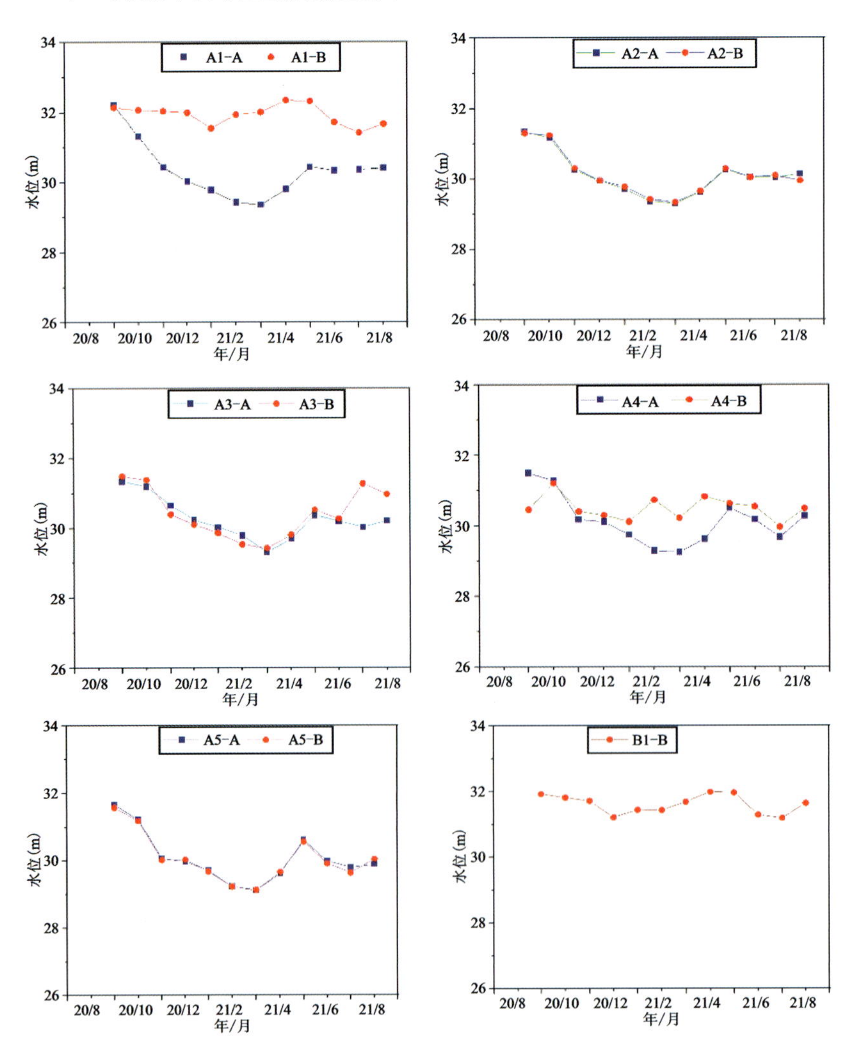

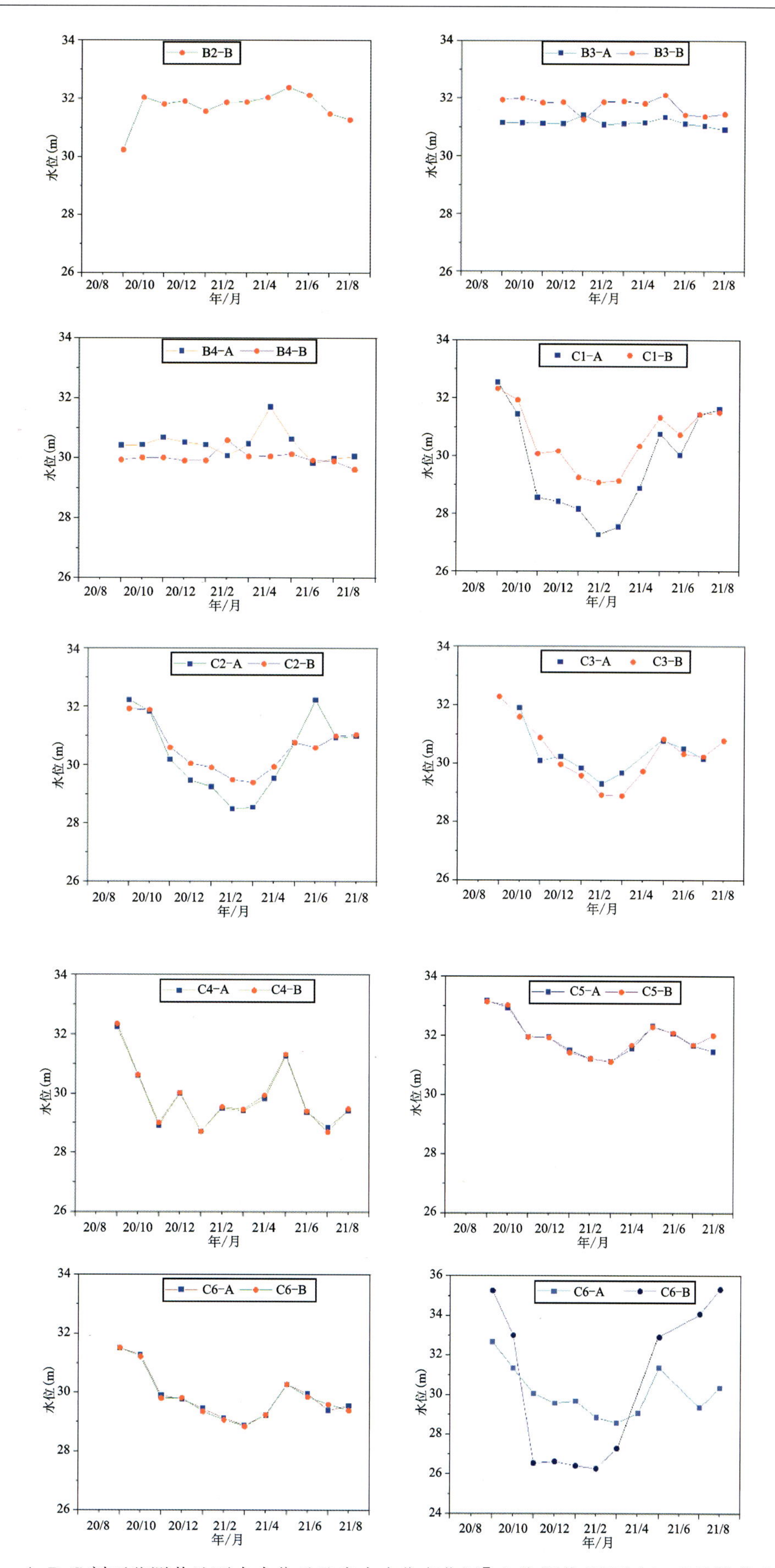

图4.21 A、B、C剖面监测井地下水水位及地表水水位变化图[-A为深井(地下水),-B为浅井(地表水)]

4.4.2.2　环境关切组分

从图 4.22 可以看出天鹅洲监测场不同剖面地下水的 ORP 值有着不同的变化规律。地表水的 ORP 值总体有先减小再增大再减小的趋势。A 剖面深井 *Eh* 的变化规律比较一致，而 A5、A3 的浅井的 *Eh* 变化较大。B 剖面中的 B3、B4 的深井变化较大。C 剖面的深井 ORP 值普遍大于浅井。

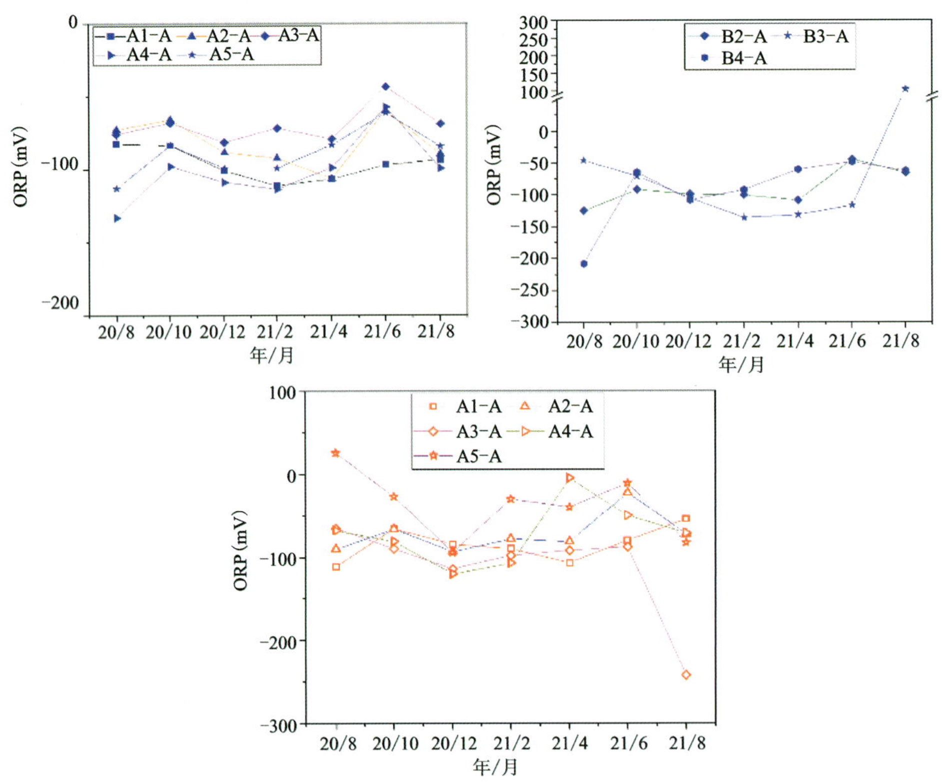

图 4.22　监测场 *Eh* 变化图(-A 为深井，-B 为浅井)

从图 4.23 可以看出，自 2020 年 8 月至 2021 年 8 月，天鹅洲监测场 A 剖面地下水的电导率(EC)有先增加后减小的趋势。A 剖面中，A1 的深井和 A2 的浅井的 EC 变化较大。A1 的深浅井以及 B2、B3 的深浅井在 2021 年的 4 月达到了最大值。B 剖面中 B2、B3 的深浅井变化比较剧烈，其他井位的 SEC 变化相对较小。C 剖面中 C1 的浅井变化相对剧烈，而其他井的变化趋势较为一致且波动范围较固定。而地表水的 EC 变化不大，较为稳定。

从图 4.24 可以看出 A、B、C 剖面监测场的地下水的 NH_4^+ 含量存在着明显的差异。A 剖面中，A1 的深浅井和 A3 的浅井 NH_4^+ 含量明显高于其他井，且含量都先增大后减小，并在 8 月陡减。B 剖面中，B2 深井的 NH_4^+ 含量明显高于其他井，并且比较稳定，波动幅度较小。而 C 剖面中 C1、C2、C3 浅井的 NH_4^+ 含量明显高于 C1、C2、C3 深井的 NH_4^+ 含量且波动范围相对较小，比较稳定。而地表水中的 NH_4^+ 含量远低于地下水且长江和天鹅湖相差不大。

从图 4.25 可以看出，A 剖面中，A1 的深浅井的 Fe 含量明显高于其他井且波动最为剧烈。B 剖面的井中的 Fe 含量波动都较为剧烈且深井的 Fe 含量在 8 月、4 月明显低于 10 月、12 月的含量。C 剖面中 C1、C2、C3 浅井的 Fe 含量明显高于 C1、C2、C3 的深井的铁含量且波动范围相对较小，比较稳定。而地表水中的 Fe 含量远低于地下水。

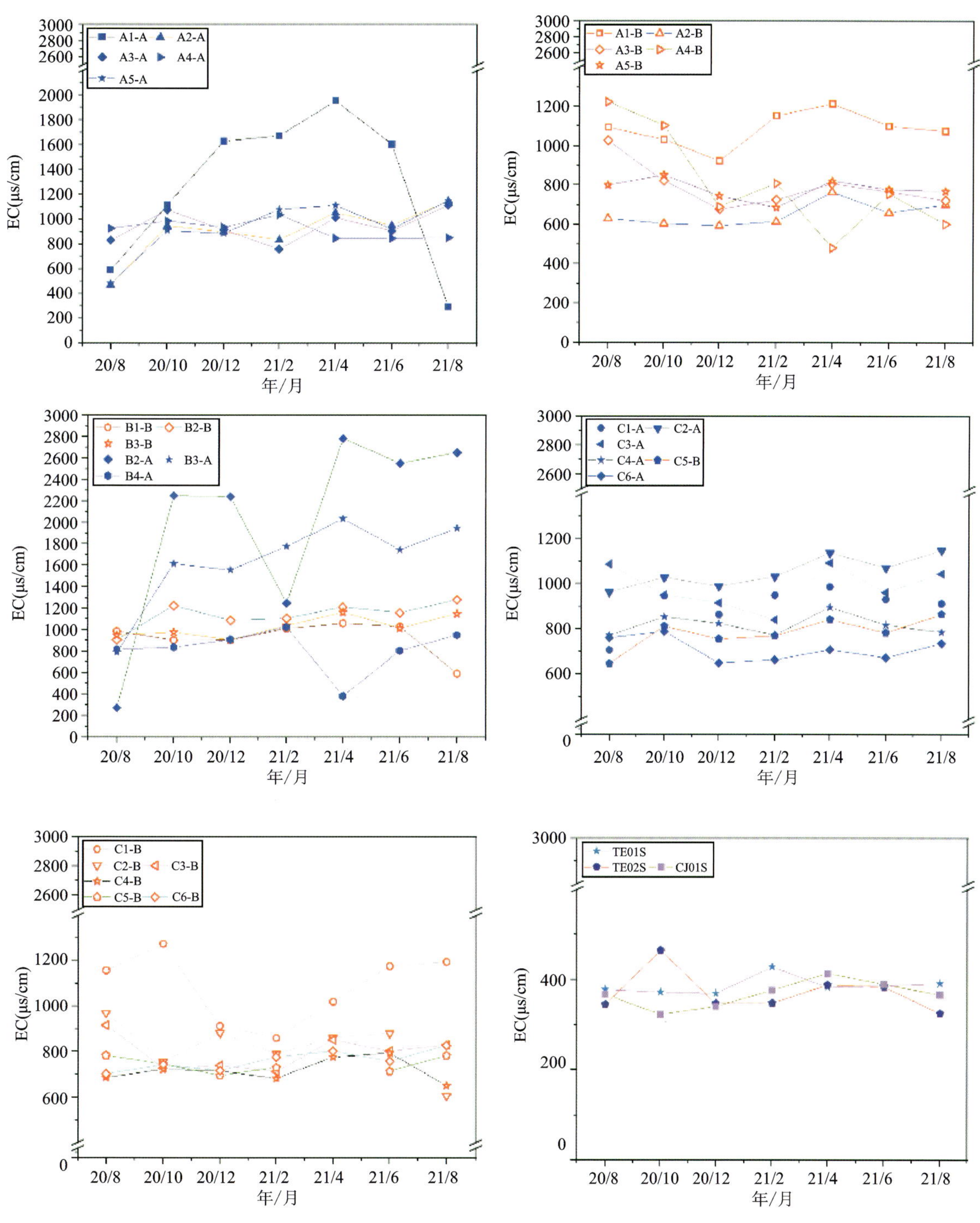

图 4.23　监测场 EC 变化图(-A 为深井,-B 为浅井)

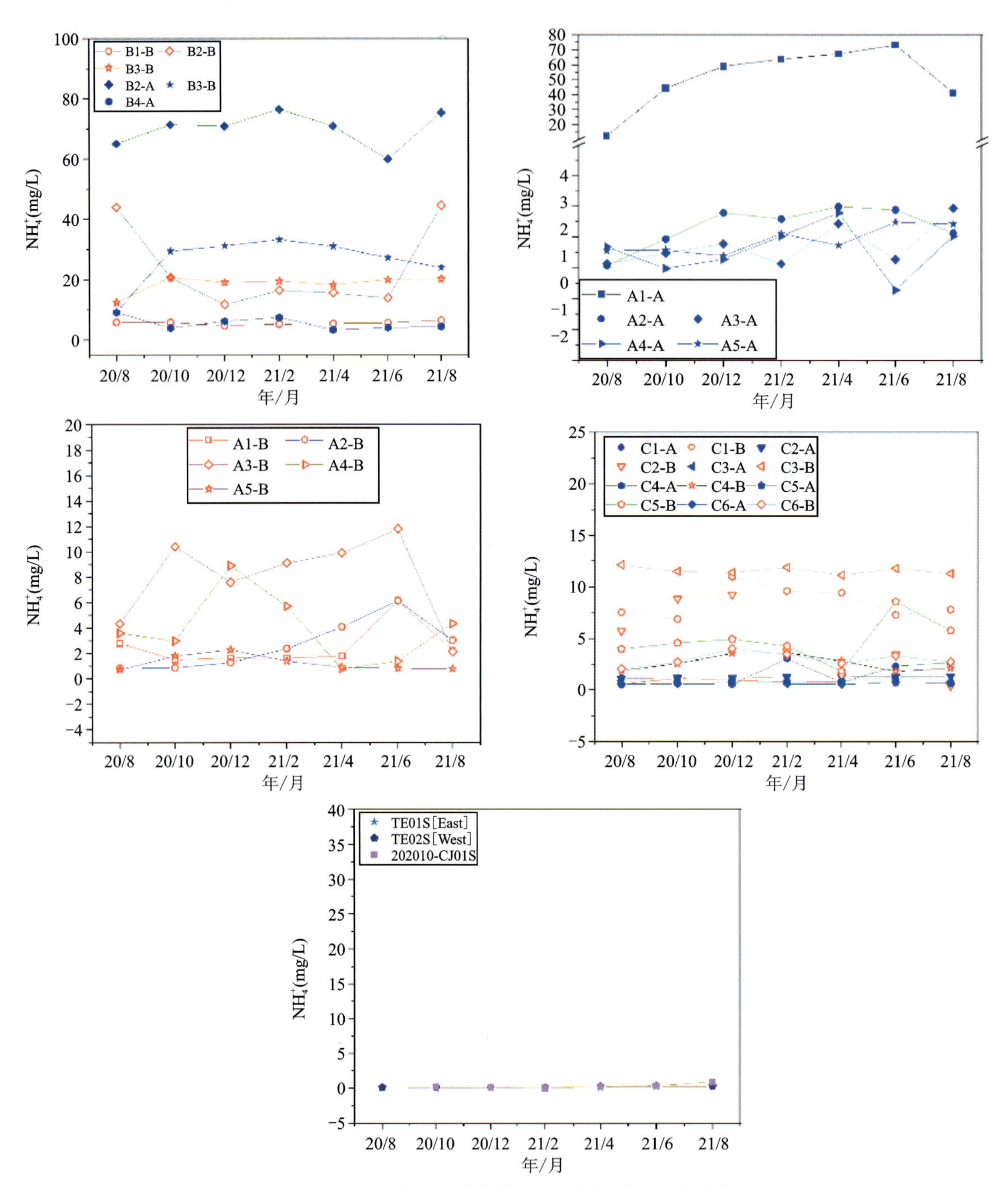

图 4.24　监测场 NH_4^+ 变化图(-A 为深井,-B 为浅井)

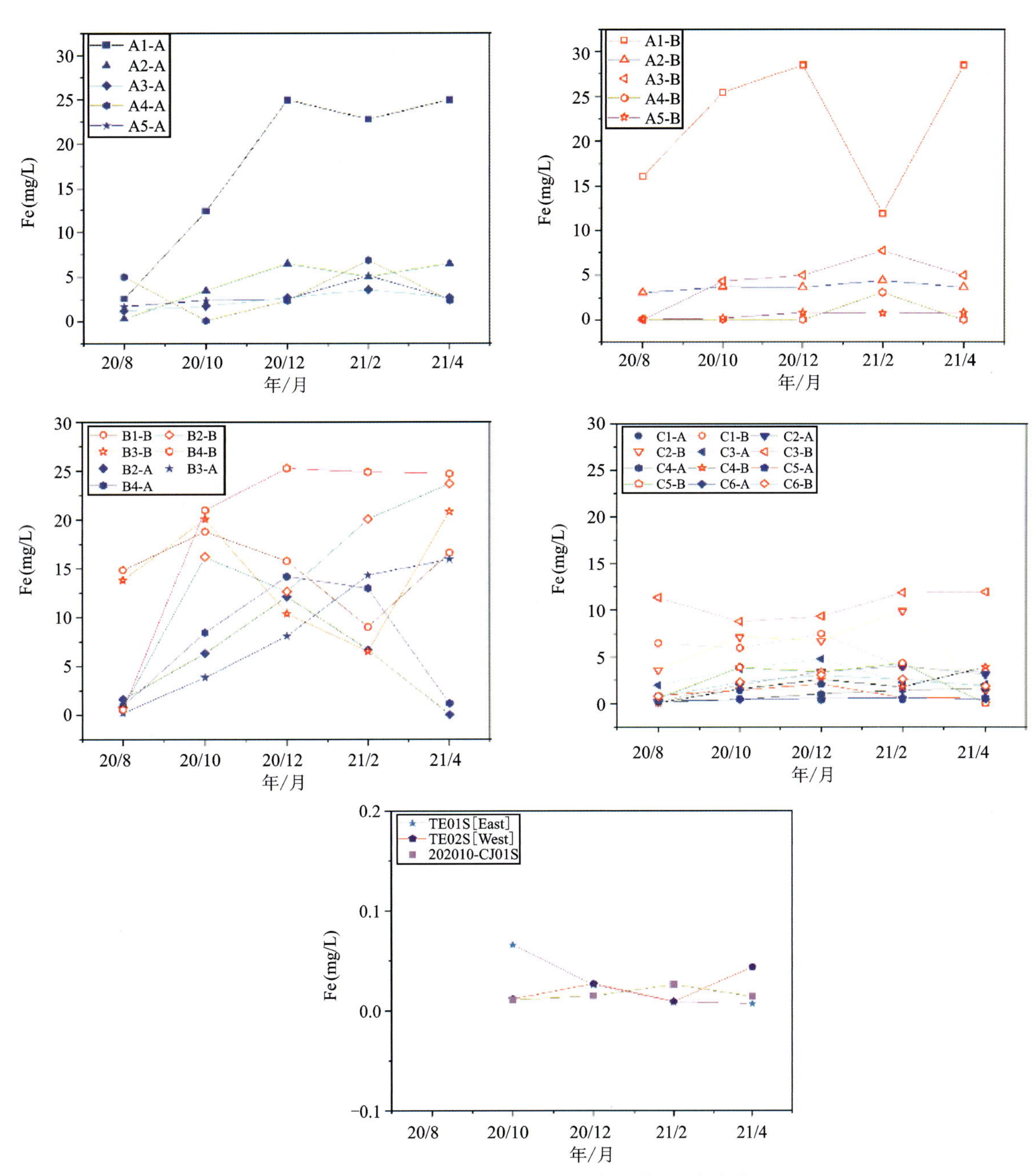

图 4.25 监测场 Fe 变化图(-A 为深井,-B 为浅井)

从图 4.26 可以看出,A 剖面中的深井、B 剖面的深井、B1 的浅井以及 C 剖面中的深井和 C5 的浅井 Mn 含量波动变化具有相似性,先增加而后减少。在 C 剖面中,C1、C2、C3 的浅井 Mn 含量明显低于 C1、C2、C3 的深井 Mn 含量且含量差异较稳定。而地表水中的 Mn 含量除 2020 年 10 月 CJ01S 中的 Mn 含量接近地下水外,其余月份均远低于地下水中 Mn 含量。

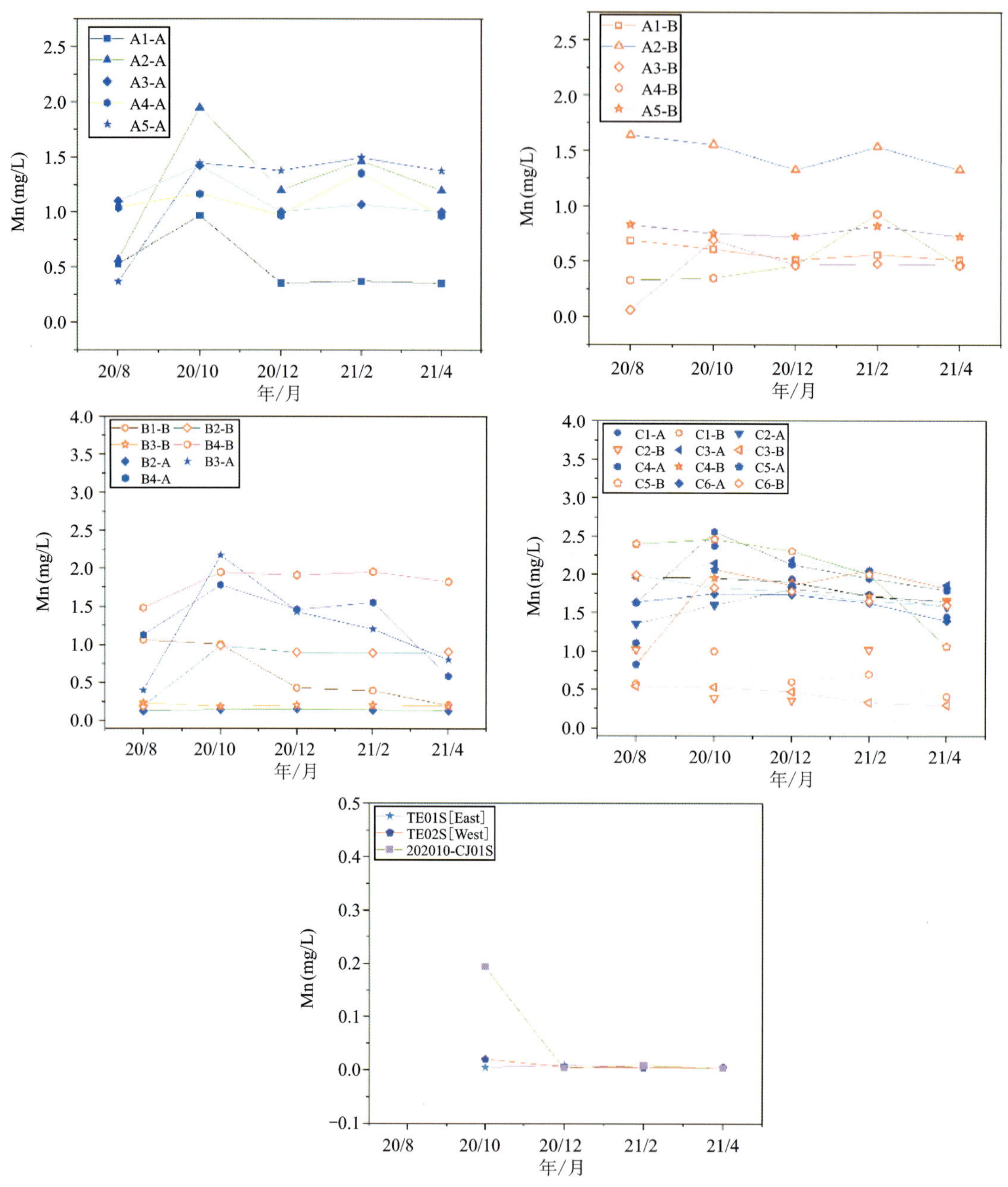

图 4.26　监测场 Mn 变化图(-A 为深井,-B 为浅井)

从图 4.27 可以看出,A2 的深井、A1 的浅井,B 剖面的 B1、B2、B3 井,C 剖面的 C1、C3 浅井中的 As 含量较高且变化较为剧烈。其中 A1 的浅井、B1 的浅井、B3 的浅井有着类似的变化规律,先增大再减小后增大,而 C3 的浅井则先减小后增大。同时,天鹅洲地表水的两个采样点(TE01S、TE02S)的 As 含量保持较低状态且略有减小的趋势,而长江的采样点 CJ01S 的 As 含量则低于天鹅洲地表水的 As 含量且稳定在 2μg/L 以下。

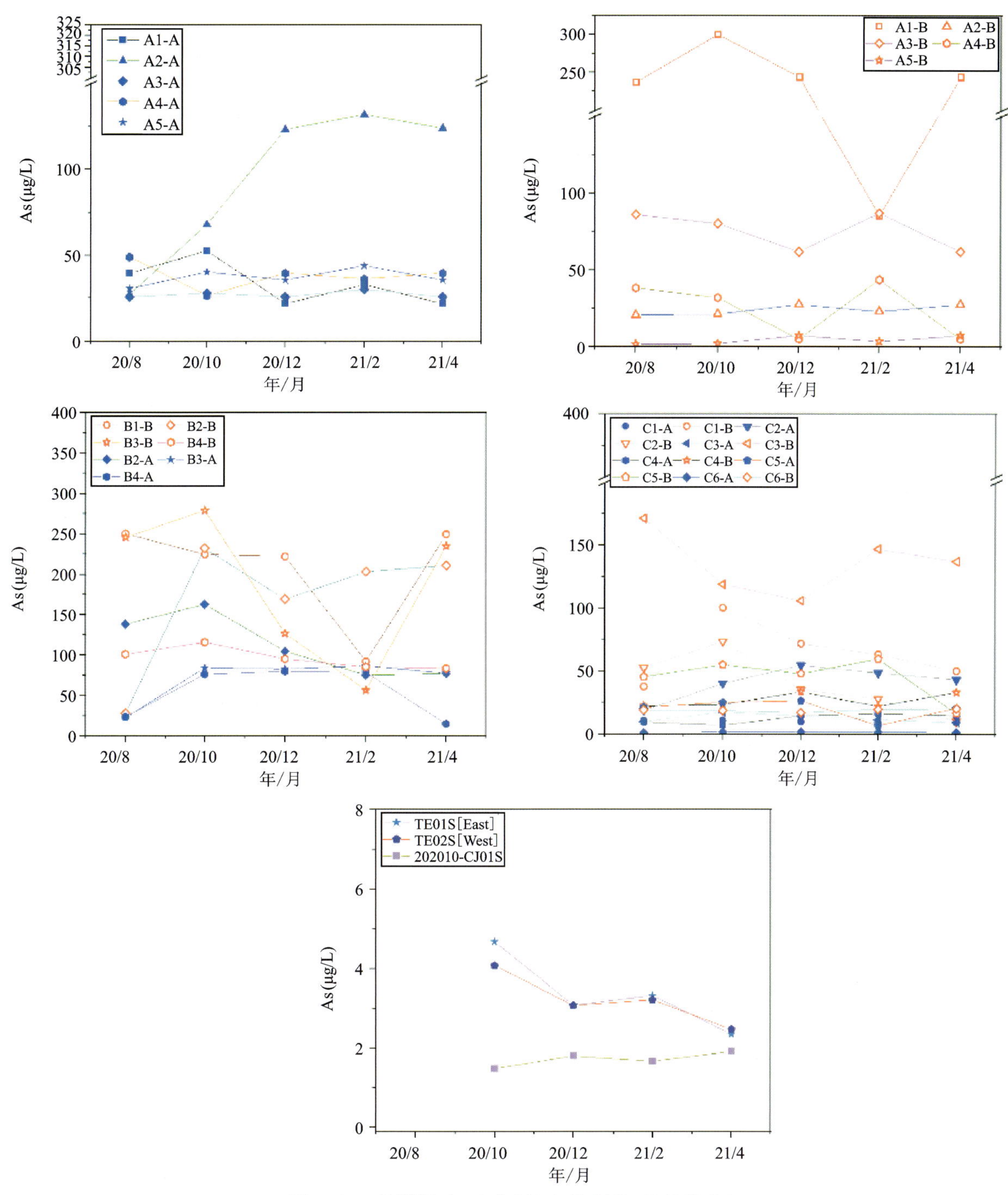

图 4.27　监测场 As 变化图(-A 为深井,-B 为浅井)

从图 4.28 可以看出,在含量上,监测场中的 A1 井、B2 井、B3 井明显远高于其他井的 P 含量。在时间维度上,A1 井、B2 井、C1 井、C2 井、C4 井的深浅井、地表水的 TE01S 中 P 元素的含量的变化特别大。A1 的深井的 P 含量小幅减少后从 4 月至 6 月猛增,而 A1 的浅井则有相反的规律,先大幅增加后小幅度减少和波动,最后再次大幅度减少。B 剖面和 C 剖面的 P 的波动具有相似性,B2 的深井和 C4 的浅井都在 12 月达到了最高值。

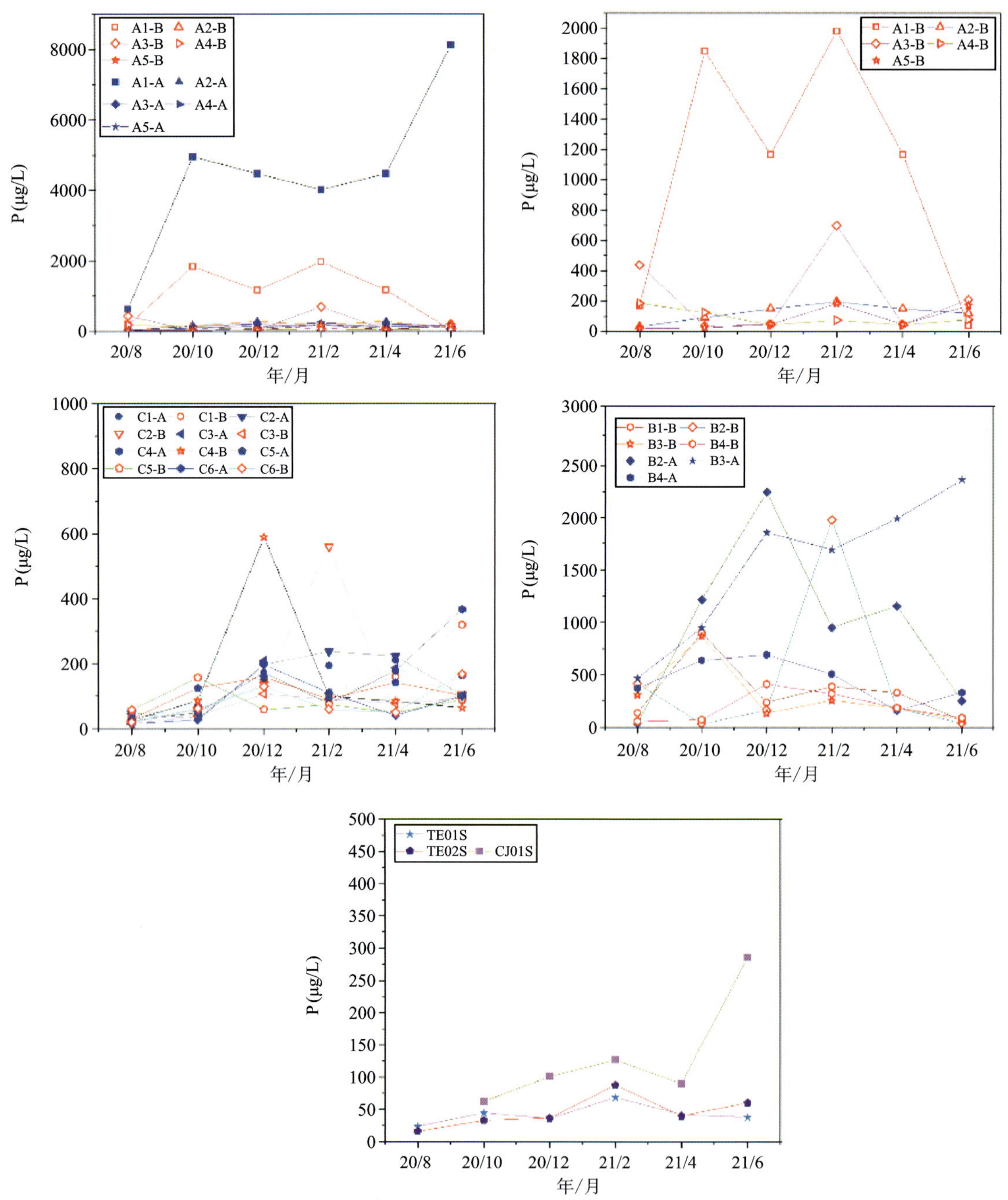

图 4.28　监测场 P 变化图(-A 为深井,-B 为浅井)

第 5 章　河湖湿地界面水文-生物地球化学循环过程

5.1　地下水排泄

5.1.1　洞庭湖

5.1.1.1　氡同位素理论和方法

海洋和湖泊的富营养化及污染问题已是全球范围内一种普遍而严重的环境问题，传统观点普遍认为，地表径流输入的营养盐及污染物是导致以上问题的主要原因。近年来，越来越多的研究以放射性 ^{222}Rn 为核心手段，查明了地下水排泄在近海海域的营养盐均衡中的重要作用。对于湖泊的相关研究主要集中在内陆干旱区的咸水湖，^{222}Rn 在内陆湿润区淡水湖泊中的应用仍十分薄弱。针对这一问题，本研究以长江流域重要淡水湖泊——洞庭湖为例，使用 ^{222}Rn 质量平衡模型，评估地下水排泄及其携带污染物输入对洞庭湖水均衡和污染物均衡的贡献。

在洞庭湖区的采样分析表明，湖水中 ^{222}Rn 活度的范围为 109.07～700.72Bq/m^3，平均为 308.13Bq/m^3；河水中 ^{222}Rn 活度的范围为 147.39～476.49Bq/m^3；地下水中活度的范围为 2 037.83～17 477.80Bq/m^3，平均为 8 345.12Bq/m^3；孔隙水中 ^{222}Rn 活度的范围为 1 990.31～10 898.27Bq/m^3，平均为 6 054.28Bq/m^3（图 5.1）。

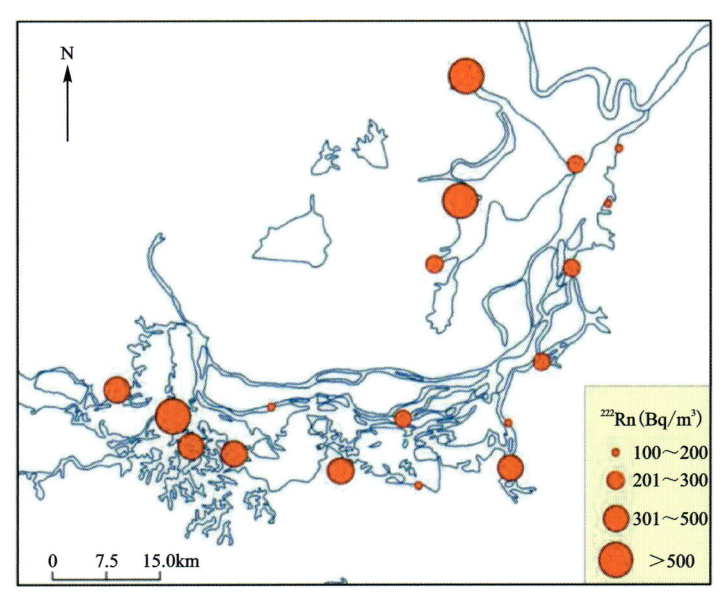

图 5.1　湖区 ^{222}Rn 活度分布图

分析模型为：^{222}Rn 质量平衡模型，具体原理如下。

(1)^{222}Rn 是 ^{226}Ra 的子体，其单质形态是氡气，半衰期为3.823d。对湖水中氡的源汇关系建立质量平衡模型，将地下水排泄通量作为唯一的未知项进行求取。对本区内而言，湖水中 ^{222}Rn 的源项包括地下水排泄、沉积物扩散、母体 ^{226}Ra 衰变、河流汇入，而汇项包括大气逸散、自身衰变、湖水流出，质量平衡模型可表示如下：

$$\frac{\partial I^{222}Rn}{\partial t}=F_g+F_d+I^{222}Ra\times\lambda^{222}Rn+F_s-F_a-I^{222}Rn\times\lambda^{222}Rn-F_o$$

式中：F_g、F_d、F_s、F_a 和 F_o 分别为地下水排泄、沉积物扩散、河流汇入、大气逸散和湖水流出过程的 ^{222}Rn 通量[Bq/(m^2·d)]；$I^{226}Ra$ 和 $I^{222}Rn$ 为湖水中 ^{226}Ra 和 ^{222}Rn 的储量(Bq/m^2)，其等于湖水中 ^{226}Ra 和 ^{222}Rn 的浓度乘以湖水深度；$\lambda^{222}Rn$ 为 ^{222}Rn 的衰变常数，值为0.186d^{-1}；公式左边为湖水中 ^{222}Rn 储量随时间的变化，由于此变化不显著，其值等于0。

(2)开展湖水 ^{222}Rn 活度的连续测量，每个点的连续测量时长设为24h，连续测量采用RAD7测氡仪及其配件RAD AQUA来实现。公式中，F_g 即为连续测量期间湖水 ^{222}Rn 活度的平均值；F_s 为入湖河水中的 ^{222}Rn 活度(Bq/m^3)；F_o 为出湖口湖水中的 ^{222}Rn 活度(Bq/m^3)；F_d 和 F_a 需要额外的公式来计算得到：

$$F_d=(\lambda^{222}Rn\times D_s)^{0.5}(C_p-C_w)$$

$$D_s=D_m/[1-\ln(n^2)]^2$$

式中：D_s 为沉积物中氡的分子扩散系数(m/d)；D_m 为湖水中氡的分子扩散系数(m/d)；n 为沉积物孔隙度；C_p 为孔隙水氡活度(Bq/m^3)，其通过室内培养实验获取；C_w 为湖水氡活度(Bq/m^3)。

$$F_a=k\times(C_w-\alpha C_a)$$

$$k=34.6\times R_v\times(D_{m20})^{0.5}\times(w_{10})^{1.5}$$

式中：k 为气体转移系数；C_a 为连续测量期间大气中氡的平均活度(Bq/m^3)；α 为分配系数，其是湖水温度的函数；R_v 为20℃时淡水运动黏度和连续测量期间湖水运动黏度的比值；w_{10} 为湖面上方10m的风速(m/s)；D_{m20} 为20℃时淡水的分子扩散系数，值为 1.16×10^{-5}cm^2/s。

(3)F_g 作为未知项而求得，湖底地下水排泄强度 $v=F_g/C_g$，其中 C_g 为连续测量点附近湖区地下水中 ^{222}Rn 的平均活度(Bq/m^3)。

通过 ^{222}Rn 质量平衡模型的计算，结果如下：

大气逸散 ^{222}Rn 通量为448.18[Bq/(m^2·d)，^{222}Rn 的衰变通量为120.60Bq/(m^2·d)，湖水输出 ^{222}Rn 通量为122.00Bq/(m^2·d)，沉积物扩散 ^{222}Rn 通量为41.26Bq/(m^2·d)，^{226}Ra 衰变通量为0Bq/(m^2·d)，河流输入 ^{222}Rn 通量为105.08Bq/(m^2·d)。因此，地下水输入 ^{222}Rn 通量为544.43Bq/(m^2·d)。

由图5.2可知，源项中，地下水排泄的 ^{222}Rn 通量占比最高，达到78.87%；其次是河流输入，占比为15.16%；然后是沉积物扩散，占比为5.97%；^{226}Ra 衰变通量占比为0。汇项中，大气逸散的 ^{222}Rn 通量占比最高，达到64.88%；其次是湖泊外流输出，占比为17.66%；湖体自然衰变占比最小，为17.46%。

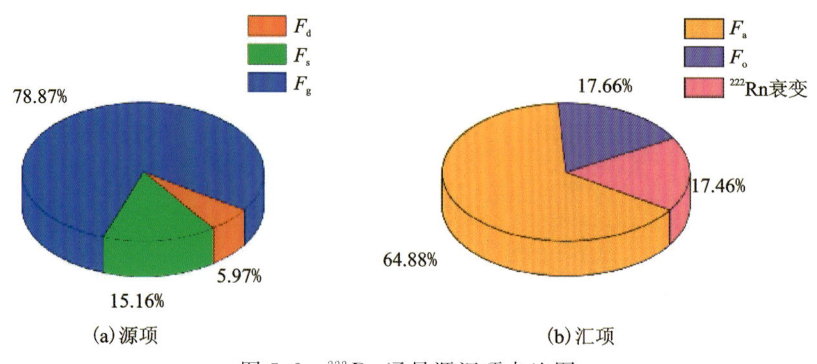

图5.2 ^{222}Rn 通量源汇项占比图

将湖岸带孔隙水和井水作为地下水端元，平均^{222}Rn活度为7 363.32Bq/m^3。通过地下水排泄强度公式，即地下水中^{222}Rn排泄通量与地下水中^{222}Rn的活度的比值，得到地下水排泄强度为73.94mm/d。1月份洞庭湖面积为688.62km^2，地下水排泄通量（湖泊面积×排泄强度）为0.51×10^8 m^3/d，地下水对湖泊总水量的贡献为10.94%，地下水排泄对洞庭湖水量均衡的贡献不可忽视。

5.1.1.2 污染物排泄通量

将地下水排泄通量与地下水端元的污染物浓度相乘，即可得到地下水排泄携带污染物的通量及其对洞庭湖物质均衡的贡献，结果见表5.1。

表5.1 地下水排泄携带污染物通量及其对湖泊物质均衡的贡献

物质通量	Fe	As	Cd	Cr	Mn	Si	P	NH_4^+
地下水输入(g/d)	2.16×10^8	1.24×10^6	1.35×10^5	4.59×10^4	7.59×10^7	5.56×10^7	8.11×10^6	5.17×10^7
河水输入(g/d)	8.51×10^6	9.57×10^5	6.54×10^5	1.00×10^5	3.98×10^6	1.29×10^9	1.50×10^8	1.67×10^8
地下水输入占比(%)	96.22	56.48	17.7	31.39	95.23	30.35	5.12	23.65

地下水排泄对湖泊整体水量的贡献固然重要，但对于湖泊水资源、水生态的管理与保护，往往需要优先选取敏感区，特别是对于大湖而言，因此湖底地下水排泄空间变异性的识别至关重要。针对这一问题，进一步以东洞庭湖为例，使用^{222}Rn质量平衡模型，评估地下水排泄及其空间变异性。

通过2020年1月在东洞庭湖区的采样分析（图5.3），我们发现，湖水中^{222}Rn活度的范围为99.44～700.72Bq/m^3，平均为245.10Bq/m^3；地下水中活度的范围为2 037.83～19 821.17Bq/m^3，平均为6 636.42Bq/m^3。

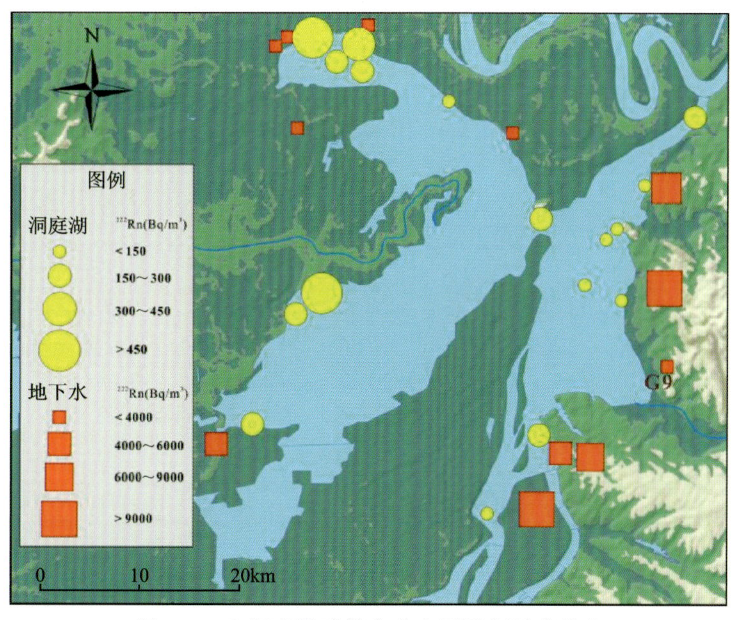

图5.3 东洞庭湖采样点分布图及氡活度分布

通过^{222}Rn质量平衡模型的计算，结果如下：

大气逸散^{222}Rn通量为(196.56±121.15)Bq/(m^2·d)，^{222}Rn的衰变通量为(160.85±37.95)Bq/(m^2·d)，湖水输出^{222}Rn通量为(356.98±44.82)Bq/(m^2·d)，^{226}Ra衰变通量为0Bq/(m^2·d)，河流输入^{222}Rn通量为198.20Bq/(m^2·d)。采集的沉积物样品需与原位湖水混合后培养30d，进而得到沉积

物扩散^{222}Rn的通量，最后计算得到 F_d为(13.19±1.0)Bq/(m^2·d)。根据^{222}Rn质量平衡模型最终得到地下水输入^{222}Rn通量为(503.00±176.77)Bq/(m^2·d)。

由图 5.4 可知，源项中，地下水排泄的^{222}Rn通量占比最高，达到 70.41%；其次是河流输入，占比为 27.74%；最后是沉积物扩散，占比为 1.85%。汇项中，大气逸散的^{222}Rn通量占比最高，达到 27.51%；其次是湖泊外流输出，为 49.97%；湖体自然衰变占比最小，为 22.52%。

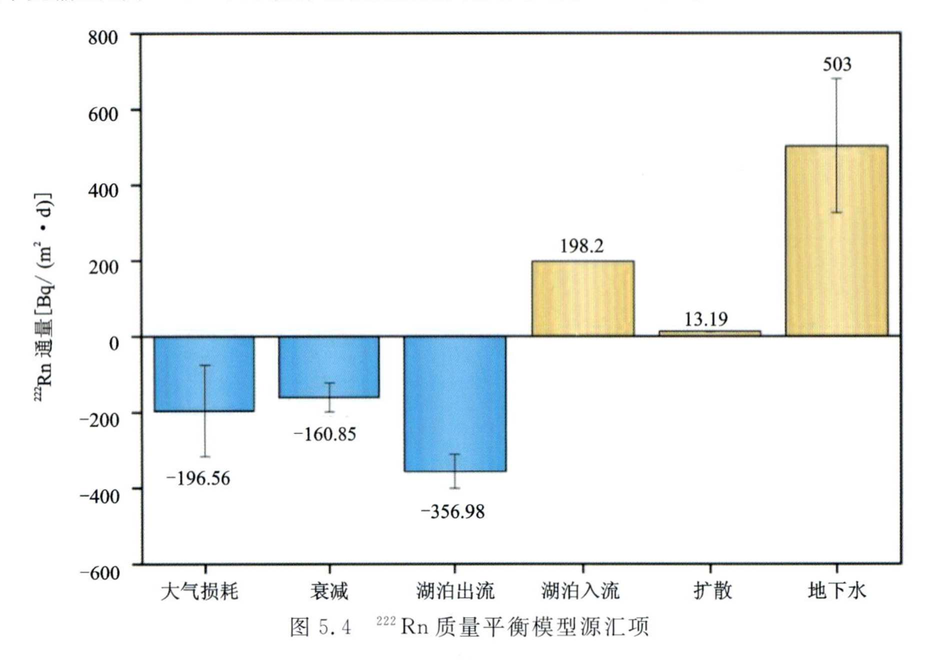

图 5.4　^{222}Rn质量平衡模型源汇项

湖岸带地下水的^{222}Rn的平均活度为 6 636.42Bq/m^3。通过地下水排泄强度公式，即地下水中^{222}Rn排泄通量与地下水中^{222}Rn的活度的比值，得到平均地下水排泄强度为(75.80±26.64)mm/d。

不难发现，以君山岛为界，东洞庭湖东、西两部分区域的湖水^{222}Rn活度差异明显。东洞庭湖西部湖水平均^{222}Rn活度为 325.36Bq/m^3，东洞庭湖东部湖水平均活度为 153.80Bq/m^3。由东洞庭湖整体的^{222}Rn质量平衡模型可知，地下水向湖泊输入的^{222}Rn是湖水^{222}Rn最主要的来源。此外，东洞庭湖东、西两部分湖岸带地下水的^{222}Rn差异也较大，整体表现为西部低(均值为 3 243.54Bq/m^3)，东部高(均值为 9 464.45Bq/m^3)。在东洞庭西部，低^{222}Rn活度的地下水向湖泊排泄反而产生了高^{222}Rn活度的湖水；在东洞庭东部，高^{222}Rn活度的地下水向湖泊排泄反而产生了低^{222}Rn活度的湖水。造成该现象的原因可能是东洞庭湖西部的地下水排泄强度大于东洞庭湖东部。根据以上定性判断，基于^{222}Rn质量平衡模型，分别对东洞庭湖西部和东部进行了地下水排泄的定量计算。计算结果如表 5.2 所示。

表 5.2　基于^{222}Rn质量平衡的东洞庭湖区西部和东部的各参数计算结果

	西部	东部
F_a	(261.84±138.41)Bq/(m^2·d)	(123.12±138.41)Bq/(m^2·d)
F_d	(9.55±2.00)Bq/(m^2·d)	20.65Bq/(m^2·d)
F_s	0.00Bq/(m^2·d)	198.20Bq/(m^2·d)
F_o	0.00Bq/(m^2·d)	(356.98±44.82)Bq/(m^2·d)
衰变	(48.56±32.14)Bq/(m^2·d)	(112.29±43.76)Bq/(m^2·d)
F_g	(300.98±168.55)Bq/(m^2·d)	(326.94±166.32)Bq/(m^2·d)
v	(92.82±51.98)mm/d	(38.66±17.21)mm/d

东洞庭湖西部和东部地下水排泄强度差异显著，东洞庭湖西部的地下水排泄强度明显大于东部，西部为(92.82±51.98)mm/d，东部为(38.66±17.21)mm/d。因此，东洞庭湖西部区域为地下水排泄的热区。

在本研究中，基于^{222}Rn质量平衡模型的结果对地下水对湖泊的典型污染物通量进行了估算，结果如表5.3所示。

表5.3 地下水排泄输入的污染物通量

	东洞庭湖东部(g/d)	东洞庭湖西部(g/d)
P	5.40×10^4	4.30×10^6
NH_4^+	6.17×10^6	4.60×10^7
Fe	2.00×10^7	4.11×10^7
Mn	6.57×10^6	1.69×10^7
As	1.92×10^5	2.12×10^5
Si	3.88×10^7	1.63×10^8
Cd	6.09×10^3	2.52×10^4
Cr	4.05×10^3	2.87×10^4

由表5.3可知，地下水是洞庭湖重金属和营养盐的重要来源，西洞庭湖地下水输入的污染物通量高于东洞庭湖为1～2个数量级。东洞庭湖西部没有明显的地表水输入，地下水在维持生态平衡方面起到的作用可能十分关键，甚至起主导作用。

5.1.2 天鹅洲

5.1.2.1 排泄强度区划

牛轭湖是长江中游沿江发育的典型湖泊，是由长江在不同时期裁弯取直演化而成。长江中游牛轭湖是珍稀鱼类(如江豚)、鸟类(天鹅)及麋鹿的天然栖息地，物种丰富，具备十分重要的生态意义。以长江中游典型的牛轭湖——天鹅洲牛轭湖为例，基于^{222}Rn质量平衡模型，定量评估地下水排泄及其携带污染物输入负荷及其空间差异。

在野外现场采样期间，天鹅洲湖岸浅滩区域发现有多处呈点状或面状的地下水向湖泊排泄现象，如图5.5所示，可观察到明显的浅层地下径流排泄经上覆弱透水层中的局部优先通道呈点状流入湖泊，亦可观察到湖岸大面积浅层地下渗流呈面状进入湖泊，且湖岸区有大面积红色铁锈，为地下水中的Fe^{2+}排泄到湖岸氧化而成。

在天鹅洲牛轭湖的采样分析表明，湖水中^{222}Rn活度的范围为178.36～1 245.80Bq/m^3，平均为542.80Bq/m^3；地下水中活度的范围为2 037.83～11 583.54Bq/m^3，平均为4 870.24Bq/m^3。可以看出，地下水中^{222}Rn活度远大于湖水^{222}Rn活度，约为湖水的9.0倍。湖水^{222}Rn活度空间分布不均，这是由于地下水排泄向湖泊输入^{222}Rn强度不同导致的。因此，根据采样点的分布，对湖岸进行了区域划分，并基于^{222}Rn质量平衡模型，计算出每一段的地下水排泄强度。天鹅洲牛轭湖每一段的地下水排泄强度计算参数见表5.4。

图 5.5 地下水向湖泊排泄的野外现象

表 5.4 各分段的地下水排泄强度计算的参数

分段	大气逸散氡通量 Bq/(m²·d)	自身衰变氡通量 Bq/(m²·d)	沉积物氡扩散 Bq/(m²·d)	K^a	水温 (℃)	S_c^b	地下水排泄氡通量 Bq/(m²·d)	地下水排泄强度(mm/d)
1	280.81	35.02	7.06	0.76	9.40	1 882.88	308.77	68.38
2	401.22	47.14	6.94	0.80	10.70	1 733.92	441.43	130.66
3	833.01	58.89	7.06	0.79	10.50	1 756.04	884.83	151.62
4	134.76	49.76	7.06	0.78	10.10	1 801.15	177.46	43.16
5	776.40	234.98	7.06	0.74	8.90	1 943.52	1 004.32	160.94
6	236.01	29.77	7.06	0.75	9.20	1 906.91	258.72	51.43
7	937.63	295.67	7.06	0.77	9.80	1 835.73	1 226.24	245.74
8	222.87	33.34	7.14	0.76	9.50	1 870.98	249.07	51.74
9	231.11	142.75	7.06	0.77	9.70	1 847.41	366.80	49.30
10	311.50	197.47	7.06	0.77	9.90	1 824.13	501.91	122.75
11	167.48	103.31	7.06	0.77	9.90	1 824.13	263.73	36.12
12	294.60	268.03	7.03	0.73	8.40	2 006.12	555.61	193.23
13	187.52	104.99	7.18	0.75	9.10	1 919.04	285.32	42.72
14	284.29	146.64	7.06	0.73	8.60	1 980.84	423.86	81.23
15	308.75	182.92	7.01	0.73	8.60	1 980.84	484.65	108.14
16	1 171.06	69.52	7.06	0.94	14.60	1 354.08	1 233.51	251.37

注:a 指全体转移系数;b 指施密特系数。

大气逸散^{222}Rn 通量为 134.76～1 171.06Bq/(m^2·d)，^{222}Rn 的衰变通量为 29.77～234.98 Bq/(m^2·d)，^{226}Ra衰变通量为 0Bq/(m^2·d)。采集的沉积物样品与原位湖水混合后培养 30d，得到沉积物扩散^{222}Rn 的通量，结果为 6.94～7.18Bq/(m^2·d)。根据^{222}Rn 质量平衡模型最终得到地下水输入^{222}Rn 通量为177.46～1 233.51Bq/(m^2·d)。地下水排泄强度为 36.12～251.37mm/d。各分段的地下水排泄强度分布见图 5.6。

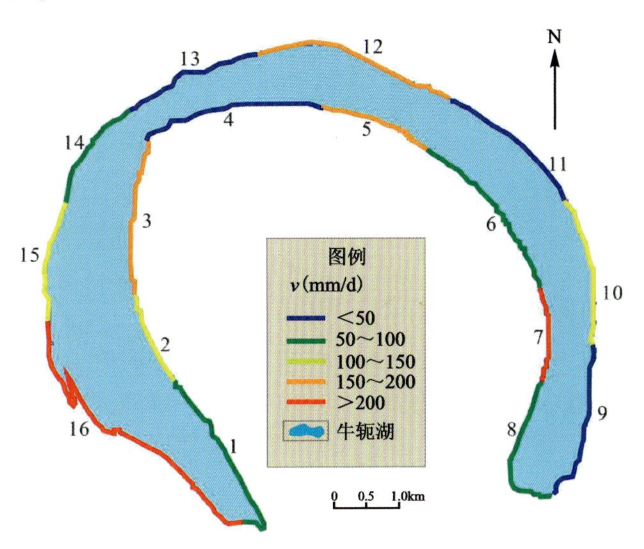

图 5.6　各分段的地下水排泄强度分布图

5.1.2.2　污染物排泄量区划

本研究基于^{222}Rn 质量平衡模型的结果对地下水向湖泊输入的污染物负荷也进行了估算。各分段的估算结果如表 5.5 所示。

表 5.5　各分段地下水排泄向湖泊输入的污染物负荷

分段	物质负荷[g/(m^2·d)]								
	Fe	Sr	As	Cd	Cr	Mn	Si	P	NH_4^+
1	1.44×10^{-3}	9.78×10^{-3}	0	1.63×10^{-5}	1.92×10^{-5}	2.99×10^{-3}	0.27	3.42×10^{-3}	3.41×10^{-3}
2	7.71×10^{-3}	3.48×10^{-2}	0	0	7.08×10^{-5}	4.39×10^{-3}	0.23	3.92×10^{-3}	0.11
3	6.61×10^{-2}	0.15	0	1.52×10^{-7}	3.03×10^{-7}	3.03×10^{-4}	1.58	3.11×10^{-2}	2.50×10^{-2}
4	1.51×10^{-3}	2.76×10^{-2}	0	0	1.73×10^{-7}	1.30×10^{-4}	0.18	346×10^{-3}	1.51×10^{-2}
5	1.29×10^{-2}	9.98×10^{-2}	0	1.61×10^{-7}	1.61×10^{-7}	1.61×10^{-4}	1.41	1.93×10^{-2}	9.65×10^{-3}
6	0.63	3.76×10^{-2}	0	4.79×10^{-5}	6.23×10^{-4}	9.72×10^{-4}	0.51	4.63×10^{-3}	0.12
7	9.19×10^{-2}	0.17	0	3.64×10^{-4}	2.16×10^{-4}	0.24	2.83	4.91×10^{-3}	0.16
8	0.21	1.08×10^{-2}	2.437×10^{-4}	1.73×10^{-5}	2.70×10^{-4}	0.60	0.15	4.65×10^{-3}	0.28
9	0.68	3.17×10^{-2}	7.336×10^{-3}	2.01×10^{-4}	6.60×10^{-5}	8.13×10^{-3}	0.79	6.36×10^{-2}	0.29
10	3.45×10^{-2}	0.15	0	1.23×10^{-7}	1.23×10^{-7}	2.46×10^{-4}	0.89	3.92×10^{-2}	0.16
11	0.56	3.17×10^{-2}	2.17×10^{-7}	1.08×10^{-6}	7.22×10^{-8}	3.61×10^{-5}	0.57	4.40×10^{-2}	2.89×10^{-2}

续表 5.5

分段	物质负荷[g/(m² · d)]								
	Fe	Sr	As	Cd	Cr	Mn	Si	P	NH_4^+
12	1.21	0.14	1.14×10^{-2}	2.57×10^{-4}	3.89×10^{-4}	0.28	3.19	0.11	1.56
13	0.35	5.19×10^{-2}	1.71×10^{-7}	4.27×10^{-8}	1.28×10^{-7}	8.54×10^{-5}	0.65	1.06×10^{-2}	9.82×10^{-2}
14	0.62	7.23×10^{-2}	3.62×10^{-3}	5.44×10^{-5}	6.34×10^{-5}	5.52×10^{-2}	0.62	7.31×10^{-3}	7.79×10^{-2}
15	0.52	0.11	0	1.08×10^{-7}	1.08×10^{-7}	1.08×10^{-4}	1.28	2.37×10^{-2}	0.10
16	0.34	0.34	0	2.51×10^{-7}	5.03×10^{-7}	1.01×10^{-2}	2.79	2.51×10^{-2}	0.26

各分段地下水排泄向湖泊输入的污染物负荷不仅与各分段地下水排泄强度有关，还与周边地下水的污染物浓度有关，二者共同决定了地下水向湖泊排泄输入的污染物负荷。来自地下水的污染物对湖泊水质产生了潜在的影响，可能导致湖泊产生富营养化等生态问题。

^{222}Rn 质量平衡方法适用于定量化研究，且具有较高精度，但无法识别地下水排泄的空间变异性；热红外遥感技术可以高精度地识别湖泊水温的空间分布，可依此来识别湖底地下水排泄的热区，但无法量化不同区域地下水排泄的通量。两种方法联合使用，并相互验证才能得到最可靠的湖底地下水排泄空间变异性的量化结果。

在冬季枯水期，地下水水温更高而使其具有更小的密度，输入到湿地的地下水会上浮至地表水体上部。由于在一定区域内的地下水水温较为均一，因此地表水体表面温度的空间分布能够表征地下水的排泄强度的空间分布。由于地表水的^{222}Rn 活度和湖泊表面水温都指示了地下水排泄强度，通过湖水表面温度实现对湿地水体^{222}Rn 活度的估算。携带高^{222}Rn、高温度的地下水大量排泄到湖岸地带使湖水具有更高的^{222}Rn 活度和水温，故湖岸高^{222}Rn 活度、高水温区域暗示了较为强烈的地下水向湖泊排泄过程，而两者高度吻合，相关性显著(图 5.7)。

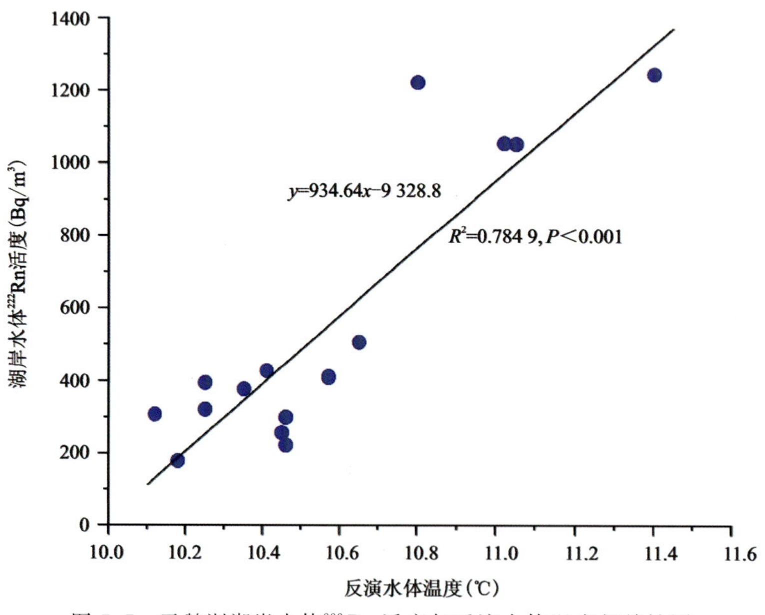

图 5.7　天鹅洲湖岸水体^{222}Rn 活度与反演水体温度相关性图

因此利用湖岸^{222}Rn 活度与湖岸反演水体温度建立模型，根据关系式利用 ENVI5.2 将天鹅洲湖岸每个像元反演水体温度值换算成湖岸^{222}Rn 像元值(图 5.8)，并利用^{222}Rn 质量平衡模型计算每个像元值的地下水排泄速率。

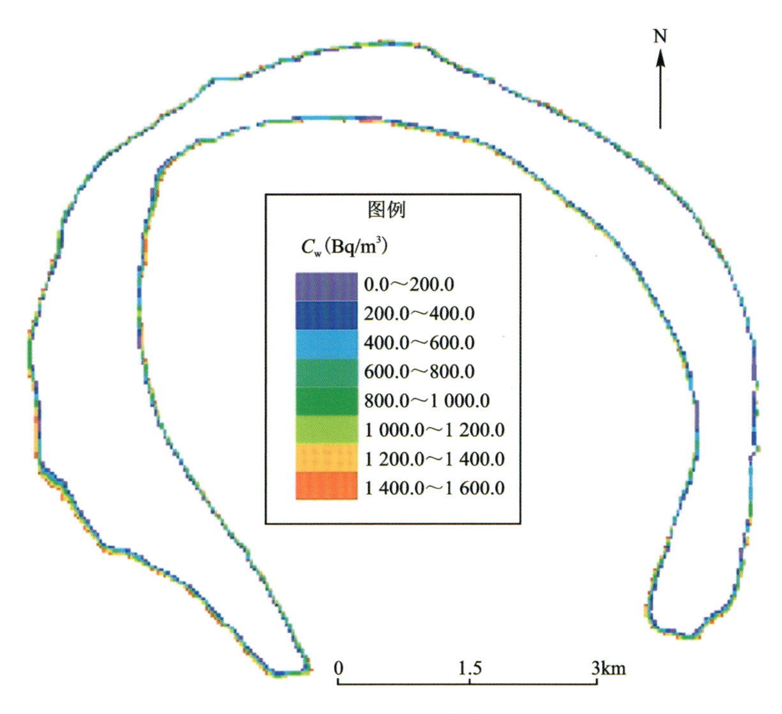

图 5.8 反演天鹅洲湖岸水体^{222}Rn 活度分布

基于^{222}Rn 质量平衡模型，对天鹅洲湖岸区每个像元进行地下水排泄的量化(图 5.9)，结果显示：湖岸区地下水排泄速率范围为 1.54～299.93mm/d，平均值为 156.45mm/d；天鹅洲内围平均地下水排泄速率为 158.10mm/d，外围平均地下水排泄速率为 131.63mm/d，内围地下水排泄速率略高于外围。

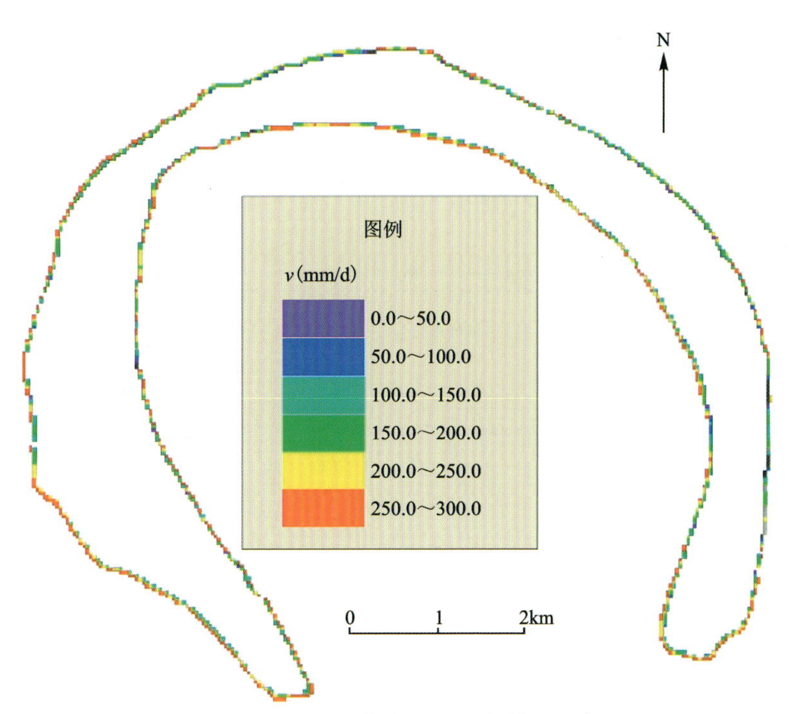

图 5.9 天鹅洲湖岸区地下水排泄速率

天鹅洲湖岸地下水排泄速率较高的区域分布在天鹅洲两端、外围左边以及内围上部，其平均地下水排泄速率值分别为 204.06mm/d、230.90mm/d、189.03mm/d，地下水排泄速率较低的区域主要分布在天鹅洲外围顶部以及右部，平均地下水排泄速率值分别为 77.85mm/d、69.84mm/d。在排泄速率较高的区域，均可发现大量地下水向湖泊排泄的现象，且湖岸区有大面积红色铁锈，为地下水中的 Fe^{2+} 排泄到湖岸氧化而成。从水文地质条件上讲，天鹅洲地区左端以及外围左侧(即地下水排泄速率较高区域)含水层直接连通湖泊，为地下水向湖泊排泄提供了条件，且在外围左侧区域湖水比其他区域有更负的氧化还原电位，说明此区域地下水与湖水联系较为密切，地下水向湖泊排泄速率更高；内围顶部湖水具有更负的氢氧同位素特征，证明了在此处地下水排泄速率较其他区域高。

地下水排泄携带营养盐负荷的空间变异性(图 5.10)与地下水排泄速率的空间变异性差异较大，主要是因为地下水排泄携带营养盐负荷不仅与地下水排泄速率有关，还取决于其地下水端元中的营养盐浓度。在天鹅洲外围上部区域地下水中 NH_4^+ 浓度是其他区域的 5.83～162 倍，P 浓度是其他区域的 5.67～25.5 倍；天鹅洲湖泊右端地下水中 NH_4^+ 浓度是其他区域的 4.32～120 倍，P 浓度是其他区域的 13～58.5 倍，而其地下水排泄速率相差不到 2 倍。

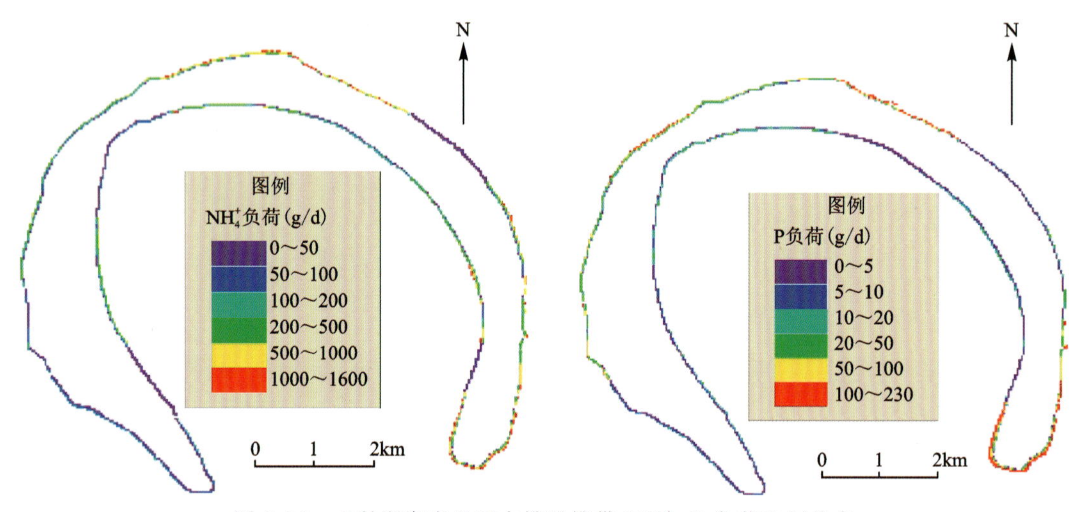

图 5.10 天鹅洲湖岸地下水排泄携带 NH_4^+、P 负荷空间分布

5.2 重金属聚散效应及风险

5.2.1 冷水江锑矿-资水-洞庭湖

5.2.1.1 时空分布特征

资江，洞庭湖的重要支流，是流域内人口主要饮用水来源之一，同时也提供养殖、航运和工业发展。资江流域以富含有色金属矿产而闻名，号称“世界锑都”的超大型锑矿山-锡矿山，位于资江流域中上游，贡献了全世界锑产量的 70%。锑，具有潜在毒性、致癌，已经被美国环保署和欧盟列为优先污染物之一。目前，有大量研究报道了资江沉积物和锡矿山矿区的重金属污染水平和生态风险，但对整个资江流域地表水中微量元素，尤其是锑的研究很少。因此，了解资江流域水环境中微量元素的浓度、分布、来源以及污染水平，对保护水资源和人类健康具有重要意义。

各元素沿河流的分布变化较大，以 Li、Mn、Sr 为代表的 PC1 沿河流走向大体呈上升或平稳状态，这主要是沿程的岩石不断风化的结果；此外，随着海拔的降低、温度的升高，蒸发结晶作用也可能是造成 PC1 离子升高的重要原因之一。资江上游城市密集，更为频繁的运输业和工业，能很好地解释 Pb、Cu、

Zn 和 Sn 在上游浓度高(图 5.11),下游浓度低的现象。

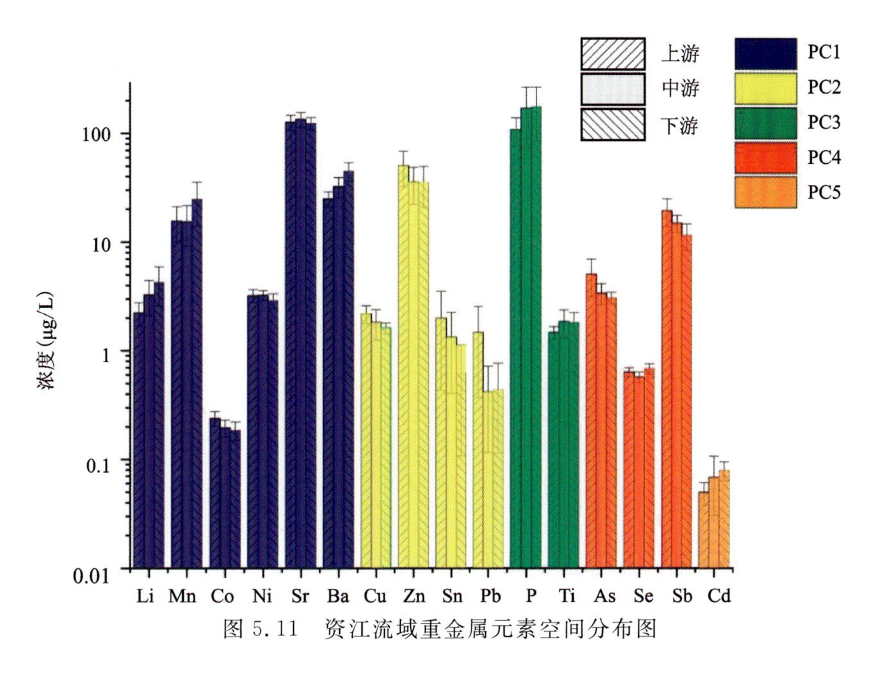

图 5.11　资江流域重金属元素空间分布图

P 和 Ti 在上游浓度较低,中下游浓度较高,这很有可能与资江上的大坝有关。资江干流上的大坝主要分布在中下游,其中大型水库柘溪和修山分别位于中游和下游,大坝的存在使得河流底层沉积物粒径更小,吸附上沉积物上的 P 和 Ti 更容易释放到上层水体中。以 Sb 和 As 为代表的 PC4 从上游到下游不断降低,由于大中型锑矿山主要集中于上游,矿山废水流入资江后,经河流净化作用的结果。Cd 的浓度沿河流流向而缓慢上升,与 PC1 的规律较为相似,自然来源可能是导致其空间变异性的主要原因。

大部分重金属元素丰水期的浓度要略低于枯水期,强降雨导致的稀释作用是导致这个现象最合理的解释;但是从图 5.12 我们可以看到,以 Cu、Pb 等为代表的 PC2 表现出截然相反的趋势,枯水期的离子浓度远低于丰水期,这可能与新冠疫情有关,病毒的暴发使得部分发电厂停工,交通运输业萎缩,排放到大气和资江中的 Pb、Sn 等显著减少。

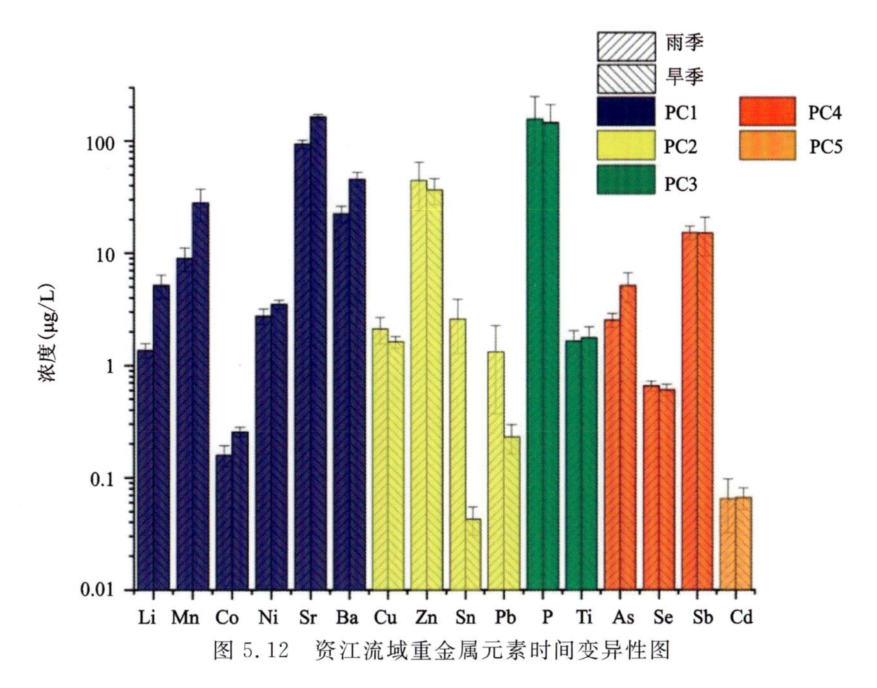

图 5.12　资江流域重金属元素时间变异性图

5.2.1.2 污染指数

利用元素浓度、元素背景值和中国饮用水水质标准计算得到的 HPI 结果如图 5.13 所示。一般认为高于临界污染指数值(100),总体污染水平对水体来说是不可接受的。31.25%的样品 HPI 值高于 100,最高值达 282.55(S1,枯水期),说明资江流域的地表水污染相当严重。同时,通过对比各个微量元素对 HPI 的贡献率我们发现,资江流域的高 HPI 大部分归功于 Sb,还有相当一部分归功于 As,资江流域的地表水不经处理不适合作为饮用水。

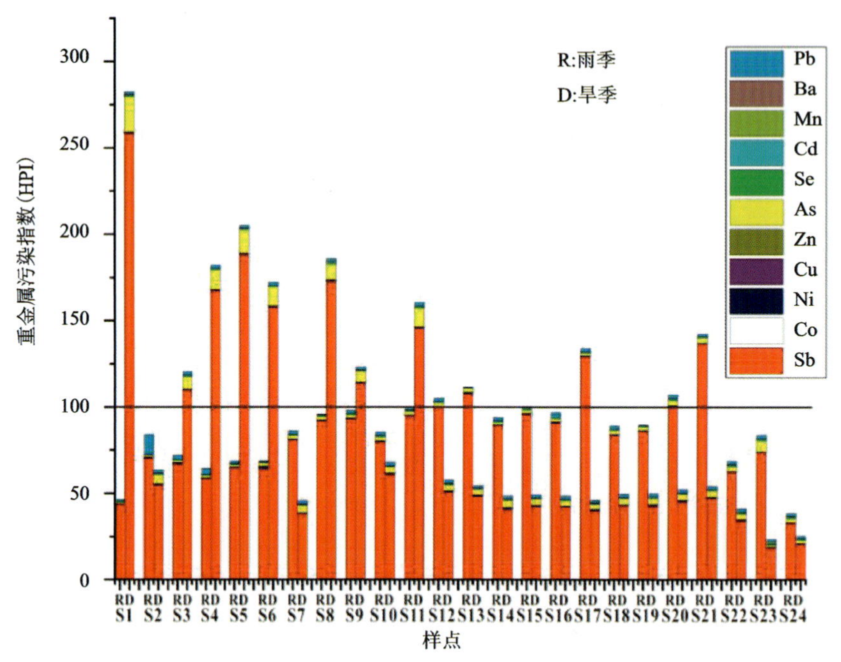

图 5.13 资江流域重金属元素污染评价图

表 5.6 列出直接摄入与皮肤吸收各微量元素的 HQ 和 HI;无论成人还是儿童,微量元素的 HQ 依次为 Sb>As>Mn>Co>Pb>Sr>Ba>Li>Ni>Zn>Cd>Se>Cu>Sn,这表明居民暴露的主要因素是 Sb 和 As,参与程度最低的是 Sn 和 Cu。Sb 的 $HQ_{直接摄入}$值大于 1,其他元素的 $HQ_{直接摄入}$值均低于 1,表明它对人体健康可能产生不良影响或每日口服可能产生非致癌影响。有研究表明,Sb 对人体的免疫、神经系统、基因等都具有潜在的毒性,长期接触可能导致头疼、肝炎,甚至死亡。而所有元素的 $HQ_{皮肤吸收}$均远低于 1,表明这些元素通过皮肤吸收几乎不会产生危害;与成年人相比,儿童的 $HQ_{直接摄入}$和 $HQ_{皮肤吸收}$均要更高一些,表明儿童在接触资江地表水中的微量元素时更敏感。因此,针对潜在的受影响居民,尤其是儿童,我们应当更加关注 Sb,而不是其他选定的微量元素。

表 5.6 资江流域水体接触致癌指数表

重金属	$HQ_{直接摄入}$		$HQ_{皮肤吸收}$		HI	
	成人	儿童	成人	儿童	成人	儿童
Li	5.28E-03	1.06E-02	5.01E-08	9.36E-08	5.28E-03	1.06E-02
Mn	2.50E-02	5.04E-02	2.97E-06	5.54E-06	2.50E-02	5.04E-02
Co	2.24E-02	4.50E-02	2.12E-07	3.96E-07	2.24E-02	4.50E-02
Ni	5.06E-03	1.02E-02	1.20E-07	2.24E-07	5.06E-03	1.02E-02

续表 5.6

重金属	$HQ_{直接摄入}$		$HQ_{皮肤吸收}$		HI	
	成人	儿童	成人	儿童	成人	儿童
Cu	1.52E-03	3.05E-03	3.60E-08	6.72E-08	1.52E-03	3.05E-03
Zn	4.36E-03	8.79E-03	6.21E-08	1.16E-07	4.36E-03	8.79E-03
As	4.14E-01	8.33E-01	4.79E-06	8.94E-06	4.14E-01	8.33E-01
Se	4.07E-03	8.21E-03	4.39E-08	8.21E-08	4.07E-03	8.21E-03
Sr	6.93E-03	1.40E-02	1.64E-07	3.07E-07	6.93E-03	1.40E-02
Cd	4.25E-03	8.55E-03	4.03E-07	7.53E-07	4.25E-03	8.55E-03
Sn	7.08E-05	1.43E-04	3.36E-09	6.27E-09	7.08E-05	1.43E-04
Sb	1.23E+00	2.48E+00	2.92E-04	5.45E-04	1.23E+00	2.48E+00
Ba	5.51E-03	1.11E-02	3.74E-07	6.98E-07	5.51E-03	1.11E-02
Pb	1.79E-02	3.60E-02	2.83E-08	5.28E-08	1.79E-02	3.60E-02

注：E-03 指 $\times 10^{-3}$。

PC1 占总方差的 31.48%，Na(0.95)、Mg(0.75)、K(0.92)、Ca(0.93)和 Sr(0.93)具有较强的正负荷，Li(0.61)、Mn(0.59)、Co(0.62)、Ni(0.71)和 Ba(0.57)为中等正负荷。PC1 中包含大量的常量元素，而且此部分微量元素的含量低，其最大浓度均低于各国饮用水限制的标准，因此可以认定这些微量元素来源于地壳物质的自然风化。

PC2 对 Pb(0.78)具有较强的正负荷，对 Cu(0.64)、Zn(0.72)和 Sn(0.53)具有中等的正负荷，占总方差的 13.46%；Pb、Sn 等常被用作车辆、农业化学品和工业废物的示踪剂，而煤炭燃烧（华银金竹山火力发电厂和长安益阳火力发电厂，均位于资江河畔）和汽车尾气可能是这些重金属的主要来源；发电厂专用的粉煤灰和释放的粉尘中往往含有 Cu、Zn、Sn 和 Pb 这些重金属元素，汽车尾气及其固体颗粒中同样如此。这些工厂和汽车主要集中在城市中，而这些微量元素在城市更为密集的资江上游含量最高，也是证明其来源的有力证据。

PC3 解释总方差的 12.89%，对 P(0.89)和 Ti(0.91)有强的正负荷。资江上有 10 座大坝，大坝的存在会改变原有的河流水动力学条件，使得河流底部具有更强的还原与缺氧环境。P 和 Ti 在浓度骤升，而水库往往是从底部释水，这说明它们的来源和河流底部沉积物有很大的关系。有研究表明，在还原缺氧的环境下，更容易导致 P 从底部沉积物中释放出来。在地壳所有微量元素中，Ti 的丰度最高，容易通过水岩相互作用而释放到水环境中。在本研究中，Ti 含量变化规律与 P 有着高度的相似性，而且 PC3 对两者均有很强的正负荷，因此推测二者极有可能有相似的来源。

PC4 占总方差的 11.74%，对 Sb(0.90)有强的正负荷，对 As(0.73)和 Se(0.69)有中等程度的正负荷。资江流域拥有世界上最大锑矿，锑矿在开采过程会产生大量矿渣、废水。同时，由于锑具有强烈的亲硫性，锑矿的形成、开采以及冶炼的过程中也常伴有金、银、砷等硫化物的存在。此外有研究表明，自然条件下 Se 与 Sb 也能结合形成硒锑矿。因此，认定这部分元素来自矿山开采等人类活动。

PC5 对 Cd(0.76)有较强的正负荷，对 Ni(0.56)和 Co(0.50)有中等程度的正负荷，PC5 对其他元素的负荷显得毫无规律可言，占总方差的 6.37%。说明水体中的 Cd 存在多个来源，具体来源还需在随后的调查中加以解释。

对本研究中的所有微量元素进行 CA，因为集群是根据 TEs 的相似特征和背景来源组成的，因此可以预测变量(TEs)的可能来源。CA 的结果呈现了一个树状图(图 5.14)，资江流域所研究元素被分成 5

个统计上显著的集群，与 PCA 的结果基本一致，该结果基本证明了主成分分析结果的有效性。

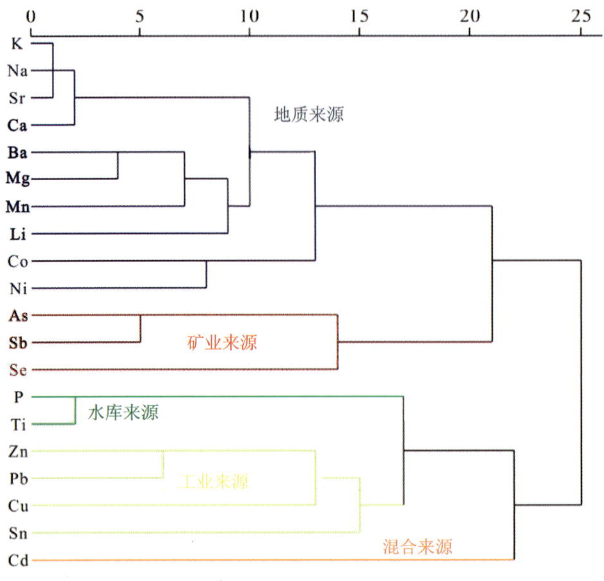

图 5.14　资江流域重金属元素来源识别图

5.2.2　德兴铜矿-乐安河-鄱阳湖

5.2.2.1　空间分布特征

乐安河是鄱阳湖水系“五水”之一饶河的一级支流，每年为鄱阳湖带来了巨大的水量和泥沙，同时也带来了大量的污染物质，尤其是重金属(以 Cu、Pb、Zn 为主)。乐安河流经我国著名的有色金属矿山集中区(德兴铜矿、银山铅锌矿等)(图 5.15)，其中德兴铜矿是目前亚洲生产规模最大的露天铜矿。

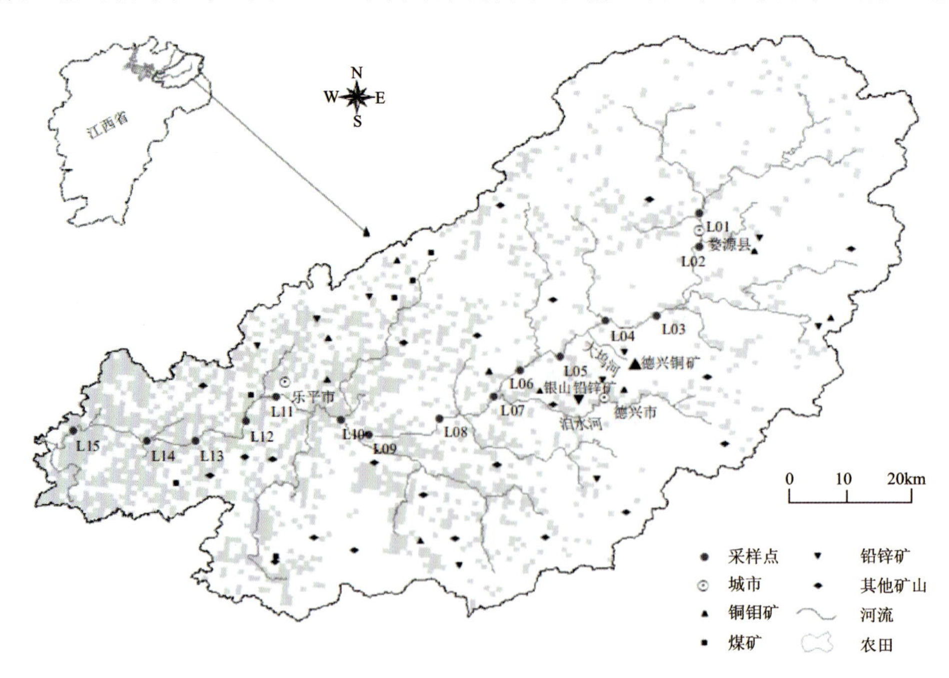

图 5.15　乐安河流域矿山分布图

2020 年 9 月，在乐安河流域选取了 21 个采样点(其中干流 17 个，4 条支流各 1 个)采集地表水和沉积物样品，并对地表水和沉积物中的重金属(Cu、Pb、Zn)和溶解性有机质(DOM)进行测定。根据采样点在流域内的位置，将采样点分为 4 个部分：源头(LA01-LA03)、上游(LA04-LA10，包括 DX05 和 JS09)、中游(LA11-LA17，包括 CX14 和 PX16)、下游(LA18-LA21)。

图 5.16 展示了乐安江流域地表水和沉积物中重金属浓度的空间分布情况。在地表水中，Cu、Pb 和 Zn 的平均含量为 3.70μg/L、0.57μg/L 和 16.18μg/L，均未超过地表水环境质量标准的浓度限值，表现为从源头向下游增加的趋势，这可能是因为许多支流向下游汇入主河道，而这些支流受到与人口稠密和发达的城市工业相关的人为活动的影响。在沉积物中，Cu、Pb 和 Zn 的平均含量为 243.68mg/kg、63.59mg/kg 和 233.48mg/kg，Cu 含量最高超背景值 76 倍，Pb 最高超背景值 12 倍，Zn 最高超背景值 17 倍，上游沉积物中的重金属含量最高，这可以归因于德兴市采矿业的影响。受德兴铜矿和银山铅锌矿采冶活动直接影响的采样点 DW05 和 JS09 的重金属含量最高，也可以解释上中游沉积物重金属含量较高的原因。

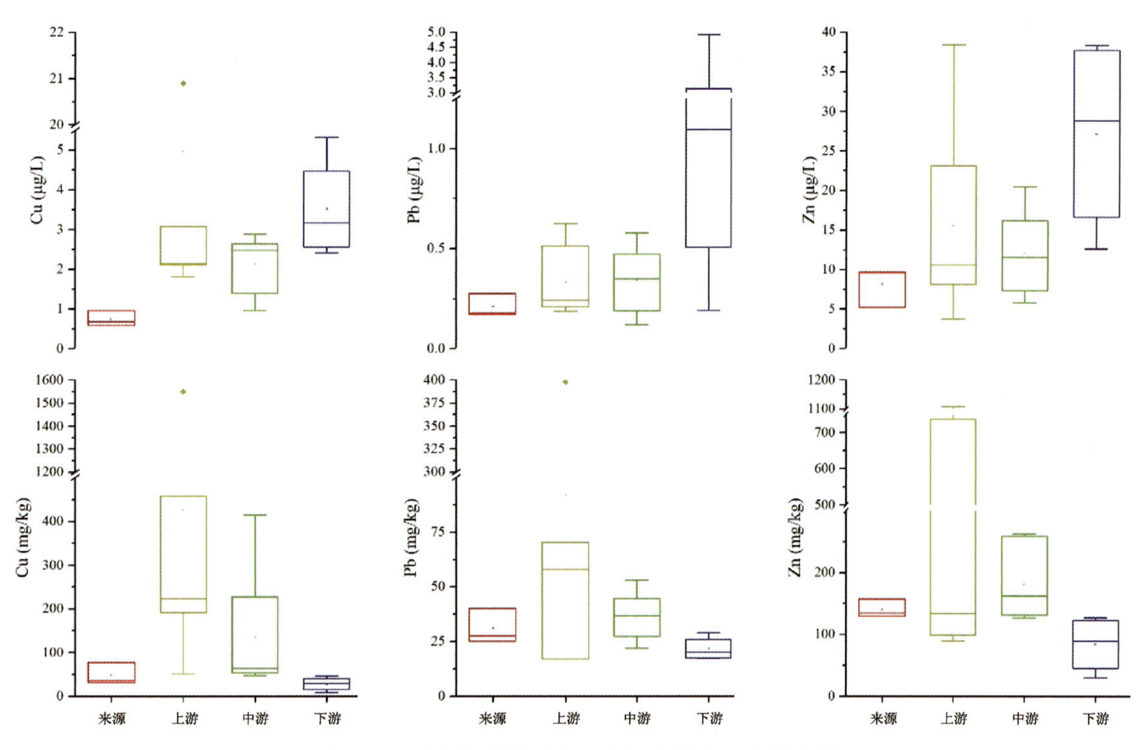

图 5.16　乐安河流域地表水和沉积物中重金属含量

5.2.2.2　生态风险指数

采用生态风险指数评价乐安河沉积物重金属污染程度。如图 5.17 所示，Cu 比其他重金属具有更高的生态风险。它在上游构成中等风险，在 DW05 和 JS09 分别具有非常高和相当大的风险水平。乐安河重金属生态风险在大坞河、洎水河汇流处显著较高。总体而言，这 3 种重金属在乐安江中上游地区表现出较高的风险水平，而铅和锌的整体生态风险水平较低。对面临较高重金属潜在生态风险的上中游地区的观察与前人对重金属含量风险评估的结果一致。

DOM 是水环境中重要的配位体和吸附载体，可以结合重金属离子和金属氧化物形成有机金属化合物，从而降低重金属毒性，明确水环境中 DOM 特征有助于全面了解重金属的潜在释放风险。DOM 不同组分的发射波长(Em)和激发波长(Ex) 决定了单个荧光团的基本特性。通过对地表水和沉积物 DOM 的三维荧光光谱的 PARAFAC 分析，确定了两种有效的荧光成分(图 5.18)。从地表水和沉积物

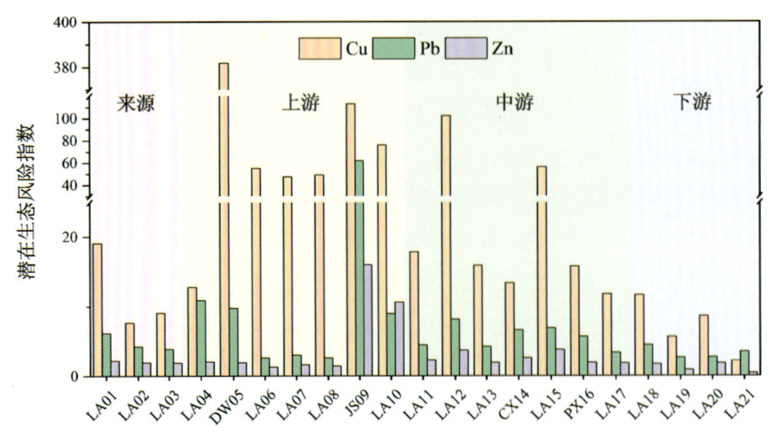

图 5.17　乐安河流域沉积物中重金属的潜在生态风险

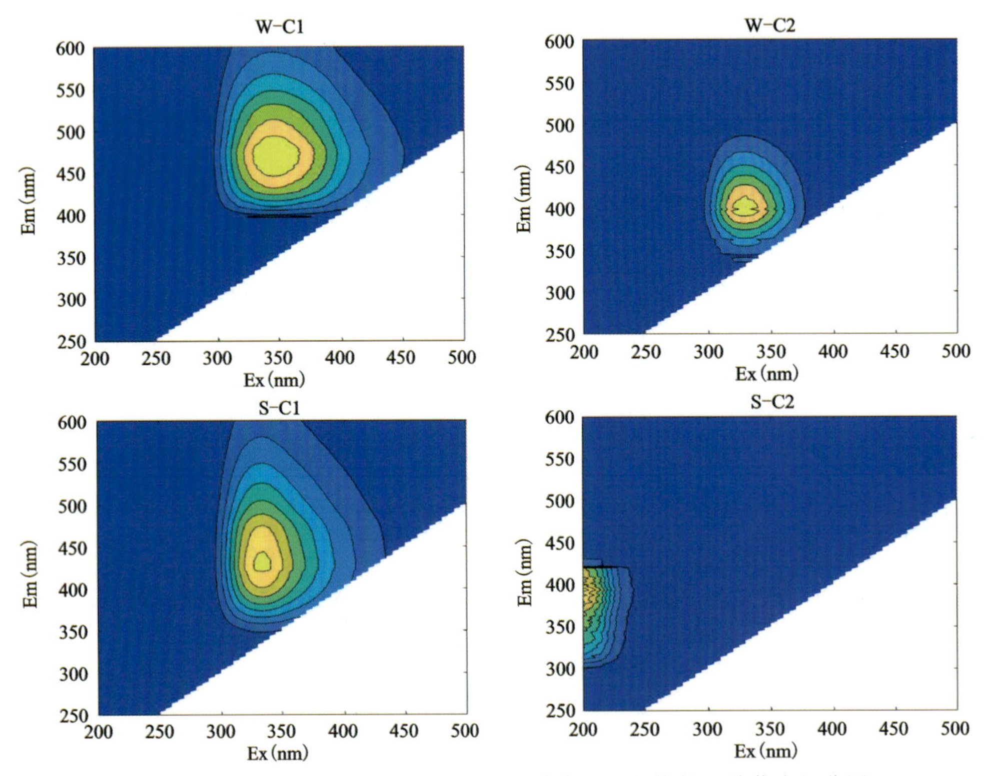

图 5.18　平行因子分析得到的乐安河流域水和沉积物的两种荧光组分图

W-C1 和 W-C2:地表水样品的两种组分;S-C1 和 S-C2:沉积物样品的两种组分

样品中识别的两种不同荧光成分均属于腐殖质成分,这表明乐安河水和沉积物中的荧光成分具有一定的相似性。组分 W-C1、W-C2 和 S-C1 的激发波长在 320～350nm 之间,发射波长在 380～520nm 之间,符合腐殖质类化合物的荧光峰。组分 W-C1 在 345/474nm(Ex/Em)处显示一个峰,与可见荧光峰 C 相近,该成分被认为是一种类腐殖酸,它通过微生物作用转化而来并广泛存在于湿地中。组分 W-C2 在 330/392nm(Ex/Em)表现出一个峰,是一种低分子量的类 UVA 腐殖质物质,与类富里酸的荧光峰相似。位于 335/428nm(Ex/Em)的组分 S-C1 被认为是一种与高分子量腐殖质相关的类 UVC 腐殖质物质,它与可见的类富里酸的荧光峰接近。组分 W-C2 和 S-C1 与(Zhu et al.,2017)报道的 C2 和(Yang et al.,2015)报道的 C3 组分相似,它们均是在受人为活动和废水影响的河流中进行的研究。因此,W-C2 和 S-C1 被认为是农业来源的腐殖质。在 200/394nm(Ex/Em)处具有峰值的组分 S-C2 被鉴定为 UV 类富里酸,内源特性较强,多被认为是自生源。

已有研究表明，DOM可以通过络合作用与重金属结合来降低水环境中游离金属离子的含量，从而降低重金属对水生生物的潜在生态毒性。为了定量表征重金属与DOM的结合能力，通常采用修正的Stern-Volmer方程来确定重金属与DOM组分之间的络合系数。类腐殖质组分与重金属的结合力顺序为Cu>Pb>Zn，类腐殖酸与重金属(Cu、Pb、Zn)配合物的lgK_M值高于富里酸与重金属(Cu、Pb、Zn)配合物的lgK_M值，此外，相对较长的激发和发射波长表明DOM组分的分子量较大，发现高分子量腐殖质/黄腐质类组分比低分子量组分表现出更高的重金属结合能力，所以组分S-C1比S-C2具有更强的重金属结合能力。

考虑到上述因素，采用层次分析法计算DOM组分与重金属结合能力的权重，并计算了地表水和沉积物中重金属的潜在生态风险值(表5.7)。地表水的综合生态风险值(W-总)为27.36～175.25(平均值为102.34)，高于沉积物的综合生态风险值(S-总)(28.66～166.23，平均值为85.20)。

表5.7　基于乐安河流域DOM特征的重金属潜在生态风险值

	W-Cu	W-Pb	W-Zn	W-总	S-Cu	S-Pb	S-Zn	S-总	总计
LA01	24.68	49.37	19.74	93.79	20.88	41.77	21.45	84.10	177.89
LA02	13.71	27.43	10.97	52.11	16.42	32.84	6.15	55.40	107.51
LA03	33.11	66.21	26.48	125.80	39.07	78.14	9.53	126.74	252.54
LA04	46.12	92.24	36.88	175.25	20.47	40.93	13.53	74.93	250.17
DX05	23.17	46.33	18.53	88.02	31.17	62.34	30.45	123.96	211.98
LA06	42.77	85.54	34.20	162.51	29.01	58.02	10.21	97.24	259.75
LA07	32.08	64.16	25.65	121.89	19.66	39.33	9.06	68.06	189.95
LA08	37.87	75.74	30.29	143.90	26.50	53.00	14.61	94.11	238.01
JS09	7.60	15.20	6.08	28.87	17.75	35.49	12.88	66.11	94.99
LA10	26.28	52.56	21.02	99.85	8.26	16.52	3.88	28.66	128.52
LA11	39.16	78.32	31.32	148.80	10.20	20.40	4.92	35.52	184.32
LA12	32.03	64.07	25.62	121.72	17.40	34.80	14.78	66.98	188.69
LA13	31.01	62.03	24.80	117.84	31.86	63.72	8.36	103.93	221.77
CX14	28.87	57.74	23.09	109.70	19.06	38.12	20.63	77.81	187.52
LA15	36.34	72.69	29.06	138.10	18.62	37.23	19.71	75.56	213.65
PX16	24.41	48.82	19.52	92.75	40.12	80.24	45.86	166.23	258.97
LA17	37.52	75.05	30.01	142.58	30.40	60.81	9.16	100.37	242.95
LA18	7.35	14.70	5.88	27.92	23.61	47.22	10.01	80.83	108.76
LA19	7.20	14.40	5.76	27.36	26.21	52.43	26.13	104.77	132.13
LA20	7.37	14.73	5.89	27.99	25.92	51.84	25.58	103.34	131.33
LA21	—	—	—	—	16.04	32.08	6.36	54.48	54.48

基于DOM的结构特征，在ArcGIS上应用反距离权重法展示重金属的潜在生态风险分布情况(图5.19)。可以发现，在地表水和沉积物中，与其他金属相比，Pb的潜在生态风险更为严重，且在中游较高。不同采样点重金属的生态风险程度存在较大差异，但地表水和沉积物采样点的生态风险区域的分布基本一致。

此外，综合考虑地表水和沉积物中重金属的生态风险值，结果表明，高风险区域主要位于河流中上游，下游区域风险最低，全面反映乐安河流域重金属的生态风险状况，这与依据实测重金属含量评估的

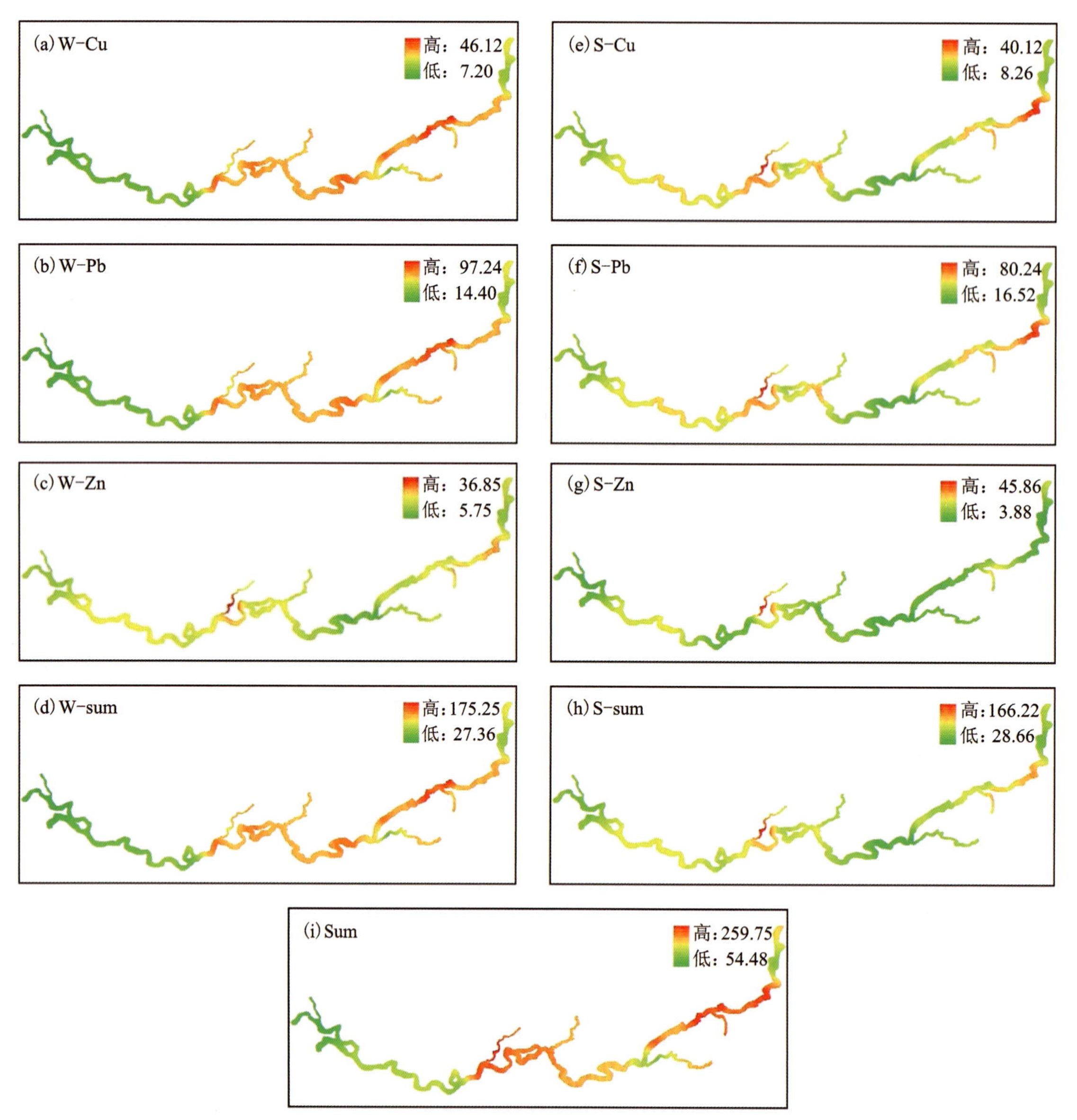

图 5.19　基于 DOM 特征的乐安河流域不同采样点重金属生态风险插值图

(a)～(d)地表水；(e)～(h)沉积物；(i)地表水和沉积物

潜在生态风险状况的结论是一致的，说明 DOM 对重金属迁移转化的影响在一定程度上指示了重金属污染的生态风险。

重金属在水环境中主要以溶解态和悬浮态进行迁移，在野外调查实测数据的基础上，借助水文站的流量数据评估乐安河入湖水量，再利用入湖水量与水中溶解态和悬浮态重金属浓度乘积估算重金属入湖通量，发现 Pb 的年入湖量达到 241.186t，Cu 年入湖量达 135.458t，Zn 的入湖通量相对较少，为 28.876t。

第3篇　水文-生态篇

第6章 河湖演化及其水文-生态效应

6.1 河湖演化

6.1.1 鄱阳湖

在西汉后期，原先九江水系所汇的江北彭蠡泽已和九江主泓道分离，面积日渐萎缩，蓄洪能力显著下降，湖口断陷的古赣江即在这种水文条件下逐步扩展成较大水域。六朝隋唐时期彭蠡湖的范围仍然局限在鄱阳北湖地区，今日鄱阳南湖在当时尚未形成。在隋唐北宋时期，与我国高温气候相伴生的，在长江流域出现了一个多雨期。地处长江中下游之间的鄱阳湖地区，在隋唐以后湖泊迅速扩展，与此高温多雨期无疑有着重大的关系。在唐末五代至北宋初期，彭蠡泽空前迅速地越过婴子口向东南方的枭阳平原扩展，大体上奠定了今天鄱阳湖的范围和形态。宋代，当时鄱阳南湖的北界与今大体相同，位于鄱阳南湖地区的古代枭阳平原，几乎沦没殆尽。明清时期，鄱阳湖演变的最大特点是汊湖的形成和扩展，特别是鄱阳湖的南部地区尤为显著。枯水期卫片表明，现在鄱阳南湖比北湖具有较大的水深，这和宋明时期北深南浅的情况完全相反。1953年鄱阳湖水面面积维持在5050km^2，经历了3次大规模围垦活动后，至1976年，湖面减少了1240km^2。

20世纪80年代后，鄱阳湖水体面积呈先减小后增加的趋势：1980—1988年期间，鄱阳湖面积减小了5.6%，相对较大；1988—1998年期间，鄱阳湖面积显著增加，达18.2%；在1980—1998年期间，鄱阳湖面积增加了303.99km^2；鄱阳湖面积在1998—2008年呈快速下降趋势，水位急剧下降，面积锐减，原因是江西近年春夏连旱，降水时空分布不均匀；2020年鄱阳湖面积达到峰值，为2 984.25km^2（图6.1）。

6.1.2 洞庭湖

先秦汉晋时代，洞庭地区属河网交错的平原地貌景观，大范围的浩渺水面尚未形成。东晋、南朝之际，洞庭地区由沼泽平原景观迅速演变为汪洋浩渺大湖景观。唐宋时期，洞庭湖水面进一步向西扩展，形成湖区水域汪洋浩渺的“八百里洞庭”。自东晋南朝至唐宋时期，长江流域经济迅速发展，地区开发加剧，原始植被遭受大量破坏，水土流失日趋严重，长江含沙量不断增大，首当其冲的江汉地区云梦泽逐渐淤填消亡，荆江统一河床形成。至元明清初时期，从上游带来的大量泥沙，持续淤高荆江河床，江患急剧增多。从明嘉靖、隆庆开始，为确保荆北地区安全，荆江北岸穴口基本堵塞，长江大量水沙涌向荆南，排入洞庭湖区。因此，在泥沙沉积量大于湖盆下沉量的情况下，洞庭湖底不断淤高；在来水有增无减、湖底淤高的情况下，洪水湖面范围继续扩展，西洞庭湖和南洞庭湖就在这种情况下逐渐形成、扩大。由于湖底高程不断增加，明至清中叶时期全盛的洞庭湖，其湖水深度却远远不如唐宋时代，这时统一湖面在平

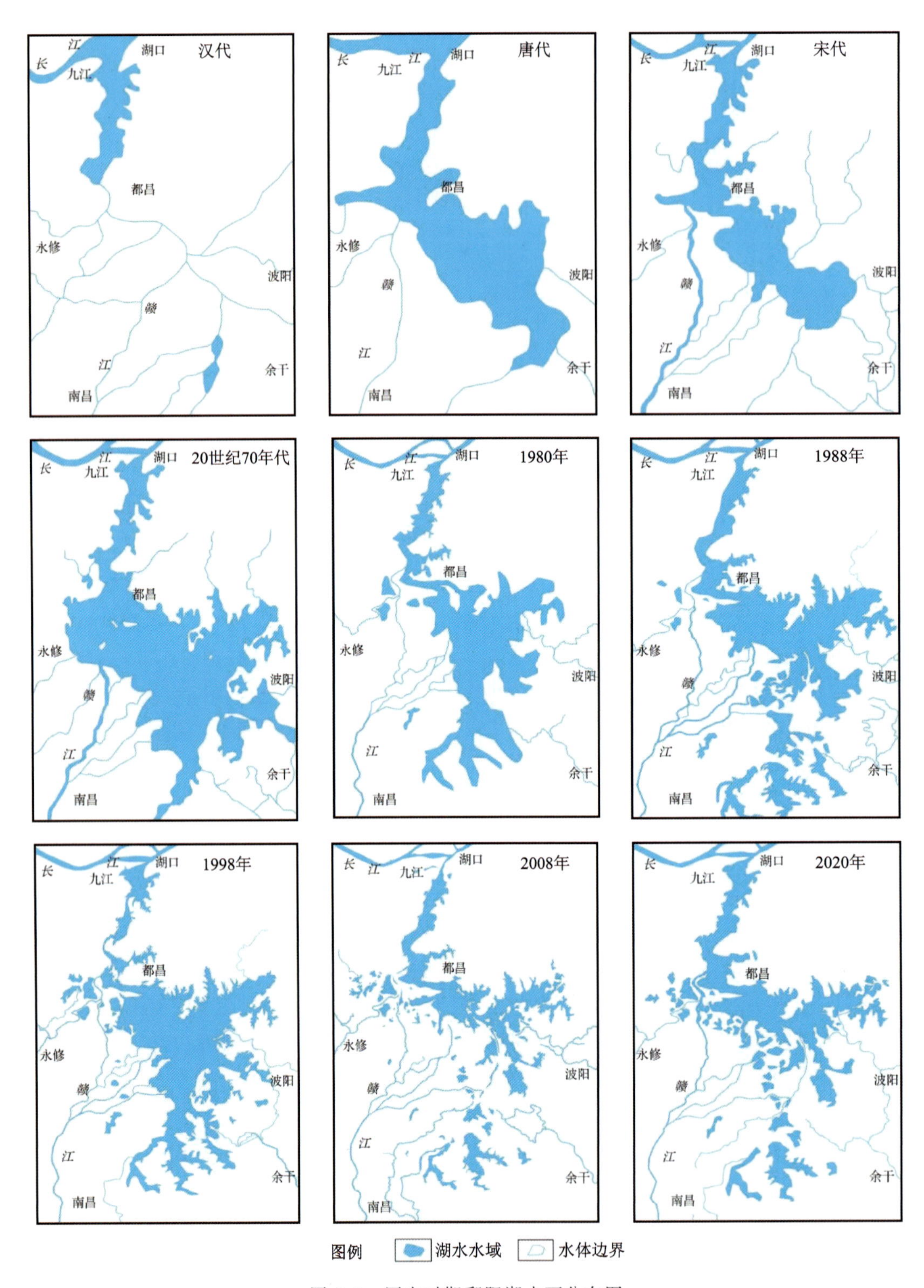

图 6.1　历史时期鄱阳湖水面分布图

水期则瓦解为若干区域性的湖群。从 19 世纪 50 年代至 20 世纪 80 年代，是洞庭湖在整个历史时期演变最为剧烈、最为迅速的一个阶段，其根本原因在于藕池、松滋两口的形成，使由荆江排入洞庭的泥沙急剧成倍增长，而人为因素，特别是大规模围湖造田也在相当程度上加速了萎缩过程。

1980 年以来，洞庭湖水体面积呈先减小后增加的趋势：1980—1988 年期间，洞庭湖面积减小了 1.2%，相对较小；1988—1998 年期间，洞庭湖面积显著增加，达 12.8%；在 1980—1998 年期间，洞庭湖面积增加了 119.95km²；洞庭湖面积在 1998—2008 年呈快速下降趋势，相比 1998 年，2008 年面积减小 100.20km²；2020 年面积回升，面积近 20 年总体上呈稳定趋势(图 6.2)。

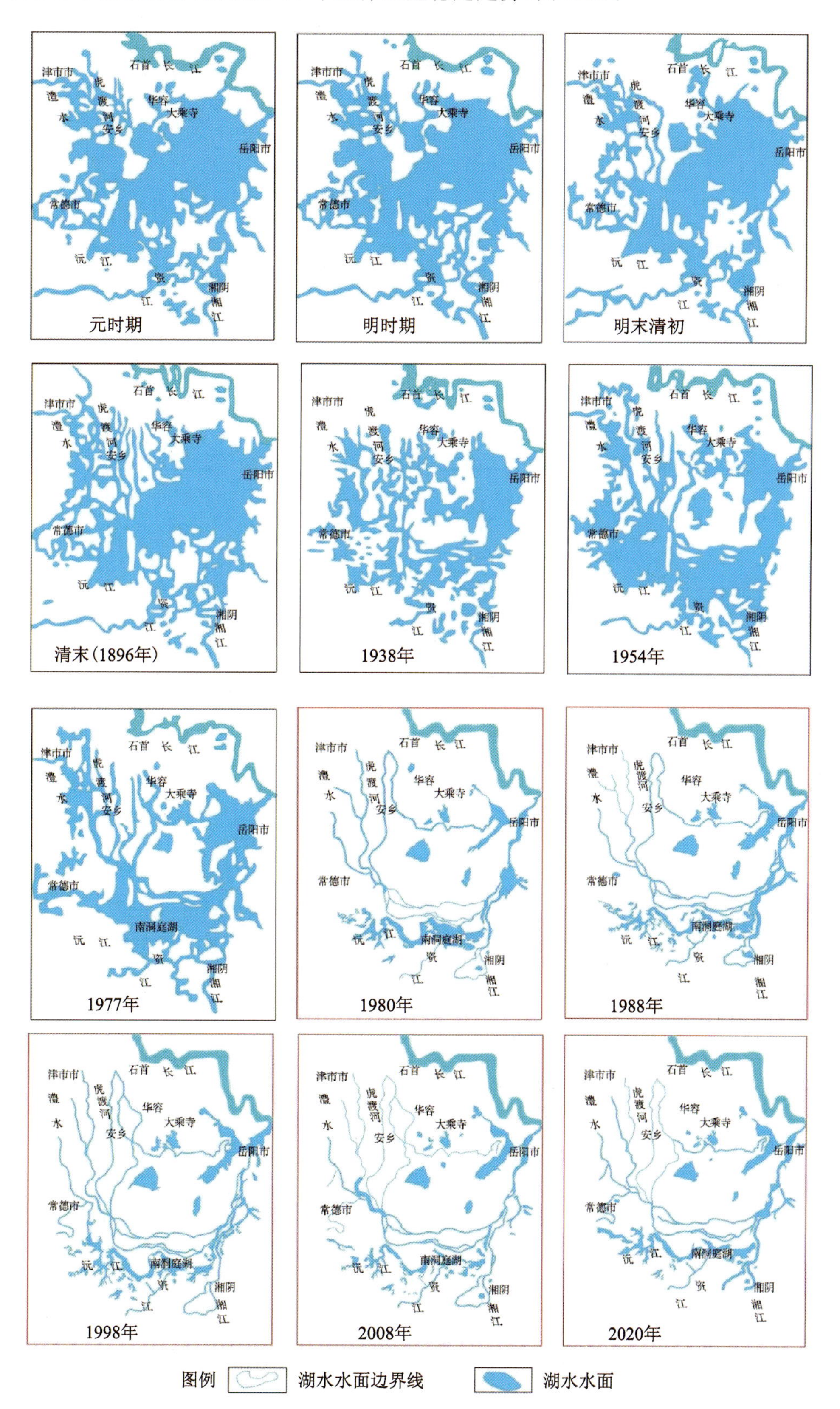

图 6.2　历史时期洞庭湖水面分布图

6.2　水文-生态效应

6.2.1　泥沙淤积

6.2.1.1　鄱阳湖区

1. 调蓄洪功能削弱

鄱阳湖泥沙淤积具有"高水淤，低水冲"的特点。即每年4—10月主要为淤积期，11月至次年3月为冲刷期。鄱阳湖流域多年平均年进出湖沙量见表6.1，从数量上看，五河多年平均入湖沙量加上江沙倒灌，大大高于出湖沙量。鄱阳湖全湖域每年泥沙淤积总量为1 209.8万t，折合体积约806万m^3；鄱阳湖沉积量明显大于沉降量。湖床淤积增高在补偿湖盆沉降之后仍有余富。

表6.1　鄱阳湖流域多年平均进出湖沙量统计表

河名		站名	多年平均悬沙量(万t)	多年平均推沙量(万t)	总沙量(万t)
赣江		外洲	1152	172.8	1 324.8
抚河		李家渡	154.7	23.2	177.9
信河		梅港	242.2	36.3	278.5
修河	干流	柘林	155.0	23.3	178.3
	潦河	万家埠	40.3	6.0	46.3
饶河	昌江	渡峰坑	39.6	5.9	45.5
	乐安河		50.4	7.6	58.0
合计			1 834.2	275.1	2 109.3
区间			270.0	40.5	310.5
入湖总量			2 104.2	315.6	2 419.8
出湖总量		湖口	1 052.2	157.8	1 210.0
淤积量		全湖区	1 052	157.8	1 209.8

但湖区的泥沙淤积并非均匀分布。赣江、抚河、信江入湖扩散区三角洲向湖心推进较快，入湖扩散区后部明显抬高，三角洲前缘明显向湖心推进，迫使湖水北撤。在五河入湖泥沙总量中，赣江占62.8%，平均沉积速率为4.6mm/a；信江占13.2%，平均沉积速率为2.7mm/a；修河占10.7%，平均沉积速率为1.9mm/a。说明入湖携带泥沙多的河流，对应入湖扩散区三角洲地带沉积速率就大，反之则小。

泥沙淤积及空间分布不均，改变湖区及水下地形地貌。泥沙淤积对于鄱阳湖的发展趋势的总体影响，使水域面积减少，水深变浅，水体支离，有效容积缩小，调蓄洪功能降低。

2. 洪涝灾害频发

一是由于长江上、中游区的水土流失，使降水、径流的天然调蓄能力降低；二是沿江两岸围垦、建闸、江堤加固加高以及排洪入江等，使江流日益归槽。据此，在今后很难有所改变。鄱阳湖区的泥沙淤积，赣江三角洲向湖中心推进，致使湖体中部湖面逐步缩小，加上人工围垦，湖水很难向有圩堤保护的西南、东南以及地势低平的东北一带蔓延拓展。总之，在今后相当长的时期内，因江水顶托，泥沙淤积，鄱阳湖在现有的基础上继续扩张和发展，洪涝灾害的威胁将会日趋严重。

6.2.1.2　洞庭湖区

1. 洪道阻塞、湖容减少

长江三口分流及四水入湖携带泥沙在洪道、湖域落淤，导致河湖床底抬高，泄量减少，滞洪阻流。据历史资料，近 50 年，三口洪道河床平均抬高 1.18m，澧水洪道抬升 1.0m 左右，东洞庭湖、南洞庭湖、目平湖、七里湖湖底高程均有所抬升，湖域内的沙堤、三角洲淤高露出水面形成洲土，洲土面积增加了 230km^2，即每年以 13.5km^2 的速度扩展侵占湖泊水面，迫使湖容逐步降低。湖泊的调蓄功能减少了 43%，促使洞庭湖 1996 年、1998 年出现超历史高水位期。

2. 洪涝灾害频发

由于河湖床底抬高，水位上升，洞庭湖区洪水位普遍高出堤垸地面 5～8m。虽然堤防工程在不断加高，但河湖水位也逐渐上升，洪涝灾害由 20 世纪 50—70 年代呈下降趋势，70 年代后又回升，到 90 年代洪涝灾害灾情加重。

由于江湖关系的演变，洞庭湖水情日益恶化，洞庭湖区处于来水加大、长江顶托、湖口堵塞、泄量衰减、河湖淤积、萎缩的重重困境中，洪涝灾害频繁发生。仅 1996 年洪水，溃灾面积达 442.3m^2，直接经济损失 329 亿元，湖区水位不断上升，每到汛期，三口、四水大量洪水涌入洞庭湖，造成洪水猛涨。从 1949 年至 2000 年中，就有 37 年发生了大小洪涝灾害，平均 4 年 3 灾，严重制约了湖区经济的发展，威胁着湖区人民的生命财产安全。通过调查，围垸内外有明显的高差，汛期洪水位一般超过垸内地面 8～10m（图 6.3），全靠堤防挡水，然而洞庭湖区防洪设施十分薄弱，防洪标准低，堤防险工险患多，一旦溃垸，垸内渍水深达 6m 以上，垸内居民将遭受灭顶之灾。2019 年 7 月调查过程中，其中虎渡河河面与民垸内外高差达到 2～3m。在持续性降雨或突发强降雨下，一旦水面漫过堤坝，将危及人民群众生命财产安全，后果不堪设想。

图 6.3　围垸内外高差对比

跨入20世纪90年代后，几乎水灾连年，其中1998年的特大洪水成灾面积3089km^2，受灾人口2100万，直接经济损失329亿元。1998年洞庭湖洪水持续时间超历史长达100d，最高水位35.94m，超历史最高(1996年)0.63m，其中超1954年34.55m的最高水位达45d，而此时出湖流量仅288 800m^3/s，比1954年的出湖流量减少14 700m^3/s，而水位则高出1.39m，其特征是中流量、高水位、长时间、大灾害。

6.2.2 围湖造田

6.2.2.1 鄱阳湖

围垦造田为当地人们带来了一定的经济效益，但是，盲目围垦又存在着一些负面效应，主要表现在两个方面：

一是由于围垦了大片低洼洲滩和湖汊，使湖泊面积缩小，库容减少，从而引起河湖水位抬高，导致湖泊调蓄功能下降。加上长江沿岸的天然湖泊大部分被围垦或控制，中下游所有圩堤均已加高加固，江水归槽加剧，以及泥沙淤积、河湖床抬高等因素的交互影响，使其洪泛频率显著增加。而且由于圩堤低矮单薄，圩内地面标高多在13.5～16m之间，低于一般洪水位，因而在受外洪威胁的同时，内涝也十分严重。

二是由于围垦，缩小了湖泊面积，同等泥沙量淤积于湖内，使湖床抬高速率加快。据相关收集及调查资料分析，1949年以来，全湖平均年淤速为0.001 7m，平均共淤高0.056 1m；赣、抚、信河三角洲地段，年平均淤速0.02m，平均共淤高0.66m，最大值达2m；湖、汊、港区，33年平均共淤高0.05m，年均值0.001 6m，个别地方年平均淤速可达0.258m，如青岚湖有的地段，多年来，共淤高6.7m。随着湖区经济建设高速发展，人类工程活动造成大量的泥沙及废弃物直接排入江河、湖泊，泥沙淤积呈量级增长。资料数据显示，赣江三角洲以每年1.3km^{2}的淤速向湖心扩展，迫使鄱阳湖向东区湖湾、港汊延伸。抚河入湖口淤积速率达3～4cm/a。因入湖泥沙不是均匀地摊铺于湖床上，大部分推移质多淤积于五河尾闾，使五河出口形成洲滩。这些洲滩逐渐淤高扩大，并向湖心推进，从而改变了湖泊的形态。洪水期，抬高洪水位，形成巨大的水灾隐患。

6.2.2.2 洞庭湖

围湖造田是一个在泥沙淤积的基础上迅速发展的自发组织过程。是系统动力学分析中常用的因果关系。“洲滩形成—围堤垦殖—湖域萎缩—泥沙淤积”是一个不断循环、不断放大的过程，使湖区洪涝渍害不断加剧，生态环境恶化。围湖造田，为人类提供了用地，但使湖区面积缩小过甚，库容减少，泥沙淤积加速，湖床抬高速率加快，从而引起河湖水位抬升，加速了湖泊的演化，削弱了湖泊的防洪能力，加剧洪水的威胁。

自然条件下，沉积盆地总是趋向于泥沙淤积与构造沉降大体相当的平衡盆地。围湖造田，堤防将洞庭湖一分为二：堤内垸地成为缺乏泥沙淤积的人工饥饿盆地，堤外水域成为泥沙集中淤积的人工过饱盆地。洪水溃堤，泥沙涌入垸地，正是洞庭湖区地质环境系统向平衡盆地转化这一自然取向的体现。围湖垦殖改变了湖泊生态环境，破坏了湖泊资源，加速了湖群的消亡，使得湖面缩小，湖水变浅和沼泽化，调蓄功能大大降低。围湖垦殖同时也加速了河湖淤积，促使湖泊萎缩，破坏了江湖之间蓄泄关系，打乱了湖区水系，减少了湖泊调蓄容量，因而增大了洪灾的机遇与灾害的程度。同时，围垸垦殖致使垸内沉积作用中断，而垸外堆积仍在继续，从而人为地加剧了垸内外地面高差演化，使得垸内外高差逐年加大，易导致高堤防高水位的形成。

6.2.3 河道演化

6.2.3.1 鄱阳湖

河道演化变迁势必导致洪害隐患的形成。河道变迁对洪涝灾害的形成和影响表现在以下几个方面。

(1)冲淤关系:水流对河岸的冲刷必然导致岸线的崩塌,形成大量泥沙,加之流域内由于水土流失而输入的大量泥沙,使河床逐渐淤高,使长江水位也相应地顶托抬高,在汛期,水位的抬高直接威胁着堤防工程的稳定和安全,使洪水漫顶甚至冲毁大堤。

(2)河床冲刷:在纵向上,近岸河泓逐渐刷深,岸坡变陡,从而使堤基失稳;在侧向上,水流不断淘蚀岸线,从而使岸坡发生条崩、窝崩等崩塌,河岸的崩塌使岸线逼近堤脚,直接影响到堤防的安全,使大堤发生脱坡甚至溃决等洪灾隐患,同时,由于水流顶冲,岸坡后退,逼近堤脚,导致大堤滑脱崩溃,形成洪灾。

(3)江水顶托:鄱阳湖入江流量大时,湖口以上河段有明显的回水顶托影响,当出流量 $2000m^3/s$ 时,可影响到上游的武穴;而长江进入汛期以后,江水位上升速度快,顶托鄱阳湖出流,发生江水倒灌,水沙入湖,最大倒灌点可达湖口以南的康山。江与湖水沙的顶托将不同程度地导致洪灾的发生。

6.2.3.2 洞庭湖

河道的裁弯取直,虽使河道水流畅通,洪水排泄速度加快,但裁弯取直的河道狭窄,河水流速加快后,泥沙下泻能力增大,往往使河床没有堆积物,却发育深泓,导致新河道携带的泥沙在河口处因流速减慢而堆积下来,而在深泓发育处造成溃堤决口,以及渗漏后引发的冷浸田。

荆江河段自1949年以来进行了中洲子、上车湾人工裁弯和沙滩子自然裁弯。3次裁弯使下荆江河道长度由250km缩至170km,弯曲系数由2.83变为1.93。3次裁弯改变了下荆江“九曲回肠”的面貌,对长江中游地区的防洪起到了一定的作用。此外,裁弯对区内防洪形势也产生了不良影响。裁弯加速了三口萎缩,改变了江湖关系,城陵矶—武汉河段因输沙、含沙量增大,发生淤积。由于荆江“三口”分流分沙量减少,通过荆江进入城陵矶以下河道的水沙量相对增大,裁弯以来城陵矶—武汉河段发生淤积。同时荆江出流增大及下荆江出口河势变化,顶托洞庭湖出流机遇增多,强度加大,造成东洞庭湖、城陵矶、螺山河段水位抬高,增大了东洞庭湖区、城陵矶—螺山河段的防洪压力。

6.2.4 湖泊萎缩

长江中游平原湖区随着经济发展和人口的增加,人水争地矛盾愈来愈突出,对区域生态环境的压力愈来愈大,加之种种原因形成的薄弱生态环境意识,造成了对生态环境的严重破坏,业已成为国民经济发展的制约因素。

6.2.4.1 成因

我国现有湖泊面积总体减少14%,其中干涸湖泊417个,面积达 $5280km^2$,占湖泊减少总面积的36%。在面积大于 $10km^2$ 的湖泊中,我国有229个湖泊发生萎缩,面积减少 $13\ 776km^2$,其中干涸湖泊

89 个，干涸面积 4289km²，主要分布在西北诸河区和长江区，其干涸面积分别占总湖泊干涸面积的 59% 和 34%，素有“千湖之省”美称的湖北省，20 世纪 50 年代有 1066 个湖泊，目前仅剩 309 个湖泊。目前面积大于 10km² 的湖泊仅剩 44 个，著名的四湖地区现仅为两湖（三山湖和白露湖被围垦而消亡），即洪湖和长湖。全国因湖泊面积萎缩减少储水量约 517 亿 m³，占 20 世纪 50 年代这些湖泊储水量的 21%；其中淡水湖泊萎缩面积占萎缩总面积的 82%，咸水湖和盐湖萎缩面积分别占 12% 和 6%（姜文来，2008）。

1. 围湖造田

围湖造田是长江中游湖泊萎缩的重要因素。20 世纪 50 年代以来，在“以粮为纲”的思想指导下，长江中游大面积围湖造田，使长江中游湖泊数量和水域面积大幅降低，加之近年来经济建设发展使流域用水量剧增，湖泊来水量减少，入不敷出，致使一些湖泊面积缩小，有的甚至消失。据不完全统计，1949 年以来长江中下游地区约有 1/3 以上的湖泊面积被围垦，因围垦而消亡的湖泊达 1000 余个。大通水文站以上中游地区的湖泊面积由 1949 年初期的 17 198km²，减少到现在不足 6600km²，即 2/3 以上的湖泊面积因围垦而消亡（图 6.4）。多期遥感数据显示洞庭湖因围垦，湖泊面积已由 1949 年初期的 4350km² 急剧缩小至 2021 年的 2625km²；鄱阳湖面积也由 1949 年的 5200km² 减少到 2021 年的 2933km²（图 6.5）。

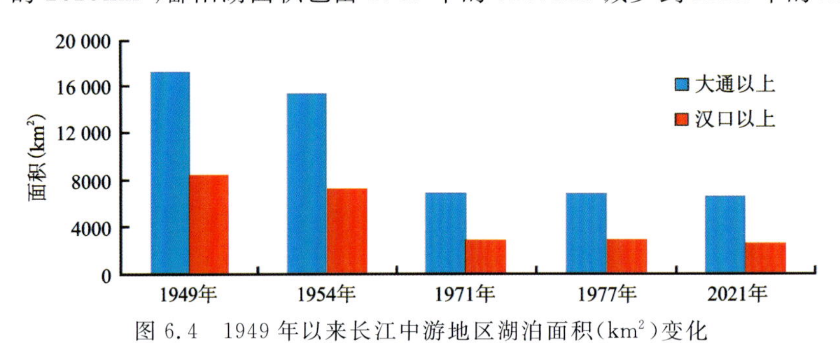

图 6.4　1949 年以来长江中游地区湖泊面积(km²)变化

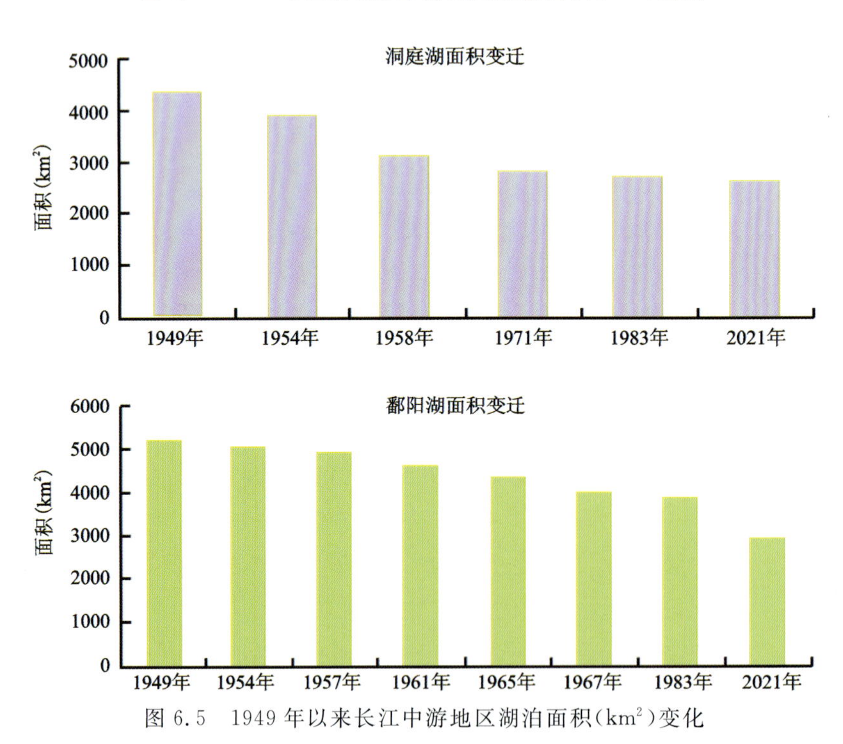

图 6.5　1949 年以来长江中游地区湖泊面积(km²)变化

2. 江湖阻隔

修筑堤坝导致的江湖阻隔也是长江中游湖泊萎缩不可忽视的因素。长江中下游湖泊面积大于

$10km^2$的原通江湖泊有 100 多个，受三峡工程以及人工修坝建闸影响，目前长江中游仅剩鄱阳湖、洞庭湖 2 个通江湖泊。江湖阻隔导致水力连通不畅，湖泊上游来水中泥沙淤积在湖中，导致湖泊进一步萎缩。大量水利工程的兴建，许多中小型湖泊湖水被排干，大中型湖泊被分解，湖滨的沼泽地和部分水面被盲目围垦，此外，社会经济的发展，人口的增加，水生植物的大量繁衍以及上游地区森林砍伐，水土流失严重，促进了湖滨滩地沼泽的发育，为大规模围湖垦殖提供了需求与条件。该区的湖泊绝大部分为过水湖泊，其周围河流夹带的大量泥沙入湖后沉积湖底，使洲滩不断向水面推进，导致湖泊水面缩小。

3. 泥沙淤积

泥沙淤积是湖泊萎缩甚至消亡的重要原因。如洞庭湖，是一个承纳湘、资、沅、澧四水和吞吐长江的典型过水大型大湖，地位不言而喻，但由于长江流域天然植被被大量破坏，水土流失日趋严重，致使入湖泥沙迅速增加。泥沙在搬运过程中，逐步淤积、滞留于湖内。据资料收集分析：多年平均入湖泥沙量约 1.4 亿 m^3，留湖淤积量约为 0.98 亿 m^3，使得湖床平均淤高 4cm，洞庭湖的面积、容积显著缩小，调蓄功能被严重削弱。

4. 城镇化进程

以鄱阳湖为例，其城镇发展主要是以鄱阳湖为心，赣江、抚河、信江、饶河、修水为主干，城镇依此兴起，发展繁荣。鄱阳湖流域城镇化历史变化也是十分显著的：其中秦代期间，共设 7 县；到了西汉时期，共设 18 县；两晋时期共设 7 郡 58 县；清朝时期，共设 13 府、1 州、75 县。随着流域居民聚落的存在与扩大，居民人口和城镇数量整体上都在不断增长。鄱阳湖流域由于城镇化发展带来的土地利用格局变化，城镇化过程中，大量的人类工程活动：村镇兴建、公路交通、修堤建坝、水利工程等，无形中产生了人水争地的局面，原本具有良好调节功能的湿地海绵结构，变成硬化的水泥、混凝土硬质结构，使得湿地的面积和功能遭到大大削弱。不但改变了鄱阳湖岸线改变、水动力条件，还对流域生态环境效应产生了强烈影响。

6.2.4.2　效应

1. 洪涝灾害

湖泊的萎缩加剧江湖的洪涝灾害威胁。湖泊调蓄容积的减少，直接导致江河来洪无地可蓄或难蓄纳，蓄泄功能严重失调。在相当程度上，引发了江湖洪水位的不断升高，最高洪水位被不断突破，湖区出现了“平水年景，高洪水位”的异常现象。洞庭湖区自 1471 年至 1996 年的 526 年间，共发生洪涝灾害 166 次，其中洪涝灾害发生的频率在荆江北岸堵口以前（1471—1524 年）为 26%，荆江四口南流时期（1874—1958 年）已升至 39%，荆江三口南流时期（1959—1996 年）更进一步跃升至 42%；其中特大洪涝灾害（城陵矶水位超过 33m，成灾面积 $1430km^2$。发生的频率，在荆江北岸堵口以前为 3.7%，到荆江三口南流时期则高达 32%。

围湖造田的盲目性、掠夺性也更加突出，造成围垸似蜂窝，河港似蛛网。垸之间河道浅小弯曲，或堵支或分流，相互顶托干扰，致使大雨大灾，小雨小灾，无雨旱灾，洪、涝、旱灾日趋频繁。进入 20 世纪江汉平原围湖垦殖的范围更广，特别是 60 年代初期至 70 年代中期过度围湖造田，致使江汉湖群的湖泊数目急剧减少。当时在湖区大规模兴修电力排水泵站的条件下，掀起了“向荒湖进军，插秧插到湖心”的运动，江汉平原上一大批湖泊相继消亡。长江中游水灾的根本原因是来水量大而河槽排泄量不足，湖泊围垦增大了洪灾的几率与灾害的程度。江汉平原湖区由于人类围垦加速了河湖淤积，促使湖泊萎缩，湖泊调蓄容量大幅度减少，引起湖泊调蓄功能明显下降。元明以来，荆江北岸穴口堵塞，南岸分流长江水沙，造成荆江河床抬高，江南湖泊淤废日增，调蓄能力减弱，使汛期荆江洪水位不断上升。此外，近百年来由于围垦,通江湖泊锐减,矛盾突出。垸田兴起,围堤层层升高,一旦围垦,垸田即不能落淤,而垸外河湖加速淤积,日久天长,形成垸高田低的格局,如积水不能排出则渍水成灾。据不完全统计,长江中游宜昌至九江段在洪道内围垦洲滩民垸约12万 km^2 导致城陵矶至汉口段泄洪能力的降低(朱文晶,2006)。

湖泊的萎缩造成湖泊蓄水容积显著减少。据初步调查表明,1949年以来长江中下游地区因围垦减少湖泊容积约达500亿 m^3 以上,这一数字相当于淮河年径流量的1.1倍,五大淡水湖泊蓄水总量的1.3倍,在建三峡水利工程设计调蓄库容的5.8倍(运行前期)。湖泊调蓄容积的减少,直接导致江河来洪无地可蓄或难蓄纳,蓄泄功能严重失调。在相当程度上,引发了江湖洪水位的不断升高,最高洪水位被不断突破,湖区出现了"平水年景,高洪水位"的异常现象。如鄱阳湖多年平均最高洪水位20世纪50年代为18.51m、70年代为18.93m、90年代跃升至20.10m,达到或超过警戒水位19.00m的频率。特别是1949年后,历年最高洪水位的记录被一再突破,其中1998年,洞庭湖口城陵矶站最高洪水位分别比1954年、1996年高出1.39m和0.63m,达到历史最高纪录。1998年仅湖南、湖北和江西三省的直接经济损失就达1 089.81亿元,其中湖南省329亿元,湖北省384亿元,江西省376.81亿元,洪涝灾害的频繁和危害程度实属历史罕见。

湖泊对于蓄洪、分洪、调洪具有重要作用。据史料记载,洞庭湖全盛时期,荆江每年有一半左右的洪水总量从太平口等处入湖,然后,由城陵矶返回长江干流,大大减小了干流洪水流量和水位。由于湖泊萎缩而损失的调洪容量,至少相当于2～3座长江三峡水库的调洪能力,所以洪水威胁日益严重(张业成,1999)。

连江湖泊在汛期具有纳洪作用,可有效地削减洪峰,降低长江的洪水水位。据不完全统计,1949年后,长江中下游湖泊被围垦,损失湖泊面积达13 000 km^2,使湖泊的蓄水容积减少 $500\times10^8 m^3$ 以上。1949年前,洞庭湖的面积为4350 km^2,1983年仅剩2691 km^2,每年将给湖区和下游增加 $1\times10^8 m^3$ 的超额洪水(李长安等,1999)。

长江中游的地理位置和自然条件是洪涝灾害频繁发生的内因,地势低洼的平原湖区本是地表径流汇集的地方。在汛期(5—8月)的降水量约为年降水量的53%,3d暴雨可达300mm,致使长江水位一般高出地面4m左右,最大可达10m。历时4～6个月,就有可能引起江堤决口,造成长江中游的特大自然灾害,如1954年、1998年的特大洪灾正是这样。这是外洪的威胁,而内涝原因则是因为流域内降水过度集中酿成,该区丰沛的雨量集中在汛期,此时江河水位高涨,流域径流自排困难,受蓄水能力所限,长江中游地区内涝年年发生。而其外因,则是围垦过度,湖泊调蓄功能受到严重破坏。本来,众多湖泊,水量充沛,历来具有调节河川径流,便利灌溉,发展水产,沟通航运,输进工业用水,美化环境以及改善湖区气候等效应。但近几十年来,由于大规模围湖造田,湖泊面积急剧减少,历经几十年的围湖垦殖,调蓄能力减少10多亿 m^3,蓄水量减少了一半,从而产生大量的超额洪水,必将发生洪涝灾害。湖容的降低,改变了湖泊及其周围地区资源与生态环境的平衡,还将引起一系列的不良后果(李劲峰等,2000;刘易庄等,2019)。

2. 功能削弱

湖泊的萎缩、湖泊湿地的大规模围垦削弱了其调蓄和净化功能。湖泊湿地的大规模垦殖,极大地削弱了其调蓄、排泄长江洪水径流的功能,减少了长江水系泥沙的沉淤空间,不但加剧长江干流变迁和洪灾威胁,同时极大地削弱了长江洪泛过程中营养物质输入被吸收和转化的能力,直接导致生物多样性下降,还在一定程度上加剧了江湖水体的富营养化和水质恶化过程。

3. 泥沙淤积

随着森林植被的减少,长江流域的土壤侵蚀和水土流失的面积和强度增大。20世纪50年代流域水土流失面积为30万 km^2,90年代增加至55.25万 km^2,年土壤侵蚀量达24亿t。其中,长江上游地区水土流失面积为35.2万 km^2,年侵蚀量为16亿t,其中输出泥沙为6亿t以上,其余大部分被拦淤于中小河流、湖泊等水体和塘、库、堰等水利工程中。此外，通过长江干、支流输出的泥沙也造成中下游主要湖泊的淤积。据统计，通过赣、抚、信、饶、修五水进入鄱阳湖的泥沙量年均16亿t，通过湖口的出沙量为7.4亿t，平均每年淤积量为8.7亿t，全湖年平均泥沙淤积速率约为216mm。洞庭湖的泥沙主要来自长江，1956—1998年的平均入湖沙量为1.8亿t，出湖沙量为4464万t，年均淤积量为1.3亿t，致使湖底平均每年淤高3.7mm，长江中下游湖泊调蓄量因此削减了360亿m^3。

4. 联系割裂

湖泊建闸和筑堤封堵割裂了江湖天然的水力和生态联系。湖泊经过建闸控制后，原江湖间的水力直接联系被隔断，湖泊丧失了自然吞吐江河的功能，鱼类资源群体得不到来自江河的适时补充，入湖水系上游河道也因建闸控制使原有的鲥鱼，以及青、草、鲢、鳙等一些重要产卵场地随之消失(如鄱阳湖上游的赣江、信江鲥鱼产卵场等)。湖泊被建闸控制后，由于水位的起涨与水温的回升不同步，这就和渔业之间构成了矛盾，严重影响渔业资源的自然增殖。而且，珍稀鸟类的栖息地、越冬地的生境也遭受了破坏，湖泊生物多样性已受到严重的威胁，影响了长江水系的生物多样性和水域生态系统的平衡，破坏了长江的生命活力。长江中下游湖泊湿地是350多种鸟类、600多种水生和湿生植物及400多种鱼类，以及包括白鲟、白鳍豚在内的水生动物和麋鹿等珍稀物种的栖息地。这些物种的生存大部分依赖于长江湖泊湿地系统结构的完整性。然而，湖泊湿地因垦殖大量丧失，以及筑堤建坝而造成的江湖生态联系隔断，导致野生生物生存空间减少和生存环境的恶化等，虽然各级政府都开始作出努力来保护野生生物，但有许多野生生物数量仍然继续在减少。例如鲥鱼、白鳍豚、扬子鳄、中华鲟、白鲟和娃娃鱼等都是我国特有或主要分布于我国的种类等，现已因濒临灭绝而被列入国家一、二级保护动物。鱼类个体小型化、低龄化趋势明显，珍稀候鸟的越冬种群数量已显著下降。

第7章 三峡工程对“两湖”水文的影响

长江中游水系复杂，我国最大的两大淡水湖泊——洞庭湖和鄱阳湖与长江自然连通，相互作用，形成了复杂河湖水系（万荣荣等，2014；方春明，2018）。自三峡工程启动蓄水运行以来，三峡水库调节明显改变了水量年内分配格局。三峡工程的调节作用势必对坝下游水情，尤其是对长江与洞庭湖和鄱阳湖两大通江湖泊关系以及湖泊环境和生态效应产生影响。近年频繁发生的枯水事件加剧了公众对三峡工程影响的争论。实际水文情势的变化是气候、各种人类活动叠加的综合体现，难以剥离出三峡的影响分量，从而可能将其他因素一起归咎于三峡。本章在资料收集、调查分析研究的基础上，揭示了三峡工程对洞庭湖和鄱阳湖两大通江湖泊的影响机制与影响分布格局，定量模拟分析了三峡工程对长江中游通江湖泊水位的影响分量。为澄清三峡工程对长江中游通江湖泊的影响争论，以及为长江中游水情变化提供了可靠的数据支撑。为研究三峡工程运行对“两湖”水文情势的影响特征，选取三峡库区历史以来（1949年后）及蓄水期间2006—2010年典型年份的水文数据进行相关对比研究，以阐述三峡蓄水对“两湖”水文情势的作用关系。

7.1 江-湖水文联系

7.1.1 江湖关系

鄱阳湖承接“五河”来水，洞庭湖承接“四水”来水，经湖泊调蓄后注入长江，长江干流来水间或倒灌入湖，长江干流与“两湖”相互顶托、相互作用。长江与“两湖”的关系主要是指长江与“两湖”水流交换过程，以及湖区水文情势的变化。“两湖”及长江上中游流域来水量、水利工程对水文过程的调蓄，都将对长江与“两湖”关系的演变产生影响。长江与“两湖”关系演变的主要表征要素包括：一是湖口附近长江干流径流量及水位变化；二是“两湖”出流和湖区水位变化。

三峡水库及上游水库群蓄水运行是引起长江与“两湖”关系演变最主要的人类活动影响要素。以三峡水库蓄水运行为时间节点，分三峡水库蓄水前、三峡水库蓄水后两个阶段，分析长江与“两湖”关系的演变特征，其中长江三峡—湖口段主要水文站及“两湖”湖区水位站点分布位置见图7.1。

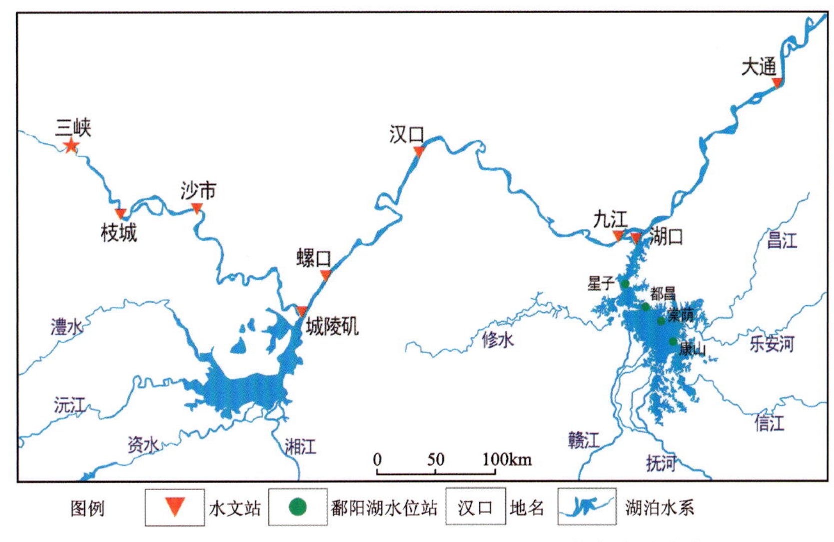

图 7.1　长江三峡至湖口主要水文站及鄱阳湖水位站分布图

7.1.2　蓄水运行期水文特征

7.1.2.1　鄱阳湖

1. 出流变化

鄱阳湖湖口水文站的流量变化反映了鄱阳湖泄流量的变化。湖口流量受长江和“五河”来水双重作用，流量和水位没有明显的关系。而且，在长江高洪水位时，有可能产生倒灌。根据湖口站的流量统计资料表明，鄱阳湖湖口注入长江的多年平均径流量为 $1.503\times10^{11}\mathrm{m}^3$，2006 年以来湖口出流量低于平均水平，可以认为这一时期鄱阳湖自身流域来水低于平均水平。长江倒灌鄱阳湖的水量波动较大，在 20 世纪 70 年代之前，江水基本上每年都有倒灌入湖。之后，在 20 世纪 80 年代中后期又出现倒灌高峰，90 年代趋于减少，进入 21 世纪以来又有所增长趋势。对于鄱阳湖而言，意味着长江补给鄱阳湖水量在 21 世纪以来要高于 20 世纪 90 年代，对于鄱阳湖水量有一定的贡献(图 7.2)。

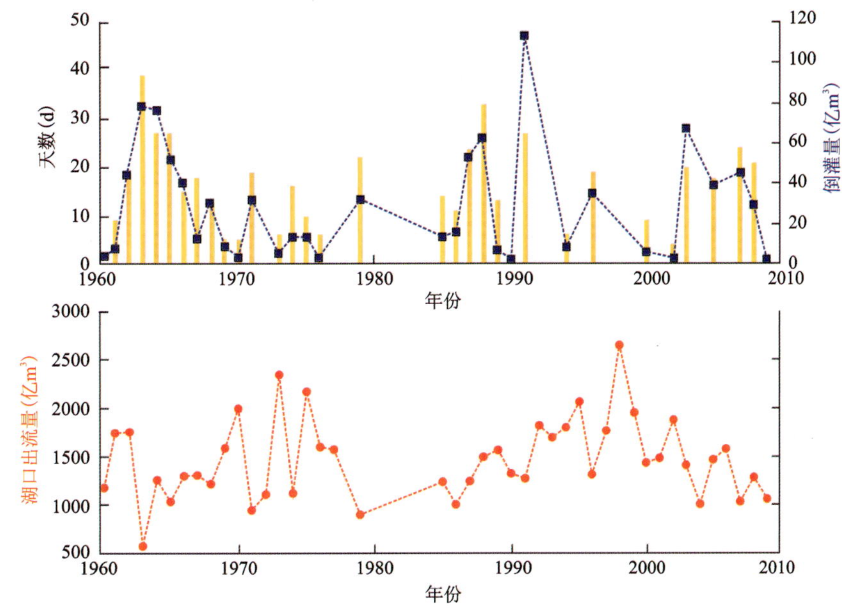

图 7.2　湖口站出流量和倒灌量(1960—2009 年)

2. 水位变化

鄱阳湖水位南北落差较大，尤其在枯水期更甚。这里，以鄱阳湖星子、都昌和康山水文站作为湖区北部、中部和南部的代表，采用1956年至2010年的水位日平均数据，对比分析了鄱阳湖自三峡工程于2006年启动试验性蓄水以来湖泊水位的变化。如图7.3所示，在2006年至2010年间，鄱阳湖水位与多年平均相比，星子和都昌两站各个月份的水位都有明显下降，年平均下降幅度分别为1.09m和1.21m。南部的康山水位在3月、4月份有所升高，其余月份都有所降低，全年平均下降0.46m。受三峡汛末蓄水的叠加影响，10月份水位下降更为明显，星子、都昌和康山水位低于多年平均值分别为2.84m、2.60m和1.41m。

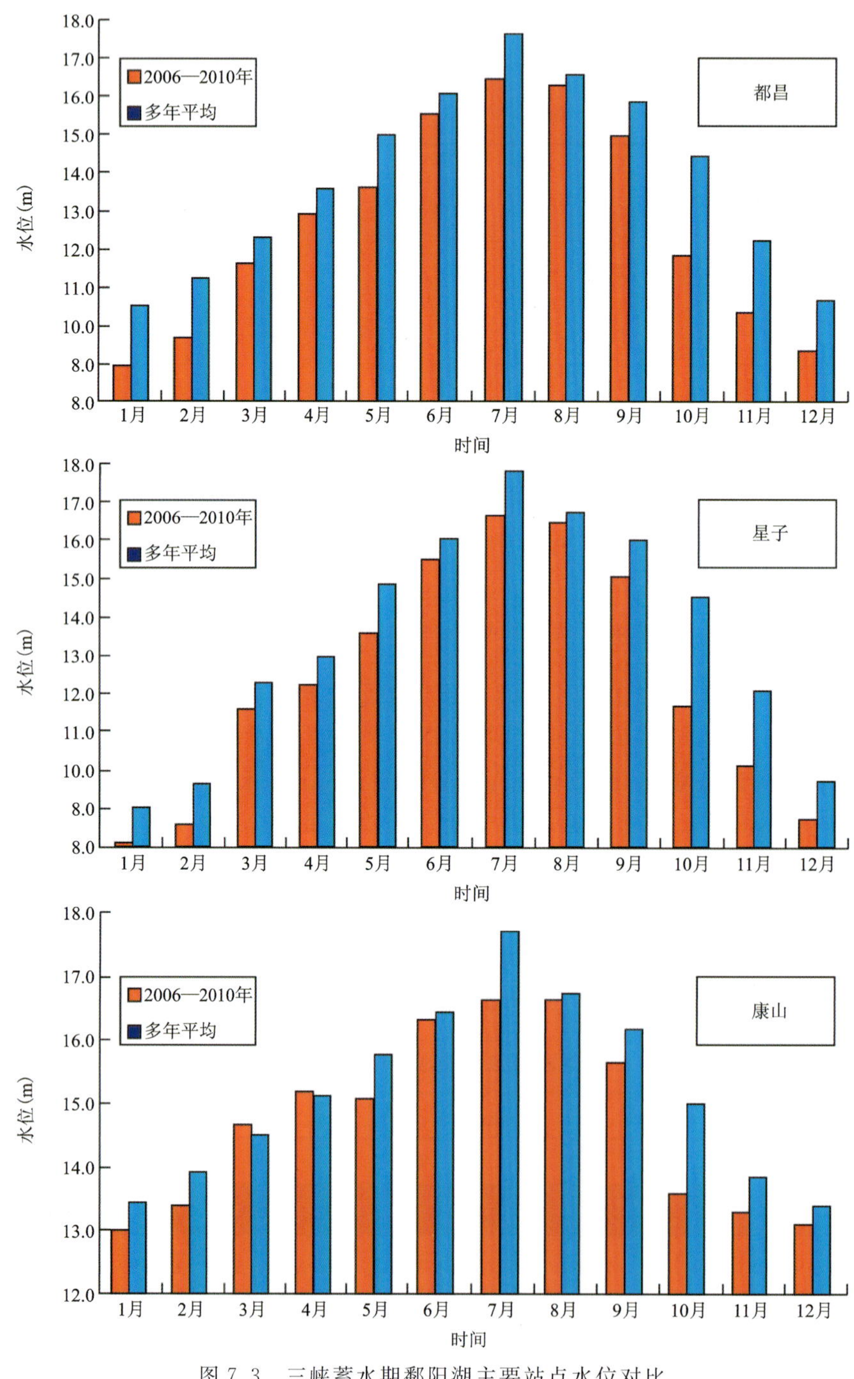

图7.3　三峡蓄水期鄱阳湖主要站点水位对比

7.1.2.2 洞庭湖

1. 出流变化

洞庭湖出流在城陵矶口与荆江交汇，其泄流量年际变化较大。采用1956年至2010年城陵矶站的水量数据，对比分析近期三峡蓄水以来的泄流量变化。可以看出，自20世纪80年代以来，洞庭湖出流量有明显的降低，多数年份低于平均泄流量(图7.4)。2006以来的5年，除2010年泄流量高于正常年份外，2006—2009年间，洞庭湖泄流量平均为2065亿 m^3，大大低于正常年份的2803亿 m^3。这说明在三峡工程试验性蓄水运行期，洞庭湖水量较多年平均有明显减少。

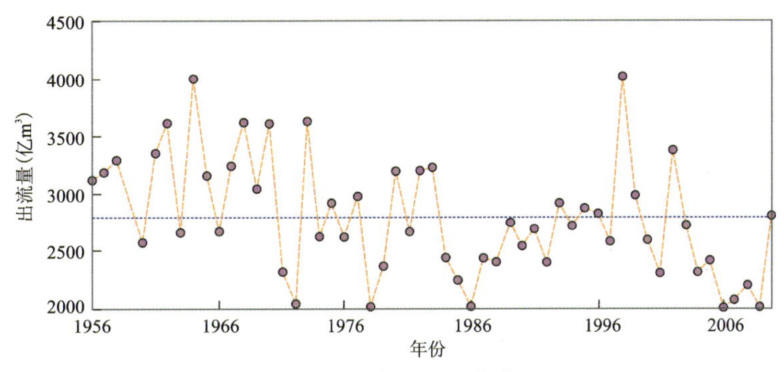

图7.4 洞庭湖泄流量变化过程

洞庭湖水量偏少主要有两个原因，一是自身流域来水量的减少，二是长江荆江三口分流入洞庭湖的水量偏少。2006年以来，荆江三口的松滋口(新江口和沙道观)、藕池口(管家铺和康家岗)和太平口(弥陀寺)分流量明显要低于多年平均值(图7.5)。

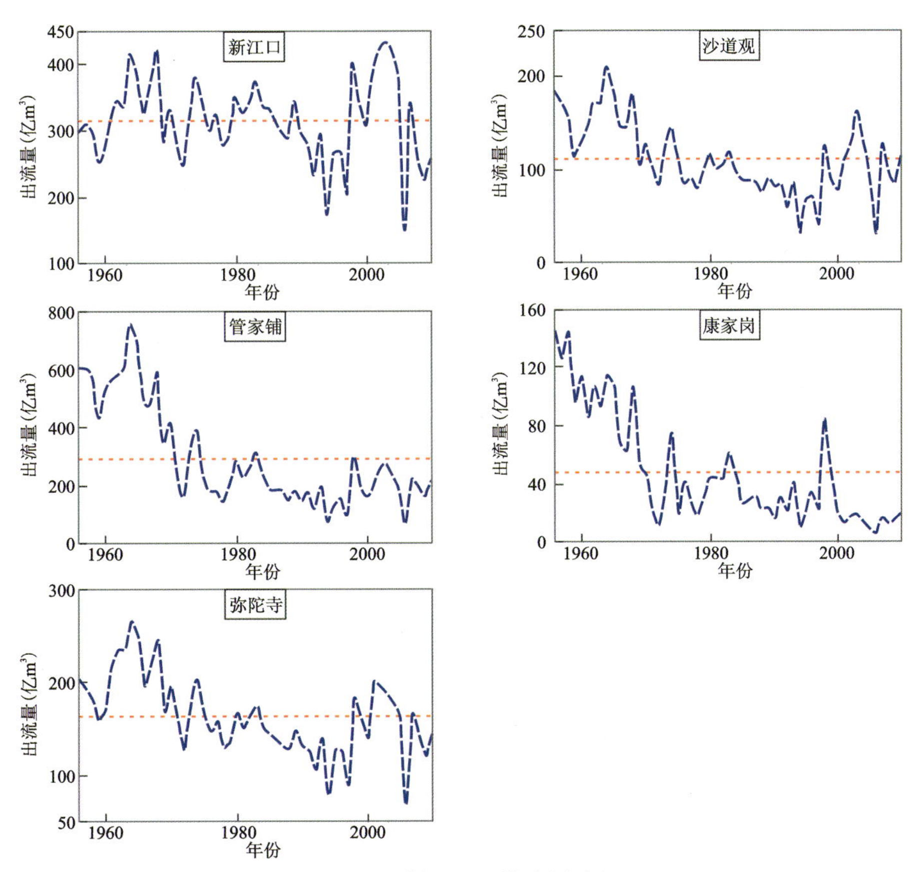

图7.5 荆江三口分流量过程

2. 水位变化

洞庭湖分为 3 个湖区,各个湖区水位差异较大。以洞庭湖的城陵矶、南咀和小河咀 3 个水文站为代表,采用 1956 年至 2010 年的水位日平均数据,对比分析洞庭湖在三峡工程于 2006 年启动试验性蓄水以来湖泊水位的变化。如图 7.6 所示,在 2006 年至 2010 年间,洞庭湖湖泊水位总体上要低于历年平均水位,城陵矶、南咀和小河咀三站年平均水位分别下降 0.63m、0.47m 和 0.42m。从 5 月至 11 月,洞庭湖三站水位要明显偏低正常水位,尤其是在三峡蓄水影响的 10 月份,偏低更为明显,三站水位低于正常水位分别为 2.81m、1.48m 和 1.20m。不过城陵矶站水位逐月距平变化与南咀和小河咀站有所不同。城陵矶在 1 月至 4 月间,水位较正常年份偏高 0.85m。

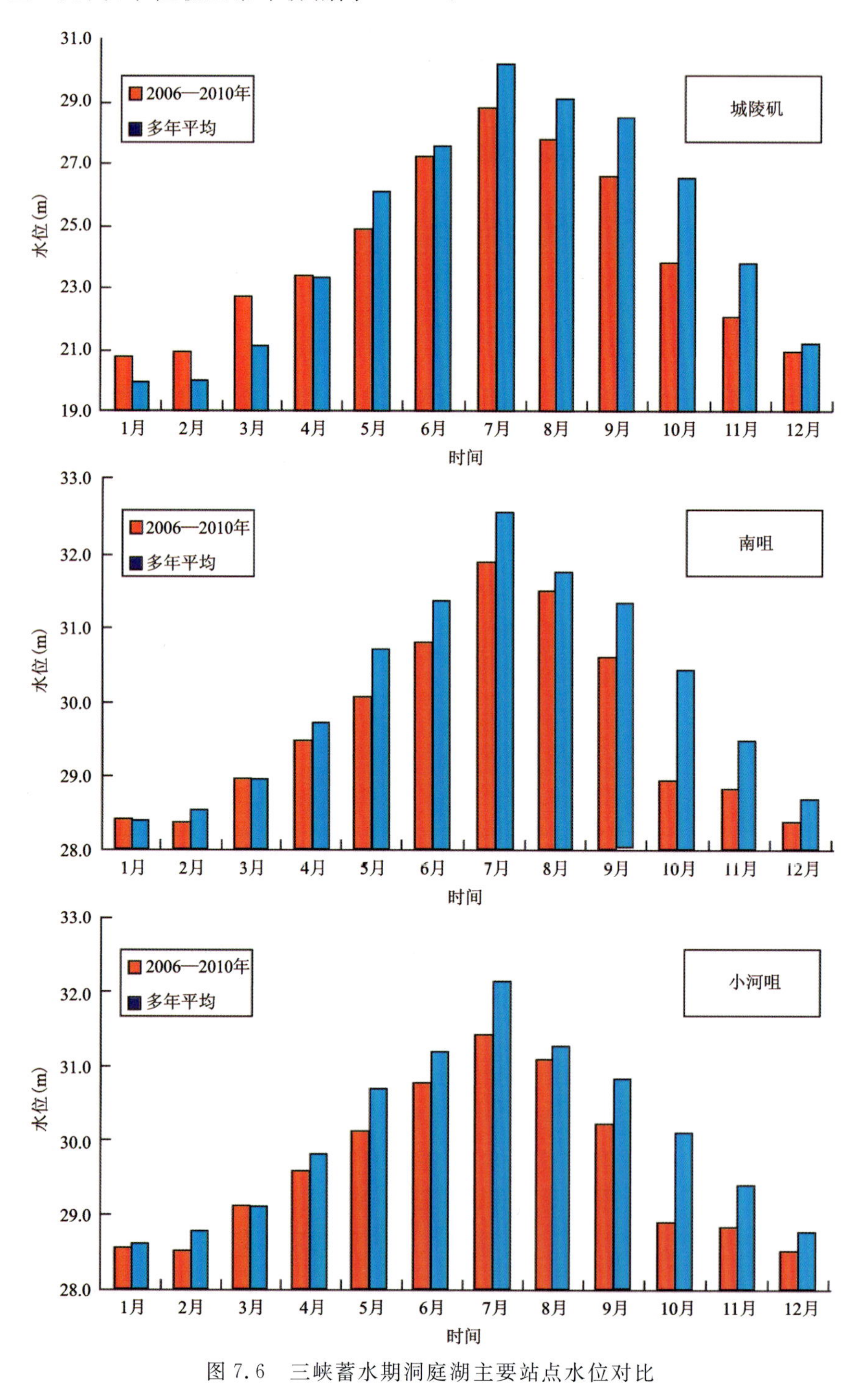

图 7.6　三峡蓄水期洞庭湖主要站点水位对比

7.2　三峡蓄水对水情的影响

选取 2006 年三峡工程 156m 蓄水过程，运用长江中游江湖耦合水动力模型开展三峡水库调节对长江中游通江湖泊水情影响机制分析(赖锡军等，2011)。

7.2.1　蓄水过程及计算条件

三峡工程于 2006 年 9 月 20 日 22 时开始启动 156m 蓄水试验，10 月 27 日三峡水库坝前水位成功达到 156m 高程，共历时 37d。虽然 2006 年没有蓄水至 175m，但是蓄水调节的出库流量过程和入库流量削减的量值相当，对分析三峡工程蓄水过程中对坝下“两湖”水情的作用机制非常有利。

三峡工程蓄水仅改变了长江下泄流量，而不影响其他区域水量。若要识别三峡工程 2006 年蓄水的影响分量，即其贡献率，需要对比现状(蓄水)和不蓄水两种情景下湖泊水情时空变化信息来分析(戴雪等，2014)。对于 2006 年蓄水的现状条件水情，运用长江中游江湖耦合水动力学模型，采用宜昌实测流量边界和其他各边界处实测入流过程代入即可得到。给定不蓄水情景下的宜昌流量边界条件，而维持其他边界条件、初始条件和模型参数不变，即可计算出与现状条件相对应的 2006 年不蓄水的水情信息。根据 2006 年长江上游来水的实际情况，以上游清溪场流量过程作为长江上游的实际来水量过程，并根据清溪场至宜昌的水流传播时间将其折算到宜昌站，宜昌流量特征如图 7.7 所示。

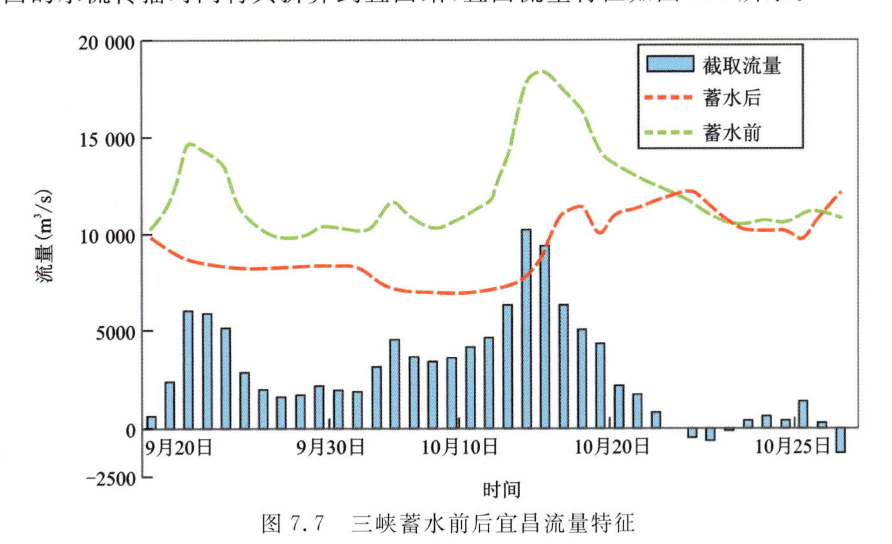

图 7.7　三峡蓄水前后宜昌流量特征

7.2.2　影响格局及作用机制

7.2.2.1　鄱阳湖

1. 水位变化及其分布特征

受长江水情影响，与长江距离越近、联系越紧密的水域受到的影响越显著，鄱阳湖由北(湖口)向南(康山、波阳)水位降低值逐级递减(汪迎春等，2011)。北部与长江交汇的湖口水文站水位最大变幅为 1.91m，平均降低约 0.94m。湖泊水位代表站星子和都昌水位站的水位最大降幅分别为 1.55m 和

1.12m，平均降低约0.74m和0.50m。而南部湖区的康山和波阳站则只有小幅变化。

从水位变化的时间过程来看，湖区水位降低呈现了单峰型，而不是三峡蓄水的双峰形状，体现了湖泊对水流的调蓄作用。从流量变化过程来看，第一次洪峰拦蓄使出口流量一直比不蓄水情景要高，从而使得水位一直持续降低，并与第二次拦蓄洪峰的影响叠加在一起。

2. 洲滩湿地淹水历时变化

三峡蓄水使湖泊水位消落，洲滩出露提前。为了说明三峡蓄水对洲滩湿地水文的影响，以湖泊湿地淹水历时为水文指标，对2006年蓄水时段内的湿地淹没周期进行了统计分析。在蓄水期间，鄱阳湖众多洲滩已经出露，蚌湖、大池湖等已形成了各自较为独立的封闭水域，有的也只是通过小型水渠进行水量交换。因此，外湖对这些碟形洼地的淹水历时影响很小，计算中没有得到体现。根据淹没天数变化的不同量级进行了统计计算，结果显示（表7.1）：减少淹没天数大于15d的约24km^2，主要分布于鄱阳湖入江水道；减少淹没天数10～15d的主要位于鄱阳湖的入江水道和开敞的大湖面，面积为32km^2；而5～10d和小于5d的分别为59km^{2}和154km^2，这些区域主要位于开敞的大湖面。

表7.1 鄱阳湖淹水历时变化区域及其面积统计

减少淹没天数	>15d	10～15d	5～10d	<5d
变化区域面积(km^2)	24	32	59	154
位置	入江水道	入江水道和大湖面	大湖面	大湖面

3. 影响过程及作用机制分析

在三峡工程蓄水影响下，长江来水量减少，受此影响，鄱阳湖湖口水情发生了明显的变化。根据水位的变化过程（表7.2，图7.8），影响湖口时间滞后三峡蓄水为6～7d，从9月27日开始影响鄱阳湖湖口，直至蓄水结束后的10d，即11月7日，蓄水影响基本结束（水位与不蓄水相比小于0.2m）。在此过程中，鄱阳湖的出流量（湖口）有增有减，平均约增加12m^3/s。对应三峡蓄水的两次拦蓄洪峰过程，鄱阳湖出流量呈现了两次先升后降的明显波动。第二次拦蓄较大的水量对鄱阳湖影响较大，波动较为剧烈，其流量的最大增加量和减少量分别为261m^3/s和250m^3/s。在波动之后，流量开始缓慢恢复，蓄水影响逐渐消失。

表7.2 鄱阳湖各站水位和流量变化统计

站点	水位削减			流量变化		
	平均值(m)	最大值(m)	最大值发生日期	平均值(m^3/s)	最大值(m^3/s)	最大值发生日期
宜昌	1.16	3.72	10月1日	2786	10200	10月1日
湖口	0.94	1.91	10月17日	−12	−445 (302)	9月30日 (10月24日)
星子	0.74	1.56	10月18日	—	—	—
都昌	0.50	1.12	10月19日	—	—	—
康山	0.03	0.04	10月11日	—	—	—
波阳	0.00	0.00	—	—	—	—

注：表中流量变化数值正数表示流量减少，负数表示流量增加。

出口流量的增加使得湖泊水位提前消落，这是三峡蓄水对鄱阳湖水位影响的作用机制。出口流量的增加来自出流水力坡降的变化。以星子和湖口水位落差为例，10月15日落差为0.84m，而不蓄水的情景仅有0.44m，蓄水后落差明显增大。三峡蓄水使得长江干流水位快速消落，出湖口处水力坡降增大，出流量增加，从而加速湖泊水位下跌，湖水位下降和湖水量的减少又反过来促使出口流量逐渐减少，

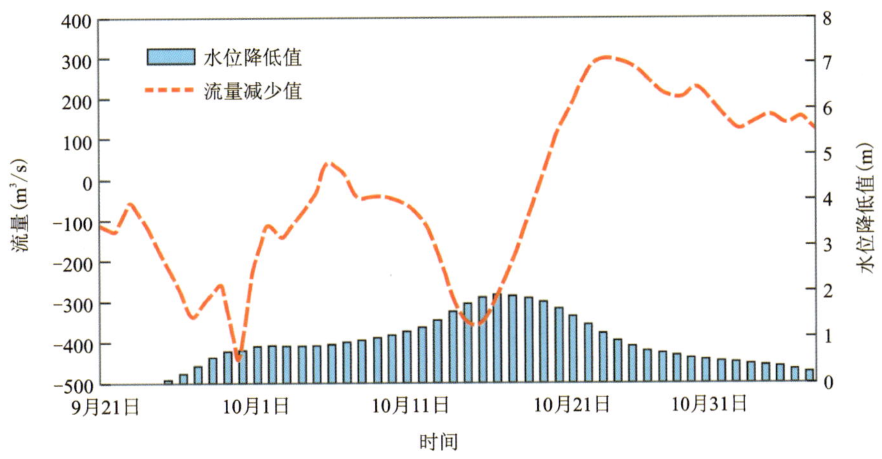

图7.8　鄱阳湖出湖流量与水位减少量过程线

甚至使出口流量比不蓄水情景还要低。

7.2.2.2　洞庭湖

1. 水位变化及其分布特征

蓄水引起的洞庭湖湖区各主要控制站点的水位降低量值统计见表7.3。结果显示，三峡蓄水对洞庭湖水位的影响具有明显的空间异质性(赖锡军等，2011)。东洞庭湖所受影响最大，南洞庭湖东部和西洞庭湖北部次之，西洞庭湖南部最小，呈现“北高南低、东强西弱”的基本格局。洞庭湖东部自北部的城陵矶到南部的湘阴水文站，影响逐渐递减。在蓄水影响时间段内，城陵矶、鹿角、营田、湘阴水位站点平均的水位降低值分别为1.32m、1.16m、0.99m和0.77m；西洞庭湖北部的石龟山和南咀分别降低0.55m和0.32m；西洞庭湖西南部的小河咀和周文庙站则分别降低0.18m和0.09m，显著小于其他站点；南部的资水尾闾沙头站水位降低0.12m，影响也较小。

表7.3　洞庭湖各站水位和流量变化统计

站点	水位削减			流量变化		
	平均值(m)	最大值(m)	最大值发生日期	平均值(m^3/s)	最大值(m^3/s)	最大值发生日期
宜昌	1.16	3.72	10月10日	2786	10 200	10月10日
城陵矶	1.32	2.73	10月13日	466	1948(−836)	10月19日 (9月24日)
鹿角	1.16	2.33	10月14日	—	—	—
营田	0.99	2.03	10月16日	—	—	—
湘阴	0.77	1.74	10月17日	—	—	—
沙头	0.12	0.37	10月17日	—	—	—
石龟山	0.55	2.00	10月14日	68	323	10月14日
南咀	0.32	1.14	10月14日	420	1565	10月14日
小河咀	0.18	0.57	10月16日	5	100(−126)	10月21日 (10月13日)
周文庙	0.09	0.32	10月16日	—	—	—

注：表中流量变化数值正数表示流量减少，负数表示流量增加；城陵矶站和小河咀流量变化增减波动明显，最大增幅和减幅分别列于表中。

从水位变化的空间格局来看：与长江距离越近、水力联系越紧密的水域受长江的影响越显著。东洞庭湖和南洞庭湖的东部有洪道相连，水流贯通，因此长江干流水位快速消落可以较快地传播至南部的湖区。西洞庭湖北部因承接长江三口来水影响较大，南洞庭湖大部和西洞庭湖则因洲滩发育较好，水力连通性不是很好，使其受三峡蓄水的影响要小于其他湖区。

2. 洲滩湿地淹水历时变化

洞庭湖水位降低使得洲滩湿地水文格局发生一系列变化。最为直接的是洲滩湿地出露时间增长，改变湿地水文周期。以淹水历时为指标，说明三峡蓄水对洞庭湖湿地的影响范围和程度。从洞庭湖湿地淹水历时和蓄水引起的淹水历时变化的空间格局可以看出，各湖区水体较为独立，东洞庭湖水域较大，也较为完整。2006 年汛末蓄水影响主要集中于开敞水域周边，如东洞庭湖，南洞庭湖的横岭湖和主要洪道的两侧洲滩；而东洞庭湖的漉湖等相对独立的水体没有在计算中得以体现。

根据淹没天数变化的不同量级，对湖泊面积的变化进行了统计。在蓄水时段内，减少淹没天数大于 15d 的约 $100km^2$，主要分布在东洞庭湖的开敞湖面；减少淹没天数 10～15d 的主要位于东、南洞庭湖，面积为 $81km^2$；而 5～10d 和小于 5d 的分别为 $106km^2$ 和 $72km^2$，这些区域主要位于湖泊洪道两侧的条带状洲滩(表 7.4)。

表 7.4 洞庭湖淹水历时变化区域面积统计

减少淹没天数	>15d	10～15d	5～10d	<5d
变化区域面积(km^2)	100	81	106	72
位置	东洞庭湖	东洞庭和南洞庭湖	洪道两侧(全湖)	洪道两侧(全湖)

3. 影响过程及作用机制分析

1)对湖泊出流流量的影响过程

洞庭湖各湖区出流流量对蓄水的响应各不相同。其中城陵矶流量有增有减，最大流量增幅为 $836m^3/s$，最大减幅为 $1948m^3/s$，蓄水时段内平均降低了 $466m^3/s$。西洞庭湖北部的南咀流量在整个蓄水过程中流量一直比三峡未蓄水情景时要少，流量最大减少了 $1565m^3/s$，平均减少了 $420m^3/s$。小河咀流量平均下降 $5m^3/s$，但是有两个明显的流量增加峰值，最大增加量为 $126m^3/s$。

城陵矶是洞庭湖与长江的汇流口。城陵矶出口流量过程在三峡的影响下，既有减少也有增加。对应三峡工程每拦截一次洪峰，城陵矶出口流量都形成一个明显的流量先增加后减少的过程，而不是简单的出口流量增加或是减少。在蓄水期间，流量经历了两次明显的先增后减的规律性波动。对第二次流量波动，流量增加和减少峰现时间分别为 10 月 12 日和 10 月 19 日。

西洞庭湖北部出口南咀和松澧虎洪道石龟山流量过程对三峡蓄水的响应基本一致，只是石龟山减少的量值偏小。三峡截流流量和南咀(石龟山)流量减少量值的过程线峰型一致，只是相位滞后，其最大影响峰值出现日期为 10 月 14 日。

对位于西洞庭南部出口的小河咀，其流量降低值过程线与北部出口的南咀完全不同，但是与城陵矶出口流量变化特征较为相似，流量出现规律性的先增后减的波动。小河咀流量降低值过程线有两个明显的谷值，即有明显的流量增加，其峰现日期分别为 9 月 25 日和 10 月 13 日，早于南咀流量降低峰现日期 1d。

2)对水位的影响过程

通过水位削减的量值时间过程研究，有两个较为明显的峰值，与三峡拦蓄了上游两次较大洪峰一致。第二次拦截的洪峰流量超 1 万 m^3/s，洞庭湖水位也因此失去了此次洪峰补水的机会。水位持续保持较低水平，使得洞庭湖水位与未蓄水条件相比差距达到了最大，其中城陵矶站于 10 月 13 日达到了最大的 2.73m。鹿角、营田和湘阴也于随后的 14 日、16 日和 17 日达到最大值。西洞庭湖北部承接长江来水，受影响较快，石龟山和南咀站均于14日达到了最大值。而西洞庭湖的北部影响则有明显滞后，小河咀和周文庙均于16日才达到最大。

3)湖泊水位降低的作用机制

首先来考察西洞庭湖北部湖区，从南咀和石龟山的水位和流量所受的影响来看，水位和流量的峰现时间同步，说明该区域湖泊水位的降低直接来自来水量的减少。这也与我们通常认识的西洞庭湖北部的洪道主要起着接纳、输送长江三口来水是一致的。为此，可以断定西洞庭湖北部湖区主要体现了三峡蓄水减少来水的影响，即蓄水使干流水位降低，三口分流量较蓄水期减少。

西洞庭湖南部湖区的水位与出流量的变化，则体现了三峡蓄水对湖泊水情影响的另一个方面。从小河咀水位和流量的变化过程发现，对应于三峡的蓄水过程，湖泊出流量先增后减，湖泊水位则持续减小，水位所受影响缓慢递增，直至达到一个峰值；其峰值出现日期要迟于流量增加最大的日期，而与流量变化为零的日期一致。这说明出口流量的增加加速了湖泊水位的下降。在枯水期，西洞庭湖洲滩多数出露(尤其是2006年夏季枯水使湖泊底水位较低)，南部目平湖和沅水洪道与北部的松澧虎洪道水体主要通过窄小的洪道沟通，水力连通性不好，南部形成了较为独立的水体。长江三口来水只有很少一部分经窄小渠道向南流入南部湖区。小河咀和南咀出流与赤山岛东侧洪道处汇合，汇流后可能直接进入东南湖或者经由北部的赤磊洪道直达东部。南咀受蓄水截流的影响较早，来水减少使水位的提前消落，出口水位的下降，使南部出流洪道水力坡降增大。以10月13日为例，在蓄水条件下，南咀比小河咀高出0.08m，而未蓄水的条件下则高达0.68m。大水力坡降促使出口流量加大，加速湖水位下降。经过一段时间调整后，湖水容积减少，水力关系趋稳，流量逐步回调，反而比未蓄水情景要略有减少。西洞庭湖南部水情变化表明，三峡蓄水可通过出口处水位的快速下降，拉抬水力坡降，加大湖泊泄流量，从而降低湖泊水位。西洞庭湖南部水位的降低正好体现了三峡蓄水对湖泊水情的这一影响机制。

城陵矶出口流量反映的则是两种机制的综合作用。它既体现了湖口水力坡降提升增加湖泊泄量、加快湖泊排水的作用，又体现了三峡蓄水减少对湖泊补水的作用。洞庭湖通过三口河道接纳长江来水，经河湖调蓄后，在城陵矶处汇入长江。长江三口来水经由河网传输至洞庭湖需要经历较长的历程。在本次蓄水的水力条件下，三峡蓄水使得长江三口来水的减少在城陵矶出口体现出来需要经历4～6d，而经由荆江干流传播至洞庭湖仅需2～3d。干流水位的快速消落使得洞庭湖出口水力坡降在三口来水还没影响到东洞庭湖时快速加大，洞庭湖出流流量增加。之后，在三口河道来水减少和湖水快速排空的作用下，流量又随之下降。南咀反映了长江来水的主要变化，对比城陵矶和南咀出口流量的在蓄水影响期间的平均减少量，可以发现城陵矶仅略高于南咀。如果增加直接入东洞庭湖的藕池东支来水量的减少(藕池分流共减少76m^3/s)，水量变化基本吻合。

综上所述，在洞庭湖和长江即时的水动力交互作用下，三峡蓄水使城陵矶出口流量变化呈有规律的增减变化，湖泊水位提前消落。它对洞庭湖水位的影响通过两种机制起作用：一是，长江干流的水位快速下降使湖泊出流口水力坡降变大，洞庭湖出流流量增加，湖泊水位下降；二是，长江三口分流减少使得湖区水量补给变少，湖泊水位下降。

7.3 三峡工程运行对水情的影响

7.3.1 典型水文年

根据长江科学院对宜昌、汉口、大通等站水文整编资料的分析，综合选定各典型水文年如下：丰水年型为1998年(2%～3%)，平水年型为1977年(40%～55%)以及枯水年型为1972年(90%～94%)。以该3个典型年为代表，分析研究了三峡工程蓄水运行对长江中游洞庭湖和鄱阳湖两大通江湖泊的水情影响。

7.3.1.1　出库流量边界

三峡工程设计调度方式为(长江水利委员会,2005):汛期6月中旬至9月底,水库一般维持防洪限制水位145m运行,若遇大洪水(如对于宜昌大于56 700m³/s的洪水,则按照56 700m³/s下泄),则按照防洪调度方案蓄泄;10月份水库由145m均匀充蓄至175m,11月一般维持在正常蓄水位175m运行,以后如来水不满足电站保证出力(499万kW)需要,大概需要5600m³/s流量,则水库水位逐步消落。5月底,水库应维持水位不低于155m;6月10日,水库水位应降至145m。当上游来流和库容不能满足发电要求时,则发电量减少处理(汪迎春等,2011)。

根据三峡的调度运行方式,经三峡水库调节后,丰、平、枯3个典型年宜昌流量与水库运用前相比,在一些典型时段流量发生明显的变化。各典型年水库运用前后宜昌流量见图7.9。4月和汛末蓄水的10—11月流量减少,汛前腾空的5—6月流量增大,12月至次年3月,流量略有增加,汛期流量随着三峡调度波动变化,有明显削峰作用。

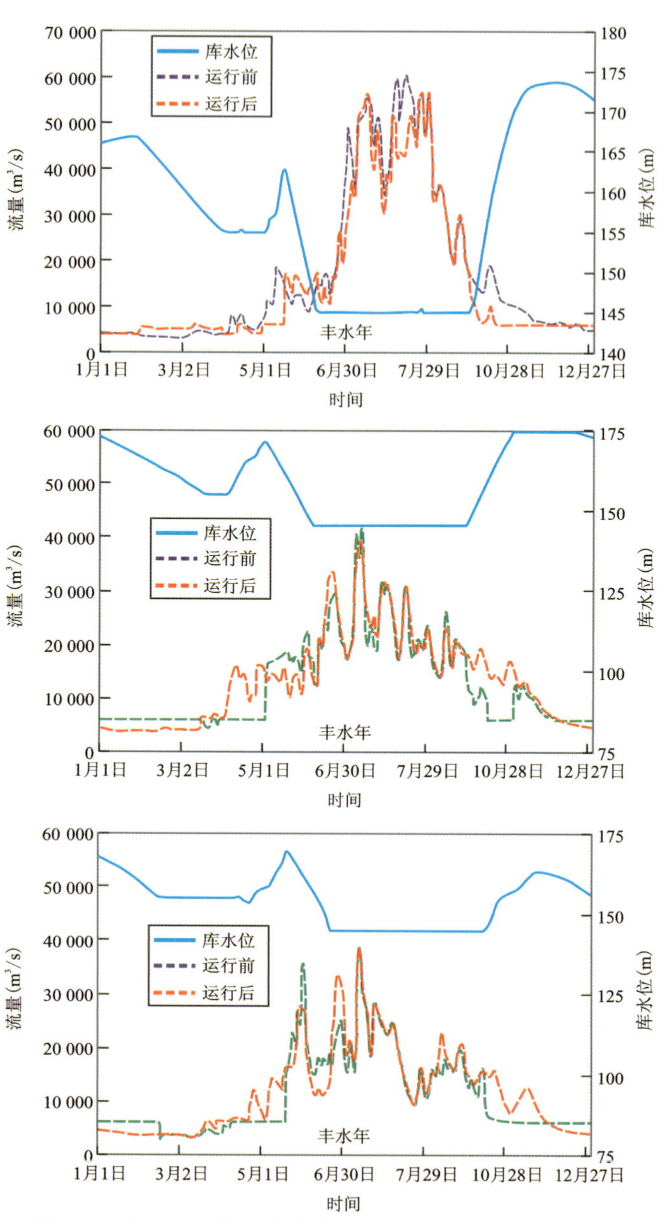

图7.9　水库运行前后宜昌流量及坝前水位(典型水文年)

7.3.1.2　鄱阳湖

三峡工程运行后,对鄱阳湖的水情影响明显。丰、平、枯3个典型水文年三峡工程对鄱阳湖水位和湖口出口流量的影响显著。受三峡水库调节的影响,鄱阳湖出口流量变化呈现规律性的波动,湖泊蓄泄能力的变化使得湖泊水位发生相应的变化。与三峡工程对洞庭湖的影响相似,三峡若增泄流量,湖泊水位则随之上升;若减泄流量,则随之下降(郭华和张奇,2011;唐昌新等,2015;邴建平等,2017);受水流传输距离和湖泊、河槽调蓄作用的影响,起始相位滞后6~7d。按三峡水库不同运行时段分析三峡工程对鄱阳湖水情的影响如下。

1.汛期调洪

根据调度规则,6月11日三峡水库坝前水位降至145m,至9月30日为汛期调洪运行阶段。以1998丰水年型为例,三峡水库的运用使汛期洪峰有明显下降,从7月1日至9月30日,鄱阳湖出口湖口水位平均下降0.37m,最大削减值为0.96m(表7.5)。1998年7月30日湖口最高洪峰水位削减0.28m,可由22.53m降至22.25m,低于保证水位22.5m,缓解鄱阳湖的防汛压力。各站调峰情况列于表,丰水年因江湖水面连通,三峡调峰作用空间分布均匀。随着底水位的变化,空间异质性也发生明显的变化，在枯水年，削峰平均值明显呈现出北高南低的格局。

表 7.5　各典型年汛期调洪期间水位削减统计　　单位：m

地区	丰水年		平水年		枯水年	
	均值	最大值	均值	最大值	均值	最大值
湖口	0.37	0.96	0.25	0.43	0.42	0.87
星子	0.37	0.96	0.24	0.41	0.32	0.71
都昌	0.37	0.96	0.23	0.39	0.24	0.66
康山	0.36	0.96	0.17	0.35	0.02	0.2
波阳	0.36	0.96	0.19	0.34	0.1	0.47

2. 汛末蓄水

从计算结果看，对丰、平、枯3个典型年，因蓄水引起的10—11月鄱阳湖出口湖口站平均水位(统计时间从10月1日至11月30日)降落分别为0.87m、1.45m和1.45m，对应宜昌的平均拦截流量为3894m^3/s、4550m^3/s和4922m^3/s。其余各站如表7.6所示。总体来看，无论是哪一典型年，三峡工程对鄱阳湖水位的影响从北向南逐渐递减。对同一增泄流量，高底水位时，影响范围大，量值小，反之亦然。

表 7.6　各典型年汛末蓄水期间水位削减统计　　单位：m

地区	丰水年		平水年		枯水年	
	均值	最大值	均值	最大值	均值	最大值
湖口	0.87	1.86	1.45	2.65	1.45	2.11
星子	0.68	1.46	1.02	1.82	0.76	1.18
都昌	0.49	0.99	0.61	1.05	0.3	0.52
康山	0.16	0.48	0.15	0.34	0	0
波阳	0.13	0.41	0.04	0.11	0.01	0.04

3. 汛前腾空

3个典型年的计算结果表明，对于底水较高的丰水年和平水年(湖口平均水位约为14.5m)，全湖各站水位均有所上涨，上涨幅度大致相当，平均涨幅在丰水年为0.1～0.2m，在平水年为0.2～0.4m。而对于底水位较低的枯水年(湖口平均水位为12.3m)，增泄流量使鄱阳湖北部湖区水位抬高0.2～0.4m，南部湖区影响低于0.1m(表7.7)。

表 7.7　各典型年汛期腾空期间水位削减统计　　单位：m

地区	丰水年		平水年		枯水年	
	均值	最大值	均值	最大值	均值	最大值
湖口	−0.21	−0.43	−0.37	−0.6	−0.38	−0.8
星子	−0.18	−0.38	−0.29	−0.48	−0.27	−0.56
都昌	−0.14	−0.33	−0.24	−0.42	−0.21	−0.44
康山	−0.12	−0.24	−0.23	−0.38	−0.04	−0.08
波阳	−0.11	−0.26	−0.22	−0.37	−0.05	−0.14

4. 水位消落期

长江枯水期宜昌上游来流通常小于三峡水库保证出力所需的流量。三峡水库运用后，流量均有所增加，一般在3000m^3/s之内。受此影响，长江干流水位有所上涨，湖口水位的上升使鄱阳湖水位整体有所抬升。计算结果表明，平枯水年份的枯水位抬升要高于丰水年。水位受影响的主要是北部湖区，南部影响很小。在丰、平、枯3个典型年，湖口站枯水位平均抬升分别为0.22m、0.49m和0.37m(表7.8)。而南部湖区的波阳和康山站只受到微弱的影响。

表7.8 各典型年汛末蓄水期间水位削减统计 单位：m

地区	丰水年		平水年		枯水年	
	均值	最大值	均值	最大值	均值	最大值
湖口	0.22	0.54	0.49	0.58	0.37	0.69
星子	0.12	0.27	0.31	0.44	0.26	0.49
都昌	0.07	0.17	0.16	0.41	0.20	0.56
康山	0.03	0.11	0.00	0.02	0.13	0.53
波阳	0.04	0.11	0.00	0.04	0.01	0.21

7.3.1.3 洞庭湖

三峡工程运行后，对洞庭湖的水情影响明显。丰、平、枯3个典型水文年三峡工程对洞庭湖水位和城陵矶出口流量的影响显著。受三峡水库调节的影响，洞庭湖出口流量变化呈现有规律性的波动，湖泊蓄泄能力的变化使得湖泊水位发生相应的变化。湖泊水位与三峡下泄流量增加和减少过程基本一致，发生相应地抬升和下降。三峡若增泄流量，湖泊水位则随之上升；若减泄流量，则随之下降；受水流传输距离和湖泊、河槽调蓄作用的影响，起始相位滞后3～4d。根据三峡水库调度规则，按不同的蓄水时段分析三峡工程蓄水运行对洞庭湖水情的影响。

1. 汛期调洪

汛期在不需要防洪蓄水时，原则上按三峡水库的防洪限制水位145m运行，三峡出库流量和入库流量基本相等。丰水年型可能出现大洪水，三峡工程可对上游来水进行调节，降低洪峰。1998年发生的流域性大洪水，洞庭湖出口城陵矶站洪峰水位超过了34.55m的保证水位。根据调度规则，6月11日三峡水库坝前水位降至145m，至9月30日为汛期调洪运行阶段。三峡水库的运用使汛期洪峰有明显下降，从7月1日至9月30日，城陵矶水位平均下降0.43m，最大削减值为1.38m。1998年8月20日最高洪峰水位削减1.24m，由35.92m降至34.68m，接近城陵矶站的保证水位34.55m。在丰水年洞庭湖平均调峰值全湖分布比较均一，削减0.3～0.4m(表7.9)。而在平水年型和枯水年型条件下，平均调峰值空间差异性较大。

表7.9 各典型年汛期调洪期间水位削减统计 单位：m

地区	丰水年		平水年		枯水年	
	均值	最大值	均值	最大值	均值	最大值
城陵矶	0.43	1.38	0.32	0.65	0.57	1.21
鹿角	0.43	1.39	0.33	0.64	0.56	1.15

续表 7.9

地区	丰水年		平水年		枯水年	
	均值	最大值	均值	最大值	均值	最大值
营田	0.43	1.39	0.32	0.59	0.53	1.16
湘阴	0.43	1.39	0.31	0.58	0.51	1.13
南咀	0.42	1.36	0.23	0.54	0.28	0.63
石龟山	0.34	1.19	0.15	0.49	0.27	0.83
小河咀	0.42	1.34	0.25	0.5	0.22	0.57
周文庙	0.41	1.37	0.26	0.49	0.2	0.55

2. 汛末蓄水

汛末蓄水时段一般为9月底至10月初，在试验性蓄水期，由于受干旱的影响，蓄水逐步挪至9月中旬。蓄水期间，为兼顾葛洲坝下游的航运和其他用水需要，在保证一定的下泄流量条件下，一般入库流量大于出库流量。在本项目中，按10月1日开始的蓄水方案计算。从计算结果看，对丰、平、枯3个典型年，因蓄水引起的10—11月洞庭湖出口城陵矶站平均水位(统计时间从10月1日至11月30日)降落分别为1.67m、2.11m和1.88m(表7.10)，对应的宜昌平均拦截流量为3894m^3/s、4550m^3/s和4922m^3/s。其余各站如表7.10所示。总体来看，无论是哪一典型年，三峡工程对洞庭湖水位的影响从东洞庭湖至南洞庭湖和湘江尾闾一线逐级递减。西洞庭湖北部的松澧虎洪道高于南部的湖区及沅水尾闾。洞庭湖东部一线水域及洪道受影响最大，其次为西洞庭湖北部，西洞庭湖南部最小。

表7.10 各典型年汛末蓄水期间水位削减统计 单位：m

地区	丰水年		平水年		枯水年	
	均值	最大值	均值	最大值	均值	最大值
城陵矶	1.67	3.34	2.11	4.09	1.88	2.88
鹿角	1.39	2.98	1.72	3.12	1.35	2.29
营田	1.16	2.77	1.47	2.61	0.95	1.88
湘阴	1.02	2.47	1.3	2.14	0.88	1.68
南咀	0.42	1.16	0.63	1.17	0.56	0.98
石龟山	0.64	1.77	0.91	1.88	0.66	1.42
小河咀	0.22	0.63	0.38	0.64	0.36	0.55
周文庙	0.09	0.33	0.26	0.38	0.28	0.42

3. 汛前腾空

为腾空库容以备汛期防洪，三峡水库坝前水位必须于6月10日降至防洪限制水位145m。腾空库容期间，下泄流量会有明显的增加，洞庭湖水位将提前上涨。3个典型水文年的计算结果表明，洞庭湖出口和西洞庭湖北部的水位在腾空库容期间都有明显上涨；而在西洞庭湖南部，水位所受影响明显偏小。如表7.11所示，在丰水年，湖区的城陵矶、鹿角、营田、南咀和小河咀各站水位普遍上涨，平均上涨幅度分别为0.5m、0.43m、0.33m、0.31m和0.17m。在平水年和枯水年，洞庭湖出口水位增加幅度高于丰水年，但是其他站点水位却要低于丰水年。

表 7.11 各典型年汛期腾空期间水位削减统计 单位:m

地区	丰水年		平水年		枯水年	
	均值	最大值	均值	最大值	均值	最大值
城陵矶	−0.5	−1.01	−0.57	−0.99	−0.65	−1.4
鹿角	−0.43	−0.9	−0.43	−0.78	−0.48	−1.09
营田	−0.33	−0.76	−0.23	−0.46	−0.27	−0.83
湘阴	−0.27	−0.66	−0.17	−0.39	−0.23	−0.75
南咀	−0.31	−0.7	−0.1	−0.44	−0.24	−0.64
石龟山	−0.49	−1.21	−0.29	−0.92	−0.46	−1.2
小河咀	−0.17	−0.33	0.02	−0.15	−0.05	−0.26
周文庙	−0.07	−0.13	0.16	0.02	0.08	−0.03

4. 水位消落期

长江枯水期宜昌上游来流通常小于三峡水库保证出力所需的流量。三峡水库运用后,流量均有所增加,一般在 3000m^3/s 之内。受此影响,长江干流水位有所上涨,长江干流的顶托能力增强,湖泊出口水位的上升使洞庭湖水位发生变化。洞庭湖出口水位在不同的典型水文年均在三峡增泄的作用下抬升,丰、平、枯水年的水位分别抬升 0.47m、0.77m 和 0.55m(表 7.12)。不过,湖泊内部的水位变化有明显的差异,除城陵矶水位抬升外,接纳长江来水的石龟山和南咀站水位都有所增加,但是鹿角、营田、湘阴和小河咀、周文庙等站水位却有所下降。

表 7.12 各典型年汛期腾空期间水位增加统计 单位:m

地区	丰水年		平水年		枯水年	
	均值	最大值	均值	最大值	均值	最大值
城陵矶	0.47	1.10	0.77	0.94	0.55	1.27
鹿角	0.23	0.68	−0.1	0.09	−0.14	0.05
营田	0.11	0.36	−0.34	−0.14	−0.37	−0.24
湘阴	0.08	0.27	−0.33	−0.24	−0.29	−0.11
南咀	0.08	0.16	0.09	0.13	0.07	0.22
石龟山	0.09	0.18	0.14	0.17	0.11	0.24
小河咀	0.03	0.07	−0.02	0.03	−0.02	0.09
周文庙	0.01	0.03	−0.12	−0.07	−0.12	−0.04

7.3.2 作用机制

根据三峡的调度运行规程,前一节中给出了在丰、平、枯 3 个典型水文年条件下三峡工程运行对长江中游洞庭湖和鄱阳湖两大通江湖泊水情的影响。上述计算中三峡水库调节过程是比较理想化的。实际运行过程中,水库调度会根据上下游情况作出调整,例如在 2009 年三峡 175m 蓄水试验中,因长江中游干旱,放缓了蓄水过程,导致未达 175m 目标。2006 年至 2009 年三峡工程开始了试验性的蓄水运行。根据这 4 年间三峡工程蓄水实际运行工况,通过定量还原计算,获取了三峡蓄水试验期间,因三峡运行改变自然水文节律引起的长江中游干流和两大通江湖泊水情的变化的影响分量。

7.3.2.1　运行过程及边界条件

三峡工程自 2006 年启动 156m 蓄水试验运行以来，经历了 2007 年 156m 试验的过渡，于 2008 年开始提前开展 175m 的试验性蓄水；2008 年三峡水库试验性蓄水于 11 月 4 日因上游降水停止蓄水结束，达到 172.8m；于 2009 年 9 月 15 日 146m 起蓄，受 10 月份上游来水偏少的影响，最高仅蓄至 171.4m，未达到 175m 蓄水目标。三峡工程试验性蓄水期(2006—2009 年)的入库流量、出库流量、出-入库流量差和坝前水位如图 7.10 所示。

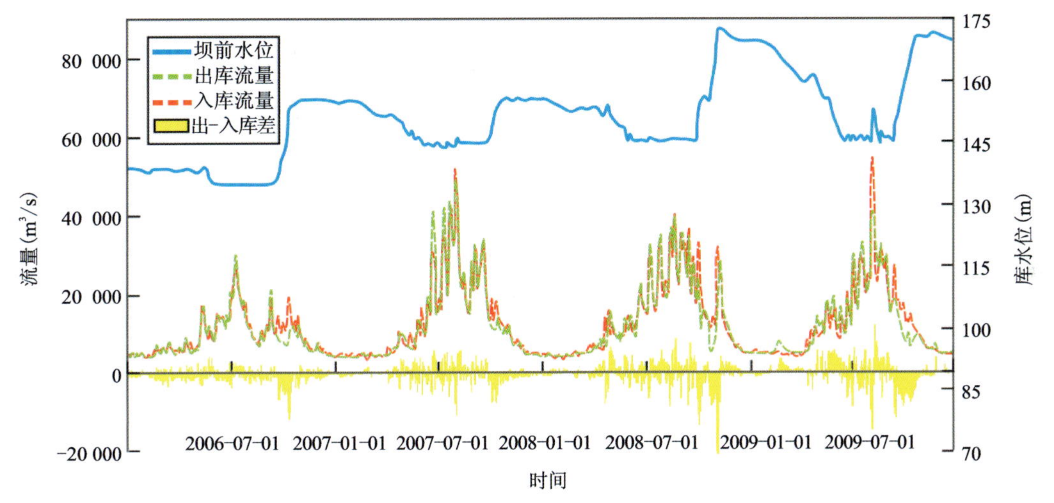

图 7.10　三峡出-入库流量关系特征(2006—2009 年)

三峡工程蓄水仅改变了长江下泄流量，而不影响其他区域水量。以此期间的三峡出库流量(宜昌流量)作为由三峡水库调节的上游边界即可计算出现状条件下长江中游水位、流量(流速)的时空变化过程。在上游边界给定入库流量过程，并综合考虑水波传播时间，即可计算出与现状条件相对应的无三峡水库调节水位、流量(流速)的信息。

7.3.2.2　鄱阳湖

1. 汛期调洪

汛期调洪削减下泄流量影响鄱阳湖主要是通过维持较低的长江水位，使鄱阳湖洪水能够快速下泄或者减轻对鄱阳湖的倒灌。2006 年至 2009 年间主要为平枯水年，调洪作用在月尺度上不明显。但是在 2009 年 8 月 13 日左右有一个较为明显的短期调峰过程(约 10d)，星子最大削减水位为 0.24m。

2. 汛末蓄水

三峡汛末蓄水的影响主要是在 10 月份，水位较正常有明显下降。从 2006 年至 2009 年间，鄱阳湖北部湖区星子站 10 月份平均水位分别下降 0.89m、0.54m、0.49m 和 1.35m；中部湖区的都昌站分别下降 0.60m、0.39m、0.29m 和 0.90m；南部湖区的康山和波阳所受影响很小，均在 0.15m 以下。

3. 汛前腾空

三峡增泄对鄱阳湖水位的抬高年度差异也较大。从中北部受长江顶托影响较大的湖区来看，2007 年和2009年水位有所抬高，为0.1～0.3m。而在2006年和2008年水位抬高幅度基本可以忽略，小于0.1m。

4. 水位消落期

水位消落期鄱阳湖水位会略有抬高。从2006年至2009年的计算结果显示，该时段平均水位抬高平均幅度小于0.1m。

7.3.2.3　洞庭湖

在三峡水库的年内调节作用下，坝下游水情年内变化过程也随之调整。根据三峡水库的调节过程，可将其影响大致分为4个时段，即汛期水库的调峰蓄洪，汛末水库蓄水发电，枯季水位消落和流量补偿，汛前水库的腾空时段。各个时段的影响分述如下。

1. 汛期调洪

长江流域汛期主要在7—9月，三峡水库是否进行调洪，取决于上游的来流量。因为2006年至2009年间主要为平枯水年。调洪作用在月尺度上不明显。但是在2009年8月10日左右有一个较为明显的短期调峰过程（约10d），城陵矶最大削减水位达到0.81m。

2. 汛末蓄水

根据这几年的实践看，为了保证正常蓄满，三峡水库多在汛末的9月中下旬就开始蓄水，这段时期三峡大量拦蓄上游来水，造成长江中下游地区来水明显减少，影响较为显著。尤其是在10月份，水位较正常有明显下降。从2006年至2009年间，东洞庭湖城陵矶站10月份平均水位分别下降1.41m、1.02m、1.37m和2.39m。三峡对洞庭湖各湖区的影响格局如前文所述，基本一致。西洞庭湖南部所受影响最小（小于东洞庭湖、南洞庭湖和西洞庭湖北部），以小河咀为例，从2006年至2009年，10月份平均水位分别下降0.19m、0.27m、0.28m和0.44m，远小于城陵矶所受的影响。

3. 汛前腾空

从4次不同蓄水试验过程来看，因为三峡底水位的不同，腾空库容增泄流量在各年差异较大，这造成了在汛前腾空期的5月和6月，三峡增泄对洞庭湖水位的抬高年度差异也较大。因2009年5月、6月水库腾空历时较长，水量较大，引起了洞庭湖水位抬高较为明显，以5月份为例，城陵矶、南咀和小河咀分别抬高0.50m、0.21m和0.10m。

4. 水位消落期

长江流域水位消落期一般为12月至次年3月。在此时段，洞庭湖水位略有抬高。城陵矶水位于2006—2007年、2007—2008年、2008—2009年间平均抬高0.13m、0.02m和0.26m，2009年12月城陵矶水位抬高0.20m。其影响主要位于东洞庭湖和南洞庭湖东部的湘江洪道。对西洞庭湖石龟山、南咀、小河咀和周文庙等影响很小，这可能是由于枯季三口分流量较小，有些甚至断流，导致了三峡少量的增泄流量难以对西洞庭湖水位产生较大的影响。

第4篇　对策建议篇

第 8 章　生态保护修复

8.1 "两湖"

21 世纪以来，三峡水库运行，长江中游行洪能力显著提高，鄱阳湖、洞庭湖冲淤变化发生逆转，湖区干旱问题以及生态问题日益突出。三峡工程运行前，洞庭湖年均泥沙淤积量为 1 亿～1.2 亿 t，鄱阳湖年均泥沙淤积量约 527 万 t。历史上号称"八百里洞庭"的洞庭湖，解放初期湖面面积约 $4350km^2$，由于泥沙淤积和人工围垦，只剩 $2691km^2$。鄱阳湖湖口水位 21.68m 的水域面积从 1954 年的 $5184km^2$ 缩减至现今的 $3150km^2$。

8.1.1　科学采沙

采沙是加剧湖泊干旱、引发生态问题的重要因素之一。2001 年长江干流大规模采沙被禁止后，鄱阳湖成为了主要的采沙区域。2005—2007 年间，实际采沙量 2.3 亿～2.9 亿 t，主要分布在都昌县至湖口县一带的江湖口段。河道采沙和泥沙流失使江湖口河段的河道加深。1998—2010 年，都昌县至湖口县的鄱阳湖入江水道河道断面均发生下切，最大下切深度达 7.91m。2005—2007 年，鄱阳湖江湖口河道泄水能力增加了 1.5～2 倍。相当于将水库的闸门开得更大，使湖泊水位陡降，出现低水位、高流量现象，湖水排入江水流量加大，湖区水被快速泄出，快速减少了湖泊的蓄水量。

然而，我国沙石市场存在大量缺口，供需矛盾突出。过去我国使用的沙石骨料基本上都采自河道、矿山，多年开采引发的生态问题突出。随着我国生态文明建设的不断推进，对资源环境约束和管控日益增强，以及经济社会建设的强大需求，令供需矛盾愈发突出，沙石价格也不断上涨，部分地区沙石价格涨幅超过 100％。

显然，对采沙问题不能简单处理，一禁了之，关键是科学采沙。一是鼓励湖心深挖。鼓励在湖泊中心采沙，深挖第四纪以来的松散砂砾石堆积层，扩展湖泊容量，提升调蓄能力。二是控制滩涂、入湖口采沙。在湖泊边滩、心滩地区，根据湿地高程，规划控制挖沙深度和规模，扩大湿地面积。在河流入湖口依据上游来水来沙，行洪需求，适量采沙。三是限制江湖口采沙。江湖口是扼守湖泊水资源的重要地段，其作用有如水库坝，是湖泊调蓄能力的关键节点。应限制江湖口的采沙活动，保护江湖口，保障湖泊调蓄功能。四是加强监测和管理。结合 10 年禁渔、长江流域生态环境保护修复，修改完善河湖采沙政策规划。开展沙石资源和水下地形的监测，掌握资源消耗情况和水下地形的变化情况，分析湖泊冲於动态变化，为指导科学采沙，及时调整采沙深度、位置、强度，提供技术支撑。

8.1.2 退田还湖

围湖造田是长江中游湖泊萎缩的重要因素。20世纪50年代以来，大面积围湖造田等人类活动，使长江中游湖泊数量和水域面积大幅降低，加之近年来经济建设发展使流域用水量剧增，湖泊来水量减少，入不敷出，致使一些湖泊面积缩小，有的甚至消失。洞庭湖和鄱阳湖作为长江中游仅存的两个通江湖泊，面临着水域面积萎缩、生态功能退化等严峻形势。1998年开始实行的退耕还湖政策取得了明显效果。1998年洪水"中流量、高水位"的显著特点引起了人们关于围湖造田降低了湖泊调蓄能力的反思，1998年10月20日，国务院出台了"退田还湖"政策。5年共投入103亿元，长江中下游平垸行洪、退田还湖共恢复水面面积2900km²，长江中下游行洪、蓄洪能力得到提高。据此，一是更新理念，统筹全流域。按照"生态优先、绿色发展"的理念，立足流域的整体性，统筹上、中、下游，协同长江流域各省及行政单位，做好顶层设计，对流域加大"减排"工作力度，减轻湖区的污染负荷，将退耕还湖与长江流域各级政府国土空间规划、生态环境保护修复有机结合起来。二是加大规模，加大长江中游退耕还湖的规模，重点部署在湖南、湖北的江汉湖群与洞庭湖周边开展，扩大江河边滩纳入范围，对水域进行分区规划、分类管理，对堤垸要因地制宜确定堤垸经济发展模式，处于行洪要冲或具有重要湿地环境保护功能的"双退堤垸"可有限度地发展适洪农业，如林业、水产养殖业、畜牧业和种植水生经济物作等。三是建立生态保护与建设的投入机制。制定出台有利于两湖生态环境保护与建设的优惠政策，鼓励社会各界参与洞庭湖生态环境保护工作。两湖生态保护对于维护长江流域生态平衡具有重要意义，而保护两湖的生态环境使流域内的经济发展受到了诸多限制，因此当前要抓住国家在长江流域开展建立生态环境补偿机制试点工作的契机，探索生态经济核算制度，在财政、税收、信贷等方面进行扶持。考虑设立政府主导的多种补偿机制，如公共财政政策、政府间援助基金（ODA模式），生态环境保护专项基金，定向税费减免，扶贫和发展援助政策。

8.1.3 氮磷污染治理

洞庭湖和鄱阳湖是长江的"双肾"，由于具有突出的水资源调控、水污染净化和水生态维持功能，在长江大保护中具有重要战略地位。在党中央和各级政府的领导下，"两湖"湿地的治理与保护工作取得了积极进展，但人类活动持续的影响以及部分"结构性"问题的存在使得当前"两湖"生态环境状况依然严峻，主要包括三大方面，即水资源方面的洪涝和湿地萎缩问题，水环境方面的氮/磷污染和重金属超标问题，以及水生态退化问题。由于水生态问题是由水资源和水环境问题共同引起的，因此"两湖"湿地综合治理的关键在于水资源问题和水环境问题的治理。

随着区域经济社会快速发展，洞庭湖、鄱阳湖水环境容量下降、自净能力降低，湖泊生态安全受到严重威胁。水体氮磷污染引发的富营养化是"两湖"最典型也是最严重的水环境问题，湖泊水体总氮和总磷含量多年分别维持在1mg/L（湖泊Ⅲ类标准）和0.2mg/L（湖泊Ⅴ类标准）以上，严重危及着湖泊的水生态健康。因此，当前迫切需要开展"两湖"水体富营养化治理，而制定科学合理的对策及建议至关重要。

对于"两湖"水体，氮/磷主要有两大来源：一是几大主要入湖河流的输入，二是地下水向湖泊的排泄。其中，入湖河流的输入是氮/磷的主要来源。对于洞庭湖，已有研究发现湘江和资水输入氮磷的负荷在整个区域最高，因此洞庭湖南部区域的氮/磷污染最为严重。对于鄱阳湖，信江和饶河年均输入氮的负荷最高，抚河输入磷的负荷最高。因此，鄱阳湖东部湖区的氮污染程度高于西、南部湖区，南部湖区的磷污染程度高于东、西部湖区。地下水排泄对"两湖"水体氮磷负荷的贡献也不可忽视。据调查，地下水排泄占洞庭湖总入湖水量的11.26%，但由于地下水富铵氮，地下水排泄携带铵氮占洞庭湖铵氮总输入量的23.65%。洞庭湖西北部和鄱阳湖赣江三角洲地区分别是“两湖”地区地下水向湖泊排泄最强烈的区域，同时这两个区域也是地下水中氮/磷最富集的区域。

基于以上背景认识，建议在洞庭湖南部湘江、资水一带设置地表水重金属氮/磷污染优先阻隔区，在鄱阳湖东部信江、饶河一带设置地表水氮污染优先阻隔区，在鄱阳湖南部抚河一带设置地表水磷污染优先阻隔区，控制河流中高负荷氮磷向“两湖”的输入。此外，建议在洞庭湖西北部和鄱阳湖西部赣江三角洲地区设置地下水向湖泊输入氮/磷优先控制区，削减富氮/磷的地下水向湖泊的输入（图8.1）。

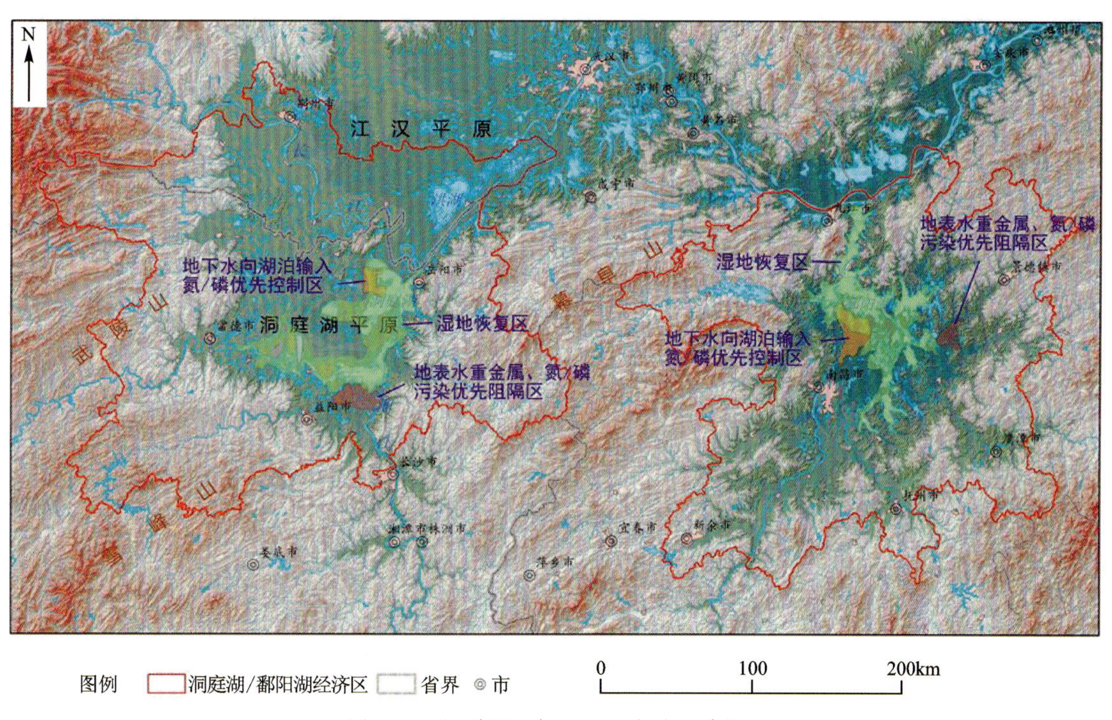

图8.1　“两湖”河湖湿地污染治理建议图

8.2　丹江口库区

丹江口库区内面临矿山地质环境、地质灾害等地质环境问题，也存在水污染、水体富营养化等水环境问题。为保障南水北调中线水源区的长久性水质安全和工程持续平稳运行，从地球科学系统视角出发，以水资源合理利用和可持续绿色生态发展为目标，提出安全保障区生态保护修复建议如下。

8.2.1　水资源开发保护

8.2.1.1　水资源开发利用建议

区内河流切割深，沟谷发育，地表径流条件较好，径流量大，汉江及其支流丹江、堵河等年总入库流量达到390亿m^3，地表水资源丰富。地下水资源量相对较少，且分布极不均匀。

南部与北部变质岩与岩浆岩地区，地下水以基岩裂隙水为主，富水性差，存在Fe、Mn等含量超标风险，且较难开采利用，无法满足耕地灌溉所需用水量，不建议直接开采用于生活用水，可在地表水流量较大地区，充分利用地表径流与泉水溢出后的落差，发展小型水力发电。中部碳酸盐岩地区，地下水与地表水资源均较丰富，地表水系多且广泛出露岩溶泉，水资源空间分布差异性大，整体水质好，可以满足当地农业灌溉、生活需求和小型水电开发，开发利用程度高。建议充分利用地表泉点，直接开采或截流的方式进行水资源利用，对部分流量较大的泉水适当扩泉，增设储水设施以对水资源进行储备。河流阶地及冲洪积平原区，地形平缓，地表径流丰富，适合对地表水通过渠系引流，进行农业灌溉以及牲畜用水；河谷阶地以第四纪沉积物为主，富含孔隙潜水，且地下水水位埋深较浅，水质相对较好，可采用人工凿井方式，用于工农业以及生活用水。

总体来看，可在地表水径流区兴建拦水工程进行蓄水用于调节缺水期用水问题；在无地表径流的缺水山区可进行引水工程和地下水开发，以有效解决水资源在区域上的分布不均。

8.2.1.2　水资源保护建议

浅层地下水开采区域主要为县城、集镇等松散岩类孔隙水分布区，开采强度较大。该区地下水主要接受大气降水及地表水的补给，水质极易受地表水的影响。工矿业区要加强弃渣清理、遗留场地生态环境修复；人口密集区完善生活污水和垃圾处理系统，完善收集管网和垃圾收集清运；加强农村地区畜禽养殖、淹没区农业污染治理；减少农药、化肥的过量使用等；公路沿线加强矿山复垦和地质灾害治理。

深层地下水开采强度大的区域主要为自来水厂。由于承压水补给困难，过度开采易造成局部含水层疏干。为保障地下水和地表水水质，需加大排污口的管理力度，对排污量较大的排污口进行关闭或增加污水处理设施，严格控制排污量，以逐步改善水质。严格控制供水水源地的总开采量，对城区及周边的自备井进行封停或纳入水量管理，不得大量超采地下水，以免造成水位快速下降，引发地面沉降、岩溶塌陷等环境地质问题。

加强城市附近工厂污水、生活污水排放监管力度。加强农村地区畜禽养殖、淹没区农业污染治理力度。对汇入库区支流持续性监测，以减少对地表、地下水体的污染。

8.2.1.3　提升区域水环境监测预警决策能力

安全保障区地表河水总氮含量普遍偏高，丰水期铁含量高。地下水总体质量一般。潜在污染源主要包括居民集中区、工矿企业、矿山开采区、垃圾填埋场、养殖场等点源污染和农业面源污染。应结合地下水类型、含水单元、流动系统和地表河流等，系统开展地表与地下、点源与面源监测。

地下水面源监测。充分利用井、泉及已有钻孔，沿河流部署，同时为掌握区域含水系统及地下水情况，补充少量深层钻孔，形成区域汉江-丹江地下水监测断面。碳酸盐岩分布区地下水丰富，水质好，可作为备用水源地。地下水监测以岩溶泉为主，同时考虑少量民井作为辅助监测点，在地下水排泄区，可安排钻孔监测井。监测重点以农业面源污染和养殖污染为主。地下水监测要充分利用泉、井等，仅在存在点源污染区可考虑部署钻孔监测。监测重点以农业面源污染和工业污染为主。碎屑岩和第四系分布区，主要位于河流两岸，人类工程活动集中，面上监测以泉、井为主，河流两岸沿地下水流向和垂直河道部署井、孔监测剖面，钻孔布设可与流域地表监测相结合，形成综合监测网络。

地表水流域监测。区内主要入库河流有16条，重污染风险的支流有神定河、泗河，较重污染风险的有天河、老灌河、官山河、浪河等，监测充分考虑流域特点，从"源、流、汇"3段部署监测。流域中上游配合地表水监测，以井、泉监测为主；下游至河口段沿河部署井、钻孔监测，形成井孔监测＋河水监测关键断面。

点源污染监测。垃圾填埋场、矿区等点源污染，主要沿地下水径流方向下游地表河流布设，也可考虑在点源下游附近—河流中段—河口段3段布设钻孔＋地表水监测断面，每个监测断面垂直河道布设两个钻孔＋河流地表水形成一个关键断面。

监测部署建议。考虑地下水含水系统分类及空间展布，结合项目成果，沿地表流域及兼顾地下水，主要城市区等部署监测断面、剖面、群(点)47 条 134 处，其中地表河流 75 处、井点 30 处、泉点 14 处、钻孔点 15 处。考虑监测工作系统性、完整性，建议在充分利用现有国家 4 处监测井(商洛市)的基础上，进一步补充建设地下水长期观测孔 7 处。监测部署围绕流域系统开展，主要分布在排泄区，控制了流域地表径流及碳酸盐岩含水系统、碎屑岩含水系统和变质岩含水系统(图 8.2)。

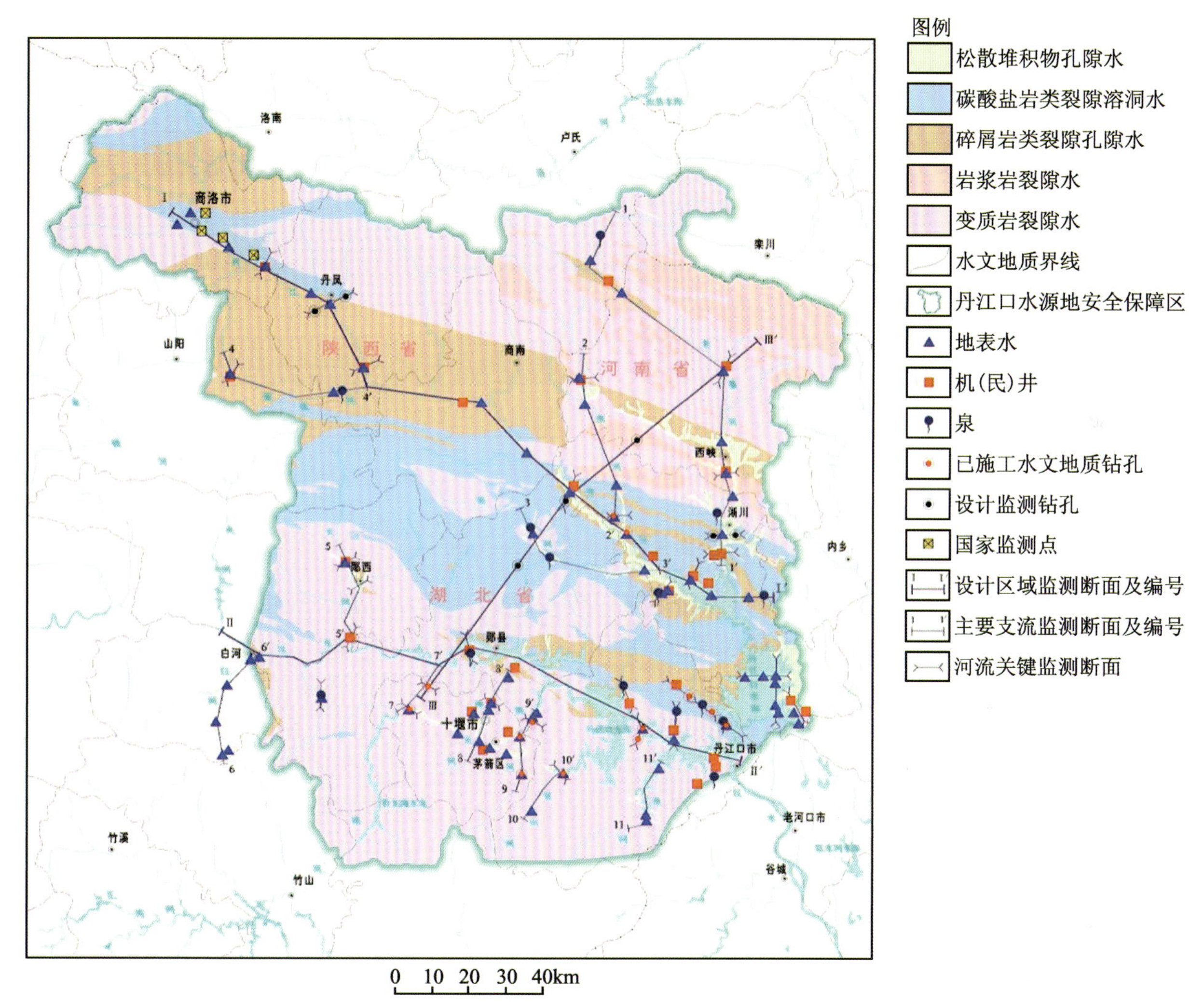

图 8.2　水源地安全保障区水环境监测建议图

8.2.2　水资源-水环境-水生态治理管控

8.2.2.1　流域环境风险源管控

针对官山河流域内地质灾害频发的现象，首先应及时调查、治理已经发生的对百姓生命财产安全产生威胁的地质灾害，其次可根据地灾易发性图规划流域尺度的地质灾害监测站建设，最后应紧密联系群众，建立一套行之有效的地质灾害群防群控体制，做到及时发现、及时疏导、及时治理。针对南神道地区居民普遍使用大河村两河口的水井作为生活用水(饮用)这一情况，可以酌情考虑与大河村修建一座小型水厂，以进一步缓解官山水厂供水压力。

8.2.2.2　流域重金属污染治理

当地呈"V"字形河谷-宽谷型河谷地貌，降水极易裹挟泥沙及污染物进入官山河造成污染，建议相关部门在有大面积农田分布的河道旁建设挡水墙。同时应加强流域水土保护措施，减少对丹江口水库的泥沙输出，控制流域向丹江口水库输出的重金属总量。

8.2.2.3　流域氮磷污染治理

据调查，有机氮主要来源于有机肥的施用和生活污水、畜禽养殖废水的不合理排放，此外需警惕流域 TP 含量偏高造成的水体潜在富营养化风险。建议人类活动强烈的官山镇及六里坪工业区相关单位加强对工业企业的监管措施，一方面杜绝工业企业非法排污，另一方面应加强污水处理厂出口断面水质监测，避免出现进一步污染；针对上游地区生活污水排放问题，建议相关部门进一步完善生活污水排放收集系统建设。

8.2.3　矿山生态修复

区内大量矿山已经关闭，但仍然存在尾矿库泄漏、淋滤液污染和矿渣泥石流等潜在风险。建议系统开展尾矿库隐患排查和矿山环境监测，以提高灾害预测、预报的水平和质量；建立专项基金，逐步实施尾矿和矿渣、关闭和历史遗留矿山地质环境保护与恢复治理，有序推进矿业废水处理、矿渣无公害处理、矿山土地复垦与还绿、地质灾害综合治理示范工程等。对建筑垃圾进行掩埋覆盖、生态恢复，对有害物质清除至垃圾填埋场填埋，污染场地采取换土覆盖。对露天开采矿山进行自然恢复和人工治理相结合。对矿渣堆积区和尾矿库，建议在自然植被恢复的基础上，采用黏土压盖，地表水截排水，沟谷拦挡吸附降解和植被复绿等，并对矿山下游河道实行生态绿化整治。

8.2.4　科学防灾减灾

地方政府制定防治规划时，应充分考虑库区地质灾害现状及危害，根据"以人为本、预防为主，防治结合，综合治理"的原则确定最优防治方案。建议对"两库三带"(丹江库区、汉江库区，商丹西城镇交通带、白十城镇交通带、武西高铁交通带)等附近威胁旅游安全、城镇设施、学校安全、重要交通干线的地质灾害，采取工程治理为主、搬迁避让为辅的防治措施；对以生态农业为主导区的地质灾害，结合水土保持工程、农田整治建设及生态环境保护工程等，采取搬迁避让为主、工程治理为辅的防治措施；对偏远山区，采取群测群防为主、分批搬迁避让的措施。

健全地质灾害监测、预报网络，重点开展库水位涨落对库岸的地质影响和变化的动态监测、预报，加强水源区护坡、边岸、崩岸和滑坡体的治理。健全重大灾害应急反应机制和预案和综合保障体系，提高灾害应急反应和应对能力，防止重大地质灾害的发生；科学地制订和落实石灰岩地区石漠化综合防治行动方案，全面完成石漠化治理工作；加强农村水利基础设施建设和引江补汉工程，减轻调水对本地区和中游农业生产和生态环境的影响，提高农业的减灾和应灾能力。

第 9 章　洪涝灾害防治

9.1　鄱阳湖

9.1.1　退堤还湖

以鄱阳湖实测地形、水文资料为基础，建立鄱阳湖水动力数值模型，根据鄱阳湖洪涝与干旱灾害计算分析结果，提出退堤还湖、开挖扩湖及联合方案来防治鄱阳湖洪涝灾害。

"退堤还湖"：一是将赣江入鄱阳湖主湖区段退堤还湖；二是将鄱阳湖靠近湖区分布的主要圩区全部退堤还湖。计算分析：在警戒水位（湖口站 19.50m，冻结吴淞高程）水情下，方案一可使湖容增 4.3%，方案二可使湖容增加 26.9%；在保证水位（湖口站 22.50m）水情下，方案一可使湖容增 6.4%，方案二可使湖容增加 50.4%（图 9.1）。

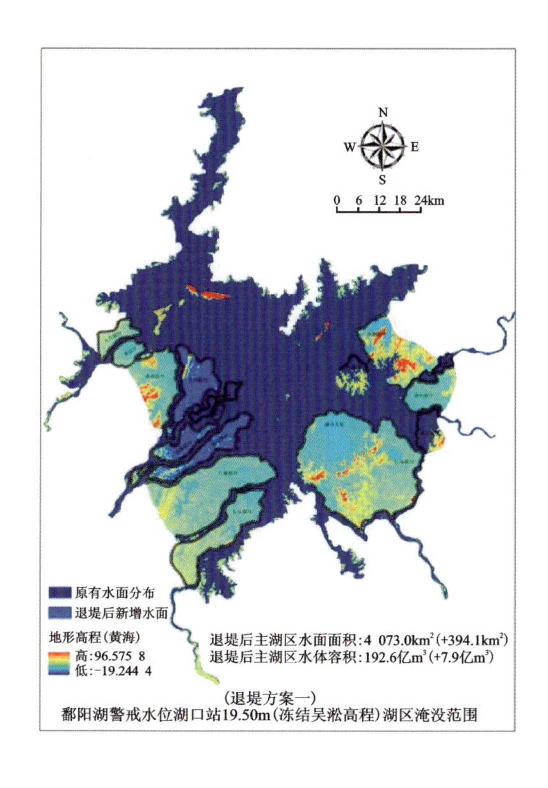

（退堤方案一）
鄱阳湖警戒水位湖口站19.50m（冻结吴淞高程）湖区淹没范围

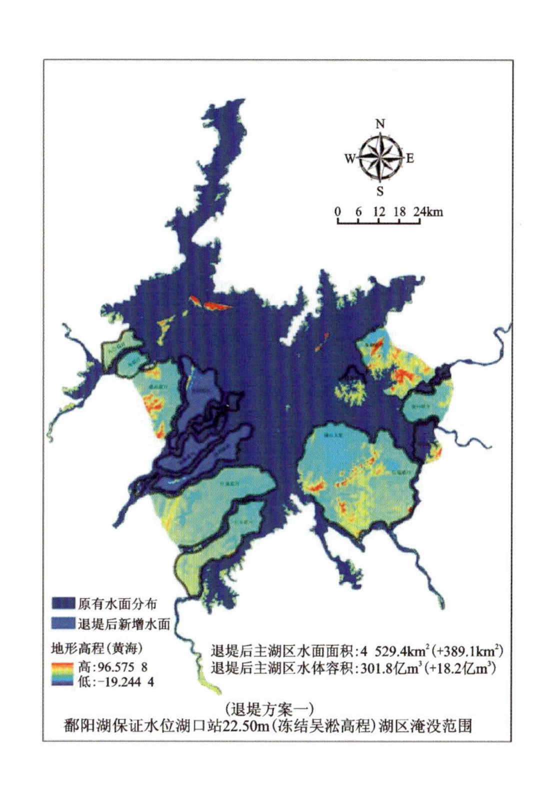

（退堤方案一）
鄱阳湖保证水位湖口站22.50m（冻结吴淞高程）湖区淹没范围

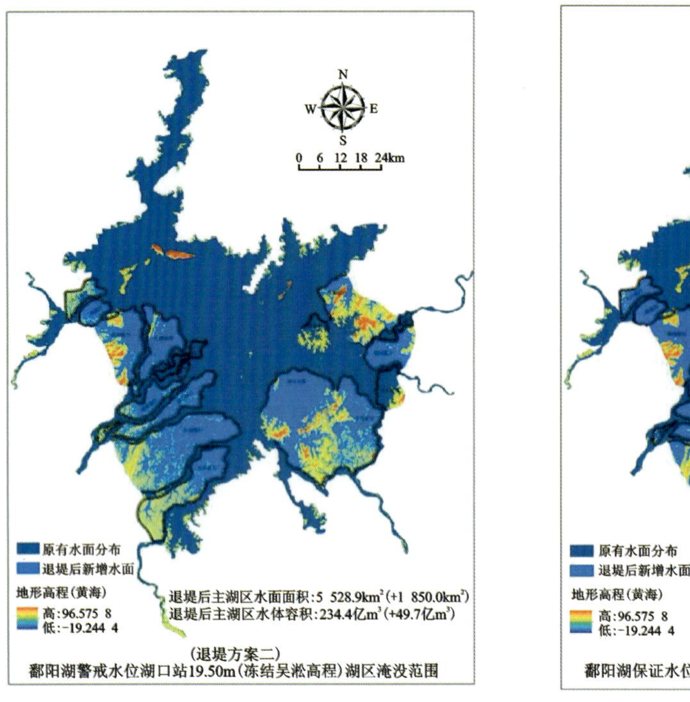

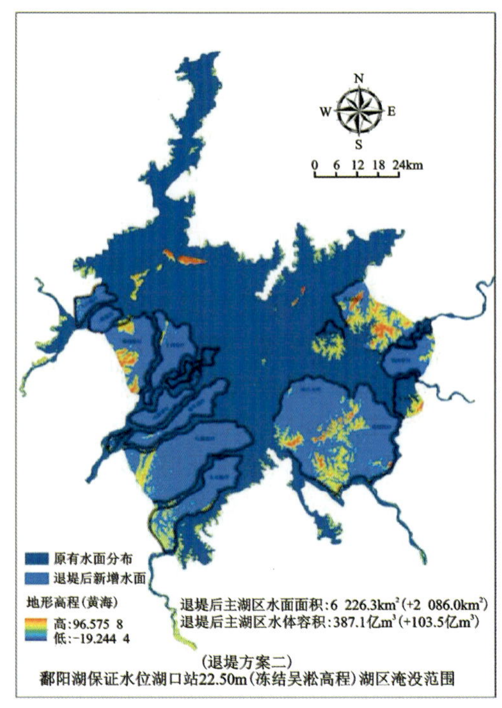

图 9.1　警戒、保证水位下湖区容量变化(退堤还湖)

9.1.2　开挖扩湖

开挖区域一是选择以淤积为主的鄱阳湖区西侧,二是选择不包含北部入江水道和主要支流的主湖区,分 10m 和 20m 两种开挖工况进行计算(图 9.2)。计算分析结果见表 9.1。

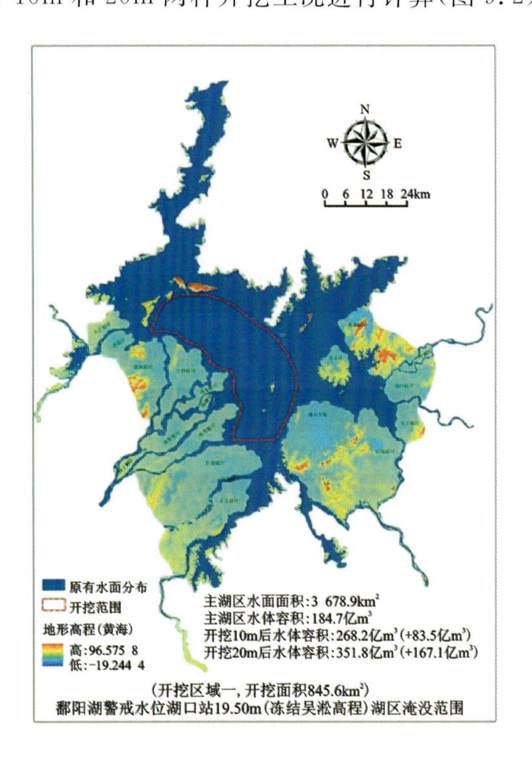

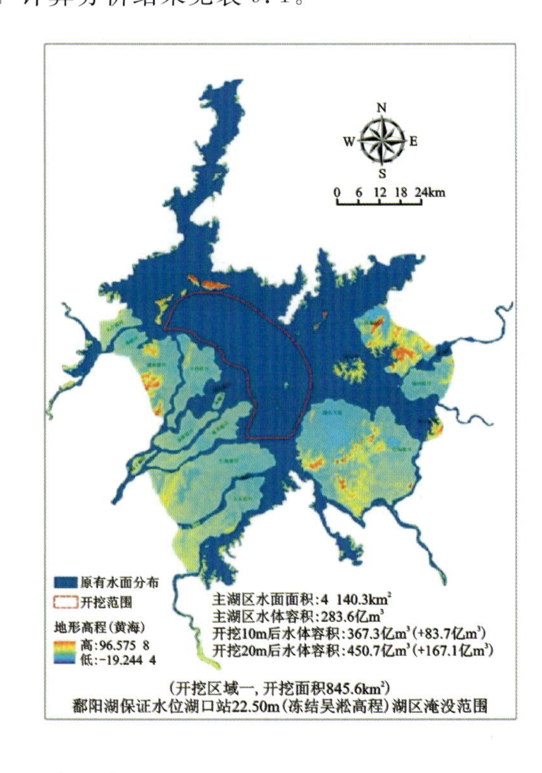

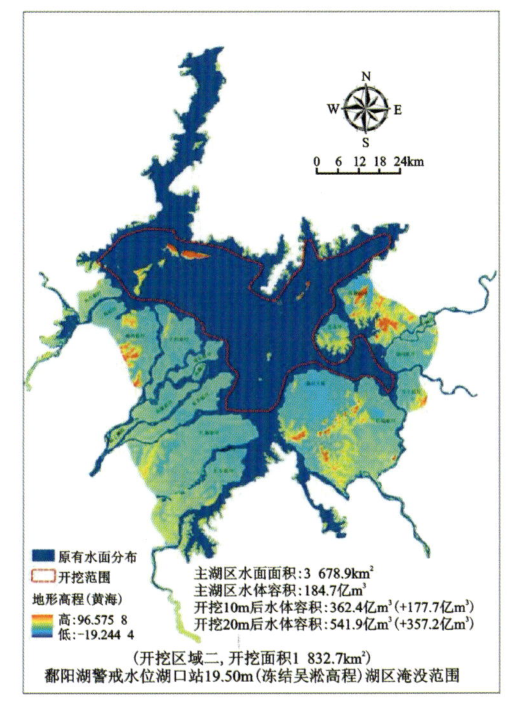

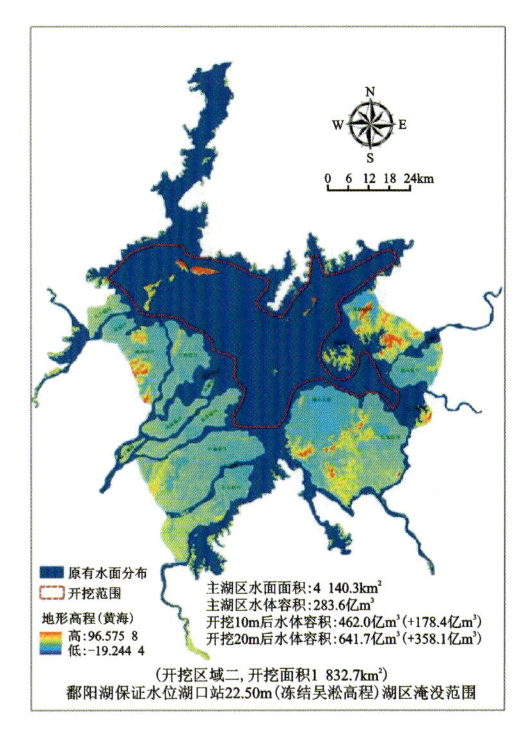

图 9.2　警戒、保证水位下湖区容量变化(开挖扩湖)

表 9.1　开挖扩湖方案模拟结果表

	警戒水位		保证水位	
开挖工况(m)	10	20	10	20
开挖区域一(%)	45.2	90.5	29.5	58.9
开挖区域二(%)	96.2	193.4	62.9	126.3

为进一步合理规划开挖方案，基于2020年7月12日23时鄱阳湖星子站历史纪录以来的最高水位22.63m，通过模型计算，考虑将该洪水位降至保证水位时，推荐开挖深度为2～6m，相应的开挖面积为270～90km²；降至警戒水位时，推荐的开挖深度为10～14m，相应的开挖面积为745～1043km²。

考虑经济效益和施工条件，总结出开挖深度一定时增加蓄水容积与开挖面积关系(图9.3)、给定增加蓄水容积下开挖面积与开挖深度关系(图9.4)可为“开挖扩湖”防洪减灾提供优选方案。“开挖”与“退堤”联合方案亦能达到较好的防洪减灾效果。

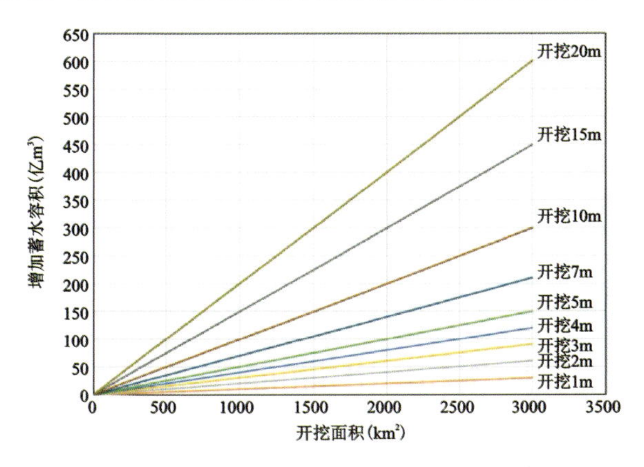

图 9.3　蓄水容积与开挖面积关系(定深)

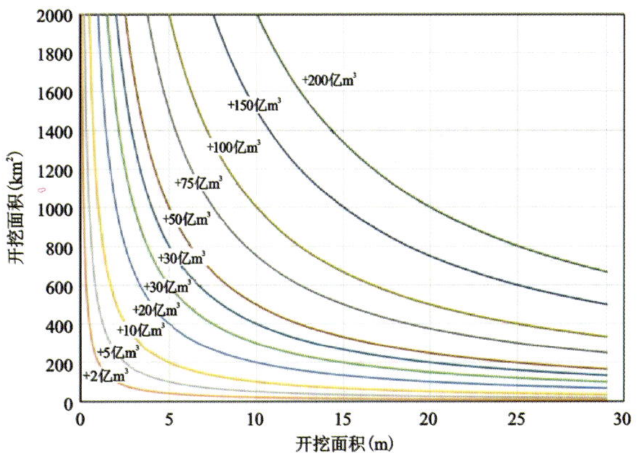

图 9.4　开挖面积与开挖深度关系(定容)

9.1.3 “退-挖”联合

无论是退堤还湖还是开挖扩湖，更多地涉及社会经济效益，倘若具体实施，要综合两方面进行考虑，对两种措施联合开展进行了相关研究，研究显示：分别在警戒水位和保证水位情况下，两种方案相结合的联合工程方案，同样可以达到预期效果，联合工程方案下鄱阳湖水面面积和水体容积增加情况见表9.2。

表9.2 联合工程方案下鄱阳湖区水面面积、水体容积变化

鄱阳湖水位	联合工程方案		水面面积变化(km²)	水面面积变幅(%)	水体容积变化(亿m³)	水体容积变幅(%)
警戒水位	退堤方案一	开挖区域一(10m)	+394.1	+10.7	+91.4	+49.5
		开挖区域一(20m)			+175.0	+94.7
		开挖区域二(10m)			+185.6	+100.5
		开挖区域二(20m)			+365.1	+197.7
	退堤方案二	开挖区域一(10m)	+1 850.0	+50.3	+133.2	+72.1
		开挖区域一(20m)			+216.8	+117.4
		开挖区域二(10m)			+227.4	+123.1
		开挖区域二(20m)			+406.9	+220.3
保证水位	退堤方案一	开挖区域一(10m)	+389.1	+9.4	+101.9	+35.9
		开挖区域一(20m)			+185.3	+65.3
		开挖区域二(10m)			+196.6	+69.3
		开挖区域二(20m)			+376.3	+132.7
	退堤方案二	开挖区域一(10m)	+2 086.0	+50.4	+187.2	+66.0
		开挖区域一(20m)			+270.6	+95.4
		开挖区域二(10m)			+281.9	+99.4
		开挖区域二(20m)			+461.6	+162.8

9.2 洞庭湖

尊重河湖协同自然演化规律，实施主动防洪——“采沙扩湖、清淤改田”“扩张洞庭湖、再造云梦泽”。对已有防洪减灾措施反思的基础上，基于“洪水和泥沙资源化”的考虑，提出了长江中游荆江和江汉-洞庭地区防洪的措施，即“采沙扩湖、清淤改田”(图9.5)，实现“扩张洞庭湖、再造云梦泽”，扩大江汉-洞庭地区洪水调蓄空间，在“蓄泄兼筹，以泄为主”和“江湖两利”的原则下，达到防洪减灾、冷浸田改造和改善血防工作的统筹考虑，支撑服务长江经济带和长江中游地区可持续发展战略。

江汉湖群(云梦泽)和洞庭湖，是长江中游泥沙淤落、洪水调蓄的天然场所。“扩张洞庭湖、再造云梦泽”是尊重长江中游河湖协同演化的自然规律，因势利导，实施主动防洪的最佳选择，也是在现有工程技术条件下的可行方案。

“扩张洞庭湖、再造云梦泽”是为长江下泄不急的余量洪水恢复或扩大调蓄的空间。“采沙扩湖、清

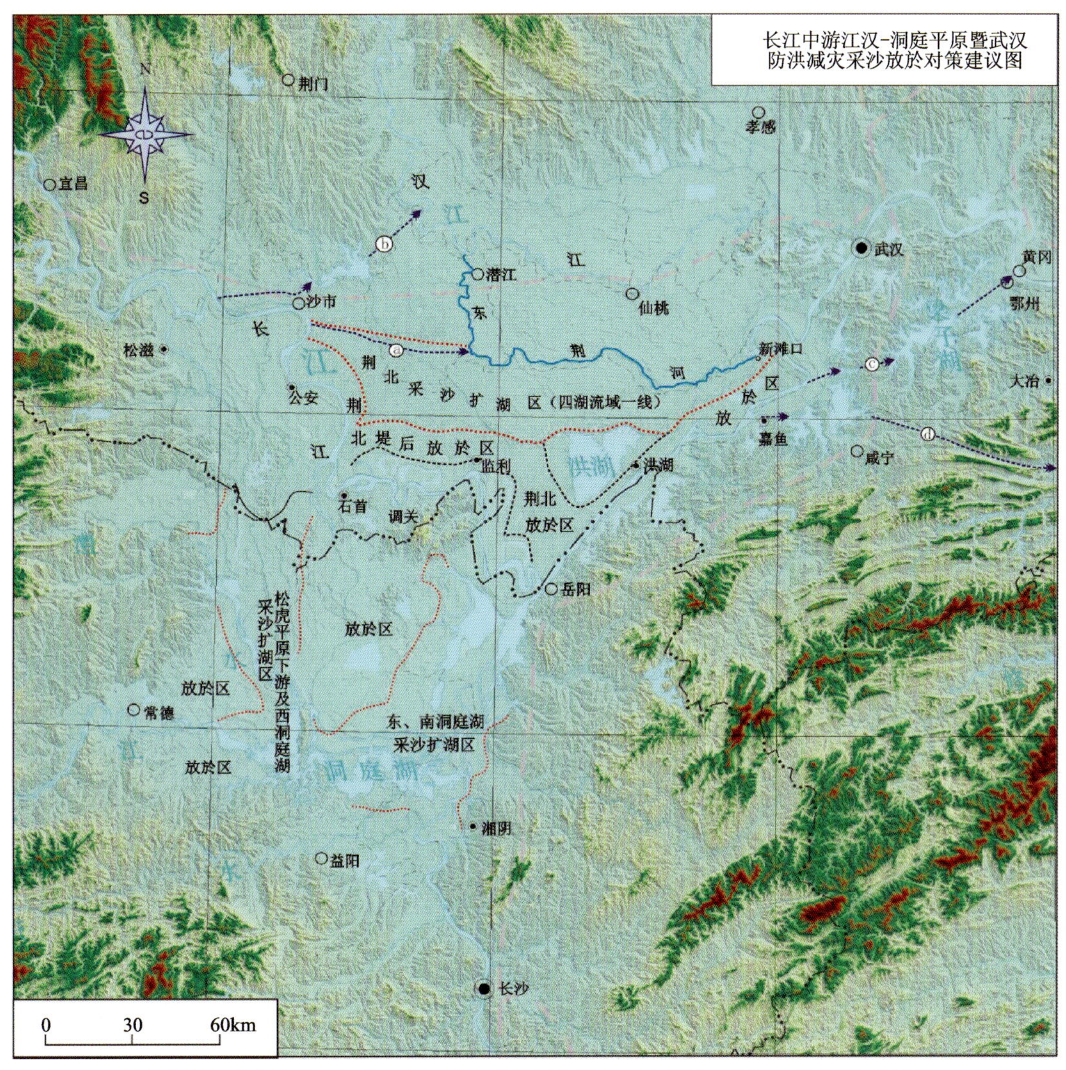

对比方案：a 为荆北分流河道路线；b 为双沙运河路线；c 为嘉鄂运河线路；d 为嘉阳运河线路。

图 9.5 江汉-洞庭平原暨武汉防洪对策建议图(据陈立德，2018)

淤改田”是“扩张洞庭湖、再造云梦泽”的具体措施，并统筹长江中游洪水、泥沙资源综合利用，统筹考虑江汉-洞庭平原防洪除涝、冷浸田改造的系统工程(陈立德，2018；苏成等，2001)。

9.2.1 采沙扩湖、清淤改田

“采沙扩湖”就是在江汉平原“荆州-长湖-监利”即“四湖流域”一线采挖泥沙，形成一个深 10～20m，阔 2000km^2 的现代云梦泽；在东洞庭湖以西、南洞庭湖一带及松虎平原下游，采沙扩湖，增加东洞庭湖和西洞庭湖的面积，加大洞庭湖水深，增加水域面积至 4300km^2。采沙也包括在荆江等长江河道采挖河沙，降低河床，改善通航条件。扩大的湖面可以调蓄洪水，可以实现洪水综合利用，将原有低洼之地扩大成湖，发展水产等高效农业产业。

“清淤改田”是在采沙的过程中，将沙、粉砂和黏土泵送到堤后附近或规划好的地区，使现有的低洼地、冷浸田、堤垸或规划建设用地淤高 5m 以上，并逐步扩大清淤改田范围，再造良田，甚至在湖区平原发展旱作农业，提高血防工作效果。淤高的土地或建设现代化农业产业基地，或村镇建设用地，使之免受洪涝威胁，造福湖区。所采部分河沙也可用于建筑材料，实现泥沙资源化。“清淤改田”除利用采沙清淤改田外，也可以考虑洞庭湖四水流域、丹江口下游汉江支流洪水期间，实施堤后放淤，也可以在三峡水库、丹江口水库泄洪排沙时择机使用。

“采沙扩湖、清淤改田”是将江汉-洞庭平原洪涝灾害防治纳入人工干预下的河湖体系，使原有在堤防干预下的江汉-洞庭河湖系统，利用现代科技和工程技术手段，在人工干预下达到新的平衡状态。“采沙扩湖、清淤改田”可以减轻干堤岁修压力，减轻江汉-洞庭平原防洪和排涝除渍压力，减轻武汉、长沙城市防洪排涝压力。荆北堤后放淤加高，可培固大堤跟脚，减轻荆江大堤安全威胁。“清淤改田”淤高荆北平原，可避免长江洪水位与堤内地面差不断增大，利于江汉平原防洪长远大计。

9.2.2　扩张洞庭湖、再造云梦泽

“扩张洞庭湖、再造云梦泽”不能一蹴而就，而是一个漫长的过程，甚至可以说是“百年大计、千年大计”，需要历年不断清淤清沙。但是，与大堤岁修和防洪、排涝的巨大投入相比，与重大洪涝灾害造成的经济社会损失相比，效益是非常可观的(陈立德，2018)。

随着“扩张洞庭湖、再造云梦泽”的实施，将使江汉-洞庭平原的面貌为之改观，除增大正常的水域面积之外，可新增蓄滞洪水空间200～400亿m^3，将有效地减轻荆江和江汉-洞庭平原防洪压力，武汉、长沙的防洪形势也必将为之改观。“平垸行洪”也因此得以实施，在低洼地区恢复湖泊的本来面貌，湖区周缘的平原经淤高、排水，冷浸田得以改良，人居环境得以极大改善。

“扩张洞庭湖、再造云梦泽”统筹考虑防洪措施的可持续性(周凤琴，1994；蔡述明等，1998)，是实现“蓄泄兼筹，以泄为主”“江湖两利”“左右岸兼顾，上、中、下游协调”的科学方案。不可否认的是，这一方案还需要有志之士的共同探讨，才能趋于成熟。

主要参考文献

柏道远,王先辉,李长安,等,2011.洞庭盆地第四纪构造演化特征[J].地质论评,57(2):261-276.

邴建平,邓鹏鑫,吕孙云,等,2017.鄱阳湖与长江干流水量交换效应及驱动因素分析[J].中国科学:技术科学,47(8):76-90.

蔡述明,官子和,1982.跨江南北的古云梦泽说是不能成立的——古云梦泽问题讨论之二[J].海洋与湖沼,13(2):129-142.

蔡述明,赵艳,杜耘,等,1998.全新统江汉湖群的环境演变与未来发展趋势——古云梦泽问题的再认识[J].武汉大学学报(人文科学版)(6):96-100.

陈渡平,李长安,柏道远,等,2014.洞庭盆地第四纪地层格架初拟[J].地质科技情报,33(1):67-73.

陈俊华,王秋良,廖武林,等,2017.丹江口水库二期蓄水初期地震活动特征[J].大地测量与地球动力学,37(2):137-141.

陈立德,2018.长江中游荆江和江汉——洞庭地区防洪减灾策略[J].科技导报,36(15):85-92.

陈龙泉,况润元,汤崇军,2010.鄱阳湖滩地冲淤变化的遥感调查研究[J].中国水土保持(4):65-67.

陈珍,胡玉,吴昊,等,2017.神定河流域水质空间变化特征研究[J].安全与环境工程,24(3):57-61.

戴雪,万荣荣,杨桂山,等,2014.鄱阳湖水文节律变化及其与江湖水量交换的关系[J].地理科学,34(12):1488-1496.

董延钰,金芳,黄俊华,2011.鄱阳湖沉积物粒度特征及其对形成演变过程的示踪意义[J].地质科技情报,30(2):57-62.

方春明,2018.鄱阳湖与长江关系及三峡蓄水的影响[J].水利学报,39(2):175-181.

方鸿琪,1961.长江中下游地区的第四纪沉积[J].地质学报,41(3-4):354-366.

郭华,张奇,2011.近50年来长江与鄱阳湖水文相互作用的变化[J].地理学报,66(5):609-618.

郝林南,杨小宸,2016.辽河口三维水动力数值模拟[J].东北水利水电(12):44-45+53.

何报寅,2002.江汉平原湖泊的成因类型及其特征[J].华中师范大学学报(自然科版),36(2):241-244.

河南省地质工程勘察院,2014.河南省淅川县地质灾害详细调查报告[R].驻马店:河南省地质工程勘察院.

河南省地质环境监测院,2014.2012—2013年河南省矿山地质环境调查报告[R].郑州:河南省地质环境监测院.

胡玉,帅钰,杜永,等,2019.丹江口库区神定河水质污染成因分析[J].人民长江,50(11):44-48.

湖北省地质环境总站,2013.湖北省十堰市丹江口水库库区地质灾害调查报告[R].武汉:湖北省地质环境总站.

湖北省地质环境总站,2014.湖北省郧县地质灾害详细调查报告[R].武汉:湖北省地质环境总站.

湖北省地质环境总站,2017.十堰市矿山地质环境调查成果报告[R].武汉:湖北省地质环境总站.

湖北省地质矿产局,1990.湖北省区域地质志[M].北京:地质出版社.

湖北省水文地质工程地质大队,1985.湖北省江汉平原第四纪地质调查研究报告[R].荆州:湖北省水文地质工程地质大队.

湖南省自然资源事务中心,2022.洞庭湖区概况[EB/OL][2022-04-20].http://www.xcyy.net.cn/pub/swzx/gt130/zdsyszl/kpxj/dthjj/.

黄旭初,朱宏富,1983.从构造因素讨论鄱阳湖的形成与演变[J].江西师范大学学报(自然科学版)(1):124-133.

黄艳雯,杜尧,徐宇,等,2020.洞庭湖平原西部地区浅层承压水中铵氮的来源与富集机理[J].地质科技通报,39(6):165-174.

赖锡军,黄群,张英豪,等,2014.鄱阳湖泄流能力分析[J].湖泊科学,26(4):529-534.

赖锡军,姜加虎,黄群,2011.三峡水库调节典型时段对洞庭湖湿地水情特征的影响[J].长江流域资源与环境,20(2):167-172.

李长安.2015,江汉-洞庭盆地第四纪质专题研究报告[R].武汉:中国地质大学(武汉).

李典,邓娅敏,杜尧,等,2021.长江中游河湖平原浅层地下水中砷空间异质性的同位素指示[J].地球科学,46(12):4492-4502.

李隆平,雷深涵,郭峰,2015.丹江口库区地质灾害发育特征及形成机制分析[J].资源环境与工程,29(1):36-39,44.

李云良,姚静,张奇,2017.长江倒灌对鄱阳湖水文水动力影响的数值模拟[J].湖泊科学,29(5):1227-1237.

梁杏,张人权,皮建高,等,2001.洞庭盆地第四纪构造活动特征[J].地质科技情报,20(2):11-14.

刘建昌,严岩,刘峰,等,2008.基于多因子指数集成的流域面源污染风险研究[J].环境科学(3):599-606.

齐国凡,1981.汉江上游新构造运动初步研究[J].湖北大学学报(自然科学版)(2):14-21.

罗义鹏,邓娅敏,杜尧,等,2022.长江中游故道区高碘地下水分布与形成机理[J].地球科学,47(2):662-673.

马振兴,黄俊华,魏源,等,2004.鄱阳湖沉积物近 8ka 来有机质碳同位素记录及其古气候变化特征[J].地球化学,33(3):279-285.

聂京,夏东升,2014.丹江口库区及其上游流域水质污染特征及评价[J].环境监测管理与技术,26(4):31-34,62.

宋伟,邓刘洋,2020.复杂地形条件下瞬变电磁法中心回线装置发射线框大小选取研究[J].工程地球物理学报,17(6):768-774.

苏成,莫多闻,王辉,2001.洞庭湖的形成、演变与洪涝灾害[J].水土保持研究,8(2):52-55.

苏彦龙,2021.矿井瞬变电磁法在超前探测采空积水区中的应用研究[J].世界有色金属(16):119-120.

唐昌新,熊雄,邬年华,等,2015.长江倒灌对鄱阳湖水动力特征影响的数值模拟[J].湖泊科学,27(4):700-710.

万荣荣,杨桂山,王晓龙,等,2014.长江中游通江湖泊江湖关系研究进展[J].湖泊科学,26(1):1-8.

汪迎春,赖锡军,姜加虎,等,2011.三峡水库调节典型时段对鄱阳湖湿地水情特征的影响[J].湖泊科学,23(2):191-195.

王立,胡雨新,朱建,2014.丹江口水库诱发地震分析与预测[J].水利建设与管理,34(7):59-62.

吴桂平,刘元波,范兴旺,2015.近 30 年来鄱阳湖湖盆地形演变特征与原因探析[J].湖泊科学(6):1168-1176.

吴艳宏,羊向东,朱海虹,1997.鄱阳湖湖口地区 4500 年来孢粉组合及古气候变迁[J].湖泊科学,9(1):29-34.

席海燕,王圣瑞,郑丙辉,等,2014.流域人类活动对鄱阳湖生态安全演变的驱动[J].环境科学研究,

27(4):398-405.

徐雨潇,郑天亮,高杰,等,2021.江汉平原浅层含水层中土著硫酸盐还原菌对砷迁移释放的影响[J].地球科学,46(2):652-660.

徐智章,2017.基于ArcGIS的武汉市农业面源污染风险评价[D].武汉:华中科技大学.

羊向东,吴艳宏,朱育新,等,2002.龙感湖钻孔揭示的末次盛冰期以来的环境演化[J].湖泊科学,14(2):106-109.

杨达源,1986a.晚更新世冰期最盛时长江中下游地区的古环境[J].地理学报,53(4):302-310.

杨达源,1986b.洞庭湖的演变及其整治[J].地理研究,5(3):39-46.

杨达源,1986c.鄱阳湖在第四纪的演变[J].海洋与湖沼,17(5):429-435.

杨达源,李徐生,张振克,2000.长江中下游湖泊的成因与演化[J].湖泊科学,12(3):226-232.

杨达源.2006.长江地貌过程[M].北京:地质出版社.

杨红强,2013.淅川县地质灾害形成条件分析[J].地质灾害与环境保护,24(4):13-17.

杨晓东,吴中海,张海军,等,2016.鄱阳湖盆地的地质演化、新构造运动及其成因机制探讨[J].地质力学学报,22(3):667-684.

姚静,张奇,李云良,等,2016.定常风对鄱阳湖水动力的影响[J].湖泊科学,28(1):225-236.

勇毫,郭占胜,杨朝兴,等,2012.丹江口库区石漠化现状及治理措施研究——以河南省淅川县为例[J].河北农业科学,16(2):75-77.

张保祥,刘春华,2004.瞬变电磁法在地下水勘查中的应用综述[J].地球物理学进展(3):537-542.

张华钢,孔小莉,陈霞,2015.丹江口库区湿地自然保护区现状及保护对策[J].中国环境管理干部学院学报,25(2):27-30.

张建新,2007.洞庭湖区第四纪环境地球化学[M].北京:地质出版社.

张乐群,吴敏,万育生,2018.南水北调中线水源地丹江口水库水质安全保障对策研究[J].中国水利(1):44-47.

张晓阳,蔡述明,孙顺才,1994.全新统以来洞庭湖的演变[J].湖泊科学,6(1):13-21.

赵举兴,2016.江汉-洞庭盆地第四纪地层与沉积环境演化[D].武汉:中国地质大学(武汉).

赵举兴,李长安,张玉芬,等,2016.洞庭盆地S3-7孔第四纪年代地层[J].地球科学,41(4):633-643.

赵鲁,刘建国,桂爱刚,等,2007.都昌老爷庙风电场风能资源研究[J].能源研究与管理,3:24-27.

中国地质调查局武汉地质调查中心,2019.丹江口水库南阳:十堰市水源区1:50 000环境地质调查成果报告[R].武汉:中国地质调查局武汉地质调查中心.

周凤琴,1994.云梦泽与荆江三角洲的历史变迁[J].湖泊科学,6(1):22-32.

朱诚,张奇,陈星,等,2021.江西鄱阳湖老爷庙水域环境特征与沉船事件的成因研究[J].自然灾害学报,30(6):198-208.

朱惇,徐建锋,湛若云,等,2019.官山河流域氮素非点源输出负荷时空分布模拟研究[C]//中国水利学会2019学术年会论文集第五分册:213-219.

朱海虹,郑长苏,王云飞,等,1981.鄱阳湖现代三角洲沉积相研究[J].石油与天然气地质,2(2):89-103.

朱玲玲,陈剑池,袁晶,等,2014.洞庭湖和鄱阳湖泥沙冲淤特征及三峡水库对其影响[J].水科学进展,25(3):348-357.

朱秀涛,2009.鄱阳湖特大桥溶洞区钻孔桩施工[J].科技风(8):5-7+14.

BAUER M, BLODAU C,2006. Mobilization of arsenic by dissolved organic matter from iron oxides, soils and sediments[J]. Science of the Total Environment,354: 179-190.

DU Y, DENG Y, MA T,et al.,2018. Hydrogeochemical evidences for targeting sources of safe groundwater supply in arsenic - affected multi-level aquifer systems [J]. Science of the Total

Environment,645: 1159-1171.

DUAN Y, GAN Y, WANG Y, et al. ,2017. Arsenic speciation in aquifer sediment under varying groundwater regime and redox conditions at Jianghan Plain of Central China[J]. Science of the Total Environment, 607-608: 992-1000.

DUAN Y, SCHAEFER M V, WANG Y,et al. ,2019. Experimental constraints on redox-induced arsenic release and retention from aquifer sediments in the central Yangtze River Basin[J]. Science of the Total Environment, 649: 629-639.

HUANG Y, DU Y, MA T, et al. ,2021. Dissolved organic matter characterization in high and low ammonium groundwater of Dongting Plain, central China[J]. Ecotoxicology and Environmental Safety, 208: 111779.

LI J, ZHOU H, QIAN K,et al. ,2017. Fluoride and iodine enrichment in groundwater of North China Plain: Evidences from speciation analysis and geochemical modeling[J]. Science of the Total Environment, 598: 239-248.

SUN L, LIANG X, JIN M, et al. , 2022. Sources and fate of excessive ammonium in the Quaternary sediments on the Dongting Plain, China [J]. Science of the Total Environment, 806: 150479.

TAO Y, DENG Y, DU Y, et al. ,2020. Sources and enrichment of phosphorus in groundwater of the Central Yangtze River Basin[J]. Science of the Total Environment, 737: 139837.

XUE J, DENG Y, LUO Y, et al. ,2022. Unraveling the impact of iron oxides-organic matter complexes on iodine mobilization in alluvial-lacustrine aquifers from central Yangtze River Basin[J]. Science of the Total Environment, 814: 151930.

XIONG Y, DU Y, DENG Y, et al. ,2021. Contrasting sources and fate of nitrogen compounds in different groundwater systems in the Central Yangtze River Basin[J]. Environmental Pollution, 290: 118119.